国家耕地质量
长期定位监测评价报告
（2018年度）

农业农村部耕地质量监测保护中心　编著

中国农业出版社
北京

段霄燕　贾登泉　贾蕊鸿　徐文华　徐文思
徐志强　徐春花　高　飞　黄　达　黄　健
龚鑫鑫　崔振岭　梁　娟　梁　雄　葛树春
董艳红　韩　峰　覃迎姿　曾招兵　慕　兰
廖文强　黎青慧　潘绍英　薛彦东　戴继光
魏宏方

前　言

　　为摸清耕地质量家底，分析研究耕地质量演变规律，农业部从 1988 年开始在全国范围内，组织开展耕地质量长期定位监测与评价工作。经过 30 多年的实践完善，构建了国家耕地质量监测网络，建立了技术标准体系，实施了年度监测评价制度，全面推动了我国耕地质量建设和保护工作，为国家粮食安全和重要农产品供应提供了基础保障和安全环境。

　　《国家耕地质量长期定位监测评价报告》（2018 年度）是基于现有的 1 060 个国家耕地质量长期定位监测点的调查、监测数据，并结合耕地地力评价成果等资料编制完成的。报告共分五章：第一章概述。介绍了耕地有关的概念，国内外监测工作发展历程和现状，监测点布局、监测内容和技术方法。第二章全国耕地质量监测结果。分析了全国土壤耕层厚度、容重、有机质、pH、全氮、有效磷、速效钾、缓效钾现状及演变趋势。第三章农业区耕地质量监测结果。阐述了东北区、内蒙古及长城沿线区、黄淮海区、黄土高原区、长江中下游区、西南区、华南区、甘新区和青藏区九大农区土壤主要养分指标现状与演变趋势、肥料投入与养分利用、区域土壤突出问题和培肥改良对策。第四章主要土壤类型耕地质量监测结果。阐述了水稻土、潮土、褐土、红壤、黑土、紫色土和灌淤土主要养分指标现状及演变趋势。第五章全国主要农作物产量、肥料投入分析与评价。阐述了全国主要农作物施肥量、养分利用现状及变化趋势。

　　与往年比，2018 年度监测评价报告有 3 个方面的变化：一是进一步扩大了监测点位数据。在 2017 年 1 014 个国家监测点的基础上，2018 年扩大到 1 060 个，分布于 31 个省（自治区、直辖市）865 个县（区），涵盖 40 个主要耕地土类，监测信息量更丰富、代表性更强，为科学、准确评价奠定了基础。二是运用《全国及九大区耕地质量主要性状指标分级标准》。按照《全国及九大区耕地质量主要性状指标分级标准》，将所有监测点进行重新分级与分析，使编写的报告更具有针对性和实用性。三是深入分析 30 多年耕地质量变化及原因。分析了 30 多年土壤主要养分指标演变趋势及原因、肥料投入与养分利用变化趋势及原因，针对耕地质量突出问题进行深入分析及提出培肥改良的对策。

多年来，国家耕地质量长期定位监测工作得到了农业农村部种植业管理司、财务司以及各省（自治区、直辖市）耕地质量监测保护部门的大力支持与积极配合，在此表示衷心感谢！中国农业科学院农业资源与农业区划研究所卢昌艾研究员、张淑香研究员、张文菊研究员、段英华研究员、邬磊博士，中国农业大学资源与环境学院崔振岭教授，江苏省耕地质量与农业生态环境总站王绪奎推广研究员、土壤肥料工作站王胜涛高级农艺师、吉林省土壤肥料总站王秋彬高级农艺师、成都土壤肥料测试中心代天飞高级农艺师、内蒙古自治区呼伦贝尔市农业技术中心王璐高级农艺师、山西省土壤肥料工作站王瑞农艺师、山东省土壤肥料总站董艳红农艺师、辽宁省绿色农业技术中心宋丹推广研究员、甘肃省耕地质量建设管理总站贾蕊鸿农艺师、扬州市耕地质量保护站龚鑫鑫农艺师等参与了监测数据会商与报告编写工作，在此一并表示感谢！

编　者

2019 年 5 月

目　　录

第一章 概　　述

耕地质量监测是《农业法》和《基本农田保护条例》赋予农业农村部门的重要职责之一，是贯彻落实《耕地质量调查监测与评价办法》的重要抓手，也是农业农村部门的一项基础性、公益性和长期性工作。机构改革完成后，国务院"三定"方案明确规定农业农村部负责耕地及永久基本农田质量保护工作。近年来，国家对耕地质量保护工作高度重视，党的十八大以来，一系列中央会议多次强调耕地红线一定要守住，千万不能突破，也不能变通突破，红线包括数量也包括质量。习近平总书记在 2013 年的中央农村工作会议上指出，"保护耕地要像保护文物那样来做，甚至像保护大熊猫那样来做"。李克强总理 2014年 12 月明确批示，"要坚持数量与质量并重，严格划定永久基本农田，严格实施特殊保护，扎紧耕地保护的'篱笆'，筑牢国家粮食安全的基石"。2019 年中央 1 号文件指出，"严守 18 亿亩①耕地红线，全面落实永久基本农田特殊保护制度，确保永久基本农田保持在 15.46 亿亩以上。"2019 年政府工作报告指出，"抓好农业特别是粮食生产。近 14 亿中国人的饭碗，必须牢牢端在自己手上。"耕地质量是保证粮食安全的关键，确保国家粮食安全是"三农"工作必须完成的硬任务，只有守住耕地数量红线和质量底线，落实最严格的耕地保护制度，加快实施藏粮于地、藏粮于技战略，深入推进耕地质量保护与提升行动，牢牢把握国家粮食安全的主动权，才能守住"三农"这个战略后院，发挥好农业农村压舱石和稳定器的作用。开展耕地保护的前提是摸清耕地质量家底。国内外多年实践表明，开展耕地质量长期定位监测和研究，是发展和建立耕地保护理论与制度、指导农业生产的重要基础和依据，对揭示耕地质量变化规律、切实保护耕地、促进农业可持续发展具有十分重要的意义。

第一节　耕地质量监测工作概况

一、我国耕地质量长期定位监测网络建设

根据我国有关法律和《耕地质量调查监测与评价办法》有关规定，要以农业农村部耕地质量监测机构和地方耕地质量监测机构为主体，以相关科研教学单位的耕地质量监测点为补充，构建覆盖面广、代表性强、功能完备的国家耕地质量监测网络。国家耕地质量长期定位监测工作始于 20 世纪 80 年代中期，是第二次全国土壤普查的后续工作。历经起步探索（1988—1997 年）、规范发展（1998—2003 年）、完善提升（2004—2015 年）、稳步推进（2016—）4 个阶段。2017 年 6 月，牵头编制《国家耕地质量监测体系建设规划》，确定了以国家耕地质量监测中心为核心、以区域分中心为纽带、以区

---

① 亩为非法定计量单位，1 亩＝$1/15\text{hm}^2 \approx 667\text{m}^2$。——编者注

域监测站为骨干、以耕地质量综合监测点为基础的耕地质量监测网络总体建设方案。2017 年，国家级耕地质量长期定位监测点扩大到 1 014 个，截至 2018 年年底，国家耕地质量长期定位监测点增加到 1 060 个。现今，全国各级农业部门分层次建立了一批耕地质量长期定位监测点，据不完全统计，全国长期坚持的省级监测点约 8 700 余个，地级 2 900 余个，县级 6 100 余个，基本形成了全国耕地质量监测网络。此外，依托耕地质量保护与提升项目建设了 40 个综合监测点；结合东北黑土地保护利用试点建设耕地质量专项监测点 170 个；结合耕地轮作休耕制度试点，建立 3 000 余个耕地质量专项监测点，定点监测耕地质量保护提升、东北黑土地保护、轮作休耕制度试点项目区域耕地质量变化情况。

二、耕地质量监测技术标准制定情况

启动园地土壤质量监测技术标准的研究，形成《果园土壤质量监测技术规程》征求意见稿、《菜地土壤质量监测技术规程》初稿。重新修订了《耕地质量监测规程》（NY/T 1119—2012），形成《国家耕地质量监测技术规程》，把《耕地质量监测点布设与运行规范》列入 2019 年农业行业标准制修订计划，首次建立《全国及九大区耕地质量主要性状指标分级标准》，在全国九大农区和 31 个省（自治区、直辖市）试行实施，部分省份制定了相应的地方标准，如北京市土肥工作站制定并执行《京郊耕地质量监测技术手册》。

三、国家长期定位监测成果提炼与应用

国家耕地质量监测工作开展 30 多年来，共获得各类监测数据 50 余万个，积累了大量的数据资料，动态监测和掌握了我国主要耕地土壤类型的质量状况和变化规律，编写出版了一大批监测技术资料，监测结果在政府开展耕地质量建设与改良、制定农作物优势区域布局与农业发展规划、指导农民科学施肥、推进生态文明建设等方面发挥了重要的基础支撑作用。一是编写发布全国耕地质量监测报告。从 2005 年起，基于国家级耕地质量监测点获取的监测数据，连续 15 年发布国家耕地质量长期定位监测评价年度报告，及时报送有关部门，为国家制定耕地质量保护和粮食安全政策提供了重要依据。二是编写重点项目专项监测评价报告。汇总整理东北黑土地保护、轮作休耕制度试点专项监测点 3 年监测数据，编制《东北黑土地保护利用试点项目区耕地质量监测报告（2015—2017 年）》、《轮作休耕试点区域耕地质量监测评价报告（2016—2018 年）》，集成推广了一批技术模式，针对区域突出的耕地质量问题，提出项目政策制定、实施的相关建议。三是编写《30 年耕地质量演变规律》，揭示了我国耕地质量主要性状指标 30 年的演变趋势，为科学利用耕地、保护提升耕地质量提供基础支撑。四是纳入耕地保护相关考核。耕地质量保护与提升、耕地质量调查监测网络建设、耕地质量调查监测与评价开展情况、耕地质量等级情况已列入粮食安全省长责任制考核、省级政府耕地保护责任目标考核，强化约束机制，为切实保护耕地提供重要支撑。

第二节 国家耕地质量长期定位监测点布局

一、按分布主要区域分

截止 2018 年底，国家级耕地质量长期定位监测点共有 1 060 个，分布于全国 31 个省（自治区、直辖市）865 县（区）中，平均约 170 万亩耕地设置 1 个监测点（图 1-1）。其中，东北区有国家级耕地质量监测点 168 个，占监测点总数的 15.8%；内蒙古及长城沿线区 76 个，占 7.2%；黄淮海区 195 个，占 18.4%；黄土高原区 98 个，占 9.2%；长江中下游区 278 个，占 26.2%；西南区 122 个，占 11.5%；华南区 64 个，占 6.0%；甘新区 47 个，占 4.4%；青藏区 12 个，占 1.1%（图 1-1）。

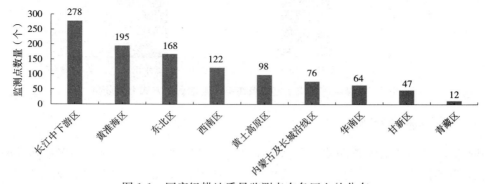

图 1-1　国家级耕地质量监测点在各区上的分布

二、按主要土壤类型分

国家级耕地质量监测点共涵盖 40 个主要土类（图 1-2），占土壤类型总数（60 个）的 66.7%，基本覆盖了全国主要耕作土类。其中，水稻土监测点 341 个，占监测点总数的 32.2%，平均 130 万亩设置 1 个监测点；潮土测点 146 个，占监测点总数的 13.8%，平均 260 万亩设置 1 个监测点；褐土监测点 109 个，占监测点总数的 10.3%，平均 340 多万亩设置 1 个监测点。此外，在栗钙土、草甸土、灌淤土、红壤、砂姜黑土、棕壤、黑土、黑钙土、紫色土、黄壤上各设有监测点 40 个、46 个、26 个、32 个、28 个、27 个、35 个、23

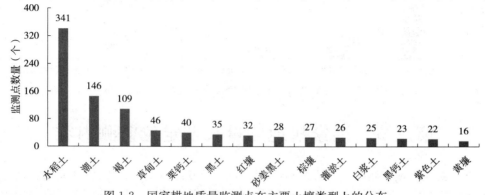

图 1-2　国家耕地质量监测点在主要土壤类型上的分布

个、22 个、16 个，分别占监测点总数的 3.8％、4.3％、2.5％、3.0％、2.6％、2.5％、3.3％、2.2％、2.1％、1.5％，监测点总数小于 15 个的其他土类监测点占 13.6％。

三、按土地利用方式分

在旱地/水浇地、水田上各有监测点 686 个、374 个，分别占监测点总数的 64.7％、35.3％。监测点主要集中在旱地/水浇地上（图 1-3）。

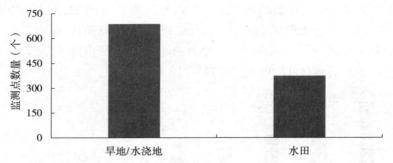

图 1-3　国家耕地质量监测点在不同土地利用方式上的分布

四、按种植制度分

国家级耕地质量监测点涵盖所有种植制度，一年一熟、一年两熟、一年三熟及两年三熟；覆盖多种作物种植，主要包括：粮食作物（玉米、小麦、水稻、马铃薯等）、其他经济作物（棉花、油菜、花生、薯类、豆类、麻类、烤烟等）、果菜茶类（蔬菜、水果、茶叶等），其中粮食作物上共设有监测点 835 个，占监测点总数的 78.8％；在其他经济作物上共设有 94 个监测点，占监测点总数的 8.9％；果菜茶作物上共设有监测点 44 个，占监测点总数的 4.2％，其他混合种植模式上共设有监测点 87 个，占监测点总数的 8.2％（图 1-4）。

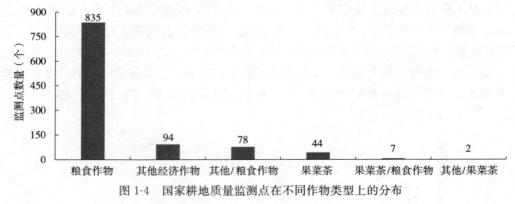

图 1-4　国家耕地质量监测点在不同作物类型上的分布

第三节　国家耕地质量长期定位监测内容

根据《耕地质量监测技术规程》（NY/T 1119—2012）要求，国家耕地质量长期定位监测点主要监测耕地土壤理化性状、环境质量、作物种类、作物产量、施肥量等有关参数。

一、建点时的基础监测内容

建立监测点时，应调查监测点的立地条件、自然属性、田间基础设施情况和农业生产概况。一是立地条件、自然属性和农业生产概况调查，主要包括监测点的常年降水量、常年有效积温、常年无霜期、成土母质、土壤类型、地形部位、田块坡度、潜水埋深、障碍层类型、障碍层深度、障碍层厚度、灌溉能力及灌溉方式、水源类型、排水能力、农田林网化程度、典型种植制度、常年施肥量、产量水平等。二是土壤剖面理化性状调查，包括监测点发生层次、深度、颜色、结构、紧实度、容重、新生体、植物根系、机械组成、化学性状（包括有机质、全氮、全磷、全钾、pH、碳酸钙、阳离子交换量、土壤含盐量、盐渍化程度）。

二、年度监测内容

年度监测内容主要包括田间作业情况、作物产量、施肥情况和土壤理化性状。田间作业情况记载年度内每季作物的名称、品种、播种量（栽培密度）、播种期、播种方式、收获期、耕作情况、灌排、病虫害防治、自然灾害发生的时间、强度以及对作物产量的影响，及其他对监测地块有影响的自然、人为因素。作物产量年度监测是对每季作物分别进行果实产量（风干基）与茎叶（秸秆）产量（风干基）的测定。施肥情况通过记录每一季作物的施肥明细情况（施肥时期、肥料品种、施肥次数、养分含量、施用实物量、施用折纯量）进行年度监测。土壤理化性状年度监测包括耕层厚度、土壤容重、土壤 pH、有机质、全氮、有效磷、速效钾、缓效钾、土壤含盐量（盐碱地）。

三、五年监测内容

在年度监测内容的基础上，在每个"五年计划"的第一年度增加监测全磷、全钾，中微量及有益元素含量（交换性钙、镁，有效硫、硅、铁、锰、铜、锌、硼、钼），重金属元素全量（铬、镉、铅、汞、砷、铜、锌、镍），而下一个五年监测年度是 2021 年。

四、数据审核与上报

监测数据上报前进行数据完整性、变异性与符合性审核，确保监测数据准确。在进行数据完整性审核时，应按照工作要求，核对监测数据项是否存在漏报情况，对缺失遗漏项目要及时催报、补充完整。在进行数据变异性审核时，应重点对耕地质量主要性状、肥料投入与产量等数据近 3 年情况进行变异性分析，检查是否存在数据变异过大情况。如变异过大，应符合实际，检查数据是否能真实客观地反映当地实际情况，如出现异常，及时找出原因，核实数据；同时要分析肥料投入、土壤养分含量和作物产量三者的相关性，检查是否出现异常。数据审查应由分管耕地质量监测工作的站长（主任）负责。审查结束后，审查人签字确认，并盖单位公章，按要求及时上报。

五、养分利用效率

1. 肥料回收率

肥料回收率是反映肥料使用效果的重要指标之一。肥料回收率＝（施肥区产量—空白区作物产量）养分吸收量/肥料（有机＋无机）施用量×100％。主要作物百公斤产量所吸收养分量见表 1-1。

表 1-1 主要作物百千克产量养分吸收量（kg）

作物名称	N	P_2O_5	K_2O
小麦	3.00	1.25	2.50
玉米	2.68	1.13	2.36
水稻	2.10	1.25	3.13
棉花	5.00	1.80	4.00
大豆	7.20	1.80	4.00

2. 偏生产力（PFP）

肥料偏生产力是反映当地土壤基础养分水平和化肥施用量综合效应的重要指标，是指施用某一特定肥料下的作物产量与施肥量的比值。

六、年度报告编制

耕地质量长期定位监测报告应包括监测点基本情况，耕地质量主要性状的现状及变化趋势，养分资源利用状况，提高耕地质量的对策和建议等内容。

第二章　全国耕地质量监测情况

第一节　耕层厚度

耕层是自然土壤经过人为耕作活动形成的可供作物生长的主要基质，是作物根系活动的重要区域。有研究表明，作物根系的70％集中在耕作层，因此耕层是作物生长水、肥、气、热交换的重要场所。耕层与土壤肥力有很大的关系，陈恩凤先生曾提出，土壤肥力的高低决定于土壤的"体质"与"体型"。耕层的深浅是耕地土壤"体型"的重要表征，耕层过浅不利于作物根系下扎，同时影响土壤供水供肥协调供给能力，进而影响作物生长和耕地质量的高低。

1. 全国

2018年全国耕层厚度平均为21.6cm，变化范围10～50cm。其样本主要集中在（18～20］cm区间，有监测点412个，占44.6％；≤15cm的监测点有40个，占监测点总数的4.3％；（15～18］cm的153个，占16.6％；（20～25］cm的178个，占19.3％；（25～30］cm的106个，占11.5％；＞30cm的34个，占3.7％（图2-1）。

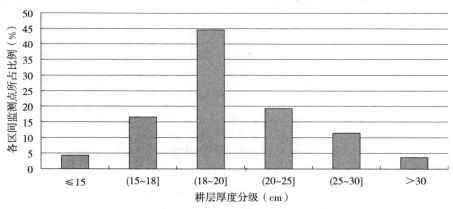

图2-1　2018年耕层厚度各区间所占比例

2. 水田

2018年水田耕层厚度平均为19.8cm，变化范围10～36cm。其样本分布主要集中在（15～18］cm和（18～20］cm两个区间，分别有监测点91个和134个，占监测点总数的29.5％和43.5％；耕层厚度≤15cm的监测点有17个，占监测点总数的5.5％；（20～25］cm的43个，占14.0％；（25～30］cm的17个，占5.5％；＞30cm的6个，占1.9％（图2-2）。

3. 旱地/水浇地

2018年旱地/水浇地耕层厚度平均为22.5cm，变化范围12～50cm。其样本主要集

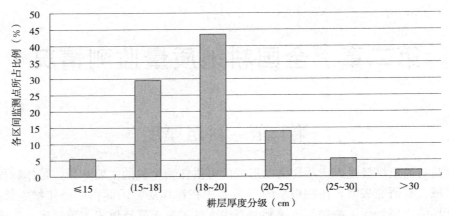

图 2-2　2018 年水田耕层厚度各区间所占比例

中在（18～20］cm 区间，有监测点 278 个，占 45.2%；耕层厚度≤15cm 的监测点有 23 个，占监测点总数的 3.7%；（15～18］cm 的 62 个，占 10.1%；（20～25］cm 的 135 个，占 22.0%；（25～30］cm 的 89 个，占 14.5%；>30cm 的 28 个，占 4.6%（图 2-3）。

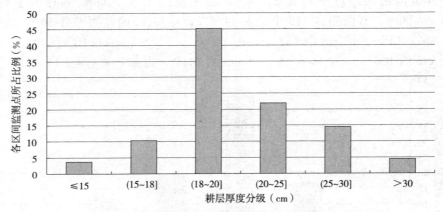

图 2-3　2018 年旱地/水浇地耕层厚度各区间所占比例

第二节　耕层土壤容重

土壤耕层容重是土壤肥力重要的物理性指标，土壤耕层容重过大或过小都不利于作物根系的生长，它受土壤类型、土壤质地以及人为土壤培肥和耕作措施的影响。土壤容重还与土壤的水、气条件有很大关系，适宜的土壤容重为作物生长创造了良好的水、气供给条件，因此土壤容重也是评价耕地土壤质量重要指标。

1. 全国

全国耕地耕层土壤容重平均为 1.30g/cm³，变化范围 0.99～1.73g/cm³。耕层土壤容重≤1.0g/cm³ 的监测点有 44 个，占监测点总数的 5.2%；（1.0～1.2］g/cm³ 的 170 个，占 20.0%；（1.2～1.3］g/cm³ 的 244 个，占 28.7%；（1.3～1.4］g/cm³ 的 225 个，占

26.4％；＞1.4g/cm³ 的 168 个，占 19.7％（图 2-4）。

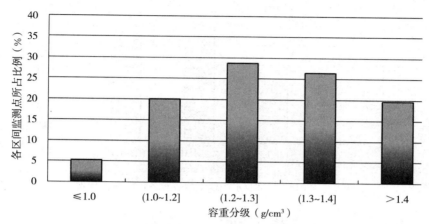

图 2-4　2018 年耕地土壤容重各区间所占比例

2. 水田

2018 年全国水田耕层土壤容重平均为 1.23g/cm³，变化范围 0.83～1.79g/cm³。耕层土壤容重≤1.0g/cm³ 的监测点有 31 个，占监测点总数的 11.4％；（1.0～1.2] g/cm³ 的 85 个，占 31.3％；（1.2～1.3] g/cm³ 的 73 个，占 26.8％；（1.3～1.4] g/cm³ 的 53 个，占 19.5％；＞1.4g/cm³ 的 30 个，占 11.0％（图 2-5）。

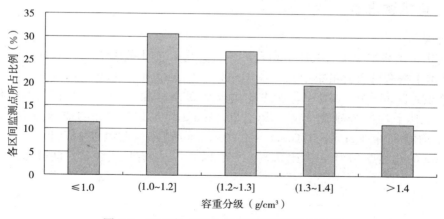

图 2-5　2018 年水田土壤容重各区间所占比例

3. 旱地/水浇地

2018 年全国旱地/水浇地耕层土壤容重平均为 1.33g/cm³，变化范围 1.08g～1.70g/cm³。耕层土壤容重≤1.0g/cm³ 的监测点有 13 个，占监测点总数的 2.2％；（1.0～1.2] g/cm³ 的 85 个，占 14.7％；（1.2～1.3] g/cm³ 的 171 个，占 29.5％；（1.3～1.4] 的 172 个，占 29.7％；＞1.4g/cm³ 的 138 个，占 23.8％（图 2-6）。

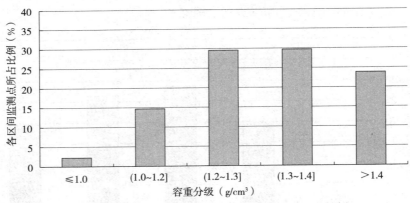

图 2-6　2018 年旱地/水浇地土壤容重各区间所占比例

第三节　耕层土壤有机质

土壤有机质是土壤肥力的重要指标，它不但含有植物生长所需要的各种营养元素，而且可以增加土壤团粒体，改善土壤结构，促进作物对土壤养分的协调需求，提高耕地质量和生产能力。同时，土壤有机质对土壤重金属、农药等各种有机、无机污染物有络合和固定等作用，可以降低土壤污染的风险，提高农产品质量，对绿色农业的发展有着积极的作用。

一、有机质现状

1. 全国

2018 年全国耕层土壤有机质平均含量 24.9g/kg，变化范围 1.4～94.1g/kg。如图 2-9 所示，全国土壤有机质含量集中在（10.0～20.0] g/kg 和（20.0～30.0] g/kg 区间，监测点数量分别为 383 个、328 个，所占比例分别 36.6％和 31.3％，两者共占监测点总数的 67.9％，其平均值分别为 15.7g/kg、24.7g/kg；≤10.0g/kg 的监测点 52 个，占比 5.0％，平均值 8.0g/kg；处于（30.0～40.0] g/kg 范围内监测点 187 个，占比 17.9％；＞40.0g/kg 的监测点 97 个，占比 9.3％（图 2-7）。土壤有机质含量空间分布基本体现了

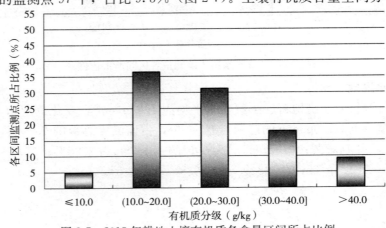

图 2-7　2018 年耕地土壤有机质各含量区间所占比例

自然因素和人为因素的双重影响，其中黄土高原区、甘新区、黄淮海区和内蒙古及长城沿线区有机质含量水平较低，平均含量在 10.0～20.0g/kg，变幅也较窄；东北区和长江中下游地区有机质含量较为丰富，平均值大于 30.0g/kg；华南区、西南区和青藏区有机质含量与其他农业区相比处于中等水平，含量在 26g/kg 左右（图 2-8）。

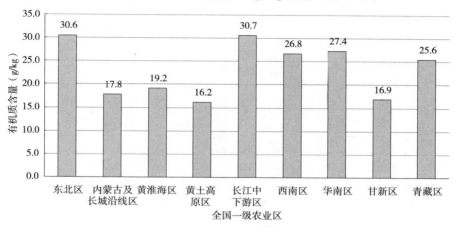

图 2-8　2018 年全国一级农业区耕地土壤有机质含量

2. 水田

2018 年全国水田土壤有机质平均含量为 31.6g/kg，变化范围 1.4～94.1g/kg。如图 2-9 所示，土壤有机质含量主要集中在（20.0～30.0] g/kg 和（30.0～40.0] g/kg 区间。≤10.0g/kg 的监测点有 4 个，占监测点总数的 1.1%；（10.0～20.0] g/kg 的监测点有 49 个，占水田监测点总数的 12.9%；（20.0～30.0] g/kg 的 139 个，占 36.6%；（30.0～40.0] g/kg 的 120 个，占 31.6%；>40.0g/kg 的 68 个，占 17.9%。

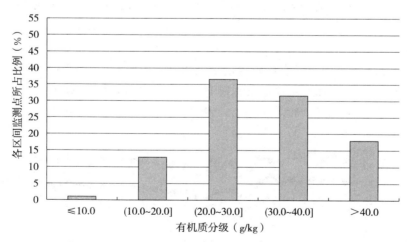

图 2-9　2018 年水田土壤有机质各含量区间所占比例

3. 旱地/水浇地

2018 年全国旱地/水浇地土壤有机质平均含量为 21.1g/kg，变化范围 3.2～91.7g/kg。土壤有机质含量主要集中在（10.0～20.0] g/kg 和（20.0～30.0] g/kg 区间。≤

10.0g/kg的监测点有46个，占旱地/水浇地监测点总数的6.9%；（10.0～20.0] g/kg的336个，占50.4%；（20.0～30.0] g/kg的189个，占28.3%；（30.0～40.0] g/kg的67个，占10.0%；>40.0g/kg的29个，占4.3%（图2-10）。

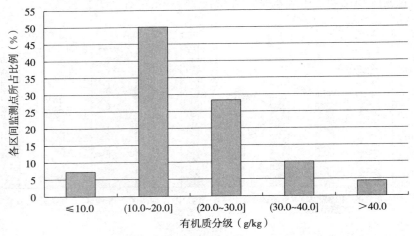

图2-10　2018年旱地/水浇地土壤有机质各含量区间所占比例

二、有机质演变趋势

由于国家级耕地质量监测点在1997年、2004年和2016年分别过调整，特别是2016年调整幅度较大，为保证样本的一致性，将监测情况分1988—1997年、1998—2003年、2004—2015年、2016—2018年4个时段分析。

1988—2018年全国土壤有机质含量呈先下降之后维持稳中有升趋势，其中水田耕层土壤有机质含量与全国变化趋势一致，旱地/水浇地维持稳中有升的趋势，且水田有机质含量高于旱地/水浇地。

1. 全国

1988—1997年，全国土壤有机质含量平均为25.7g/kg，年际变化先呈稳中略升，之后降低（图2-11）。土壤有机质含量主要集中在（10.0～20.0] g/kg和（20.0～30.0] g/

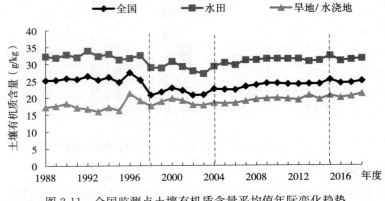

图2-11　全国监测点土壤有机质含量平均值年际变化趋势

kg 区间，在 23.7％～40.5％之间和 16.7％～34.2％之间变化，（10.0～20.0］g/kg 的比例年际变化整体略有上升，上升了 10.9％，上升幅度为 46.0％；≤10.0g/kg 的比例从处于较低水平，整体略有下降，下降了 7.4％，降幅为 56.1％；（30.0～40.0］g/kg 和＞40.0g/kg 的比例基本稳定，变化范围分别为 11.6％～21.4％之间和 10.5％～16.7％（图2-12）。

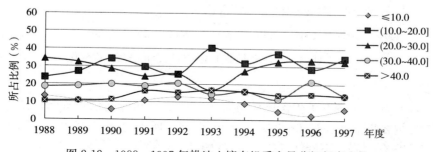

图 2-12　1988—1997 年耕地土壤有机质含量分级频率变化

1998—2003 年，土壤有机质含量平均为 21.6g/kg，呈先升高再下降的变化趋势，2003 年为 20.8g/kg，与 1998 年基本持平。土壤有机质含量主要集中在（10.0～20.0］g/kg，所占比例在 48.7％～55.0％之间变化，基本稳定；（20.0～30.0］g/kg 和（30.0～40.0］g/kg 的比例处于中等水平，（20.0～30.0］g/kg 的比例呈先升高再降低的变化趋势；≤10.0g/kg 和＞40.0g/kg 的比例均在 10％以下，基本稳定（图 2-13）。

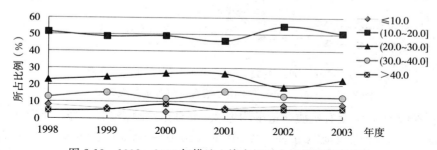

图 2-13　1998—2003 年耕地土壤有机质含量分级频率变化

2004—2018 年，土壤有机质含量平均为 23.7g/kg，年际变化整体稳中有升，从22.5g/kg 上升至 24.7g/kg，上升幅度 9.8％；2016 年土壤有机质含量平均值为 24.3g/kg，2018 年为 24.9g/kg，比 2016 年增加 0.6g/kg。总的来看，2004—2018 年间监测点耕地土壤有机质含量平均值呈上升趋势，上升幅度 10.7％。2004—2018 年，土壤有机质含量主要集中在（10.0～20.0］g/kg 和（20.0～30.0］g/kg，所占比例分别在 35.4％～48.7％之间和 22.1％～32.6％之间变化，（10.0～20.0］g/kg 整体略呈下降趋势，下降了 7.9％，降幅为 17.7％；（20.0～30.0］g/kg 整体略呈上升趋势，上升了 7.5％，上升幅度为 31.5％。（30.0～40.0］g/kg 的比例处于中等水平，在 14.3％～21.4％之间变化，基本稳定；≤10.0g/kg 和＞40.0g/kg 的比例处于较低水平，分别在 2.9％～8.1％之间和7.1％～10.5％之间变化，年际变化不大（图 2-14）。

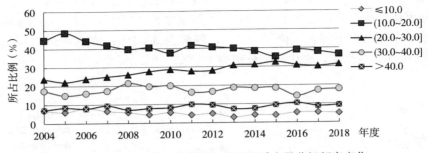

图 2-14　2004—2018 年耕地土壤有机质含量分级频率变化

2. 水田

1988—1997 年，土壤有机质含量平均为 32.3g/kg，年际间稳中有降，变化不大。土壤有机质含量主要集中在（20.0～30.0]g/kg 区间，所占比例在 25.0%～50.0%之间变化，年际变化略有下降，下降了 12.5%，降幅达 25.0%；（10.0～20.0]g/kg 和大于 40.0 g/k 的比例整体略有上升，分别上升了 6.7%和 5.0%，上升幅度分别达 67.0%和 25.0%；（30.0～40.0]g/kg 的比例在 16.0%～25.0%之间变化，基本稳定；≤10g/kg 的点基本没有（图 2-15）。

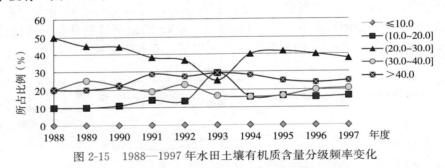

图 2-15　1988—1997 年水田土壤有机质含量分级频率变化

1998—2003 年，土壤有机质含量平均为 29.0g/kg，整体略有下降，下降了 1.9g/kg，降幅为 6.6%。土壤有机质含量主要集中在（20.0～30.0]g/kg 区间，所含比例在 30.8%～41.4%之间变化，基本稳定；（10.0～20.0]g/kg 的比例整体略有上升，从 21.4%上升到 31.0%，上升幅度达 44.9%；（30.0～40.0]g/kg 的比例整体略有下降，从 26.2%下降到 13.8%，下降了 12.4%，降幅达 47.3%；＞40.0g/kg 的比例基本稳定在 15%左右；≤10g/kg 的点基乎没有（图 2-16）。

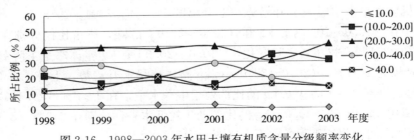

图 2-16　1998—2003 年水田土壤有机质含量分级频率变化

2004—2018 年，土壤有机质含量平均为 31.0g/kg，年际变化整体稳中有升，从 29.2g/kg 上升至 32.4g/kg，上升幅度 9.9%；2016 年水田土壤有机质含量平均值为 30.9g/kg，2018 年为 31.6g/kg，比 2016 年增加 0.7g/kg。总的来看，2004—2018 年间水田监测点土壤有机质含量平均值整体略呈上升趋势。2004—2018 年，土壤有机质含量主要集中在（20.0～30.0］g/kg 和（30.0～40.0］g/kg，所占比例分别在 27.6%～40.0% 之间和 25.1%～40.6% 之间变化，（20.0～30.0］g/kg 的比例略有上升趋势，上升了 3.0%，上升幅度为 8.9%；（10.0～20.0］g/kg 和 >40.0g/kg 的比例处于中等水平，所占比例分别在 9.6%～20.5% 之间和 14.1%～23.7% 之间变化，（10.0～20.0］g/kg 的比例略有降低，降低了 7.6%，降幅为 37.1%；≤10g/kg 的点基本没有（图 2-17）。

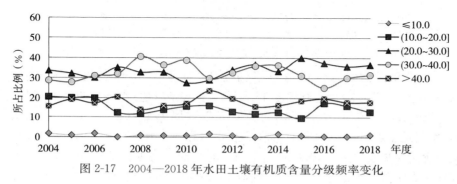

图 2-17　2004—2018 年水田土壤有机质含量分级频率变化

3. 旱地/水浇地

1988—1997 年，土壤有机质含量平均为 17.7g/kg，整体呈稳中有升的变化趋势，从 17.2g/kg 上升到 19.0g/kg，上升幅度 10.5%。土壤有机质含量主要集中在（10.0～20.0］g/kg 区间，所占比例在 38.9%～63.2% 之间变化，整体呈上升趋势，上升了 11.1%，上升幅度达 28.5%；（20.0～30.0］g/kg 的比例呈先下降再上升的变化趋势，整体略有上升，从 16.7% 上升到 28.6%，上升幅度达 71.3%；≤10g/kg 的比例整体呈下降趋势，下降了 17.1%，降幅达 61.5%；（30.0～40.0］g/kg 的比例在 5.3%～23.5% 之间波动变化，年际变化趋势不明显；>40g/kg 的点基本没有（图 2-18）。

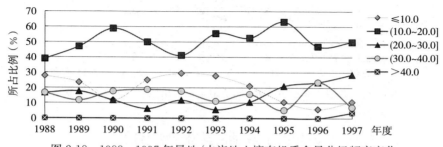

图 2-18　1988—1997 年旱地/水浇地土壤有机质含量分级频率变化

1998—2003 年，土壤有机质含量平均为 18.6g/kg，变化范围 17.5～19.7g/kg，呈先升高再下降的变化趋势，2003 年为 17.7g/kg，与 1998 年基本持平。土壤有机质含量主要集中在（10.0～20.0］g/kg 区间，所占比例在 59.0%～63.2% 之间变化，基本稳定；（20.0～30.0］g/kg 的比例在 13.8%～22.0% 之间变化，呈先升高再下降的变化趋势；≤10g/kg 和（30.0～40.0］g/kg 的比例处于较低水平，年际变化不大；＞40g/kg 的点基乎没有（图 2-19）。

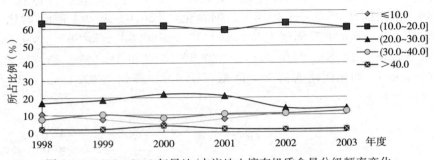

图 2-19　1998—2003 年旱地/水浇地土壤有机质含量分级频率变化

2004—2018 年，土壤有机质含量平均为 19.3g/kg，年际变化整体稳中有升，从 18.4g/kg 上升至 20.6g/kg，上升幅度 12.0%；2016 年旱地/水浇地土壤有机质含量平均值为 19.9g/kg，2018 年为 21.1g/kg，比 2016 年增加 1.2g/kg。总的来看，2004—2018 年间旱地/水浇地土壤有机质含量平均值呈上升趋势，上升幅度 14.7%。2004—2018 年，土壤有机质含量主要集中在（10.0～20.0］g/kg 区间，所占比例在 50.4%～63.6% 之间变化，整体略有下降，下降了 9.2%，降幅达 15.4%；与之相对的，（20.0～30.0］g/kg 的比例呈上升趋势，从 17.7% 上升至 28.3%，2018 年较 2004 年上升了 10.6 个百分点，上升幅度达 59.9%；≤10g/kg、（30.0～40.0］g/kg 和＞40.0g/kg 的比例一直处于较低水平，分别在 4.7%～11.6% 之间、6.8%～10.7% 之间和 1.8%～4.3% 之间波动，变化幅度不大（图 2-20）。

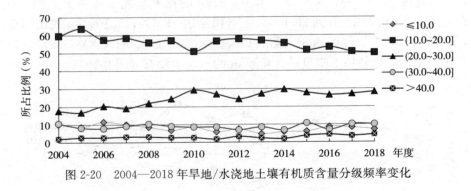

图 2-20　2004—2018 年旱地/水浇地土壤有机质含量分级频率变化

第四节　耕层土壤 pH

土壤 pH（酸碱度）是土壤重要的化学指标，受母质、生物、气候条件以及人为活动的影响，不同土壤类型的土壤 pH 也不同。全国呈南低北高的趋势，南方多分布酸性土壤，北方多分布石灰性土壤，这是地带性土壤所固有的特性。土壤 pH 过高（pH＞9.0）或过低（pH≤4.5）都严重影响作物生长和发育。在施肥和种植方式与人为因素作用下 pH 下降是土壤的酸化过程，对土壤中养分存在的形态和有效性、土壤的理化性质、微生物活动以及植物生长发育都有很大影响，土壤酸化会使土壤中固有重金属元素得到活化，引起土壤重金属污染等问题，影响农产品品质，这是目前普遍关注的问题。

一、土壤 pH 现状

1. 全国

2018 年，耕地土壤 pH 变幅在 4.1～9.1 之间，土壤 pH≤4.5 的监测点有 8 个，占监测点总数的 0.8%；（4.5～5.5] 的 186 个，占 17.8%；（5.5～6.5] 的 272 个，占 26.0%；（6.5～7.5] 的 151 个，占 14.4%；（7.5～8.5] 的 393 个，占 37.5%；大于 8.5 的 37 个，占 3.5%（图 2-21）。土壤酸碱度（pH）是土壤形成过程中所产生的一种属性，具有区域性变化的特点，从空间分布上看，2018 年东北区、长江中下游地区、华南区土壤偏酸性，pH＜6.5；西南区和黄淮海区 pH 平均为 6.5 和 7.6，土壤呈中性；内蒙古及长城沿线区、黄土高原区、甘新区、青藏区土壤偏碱性，pH 平均在 8.0 以上（图 2-22）。

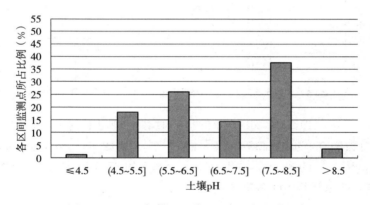

图 2-21　2018 年耕地土壤 pH 各区间所占比例

2. 水田

2018 年全国水田 pH 平均为 6.2，变化范围 4.4～8.8，主要集中在（4.5～5.5] 和（5.5～6.5] 区间；其中，（4.5～5.5] 的监测点有 102 个，占水田监测点总数的 26.8%；（5.5～6.5] 的 155 个，占 40.8%；（6.5～7.5] 的 63 个，占 16.6%；（7.5～8.5] 的 57 个，占 15.0%，≤4.5 的 4 个，占比 1.1%；＞8.5 的监测点 1 个，pH 为 8.7（图 2-23）。南方水田多为典型水稻土，呈酸性；北方水田多为开垦原始地带性土壤形成的水田，仍呈土壤本身的 pH 特性，pH 较高。

3. 旱地/水浇地

2018 年全国旱地/水浇地土壤 pH 平均为 7.2，变化范围 4.1～9.1，主要集中在（7.5～8.5] 区间，有监测点 336 个，占 50.4%；土壤 pH≤4.5 的监测点有 6 个，占旱地

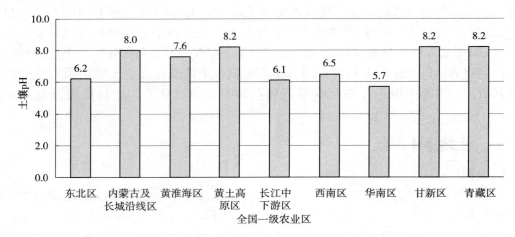

图 2-22　2018 年全国一级农业区耕地土壤 pH

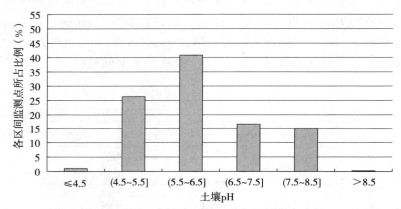

图 2-23　2018 年水田土壤 pH 各区间所占比例

/水浇地监测点总数的 0.9%；（4.5～5.5]的 84 个，占 12.6%；（5.5～6.5]的 117 个，占 17.5%；（6.5～7.5]的 88 个，占 13.2%；＞8.5 的 36 个，占 5.4%（图 2-24）。水浇地多分布在北方，故水浇地 pH 多集中在（7.5～8.5]之间。

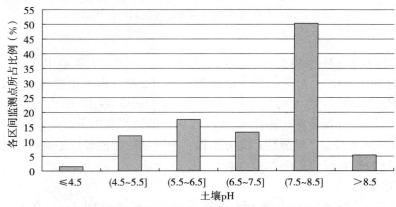

图 2-24　2018 年旱地/水浇地土壤 pH 各区间所占比例

二、土壤 pH 演变

土壤 pH 的变化过程就是土壤酸化或碱化的过程。

1. 全国

1988—1997 年，耕地土壤 pH 平均值为 6.8，pH 变化范围 4.4～9.0。土壤 pH 在各区间分布年际变化基本稳定，在（4.5～5.5]的比例变化在 9.8%～19.4%之间；（5.5～6.5]的比例变化在 25.0%～36.8%之间；（6.5～7.5]的比例变化在 15.8%～31.0%之间；（7.5～8.5]的比例变化在 24.1%～41.5%之间（图 2-25）。

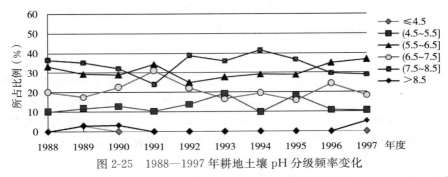

图 2-25　1988—1997 年耕地土壤 pH 分级频率变化

1998—2003 年，耕地土壤 pH 平均为 7.0，pH 变化范围 4.1～9.5。土壤 pH 在（4.5～5.5]的比例变化在 9.5%～22.5%之间，整体略有升高，升高了 9.7%，升高幅度达 94.2%；（5.5～6.5]的比例变化在 14.1%～28.0%之间，呈先下降再升高的变化趋势；（6.5～7.5]的比例变化在 7.7%～18.8%之间，基本稳定；（7.5～8.5]的比例最高，变化在 34.0%～52.6%之间，年际变化趋势不明显；>8.5 的比例整体略有下降，从 8.5%下降到 0%，降幅达 100%；≤4.5 的监测点几乎没有（图 2-26）。

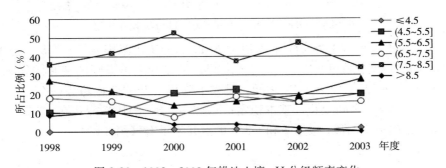

图 2-26　1998—2003 年耕地土壤 pH 分级频率变化

2004—2018 年，耕地土壤 pH 平均为 6.8，pH 变化范围 3.3～9.7。耕地土壤 pH 主要集中在（5.5～6.5]和（7.5～8.5]区间，其中（5.5～6.5]的比例在 21.0%～34.4%之间变化，整体略有下降，下降了 7.8%，降幅为 23.1%；（7.5～8.5]的比例在 22.8%～39.0%之间变化，整体略有上升，上升了 12.9%，上升幅度达 52.4%。土壤 pH 在（4.5～5.5]和（6.5～7.5]的比例处于中等水平，分别在 14.7%～21.9%之间和 14.4%～21.1%之间变化，基本稳定；在≤4.5 和>8.5 的点较少，始终维持在较低水平

（图 2-27）。

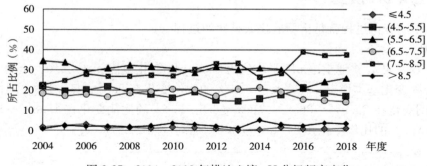

图 2-27　2004—2018 年耕地土壤 pH 分级频率变化

2. 水田

1988—1997 年，水田土壤 pH 平均值为 6.4，pH 变化范围 4.4～8.4。土壤 pH 在 (5.5～6.5] 的比例最高，在 34.6％～58.8％之间变化，呈先下降再上升的变化趋势；(4.5～5.5] 的比例在 11.5％～29.2％之间波动变化；(6.5～7.5] 的比例变化在 5.9％～28.6％之间，年际变化趋势不明显；(7.5～8.5] 的比例变化在 12.5％～26.9％之间，基本稳定；≤4.5 和>8.5 的点几乎没有（图 2-28）。

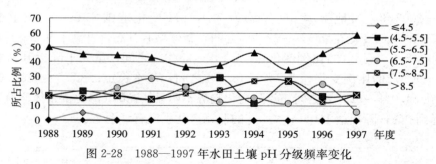

图 2-28　1988—1997 年水田土壤 pH 分级频率变化

1998—2003 年，水田土壤 pH 平均值为 6.4，pH 变化范围 4.5～8.8。土壤 pH 在 (4.5～5.5] 的比例变化在 14.3％～39.3％之间，呈先升高再下降的变化趋缓；(5.5～6.5] 的比例变化在 21.4％～45.0％之间，呈先下降再上升的变化趋势；(6.5～7.5] 的比例在 8.0％～19.4％之间变化，基本稳定；(7.5～8.5] 的比例变化在 16.7％～32.0％之间，年际变化趋势不明显；≤4.5 和>8.5 的点几乎没有（图 2-29）。

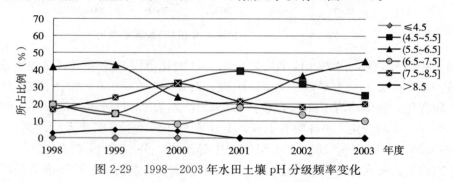

图 2-29　1998—2003 年水田土壤 pH 分级频率变化

2004—2018 年，水田土壤 pH 平均为 6.2，pH 变化范围 4.1～9.0。土壤 pH 主要集中在（4.5～5.5］和（5.5～6.5］区间，比例变化范围分别在 19.3％～35.5％ 和 31.9％～48.9％之间，两者年际变化呈此消彼长的变化趋势；在（6.5～7.5］和（7.5～8.5］的比例基本稳定，比例变化分别在 13.9％～20.7％ 和 10.0％～15.1％之间；≤4.5 和＞8.5 的点几乎没有（图 2-30）。

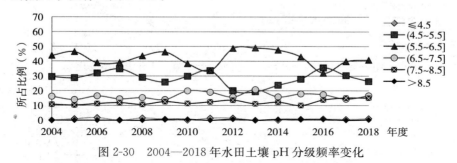

图 2-30 2004—2018 年水田土壤 pH 分级频率变化

3. 旱地/水浇地

1988—1997 年，旱地/水浇地土壤 pH 平均为 7.5，pH 变化范围 5.0～9.0。土壤 pH 主要集中在（7.5～8.5］区间内，比例变化在 38.1％～71.4％之间，波动较大，年际变化趋势不明显；（6.5～7.5］的比例变化在 21.4％～37.5％之间，基本稳定；（5.5～6.5］的比例处于较低水平，在 0％～19.1％之间变化；≤4.5、（4.5～5.5］和＞8.5 的点几乎没有（图 2-31）。

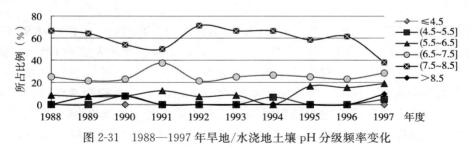

图 2-31 1988—1997 年旱地/水浇地土壤 pH 分级频率变化

1998—2003 年，旱地/水浇地土壤 pH 平均为 7.4，pH 变化范围 4.1～9.5。土壤 pH 主要集中在（7.5～8.5］区间内，比例变化在 43.3％～65.7％之间，波动较大，年际变化趋势不明显；（4.5～5.5］、（5.5～6.5］和（6.5～7.5］和的比例处于较低水平，分别在 5.7％～16.7％之间、8.6％～21.0％之间和 7.5％～20.0％之间变化，基本稳定；≤4.5 和＞8.5 的点几乎没有（图 2-32）。

2004—2018 年，旱地/水浇地土壤 pH 平均值为 7.1，pH 变化范围 3.3～9.7。土壤 pH 主要集中在（7.5～8.5］区间内，比例在 34.8％～55.6％之间变化，整体呈上升趋势，上升了 14.0％，上升幅度为 38.5％；（5.5～6.5］和（6.5～7.5］的比例处于中等水平，变化范围分别在 13.8％～25.7％之间和 13.2％～24.8％之间，整体略有下降，分别下降了 6.0％和 6.5％，降幅分别为 25.5％和 33.0％；（4.5～5.5］所占比例变化在 7.1％～14.3％之间基本稳定；≤4.5 和＞8.5 的比例均较低，变化基本稳定（图 2-33）。

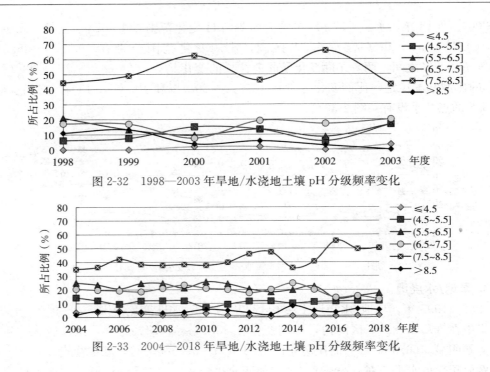

图 2-32　1998—2003 年旱地/水浇地土壤 pH 分级频率变化

图 2-33　2004—2018 年旱地/水浇地土壤 pH 分级频率变化

第五节　耕层土壤全氮

氮素是构成一切生命体的重要元素，是植物营养三要素之首，占植物营养吸收量的 2％左右。土壤中的氮素含量与植物生长直接相关，土壤供氮不足引起作物营养不良，植株矮小，影响作物产量和农产品品质，土壤氮素过多会造成植株生长过快，引起病虫害，造成作物减产。同时，土壤中氮素残留过多，由于径流和渗透作用，流入到周边水体，会引起江湖富营养化和硝态氮的积累及毒害，影响生态环境。土壤全氮是土壤氮素的容量指标，它的高低反映土壤氮素肥力的库容大小，是土壤氮素管理的重要指标。

一、全氮现状

1. 全国

2018 年耕层土壤全氮平均含量为 1.45g/kg，变化范围 0.06～5.05g/kg。土壤全氮含量≤0.75g/kg 的监测点有 107 个，占监测点总数的 10.3％；（0.75～1.00] g/kg 的 158 个，占 15.2％；（1.00～1.50] g/kg 的 381 个，占 36.7％；（1.50～2.00] g/kg 的 214 个，占 20.6％；＞2.00g/kg 的 177 个，占 17.1％（图 2-34）。土壤氮素含量反映土壤供氮能力，从空间分布看，与土壤有机质的分布相似，黄土高原区、甘新区和内蒙古及长城沿线区土壤供氮能力较低，全氮平均含量在 1.0g/kg 左右，东北区、华南区、长江中下游区、西南区和青藏区全氮含量水平较为丰富，平均值≥1.5g/kg。黄淮海区全氮平均值为 1.19g/kg，处中等水平（图 2-35）。

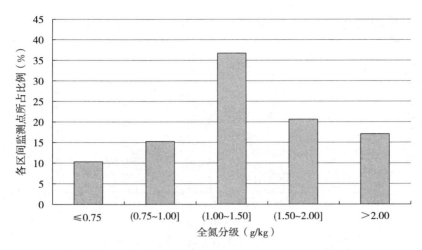

图 2-34 2018年耕地土壤全氮各含量区间所占比例

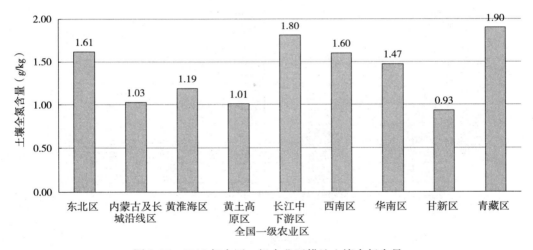

图 2-35 2018年全国一级农业区耕地土壤全氮含量

2. 水田

2018 年水田土壤全氮平均含量为 1.82g/kg，变化范围 0.06～4.76g/kg。土壤全氮含量≤0.75g/kg 的监测点有 12 个，占水田监测点总数的 3.2%；（0.75～1.00］g/kg 的 19 个，占 5.1%；（1.00～1.50］g/kg 的 97 个，占 25.8%；（1.50～2.00］g/kg 的 122 个，占 32.4%；＞2.00g/kg 的 126 个，占 33.5%（图 2-36）。

3. 旱地/水浇地

2018 年旱地/水浇地土壤全氮平均含量为 1.24g/kg，变化范围 0.08～5.05g/kg。土壤全氮含量≤0.75g/kg 的监测点有 95 个，占旱地/水浇地监测点总数的 14.4%；（0.75～1.00］g/kg 的 139 个，占 21.0%；（1.00～1.50］g/kg 的 284 个，占 43.0%；（1.50～2.00］g/kg 的 92 个，占 13.9%；＞2.00g/kg 的 51 个，占 7.7%（图 2-37）。

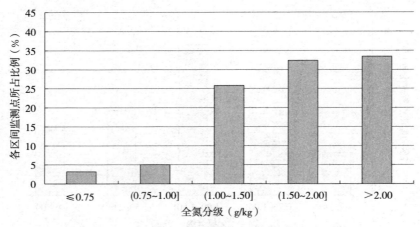

图 2-36　2018 年水田土壤全氮各含量区间所占比例

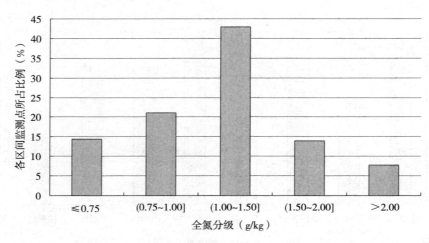

图 2-37　2018 年旱地/水浇地土壤全氮各含量区间所占比例

二、全氮演变

1988—2018 年 31 年间全国耕层土壤全氮先呈降低趋势之后稳中略升，直到 2004 年之后趋势基本稳定，其中水田全氮含量与全国平均基本一致，旱地/水浇地全氮含量基本保持稳中有升的趋势（图 2-38）。主要原因其一可能是 1988—1997 年产量低，土壤氮素基本平衡，1998—2004 年产量较高，土壤养分带走量较高，土壤全氮呈下降趋势，2004 年之后土壤全氮基本保持不变；其二可能与长期监测点调整有关；其三 2004 年之后全国实施秸秆还田技术等主要措施。

1. 全国

1988—1997 年，土壤全氮含量平均为 1.60g/kg，变化范围 1.50～1.71g/kg，年际变化不大。土壤全氮含量在（1.00～1.50] g/kg 所占的比例最高，在 17.9％～35.9％之间

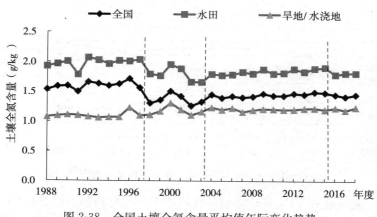

图 2-38　全国土壤全氮含量平均值年际变化趋势

变化，波动较大，年际变化趋势不明显；＞2g/kg 的比例在 17.9％～31.8％之间变化，整体略有上升，上升了 11.0％，上升幅度为 61.5％；（1.50～2.00］g/kg 的比例变化在 11.4％～35.9％之间，波动较大，年际变化趋势不明显；（0.75～1.00］g/kg 的比例变化在 9.8％～23.6％之间；≤0.75g/kg 的比例在 4.4％～15.8％之间变化，整体略有下降，下降了 8.4％，降幅为 65.6％（图 2-39）。

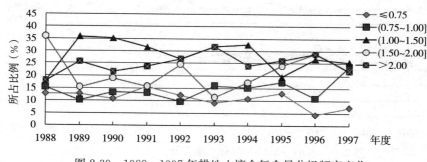

图 2-39　1988—1997 年耕地土壤全氮含量分级频率变化

　　1998—2003 年，土壤全氮含量平均值为 1.37g/kg，变化范围 1.26～1.51g/kg，呈先升高再降低的变化趋势。土壤全氮含量主要集中在（1.00～1.50］g/kg，所占比例在 30.5％～35.9％之间变化，基本稳定；（0.75～1.00］g/kg 的比例变化在 21.4％～31.1％之间，整体略有上升，上升了 5.0g/kg，上升幅度为 23.4％；≤0.75g/kg 的比例变化在 6.5％～14.5％之间，整体略有下降，下降了 7.6g/kg，降幅为 52.4％；（1.50～2.00］g/kg 的比例在 15.6％～22.5％之间变化，年际变化趋势不明显；＞2.00g/kg 的比例在 8.3％～20.3％之间变化，呈先升高再降低的变化趋势（图 2-40）。

　　2004—2018 年，土壤全氮含量基本稳定，平均含量为 1.44g/kg，变化范围 1.39～1.49g/kg；2016 年监测点调整后耕地土壤全氮含量平均值为 1.45g/kg，2018 年也为 1.45，基本持平。总的来看，2004—2018 年间耕地监测点土壤全氮含量平均值年际变化不大，基本稳定在 1.4g/kg 左右。2004—2018 年，土壤全氮含量主要集中在（1.00～

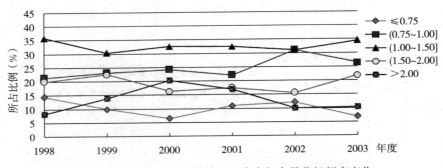

图 2-40　1998—2003 年耕地土壤全氮含量分级频率变化

1.50] g/kg，比例变化在 24.0%～38.3%之间，年际变化趋势不明显；（0.75～1.00] g/kg 的比例在 14.2%～23.0%之间变化，整体略呈下降趋势，从 21.7%降低到 15.8%，降幅为 27.2%；（1.50～2.00] g/kg 的比例在 15.8%～35.6%之间变化，整体略有升高，升高了 3.4 个百分点，升高幅度为 19.8%；>2.00g/kg 的比例在 16.1%～20.3%之间变化，比较稳定；≤0.75g/kg 的比例处于较低水平，在 7.8%～12.4%之间变化，年际变化不大（图 2-41）。

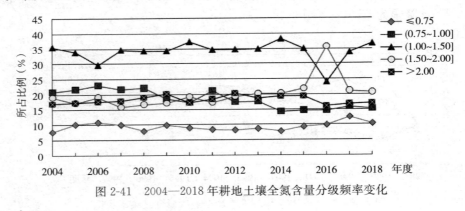

图 2-41　2004—2018 年耕地土壤全氮含量分级频率变化

2. 水田

1988—1997 年，土壤全氮平均含量为 1.99g/kg，变化范围 1.78～2.07g/kg，整体略有上升，上升了 0.11g/kg，上升幅度为 5.7%。土壤全氮含量主要集中在(1.00～1.50]g/kg、(1.50～2.00] g/kg 和大于 2.00g/kg，（1.00～1.50] g/kg 的比例整体呈下降趋势，1989 年与 1997 年相比，所占比例从 36.4%下降至 14.8%，降低了 21.6 个百分点，降幅达 59.3%；（1.50～2.00] g/kg 的比例在 15.4%～57.1%之间变化，变幅较大，年际变化趋势不明显；>2.00g/kg 的比例呈上升趋势，从 23.8%上升至 37.0%，上升了 13.2 个百分点，上升幅度达 55.5%。在（0.75～1.00] g/kg 所占的比例处于较低水平，在 0%～11.1%之间变化；≤0.75g/kg 的监测点几乎没有（图 2-42）。

1998—2003 年，土壤全氮平均含量为 1.81g/kg，变化范围 1.66～1.96g/kg，呈先升高再降低的变化趋势。土壤全氮含量主要集中在(1.00～1.50] g/kg、(1.50～2.00] g/kg 和 >2.00g/kg，比例变化范围在分别在 23.4%～39.0%、20.0%～38.3%和 20.7%～36.2%，大

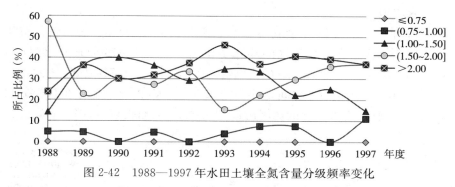

图 2-42　1988—1997 年水田土壤全氮含量分级频率变化

于 2.00g/kg 的比例呈先升高再降低的变化趋势；在≤0.75g/kg 、（0.75～1.00］g/kg 的比例均处于较低水平，比例变化范围分别为 0%～10.4% 和 0%～24.0%（图 2-43）。

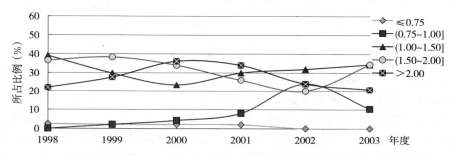

图 2-43　1998—2003 年水田土壤全氮含量分级频率变化

2004—2018 年，土壤全氮平均含量为 1.84g/kg，变化范围 1.78～1.92g/kg，基本稳定；2016 年监测点调整后耕地土壤全氮含量平均值为 1.79g/kg，2018 年为 1.82g/kg，基本持平。总的来看，2004—2018 年间水田监测点土壤全氮含量平均值基本保持稳定。2004—2018 年，土壤全氮含量主要集中在（1.00～1.50）g/kg、（1.50～2.00］g/kg 和＞2.00g/kg 区间内，（1.00～1.50）g/kg 的比例从 35.2% 下降至 25.8%，降低了 9.4 个百分点，降幅达 26.7%；（1.50～2.00］g/kg 的比例基本稳定在 30% 左右；大于 2.00g/kg 的比例整体略有上升，从 28.8% 上升至 33.5%，上升了 4.7%，上升幅度为 16.3%。≤0.75g/kg 和（0.75～1.00］g/kg 的比例在较低水平保持稳定，占比之和低于 10%（图 2-44）。

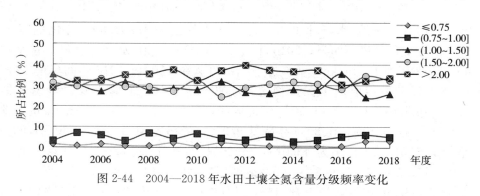

图 2-44　2004—2018 年水田土壤全氮含量分级频率变化

3. 旱地/水浇地

1988—1997 年，土壤全氮含量基本稳定，平均含量为 1.10g/kg，变化范围 1.06～1.23g/kg。土壤全氮含量在各含量区间年际变化不明显，≤0.75g/kg 的比例在 11.8%～37.5% 之间波动；（0.75～1.00）g/kg 的比例变化在 17.6%～35.7% 之间；（1.00～1.50）g/kg 的比例变化在 15.8%～35.7% 之间；（1.50～2.00）g/kg 的比例变化在 0.0%～17.6% 之间，整体略有上升趋势；＞2g/kg 的比例在 5.3%～12.5% 之间波动（图 2-45）。

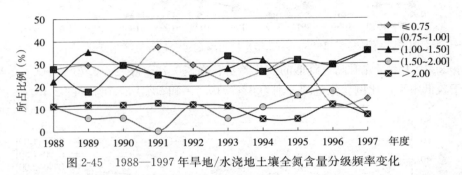

图 2-45　1988—1997 年旱地/水浇地土壤全氮含量分级频率变化

1998—2003 年，土壤全氮平均含量为 1.18g/kg，变化范围 1.10～1.31g/kg，呈先升高再降低的变化趋势。土壤全氮含量主要集中在（0.75～1.00）g/kg 和（1.00～1.50）g/kg 区间内，比例分别在 28.8%～34.5% 之间和 30.8%～36.8% 之间变化，基本稳定；≤0.75g/kg、（1.50～2.00）g/kg 和＞2g/kg 的比例在较低水平，比例变化分别在 8.5%～19.2% 之间、8.5%～15.5% 之间和 2.9%～13.2% 之间，大于 2g/kg 的比例呈先升高再降低的变化趋势（图 2-46）。

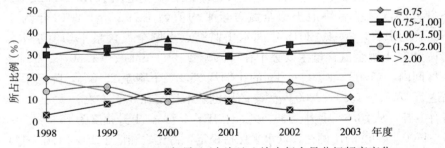

图 2-46　1998—2003 年旱地/水浇地土壤全氮含量分级频率变化

2004—2018 年，旱地/水浇地土壤全氮含量平均值为 1.20g/kg，变化范围 1.16～1.23g/kg，年际变化趋势不明显；2016 年监测点调整后旱地/水浇地全氮含量平均值为 1.23g/kg，2018 年为 1.24g/kg，基本持平。总的来看，2004—2018 年间旱地/水浇地监测点土壤全氮含量平均值基本保持稳定。2004—2018 年，土壤全氮含量主要集中在（0.75～1.00）g/kg 和（1.00～1.50）g/kg 区间，其中（0.75～1.00）g/kg 的占比呈下降趋势，2018 年为 21.9%，比 2004 年降低 9.9%，降幅达 31.1%；（1.00～1.50）g/kg 的比例呈上升趋势，2018 年为 43.0%，较 2004 年上升了 7.2 个百分点，上升幅度 20.1%。≤0.75g/kg、（1.50～2.00）g/kg 和＞2.00g/kg 的比例均处于较低水平，其中（1.50～2.00）g/kg 的比例略呈上升趋势，从 11.4% 上升至 13.9%，上升幅度 21.9%；

＞2.00g/kg 的比例整体略有下降趋势，从 9.5％下降至 7.7％，降幅达 18.9％（图 2-47）。

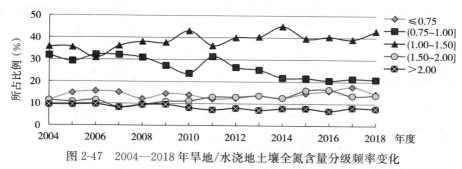

图 2-47　2004—2018 年旱地/水浇地土壤全氮含量分级频率变化

第六节　耕层土壤有效磷

磷是作物生长必需的三种最重要的营养元素之一，土壤磷素的丰缺及有效程度对作物产量和品质至关重要，是土壤肥力的重要指标。土壤中磷含量主要决定于母质和施肥，大量施用磷肥可以在土壤中积累，磷肥的当季利用率很低，一般只有 15％～20％左右，但磷肥的累计当季利用率可以达到 40.6％～85.9％。土壤中过剩的磷素在径流和渗漏作用下流失到周边水体中，引起水体富营养化，应当引起注意。

一、有效磷现状

1. 全国

2018 年全国土壤有效磷含量平均为 29.9mg/kg，变化范围 0.1～351mg/kg。土壤有效磷含量≤10.0mg/kg 的监测点有 190 个，占监测点总数的 18.4％；（10.0～20.0］mg/kg 的 318 个，占 30.8％；（20.0～30.0］mg/kg 的 205 个，占 19.8％；（30.0～40.0］mg/kg 的 112 个，占 10.8％；＞40.0mg/kg 的 209 个，占 20.2％（图 2-48）。空间分布上有效磷含量受种植制度、施肥习惯等人为因素影响较重，东北区、华南区土壤有效磷含量高，平均值均大于 40mg/kg；黄淮海区、甘新区土壤有效磷含量较高，平均值分别为

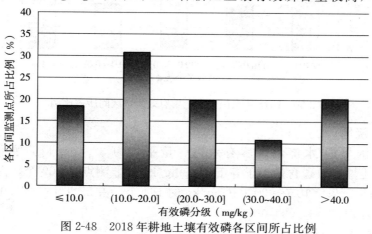

图 2-48　2018 年耕地土壤有效磷各区间所占比例

33.6mg/kg 和 29.5mg/kg；长江中下游区、青藏区有效磷含量处于中等水平，在 25～
30mg/kg 之间；内蒙古及长城沿线区、西南区和黄土高原区有效磷含量较低，平均在
20mg/kg 左右（图 2-49）。

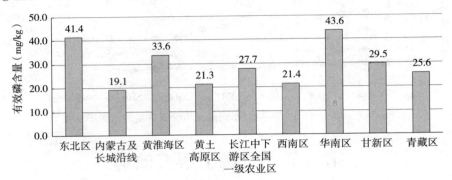

图 2-49　2018 年全国一级农业区耕地土壤有效磷含量

2. 水田

2018 年全国水田土壤有效磷含量平均为 25.6mg/kg，变化范围 0.1～351mg/kg。
土壤有效磷含量≤10.0mg/kg 的监测点有 81 个，占水田监测点总数的 21.3％；(10.0～
20.0] mg/kg 的 134 个，占 35.3％；(20.0～30.0] mg/kg 的 66 个，占 17.4％；
(30.0～40.0] mg/kg 的 39 个，占 10.3％；大于 40.0mg/kg 的 60 个，占 15.8％（图
2-50）。

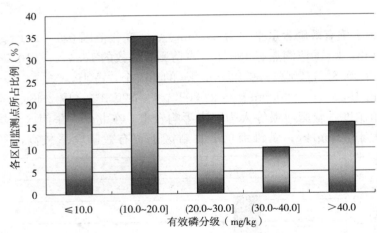

图 2-50　2018 年全国水田土壤有效磷各区间所占比例

3. 旱地/水浇地

2018 年全国旱地/水浇地土壤有效磷含量平均为 32.4mg/kg，变化范围 1.1～
293.8mg/kg。土壤有效磷含量小于等于 10.0mg/kg 的监测点有 109 个，占旱地/水浇地
监测点总数的 16.7％；(10.0～20.0] mg/kg 的 184 个，占 28.1％；(20.0～30.0] mg/
kg 的 139 个，占 21.3％；(30.0～40.0] mg/kg 的 73 个，占 11.2％；大于 40.0mg/kg
的 149 个，占 22.8％（图 2-51）。

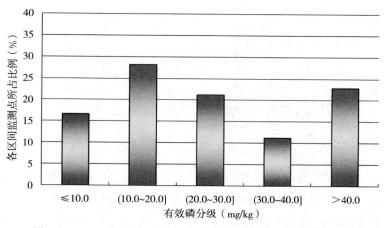

图 2-51　2018 年全国旱地/水浇地土壤有效磷各区间所占比例

二、有效磷演变

1988—2018 年全国耕层土壤有效磷含量呈上升趋势，其中 1998 年之后旱地/水浇地高于水田，整体土壤耕层有效磷含量出现富集现象（图 2-55）。主要原因其一可能与大量磷肥的施用土壤累积的较多，其中旱地/水浇地主要在北方土壤 pH 呈中性和碱性，水田主要分布在南方土壤 pH 呈弱酸和酸性，水溶性的磷容易固定；其二可能是旱地/水浇地施磷肥较多，水田较少。

1. 全国

1988—2018 年，土壤有效磷含量平均为 14.9mg/kg，变化范围 12.0～18.4mg/kg，年际变化趋势不明显（图 2-52）。土壤有效磷含量主要集中在 ≤10.0mg/kg 和（10.0～20.0]mg/kg 区间，所占比例分别在 33.3%～54.3% 之间和 19.6%～43.9% 之间波动；(20.0～30.0]mg/kg 的比例处于中等水平，在 10.9%～23.9% 之间波动；(30.0～40.0]mg/kg 和大于 40.0mg/kg 的比例均处于较低水平，且年际变化趋势不明显，分别在 0.0%～6.8% 之间和 2.2%～8.7% 之间变化（图 2-53）。

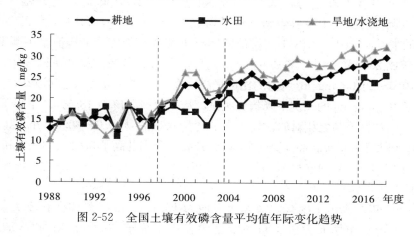

图 2-52　全国土壤有效磷含量平均值年际变化趋势

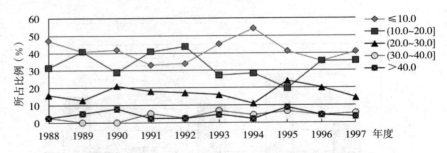

图 2-53　1988—1997 年耕地土壤有效磷含量分级频率变化

1998—2003 年，土壤有效磷平均含量为 20.8mg/kg，变化范围 18.3～23.2mg/kg，年际变化波动较大，整体呈上升趋势，从 18.3mg/kg 上升到 20.8mg/kg，上升幅度达 13.7％。土壤有效磷含量在（10.0～20.0] mg/kg 所占的比例最高，年际变化呈下降趋势，从 38.4％下降至 26.1％，降幅达 32.0％；与之相对的，在（20.0～30.0] mg/kg 所占的比例呈上升趋势，上升了 13.8 个百分点，上升幅度达 94.5％；≤10.0mg/kg 的比例在 20.9％～31.8％之间波动，年际变化趋势不明显；（30.0～40.0] mg/kg 和＞40.0mg/kg 的比例在较低水平基本保持稳定，比例变化分别在 8.6％～13.3％之间和 6.6％～14.8％之间（图 2-54）。

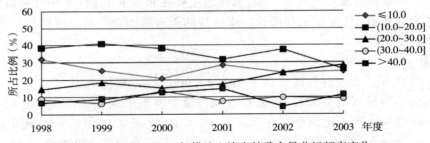

图 2-54　1998—2003 年耕地土壤有效磷含量分级频率变化

2004—2018 年，耕地土壤有效磷含量平均值为 25.0mg/kg，变化范围 22.7～27.7mg/kg，年际变化呈显著上升趋势，从 23.6mg/kg 上升至 27.7mg/kg，上升幅度达 17.4％；2016 年监测点调整后耕地土壤有效磷含量平均值为 27.9mg/kg，2018 年为 29.9mg/kg，基本持平。总的来看，2004—2018 年间耕地监测点土壤有效磷含量平均值呈不断上升的变化趋势，2018 年比 2004 年上升了 6.3mg/kg，上升幅度达 26.7％。2004—2018 年，土壤有效磷含量在（10.0～20.0] mg/kg 所占的比例最高，在 28.7％～37.2％之间波动，年际变化不大；小于等于 10.0mg/kg 的比例下降趋势明显，从 30.6％下降至 18.0％，下降了 12.6 个百分点，降幅达 41.2％；与之相对的，处于中等含量水平的（20.0～30.0] mg/kg、（30.0～40.0] mg/kg 和大于 40.0mg/kg 的比例均略有升高，分别升高了 3.0％、3.5％和 3.7％，升高幅度分别为 17.9％、47.9％和 22.4％（图 2-55）。

2. 水田

1988—1997 年，水田土壤有效磷含量平均为 15.3mg/kg，整体变化不大，变化范围 13.6～18.6mg/kg。土壤有效磷含量主要集中在小于等于 10.0mg/kg 和（10.0～20.0]

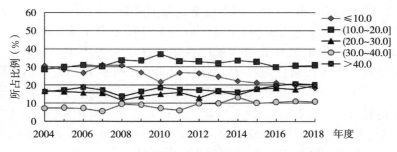

图 2-55　2004—2018 年耕地土壤有效磷含量分级频率变化

mg/kg 区间，所占比例分别在 28.6%～53.6% 之间和 17.9%～50.0% 之间波动，波动幅度较大；（20.0～30.0] mg/kg 的比例处于中等水平，在 10.7%～28.6% 之间波动；（30.0～40.0] mg/kg 和大于 40.0mg/kg 的比例均处于较低水平，且年际变化趋势不明显，分别在 0.0%～11.1% 之间和 0.0%～9.5% 之间变化（图 2-56）。

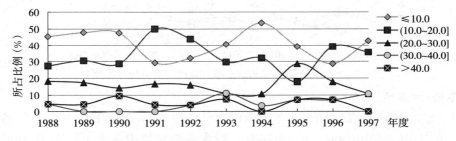

图 2-56　1988—1997 年水田土壤有效磷含量分级频率变化

1998—2003 年，土壤有效磷平均含量为 16.9mg/kg，年际变化波动较大，变化范围 13.6～18.6mg/kg。土壤有效磷含量在（10.0～20.0] mg/kg 所占的比例最高，在 26.7%～46.2% 之间变化；小于等于 10.0mg/kg 的比例在 24.5%～38.5% 之间变化；（20.0～30.0] mg/kg 的比例处于中等水平，在 15.4%～33.3% 之间变化；（30.0～40.0] mg/kg 和大于 40.0mg/kg 的比例在较低水平基本保持稳定，比例分别在 0%～13.3% 之间和 0%～8.2% 之间变化（图 2-57）。

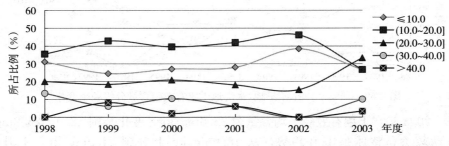

图 2-57　1998—2003 年水田土壤有效磷含量分级频率变化

2004—2018 年，耕地土壤有效磷含量平均值为 20.1mg/kg，变化范围 18.3～21.6mg/kg，年际变化趋势不明显；2016 年监测点调整后水田土壤有效磷含量平均值为

25.3mg/kg，2018年为25.6mg/kg，基本持平。总的来看，2004—2018年间水田监测点土壤有效磷含量平均值略呈上升趋势，2018年比2004年上升了4.5mg/kg，上升幅度达21.2％。2004—2018年，土壤有效磷含量主要集中在小于等于10.0mg/kg和（10.0～20.0］mg/kg区间，所占比例分别在21.3％～37.2％之间和28.3％～44.7％之间变化，波动幅度较大，小于10.0mg/kg的比例2018年比2004年降低了14.9个百分点，降幅达41.2％；与之相对的，在（30.0～40.0］mg/kg和大于40.0mg/kg的比例均有所升高，分别升高了6.3％和2.4％，升高幅度分别为162％和17.9％；（20.0～30.0］mg/kg的比例处于中等水平，在11.2％～19.5％之间变化（图2-58）。

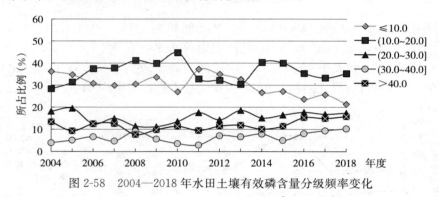

图2-58　2004—2018年水田土壤有效磷含量分级频率变化

3. 旱地/水浇地

1988—1997年，旱地/水浇地土壤有效磷含量平均为14.5mg/kg，年际变化趋势不明显，变化范围10.2～18.9mg/kg。土壤有效磷含量主要集中在小于等于10.0mg/kg和（10.0～20.0］mg/kg区间，所占比例分别在31.2％～55.6％之间和22.2％～56.2％之间波动，波动幅度较大；（20.0～30.0］mg/kg的比例处于中等水平，在6.2％～29.4％之间波动，年际变化趋势不明显；（30.0～40.0］mg/kg和大于40.0mg/kg的比例均处于较低水平，分别在0.0％～13.3％之间和0.0％～11.1％之间变化（图2-59）。

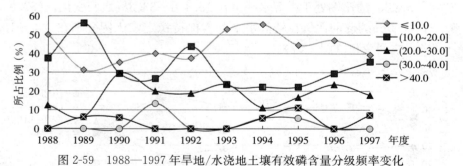

图2-59　1988—1997年旱地/水浇地土壤有效磷含量分级频率变化

1998—2003年，土壤有效磷平均含量为22.6mg/kg，变化范围18.9～26.2mg/kg年际变化波动较大，整体呈上升趋势，从18.9mg/kg上升到21.9mg/kg，上升幅度达15.9％。土壤有效磷含量（10.0～20.0］mg/kg所占的比例最高，年际变化呈下降趋势，从39.6％下降至25.9％，降幅达34.6％；与之相对的，（20.0～30.0］mg/kg的比例呈上升趋势，上升了13.6个百分点，上升幅度达111％；小于等于10.0mg/kg的比例年际变化不大，基本稳定在 25％左右；（30.0～40.0］mg/kg 和大于 40.0mg/kg 的比例在较低水平基本保持稳定，比例变化分别在 6.6％～14.5％之间和 6.2％～19.0％之间（图 2-60）。

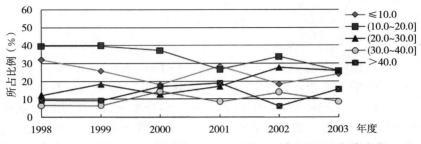

图 2-60　1998—2003 年旱地/水浇地土壤有效磷含量分级频率变化

2004—2018 年，旱地/水浇地土壤有效磷含量平均值为 28.1mg/kg，变化范围24.9～32.1mg/kg，年际变化呈显著上升趋势，从 25.2mg/kg 上升至 32.1mg/kg，上升幅度达27.4％；2016 年监测点调整后旱地/水浇地土壤有效磷含量平均值为 29.7mg/kg，2018年为 32.4mg/kg，基本持平。总的来看，2004—2018 年间旱地/水浇地监测点土壤有效磷含量平均值呈不断上升的变化趋势。土壤有效磷含量在（10.0～20.0］mg/kg 所占的比例最高，年际变化不大，基本稳定在 30％左右；土壤有效磷含量小于等于 10.0mg/kg 的比例呈下降趋势，从 27.0％下降至 16.1％，下降了 10.9 个百分点，下降幅度达 40.4％；（10.0～20.0］mg/kg 的比例在 30％附近有小幅波动；（20.0～30.0］mg/kg 的比例略有上升，2018 年为 21.3％，比 2004 年升高 5.3 个百分点，上升幅度为 19.9％；（30.0～40.0］mg/kg 的比例呈波动变化，整体基本稳定，2018 年为 11.2％；大于 40.0mg/kg 的比例在波动中略有上升，从 18.5％上升至 22.8％，上升了 4.3％，上升幅度达 23.2％（图 2-61）。

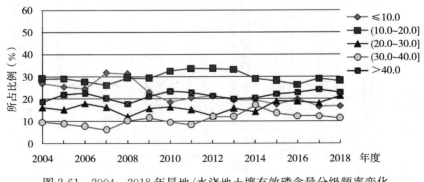

图 2-61　2004—2018 年旱地/水浇地土壤有效磷含量分级频率变化

第七节　耕层土壤速效钾

　　钾是作物生长不可缺少的大量营养元素之一，研究表明钾素对作物品质的提高和抗病能力的加强都有较大的作用。土壤中钾素按植物营养有效性可分为无效钾、缓效性钾和速效性钾，其中速效钾能被作物直接吸收利用。监测耕层土壤中速效钾含量的变化，对合理利用钾肥资源，提高施钾效果具有重要意义。

一、速效钾现状

1. 全国

2018年全国耕层土壤速效钾含量平均为147mg/kg。土壤速效钾含量≤50mg/kg的监测点有73个，占监测点总数的7.0%；（50～100]mg/kg的269个，占25.7%；（100～150]mg/kg的279个，占26.7%；（150～200]mg/kg的223个，占21.3%；>200mg/kg的201个，占19.2%（图2-62）。从空间分布上看，东北区、黄淮海区、黄土高原区、甘新区和青藏区速效钾含量较丰富，其平均值均大于150mg/kg；内蒙古及长城沿线区和西南区土壤速效钾含量在130mg/kg左右；华南区及长江中下游部分地区速效钾含量相对缺乏，含量在100mg/kg左右（图2-63）。

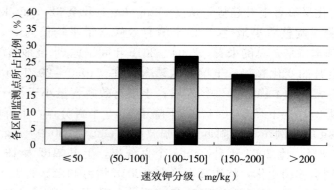

图2-62 2018年耕地土壤速效钾各区间所占比例

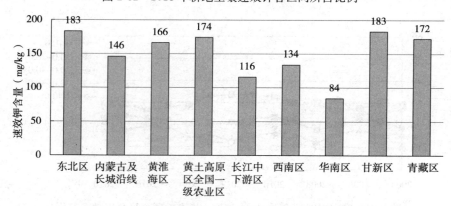

图2-63 2018年全国一级农业区耕地土壤速效钾含量

2. 水田

2018年全国土壤速效钾含量平均为108mg/kg。土壤速效钾含量≤50mg/kg的监测点有57个，占水田监测点总数的15.0%；（50～100]mg/kg的146个，占38.4%；（100～150]mg/kg的101个，占26.6%；（150～200]mg/kg的50个，占13.2%；>200mg/kg的26个，占6.8%（图2-64）。

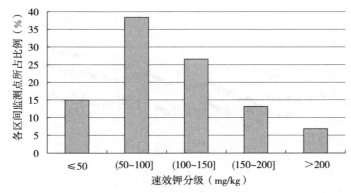

图 2-64　2018 年水田土壤速效钾各区间所占比例

3. 旱地/水浇地

2018 年全国土壤速效钾含量平均为 169mg/kg。土壤速效钾含量≤50mg/kg 的监测点有 16 个，占旱地/水浇地监测点总数的 2.4%；（50～100）mg/kg 的 123 个，占 18.5%；（100～150）mg/kg 的 178 个，占 26.8%；（150～200）mg/kg 的 173 个，占 26.0%；＞200mg/kg 的 175 个，占 26.3%（图 2-65）。

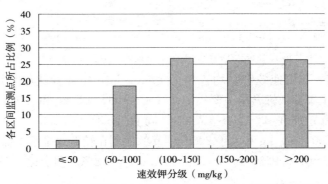

图 2-65　2018 年旱地/水浇地土壤速效钾各区间所占比例

二、速效钾演变

1988—2018 年全国土壤速效钾含量呈上升趋势，1988—1997 年稳中有降，1997 年之后，上升趋势尤为明显，旱地/水浇地和水田变化趋势与全国一致，其中旱地/水浇地土壤速效钾含量高于水田（图 2-66）。主要原因其一可能是钾肥的大量施用，逐渐造成土壤钾素累积；其二可能与国家推广秸秆还田技术。

1. 全国

1988—1997 年，土壤速效钾含量平均为 92mg/kg，变化范围 80～100mg/kg，整体略有上升，升高了 5.4mg/kg，上升幅度达 5.7%。土壤速效钾含量在（50～100）mg/kg 所占比例最高，在 27.5%～52.5% 之间波动；小于等于 50mg/kg 和（100～150）mg/kg 的比例处于中等水平，在 10.3%～31.9% 之间和 17.5%～35.0% 之间波动；（150～200）mg/kg 所占比例在 2.1%～17.5% 之间变化，呈降低趋势，降低了 8.3%，降幅达 53.9%；＞200mg/kg 的比例处于较低水平，略呈上升趋势，上升了 5.4%（图 2-67）。

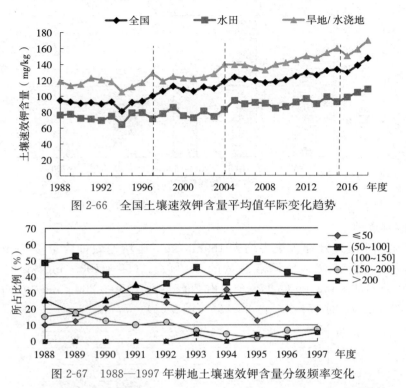

图 2-66　全国土壤速效钾含量平均值年际变化趋势

图 2-67　1988—1997 年耕地土壤速效钾含量分级频率变化

1998—2003 年，土壤速效钾平均含量为 108mg/kg，年际变化趋势不明显，变化范围 105～112mg/kg。土壤速效钾含量主要集中在（50～100］mg/kg 和（100～150］mg/kg，年际变化不大，比例分别在 33.1%～43.4% 之间和 26.3%～38.2% 之间变化；小于等于 50mg/kg、（150～200］mg/kg 和大于 200mg/kg 的比例在较低水平基本保持稳定，比例分别在 9.1%～13.4% 之间、9.9%～14.5% 之间和 4.2%～8.8% 之间变化（图 2-68）。

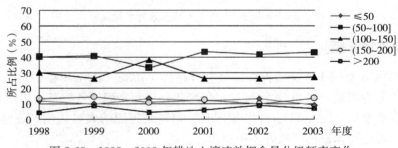

图 2-68　1998—2003 年耕地土壤速效钾含量分级频率变化

2004—2018 年，土壤速效钾含量平均为 123mg/kg，变化范围 116～133mg/kg，年际变化呈上升趋势，从 118mg/kg 上升至 133mg/kg，上升了 15mg/kg，上升幅度达 12.7%；2016 年监测点调整后耕地土壤速效钾含量平均值为 129mg/kg，2018 年为 147mg/kg，总的来看，2004—2018 年间耕地监测点土壤速效钾含量平均值呈不断上升的变化趋势。2004—2018 年，土壤速效钾含量在（50～100］mg/kg 所占比例最高，整体呈下降趋势，所占比例降低了 11.1 个百分点，降幅达 30.2%，下降幅度较大；（100～150］

mg/kg 的比例变化基本稳定，在 22.9％～31.5％之间波动；（150～200］mg/kg 和 ＞200mg/kg 的比例整体略呈上升趋势，分别上升了 8.7％和 8.2％，上升幅度分别为 69.0％和 74.5％；≤50mg/kg 的比例一直处于较低水平且保持稳定，所占比例在 6.4％～ 12.9％之间变化（图 2-69）。

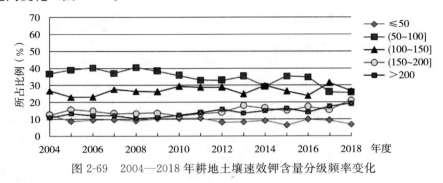

图 2-69　2004—2018 年耕地土壤速效钾含量分级频率变化

2. 水田

1988—1997 年，土壤速效钾含量平均为 73mg/kg，变化范围 64～79.0mg/kg，整体 基本稳定。土壤速效钾含量在（50～100］mg/kg 所占比例最高，在 28.6％～63.6％之间 波动，整体略呈下降趋势，下降了 27.9％，降幅达 43.9％；≤50mg/kg 和（100～150］ mg/kg 的比例处于中等水平，分别在 17.9％～50.0％之间和 4.3％～28.6％之间变化， 波动较大，整体均呈上升趋势，分别上升了 21.1％和 12.3％，上升幅度分别为 116％和 135％；（150～200］mg/kg 的比例略有降低，下降了 5.5％，降幅为 60.4％；＞200mg/ kg 的监测点几乎没有（图 2-70）。

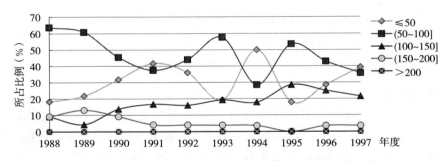

图 2-70　1988—1997 年水田土壤速效钾含量分级频率变化

1998—2003 年，土壤速效钾平均含量为 77mg/kg，年际变化不大，变化范围 72～ 85mg/kg。土壤速效钾含量主要集中在（50～100］mg/kg，年际变化不大，所占比例在 41.7％～56.0％之间变化；≤50mg/kg 和（100～150］mg/kg 的比例处于中等水平，基 本稳定，分别在 20.8％～33.3％之间和 13.3％～31.1％之间变化；（150～200］mg/kg 和＞200mg/kg 的比例长期处于低水平（图 2-71）。

2004—2018 年，水田土壤速效钾含量平均为 91mg/kg，变化范围 83～98mg/kg，年 际变化呈上升趋势，从 83mg/kg 上升至 92mg/kg，上升了 9mg/kg，上升幅度达 11.0％； 2016 年监测点调整后水田速效钾含量平均值为 98mg/kg，2018 年为 108mg/kg，总的来

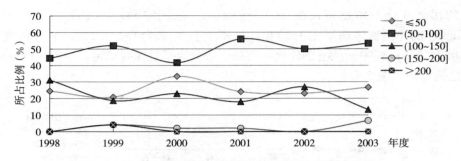

图 2-71　1998—2003 年水田土壤速效钾含量分级频率变化

看，2004—2018 年间水田监测点土壤速效钾含量平均值呈不断上升的变化趋势。2004—2018 年，土壤速效钾含量在（50～100）mg/kg 所占比例最高，整体呈下降趋势，所占比例降低了 13.6 个百分点，降幅达 26.2%；≤50mg/kg 和（100～150）mg/kg 的比例分别在 13.6%～24.8% 之间和 15.2%～27.0% 之间波动，（100～150）mg/kg 的比例整体略有上升，上升了 11.4 个百分点，上升幅度达 75.0%；（150～200）mg/kg 和 >200mg/kg 的比例一直处于较低水平且基本稳定，所占比例分别在 4.3%～13.2% 之间和 1.6%～7.1% 之间变化（图 2-72）。

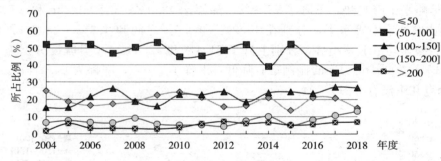

图 2-72　2004—2018 年水田土壤速效钾含量分级频率变化

3. 旱地/水浇地

1988—1997 年，土壤速效钾含量平均为 117mg/kg，变化范围 105～129mg/kg，整体略有上升，升高了 11mg/kg，上升幅度达 9.3%。土壤速效钾含量主要集中在（50～100）mg/kg 和（100～150）mg/kg，分别在 12.5%～47.4% 之间和 31.6%～62.5% 之间波动，波动幅度较大，且两者成此消彼长的变化趋势；（150～200）mg/kg 的比例呈降低趋势，所占比例降低了 12.8%，降幅达 54.5%；>200mg/kg 的比例处于较低水平，呈上升趋势，上升了 10.7%；≤50mg/kg 和的比例在 0.0%～11.1% 之间变化（图 2-73）。

1998—2003 年，土壤速效钾平均含量为 122mg/kg，整体略有上升，从 119mg/kg 上升到 128mg/kg，上升幅度为 7.6%。土壤速效钾含量主要集中在（50～100）mg/kg 和（100～150）mg/kg 区间，比例分别在 29.4%～38.5% 之间和 26.2%～45.0% 之间变化，年际变化趋势不明显；（150～200）mg/kg 的比例处于中等水平，在 13.8%～19.6% 之间变化，基本稳定；≤50mg/kg 和 >200mg/kg 的比例处于较低水平，分别在 0%～9.2% 之间和 6.2%～12.3% 之间变化，>200mg/kg 的比例整体略有上升，上升了 4.1%，上

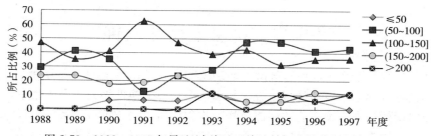

图 2-73　1988—1997 年旱地/水浇地土壤速效钾含量分级频率变化

升幅度为 66.1%（图 2-74）。

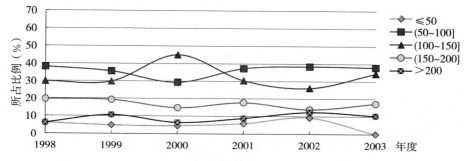

图 2-74　1998—2003 年旱地/水浇地土壤速效钾含量分级频率变化

　　2004—2018 年，土壤速效钾含量平均为 144mg/kg，变化范围 132～159mg/kg，年际变化呈上升趋势，从 139mg/kg 上升至 159mg/kg，上升了 20mg/kg，上升幅度达 14.4%；2016 年监测点调整后耕地土壤速效钾含量平均值为 150mg/kg，2018 年为 169mg/kg，总的来看，2004—2018 年间耕地监测点土壤速效钾含量平均值呈不断上升的变化趋势，上升幅度达 21.6%。2004—2018 年，土壤速效钾含量主要集中在（50～100）mg/kg 和（100～150）mg/kg 区间，比例分别在 18.5%～34.7% 之间和 24.1%～34.1% 之间变化，（50～100）mg/kg 的比例整体呈下降趋势，降低了 8.9 个百分点，降幅达 32.5%；（150～200）mg/kg 和 >200mg/kg 的比例分别在 16.2%～26.0% 之间和 14.9%～26.3% 之间变化，均呈上升趋势，分别上升了 9.6% 和 9.4%，上升幅度分别为 58.5% 和 55.6%；≤等于 50mg/kg 的比例一直处于较低水平且保持稳定，所占比例在 1.5%～5.6% 之间变化（图 2-75）。

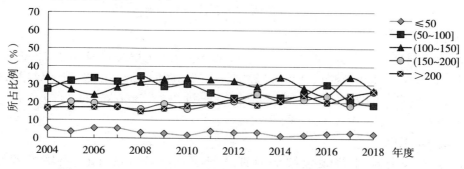

图 2-75　2004—2018 年旱地/水浇地土壤速效钾含量分级频率变化

第八节　耕层土壤缓效钾

缓效钾是指存在于膨胀性层状硅酸盐矿物层间和颗粒边缘上的一部分钾，又称非交换性钾，虽然这部分钾很难被植物直接吸收利用，但它与交换性钾处于平衡之中，是评价土壤供钾潜力的指标，当土壤中速效钾被植物吸收利用后，缓效钾可以缓慢地释放补充速效钾；反之，当土壤中速效钾含量较高、钾离子饱和度较大时，能够使速效钾转化为缓效性钾，把钾闭蓄起来。

一、缓效钾现状

1. 全国

2018 年全国耕层土壤缓效钾含量平均为 609mg/kg。土壤缓效钾含量≤200mg/kg 的监测点有 163 个，占监测点总数的 16.9%；（200～500）mg/kg 的 243 个，占 25.2%；（500～800）mg/kg 的 267 个，占 27.6%；（800～1 000）mg/kg 的 149 个，占 15.4%；＞1 000mg/kg 的 143 个，占 14.8%（图 2-76）。从空间分布上看，土壤缓效钾含量水平与不同区域的气候条件、成土母质及质地类型有密切关系。青藏区、内蒙古及长城沿线区、黄土高原区和甘新区含量水平较高，平均值均处于 800～1 000mg/kg；黄淮海区和东北区土壤缓效钾含量平均值均在 700mg/kg 左右；长江中下游区和西南区含量平均值在 400mg/kg 左右；华南区含量水平最低，均值为 255mg/kg（图 2-77）。

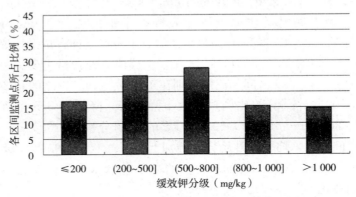

图 2-76　2018 年耕地土壤缓效钾各区间所占比例

2. 水田

2018 年全国水田土壤缓效钾含量平均为 369mg/kg。土壤缓效钾含量≤200mg/kg 的监测点有 114 个，占水田监测点总数的 32.2%；（200～500）mg/kg 的 148 个，占 41.8%；（500～800）mg/kg 的 69 个，占 19.5%；（800～1 000）mg/kg 的 14 个，占 4.0%；＞1 000mg/kg 的 9 个，占 2.5%（图 2-78）。

3. 旱地/水浇地

2018 年全国旱地/水浇地土壤缓效钾含量平均为 749mg/kg。土壤缓效钾含量≤200mg/kg 的监测点有 49 个，占旱地/水浇地监测点总数的 8.0%；（200～500）mg/kg

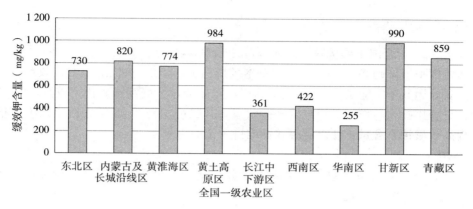

图 2-77　2018 年全国一级农业区耕地土壤缓效钾含量

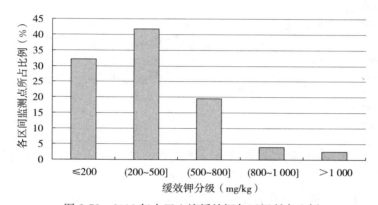

图 2-78　2018 年水田土壤缓效钾各区间所占比例

的 95 个，占 15.5%；（500～800］mg/kg 的 198 个，占 32.4%；（800～1 000］mg/kg 的 135 个，占 22.1%；＞1 000mg/kg 的 134 个，占 21.9%（图 2-79）。

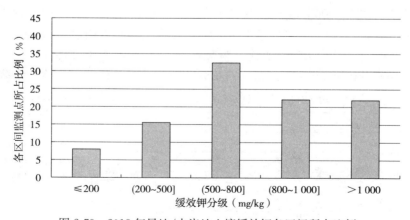

图 2-79　2018 年旱地/水浇地土壤缓效钾各区间所占比例

二、缓效钾演变

1998—2018年全国土壤缓效钾呈先下降之后基本维持稳定的趋势，1998—2003年全国土壤缓效钾呈下降趋势，2003年之后基本维持稳定，旱地/水浇地土壤缓效钾含量高于水田。主要原因其一可能是2003年之前施用钾肥偏低，土壤钾素矿化率较高，2006年之后钾肥大量施用投入与作物带走维持平衡状态；其二可能是2003年之后全国推广秸秆还田技术提高土壤钾素含量，使土壤缓效钾维持一定的含量。

1. 全国

1998—2018年，土壤缓效钾平均含量为637mg/kg，年际变化趋势不明显，变化范围582～704mg/kg（图2-80）。

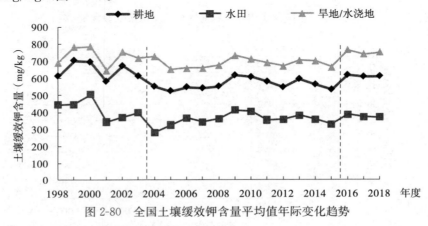

图 2-80　全国土壤缓效钾含量平均值年际变化趋势

2004—2018年，土壤缓效钾含量平均为560mg/kg，变化范围525～616mg/kg，年际变化趋势不明显；2016年监测点调整后耕地土壤缓效钾含量平均值为616mg/kg，2018年为609mg/kg，基本持平。总的来看，2004—2018年间耕地监测点土壤缓效钾含量平均值整体略呈上升趋势，上升了58mg/kg，上升幅度10.5％。2004—2018年，土壤缓效钾含量主要集中在（200～500]mg/kg和（500～800]mg/kg区间，比例分别在25.0％～37.7％之间和15.4％～36.6％之间波动变化，年际变化趋势不明显；（800～1 000]mg/kg的比例在9.3％～23.4％之间变化，整体呈上升趋势，上升了5.8％，上升幅度为60.4％；≤200mg/kg的比例在9.7％～24.3％之间变化，整体略有下降，下降了4.7％，降幅为22.1％；>1 000mg/kg的比例在7.8％～16.1％之间变化，基本稳定（图2-81）。

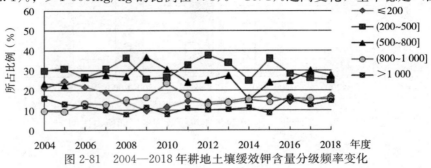

图 2-81　2004—2018年耕地土壤缓效钾含量分级频率变化

2. 水田

1998—2003 年，土壤缓效钾平均含量为 430mg/kg，年际变化趋势不明显，变化范围 344~506mg/kg。

2004—2018 年，土壤缓效钾含量平均为 356mg/kg，变化范围 281~412mg/kg，年际变化趋势不明显；2016 年监测点调整后耕地土壤缓效钾含量平均值为 386mg/kg，2018 年为 369mg/kg，基本持平。总的来看，2004—2018 年间耕地监测点土壤缓效钾含量平均值整体略呈上升趋势，上升了 88mg/kg，上升幅度 31.3%。2004—2018 年，土壤缓效钾含量在（200~500］mg/kg 的比例最高，在 33.9%~55.7% 之间波动变化，年际变化趋势不明显；≤200mg/kg 的比例呈先下降再上升的变化趋势，整体略有下降，从 40.5% 下降至 31.9%，降幅为 21.2%；（500~800］mg/kg 的比例呈先升高再下降的波动变化趋势，整体略有上升，从 16.2% 上升至 19.5%，升高幅度为 20.4%；（800~1 000］mg/kg 和 >1 000mg/kg 的比例维持在较低水平，分别在 0%~5.8% 之间和 0%~4.8% 之间变化（图 2-82）。

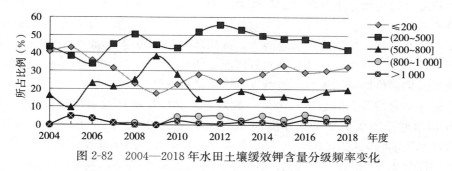

图 2-82　2004—2018 年水田土壤缓效钾含量分级频率变化

3. 旱地/水浇地

1998—2003 年，土壤缓效钾平均含量为 717mg/kg，年际变化趋势不明显，变化范围 692~717mg/kg。

2004—2018 年，土壤缓效钾含量平均为 685mg/kg，变化范围 653~731mg/kg，年际变化趋势不明显；2016 年监测点调整后耕地土壤缓效钾含量平均值为 763mg/kg，2018 年为 749mg/kg，基本持平。总的来看，2004—2018 年间耕地监测点土壤缓效钾含量平均值整体略呈上升趋势，上升了 22mg/kg，上升幅度 3.0%。2004—2018 年，土壤缓效钾含量在（200~500］mg/kg 的比例在 15.6%~34.7% 之间波动变化，整体呈下降趋势，从 27.4% 下降至 15.9%，下降了 11.5 个百分点，降幅达 42.0%；（500~800］mg/kg 的比例在 24.2%~36.4% 之间变化，呈先下降再升高的波动变化趋势；（800~1 000］mg/kg 和 >1 000mg/kg 的比例处在中等水平，分别在 16.2%~24.6% 之间和 13.8%~24.5% 之间变化，整体均呈上升趋势，分别上升了 5.7% 和 5.0%，上升幅度分别为 34.8% 和 29.6%；≤200mg/kg 的比例在 1.8%~8.3% 之间变化，整体略有升高，上升了 2.2%，上升幅度为 40.0%（图 2-83）。

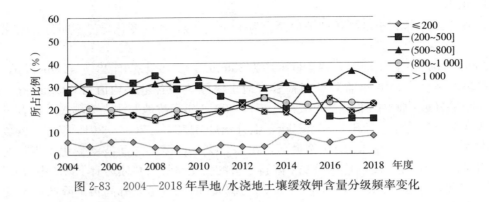

图 2-83　2004—2018 年旱地/水浇地土壤缓效钾含量分级频率变化

第九节　小　　结

陈恩凤先生曾提出，土壤肥力的高低决定于土壤的"体质"与"体型"。"体质"是指土壤的物质基础，是水、肥、气、热的数量指标；"体型"是指土壤耕层的剖面构型，决定了土壤水、肥、气、热的协调供应能力。耕层厚度和容重是土壤"体型"的重要表征，土壤有机质、全氮、有效磷和速效钾含量情况是土壤"体质"的重要表征。从 2018 年全国耕地质量长期定位监测结果看，监测点耕地质量情况如下：

（1）耕层略有增厚，但容重较大。一般而言，农作物最佳的耕层厚度为 20～25cm，2018 年全国耕地监测点耕层平均厚度为 21.6cm，高于 2016 年的 21.2cm，长江中下游区、华南区和黄淮海区耕层较浅，平均值均在 20cm 左右。2018 年全国耕地监测点耕层土壤容重平均值为 1.30 g/m³，与 2016 年的 1.29 g/m³ 基本持平。从空间分布来看，华南区容重平均值最小，为 1.11 g/m³，黄淮海区和甘新区耕层土壤容重较大，平均达 1.37 g/m³。自然沉实后的表土容重约为 1.25～1.35 g/m³，可见监测点耕层土壤容重较大，不利于保水、保肥，这可能主要受分散经营制度影响，农村一家一户主要使用小型农机具进行田间作业，不注重深松、深耕，导致土壤耕层容重较大。

（2）有机质含量稳中有升。2018 年全国耕地有机质含量平均值为 24.9g/kg，比 2016 年提高了 0.6g/kg，比 2004 年的 22.6g/kg 提升了 2.3g/kg，上升幅度达 10.2 %，旱地/水浇地的上升幅度大于水田。从频率分布情况来看，2004—2018 年，耕地土壤有机质含量主要集中在（10.0～20.0] g/kg 和（20.0～30.0] g/kg 两个区间，且在（10.0～20.0] g/kg 区间比例下降，（20.0～30.0] g/kg 区间比例上升，其他区间的比例基本无明显变化，表明部分低含量水平的监测点土壤有机质含量逐年升高，这主要归因于 2004 年以来作物产量的提高、秸秆还田技术与有机肥施用及少（免）耕技术的推广等。

（3）耕地土壤有效磷和速效钾含量有所上升。土壤全氮含量基本稳定、有效磷和速效钾含量呈上升趋势，土壤潜在供钾能力（缓效钾含量）稳定。2016 年以来，全国耕地监测点耕层土壤全氮含量年际变化不大，基本稳定在 1.4g/kg 左右。从土地利用方式来看，水田监测点土壤全氮含量明显高于旱地/水浇地，主要集中在 >1g/kg 以上区间段，占比

90％左右；旱地/水浇地主要集中在（0.75～1.00］g/kg 和（1.00～1.50］g/kg 两个区间，占比之和达 60％以上。监测点土壤有效磷与速效钾的含量在 1988—1997 年、1998—2003 年、2004—2015 年、2016—2018 年 4 个阶段总体呈上升趋势，监测点在高含量区间的占比不断升高，在低含量区间的占比不断降低，这在一定程度上与追求产量大量施肥等因素有关。2004 年以来，监测点土壤缓效钾含量平均值基本处于稳定状态，年际变化不大，水田监测点耕层土壤缓效钾含量水平明显低于旱地/水浇地，2018 年水田监测点耕层土壤缓效钾含量平均为 369mg/kg，旱地/水浇地为 749mg/kg。

（4）土壤酸碱度基本稳定。2018 年全国耕地监测点 pH 平均为 6.9，水田监测点平均为 6.2，旱地/水浇地平均为 7.2，与 2016 年基本持平。频率分布情况来看，水田监测点主要集中在（4.5～5.5］和（5.5～6.5］区间，旱地/水浇地监测点主要集中在（7.5～8.5］区间。

根据以上分析，提出以下耕地质量保护对策：

一是大力推广土壤改良和地力培肥技术，构建以土壤有机质提升为核心的土壤培肥技术体系，稳步提升耕地产出能力。土壤有机质是耕地质量"体质"指标中最重要的因素，因此提升耕地质量首要任务就是提升有机质含量。应当积极推进秸秆还田，推广秸秆翻压还田、覆盖还田、堆沤还田、过腹还田等技术；增施有机肥，包括农肥和商品有机肥；实施轮作、休耕，实现用地养地相结合。通过以上措施提高土壤有机质含量，增加土壤微团聚体比例，提高土壤的保水、保肥能力。

二是大力推广节水旱作农业技术，提高粮食水分生产力，构建以建立土壤水库为核心的新耕作制技术体系。建立一个理想的剖面构型，创造一个"上虚下实"，"苗带紧、行间松，虚实结合"的耕层结构，有利于耕层接纳天然降水和托水托肥。主要措施是改革耕作制度，逐步减少小型动力拖拉机作业，减少作业次数，积极推广大型机械作业，采取宽窄行留高茬轮换种植、深松深翻、保护性免耕和重镇压等技术，实现耕地剖面构型由"波浪型"向"平面型"的"体型"转变。

三是构建合理的养分管理体系。有机无机结合，科学施肥。在增施有机肥或实施秸秆全量还田的基础上，氮肥采用分期调控，减施增效；磷肥利用后效，减量施用，恒量调控，高含量地块可以连续两年减施 30％，以后测土再确定合理用量；钾肥采用恒量调控，适量增钾，3～5 年测土监控 1 次，确定合理用量；中微量元素可基于土壤测试进行因缺补缺。

第三章 农业区耕地质量监测结果

第一节 东 北 区

东北区包括黑龙江省、吉林省、辽宁省（除朝阳外）三省及内蒙古东北部大兴安岭地区，总耕地面积约 3.34 亿亩，占全国耕地总面积的 18.2%，种植制度为一年一熟。该区广袤的土地、肥沃的土壤和适宜的气候，为粮食生产提供了得天独厚的条件，一直是我国最重要的粮食生产基地，被称为"中国最大的商品粮战略后备基地"。该区主要包括辽宁平原丘陵农林区、松嫩—三江平原农业区、长白山地林农区和兴安岭林区 4 个二级农业区，耕地主要土壤类型为黑土、黑钙土、暗棕壤、棕壤等。该区耕地质量水平较高，中高等级耕地占耕地总面积的 94% 以上。主要障碍因素包括水土流失、土壤沙化、酸化、盐碱化及土壤养分贫瘠等，这部分耕地土壤保肥保水能力差、排水不畅，易受到干旱和洪涝灾害的影响。

2018 年，东北区共有耕地质量监测点 168 个。其中，辽宁平原丘陵农林区监测点有 39 个，占东北区监测点总数的 23.2%；松嫩—三江平原农业区 105 个，占 62.5%；长白山地林农区 15 个，占 8.9%，兴安岭林区 9 个，占 5.4%（表 3-1）。

表 3-1 东北区 2018 年国家级耕地质量监测点基本情况

农业区	省份	监测点数	土壤类型
辽宁平原丘陵农林区	辽宁省	39	棕壤、草甸土、水稻土、褐土
松嫩三江平原农业区	黑龙江省	66	黑土、黑钙土、水稻土、暗棕壤、白浆土、草甸土、风沙土、盐碱土
	吉林省	39	黑钙土、黑土、草甸土、新积土、风沙土、水稻土
	小计	105	黑土、黑钙土、水稻土、暗棕壤、白浆土、新积土、草甸土、风沙土、盐碱土
长白山地林农区	黑龙江省	1	水稻土
	吉林省	14	白浆土、水稻土、暗棕壤、黑土、新积土
	小计	15	白浆土、水稻土、暗棕壤、黑土、新积土
兴安岭林区	黑龙江省	2	暗棕壤、黑土
	内蒙古北部	7	暗棕壤、黑钙土、黑土、草甸土、栗钙土
	小计	9	暗棕壤、黑钙土、黑土、草甸土、栗钙土
东北区	合计	168	黑土、黑钙土、暗棕壤、棕壤、水稻土、褐土、草甸土、栗钙土、白浆土、风沙土、新积土、盐碱土

　　根据农业农村部耕地质量监测保护中心印发的《全国九大农区及省级耕地质量监测指标分级标准（试行）》，东北区耕地质量监测主要指标分级标准见表3-2。

表 3-2　东北区耕地质量监测主要指标分级标准

指标	单位	分级标准				
		1级（高）	2级（较高）	3级（中）	4级（较低）	5级（低）
耕层厚度	cm	>30.0	25.0～30.0	20.0～25.0	15.0～20.0	≤15.0
土壤容重	g/cm³	1.10～1.30	1.30～1.40	1.40～1.50，1.00～1.10	1.50～1.60，0.90～1.00	>1.60，≤0.90
有机质	g/kg	>40.0	30.0～40.0	20.0～30.0	10.0～20.0	≤10.0
pH	—	6.0～7.5	5.5～6.0	7.5～8.0，5.0～5.5	8.0～8.5，4.5～5.0	>8.5，≤4.5
全氮	g/kg	>2.50	1.50～2.50	1.00～1.50	0.50～1.00	≤0.50
有效磷	mg/kg	>40.0	30.0～40.0	20.0～30.0	10.0～20.0	≤10.0
速效钾	mg/kg	>200	150～200	100～150	50～100	≤50
缓效钾	mg/kg	>1 000	800～1 000	500～800	200～500	≤200

一、耕地质量主要指标性状

（一）有机质现状及演变趋势

1. 有机质现状

　　2018年，东北区土壤有机质平均含量31.4g/kg，处于2级（较高）水平。据统计，全区有机质含量有效监测点数161个，根据东北区耕地质量监测主要指标分级标准，处于1级（高）水平的监测点有24个，占监测点总数14.9%；处于2级（较高）水平的监测点有52个，占32.3%；处于3级（中）水平的监测点有57个，占35.4%；4级（较低）水平的监测点有23个，占14.3%；处于5级（低）水平的监测点有5个，占3.1%（图3-1）。总体来看，东北区土壤有机质呈上升趋势。

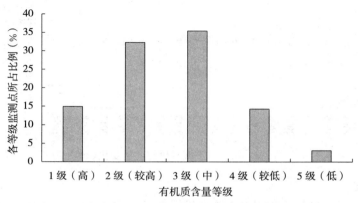

图 3-1　2018年东北区土壤有机质含量各等级区间所占比例

注：1级（>40g/kg）、2级（30～40] g/kg、3级（20～30] g/kg、4级（10～20] g/kg、5级（≤10g/kg）。

2018年耕地质量监测结果显示，东北区各二级农业区土壤有机质含量平均值差异较大，由南向北（纬度由低至高）土壤有机质平均值逐渐递增。北部兴安岭林区所辖区域有机质含量最高，平均为60.9g/kg，处于1级（高）水平；南部的辽宁平原丘陵农林区最低，平均为21.8g/kg，处于3级（中）水平；松嫩—三江平原农业区和长白山地林农区居中，平均值分别为31.9g/kg和35.3g/kg，均处于2级（较高）水平（图3-2）。

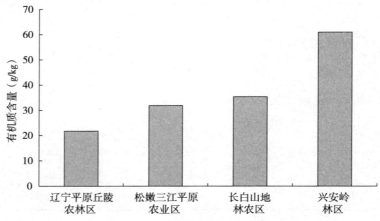

图3-2　2018年东北区二级农业区域土壤有机质含量

2. 含量变化

2004—2018年，东北区监测点土壤有机质平均含量基本稳中有升，年均增加0.2g/kg（图3-3）。二级农业区中，松嫩—三江平原农业区有机质含量水平及变化情况基本与东北区一致；辽宁平原丘陵农林区呈先下降后上升的波动趋势，长白山地林农区土壤有机质平均含量波动较大，呈先上升再下降的趋势，兴安岭林区监测点较少，从2016年到2018年呈上升趋势。

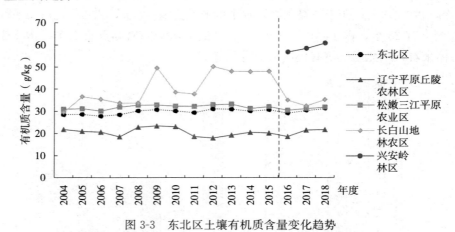

图3-3　东北区土壤有机质含量变化趋势

3. 频率变化

2004—2018年，东北区监测点土壤有机质含量主要集中在2级和3级水平，2018年占比67.7%。其中，土壤有机质含量处于1级（高）水平的监测点占比呈增加趋势，从

7.5％上升到14.91％；处于2级（较高）和3级（中）水平的监测点占比在呈下降趋势，分别从46.34％、39.02％下降到32.30％、35.40％；处于4级（较低）水平的监测点的占比波动较大，略有下降，从14.63％下降到14.29％；监测点土壤有机质含量处于5级（低）水平的监测点占比一直处于较低水平（图3-4）。

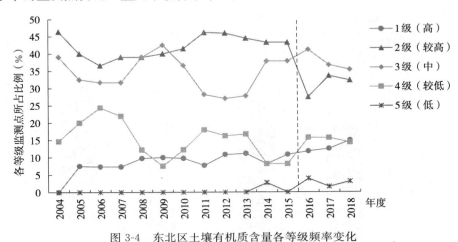

图 3-4　东北区土壤有机质含量各等级频率变化

（二）全氮现状及演变趋势

1. 全氮现状

2018年，东北区土壤全氮平均含量1.63g/kg，处于2级（较高）水平。据统计，全区全氮含量有效监测点数148个，根据东北区耕地质量监测主要指标分级标准，处于1级（高）水平的监测点有11个，占监测点总数7.4％；处于2级（较高）水平的监测点有64个，占43.2％；处于3级（中）水平的监测点有47个，占31.8％；4级（较低）水平的监测点有23个，占15.5％；处于5级（低）水平的监测点有3个，占2.1％（图3-5）。总体来看，东北区土壤全氮含量变化较为平稳。

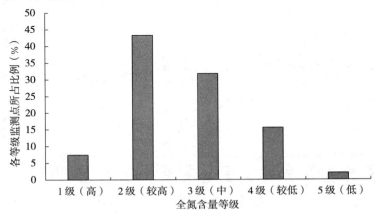

图 3-5　2018年东北区土壤全氮含量各等级区间所占比例

注：1级（＞2.50g/kg）、2级（1.50～2.50]g/kg、3级（1.00～1.50]g/kg、4级（0.50～1.00]g/kg、5级（≤0.50g/kg）。

2018 年耕地质量监测结果显示，东北区各二级农业区土壤全氮含量平均值表现出由南向北（纬度由低至高）逐渐递增。北部兴安岭林区所辖区域全氮含量最高，平均为 1.90g/kg，处于 2 级（较高）水平；南部的辽宁平原丘陵农林区最低，平均为 1.36g/kg，处于 3 级（中）水平；松嫩—三江平原农业区和长白山地林农区居中，平均值分别为 1.69g/kg 和 1.81g/kg，均处于 2 级（较高）水平（图 3-6）。

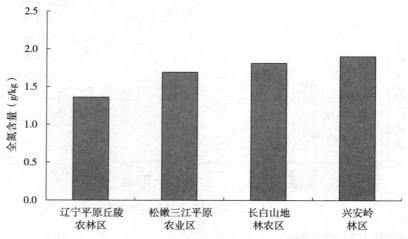

图 3-6　2018 年东北区二级农业区域土壤全氮含量

2. 含量变化

2004—2018 年，东北区监测点土壤全氮平均含量变化较小，变化趋势与土壤有机质含量变化类似，基本稳定（图 3-7）。二级农业区中，松嫩—三江平原农业区全氮含量水平及变化情况基本与东北区一致，辽宁平原丘陵农林区呈先下降后上升的趋势，长白山地林农区土壤有机质平均含量波动较大，总体呈先升后降的趋势。

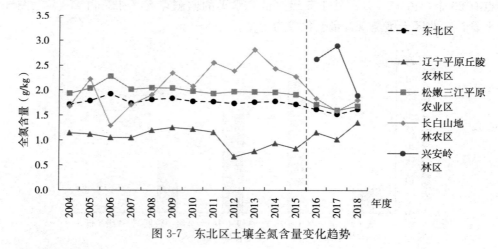

图 3-7　东北区土壤全氮含量变化趋势

3. 频率变化

2004—2018 年，东北区监测点土壤全氮含量主要集中在 2 级（较高）水平，占比在 40.0%～75.0%，呈下降趋势，从 2004 年的 56.1%下降到 43.2%。1 级（高）水平的监测点占比较为稳定，变化不大，2018 年为 7.4％；3 级（中）水平和 4 级（较低）水平占比略有上升，分别从 2004 年的 24.4％、12.2％上升到 31.76％、15.5％；5 级（低）水平的监测点占比一直处于较低水平，2018 年为 2.0％（图 3-8）。

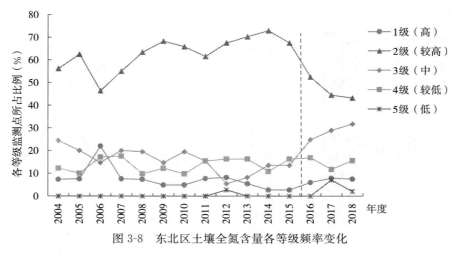

图 3-8　东北区土壤全氮含量各等级频率变化

（三）有效磷现状及演变趋势

1. 有效磷现状

2018 年，东北区土壤有效磷平均含量 41.2mg/kg，处于 1 级（高）水平。据统计，全区有效磷含量有效监测点数 157 个，根据东北区耕地质量监测主要指标分级标准，处于 1 级（高）水平的监测点有 62 个，占监测点总数 39.5％；处于 2 级（较高）水平的监测点有 23 个，占 14.7％；处于 3 级（中）水平的监测点有 42 个，占 26.7％；4 级（较低）水平的监测点有 17 个，占 10.8％；处于 5 级（低）水平的监测点有 13 个，占 8.3％（图 3-9）。总体来看，东北区土壤有效磷含量呈上升趋势。

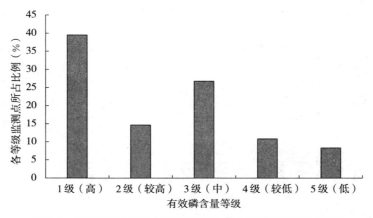

图 3-9　2018 年东北区土壤有效磷含量各等级区间所占比例

注：1 级（＞40mg/kg）、2 级（30～40] mg/kg、3 级（20～30] mg/kg、4 级（10～20] mg/kg、5 级（≤10mg/kg）。

2018 年耕地质量监测结果显示，东北区土壤有效磷含量普遍较高，辽宁平原丘陵农林区和长白山地林农区土壤有效磷含量较高，平均分别为 44.5mg/kg 和 44.1mg/kg，松嫩—三江平原农业区和兴安岭林区略低，平均分别为 39.7mg/kg 和 38.0mg/kg（图 3-10）。

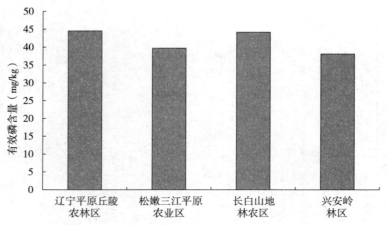

图 3-10　2018 年东北区二级农业区域土壤有效磷含量

2. 含量变化

2004—2018 年，东北区监测点土壤有效磷含量总体呈先升后降再升的趋势，2004—2007 年呈上升趋势，年均增加 2.7mg/kg，2008—2016 年呈下降趋势，年均下降 0.9mg/kg，因 2017 年和 2018 年监测点新增有效磷平均含量高于平均值，故 2017 年和 2018 年有效磷含量较 2016 年有所上升（图 3-11）。二级农业区中，松嫩—三江平原农业区和辽宁平原丘陵农林区土壤有效磷含量水平及变化情况基本与东北区一致。总的来看，东北区土壤有效磷含量稳中有升。

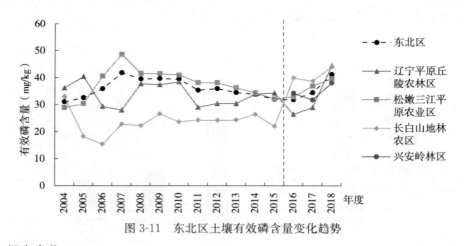

图 3-11　东北区土壤有效磷含量变化趋势

3. 频率变化

2004—2018 年，东北区监测点土壤有效磷含量主要集中在 1 级（高）水平，2018 年占比 39.5%；2 级（较高）水平的监测点占比呈现出先上升后下降的趋势，总体略有下降，从 19.5% 下降到 14.6%；1 级（高）水平和 2 级（较高）水平监测点的占比在

2009—2013 年和 2014—2016 年呈此消彼长的变化趋势,说明减磷施肥有一定的效果;3 级(中)水平监测点的占比呈上升趋势,从 19.5% 上升到 26.7%;4 级(较低)水平监测点的占比呈下降趋势,从 24.4% 下降到 10.8%;5 级(低)水平区间的占比一直处于较低水平,2018 年为 8.3%(图 3-12)。

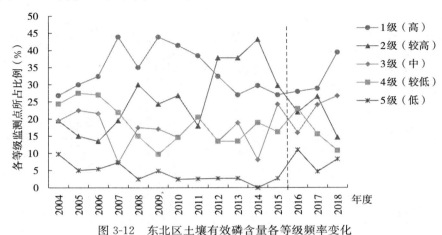

图 3-12 东北区土壤有效磷含量各等级频率变化

(四)速效钾现状及演变趋势

1. 速效钾现状

2018 年,东北区土壤速效钾平均含量 186mg/kg,处于 2 级(较高)水平。据统计,全区速效钾含量有效监测点数 156 个,根据东北区耕地质量监测主要指标分级标准,处于 1 级(高)水平的监测点有 55 个,占监测点总数 35.3%;处于 2 级(较高)水平的监测点有 42 个,占 26.9%;处于 3 级(中)水平的监测点有 42 个,占 26.9%;4 级(较低)水平的监测点有 15 个,占 9.6%;处于 5 级(低)水平的监测点有 2 个,占 1.3%(图 3-13)。总体来看,东北区土壤速效钾含量呈缓慢上升趋势。

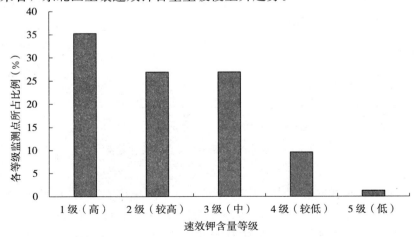

图 3-13 2018 年东北区土壤速效钾含量各等级区间所占比例

注:1 级(>200mg/kg)、2 级(150~200]mg/kg、3 级(100~150]mg/kg、4 级(50~100]mg/kg、5 级(≤50mg/kg)。

2018年耕地质量监测结果显示，兴安岭林区和松嫩—三江平原农业区土壤速效钾含量较高，平均分别为214mg/kg和201mg/kg，辽宁平原丘陵农林区和长白山地林农区略低，平均分别为144mg/kg和188mg/kg（图3-14）。

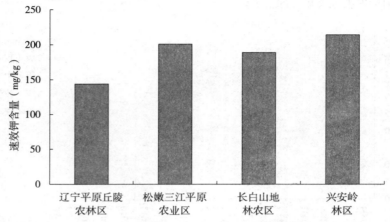

图3-14　2018年东北区二级农业区域土壤速效钾含量

2. 含量变化

2004—2018年，东北区监测点土壤速效钾平均含量呈上升趋势，年均增加2.1g/kg（图3-15）。二级农业区中，辽宁平原丘陵农林区和松嫩—三江平原农业区有机质含量水平及变化情况基本与东北区一致；长白山地林农区土壤速效钾平均含量波动较大，总体呈上升趋势；兴安岭林区监测点较少，从2016年到2018年总体呈先升再降的趋势。

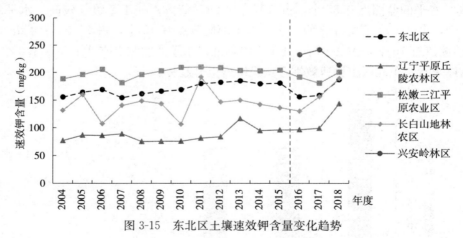

图3-15　东北区土壤速效钾含量变化趋势

3. 频率变化

2004—2018年，东北区监测点土壤速效钾含量主要集中在1级（高）水平，2018年占比35.3％；2级（较高）水平监测点的占比波动较大，总体略有下降，从29.3％下降到26.9％；3级（中）水平监测点的占比呈上升趋势，从21.9％上升到26.9％，4级（较低）水平监测点占比呈大幅度下降趋势，从24.4％下降到9.6％；5级（低）水平监测点的占比一直很低，2018年为1.3％（图3-16）。

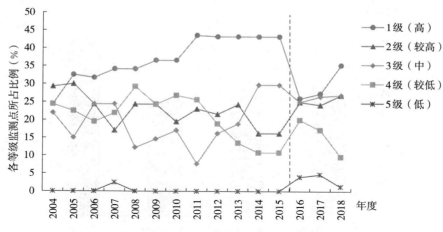

图 3-16　东北区土壤速效钾含量各等级频率变化

（五）缓效钾现状及演变趋势

1. 缓效钾现状

2018 年，东北区土壤缓效钾平均含量 726mg/kg，处于 3 级（中）水平。据统计，全区缓效钾含量有效监测点数 111 个，根据东北区耕地质量监测主要指标分级标准，处于 1 级（高）水平的监测点有 23 个，占监测点总数 20.7%；处于 2 级（较高）水平的监测点有 23 个，占 20.7%；处于 3 级（中）水平的监测点有 33 个，占 29.8%；4 级（较低）水平的监测点有 31 个，占 27.9%；处于 5 级（低）水平的监测点有 1 个，占 0.9%（图 3-17）。总体来看，东北区土壤缓效钾含量变化不大，趋于平稳。

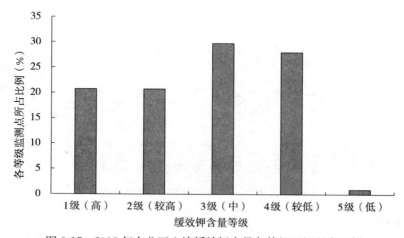

图 3-17　2018 年东北区土壤缓效钾含量各等级区间所占比例

注：1 级（>1 000mg/kg）、2 级（800～1 000］mg/kg、3 级（500～800］mg/kg、4 级（200～500］mg/kg、5 级（≤200mg/kg）。

2018 年耕地质量监测结果显示，东北区土壤缓效钾含量处于较高水平。最北部的兴安岭林区所辖区域土壤缓效钾含量最高，平均 978mg/kg；辽宁平原丘陵农林区次之，平均 743mg/kg；松嫩—三江平原农业区和长白山地林农区最低，平均值分别为 689mg/kg

和 700mg/kg；（图 3-18）。

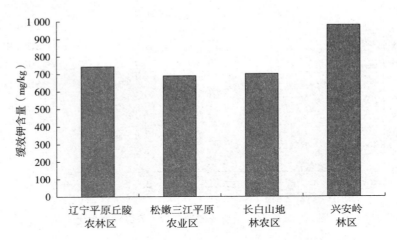

图 3-18　2018 年东北区二级农业区域土壤缓效钾含量

2. 含量变化

2004—2018 年，东北区监测点土壤缓效钾含量略有下降。松嫩—三江平原农业区土壤缓效钾含量水平及变化情况基本与东北区一致；辽宁平原丘陵农林区呈先升后降的变化趋势，从 2013 年起逐年下降，2018 年与 2004 年几乎一致；兴安岭林区监测点较少，2016—2018 年大幅度上升（图 3-19）。

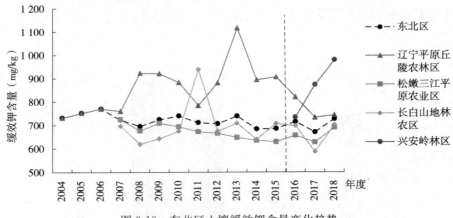

图 3-19　东北区土壤缓效钾含量变化趋势

3. 频率变化

2004—2018 年，东北区监测点土壤缓效钾含量主要集中在 3 级（中）水平，平均占比 40.0％左右；1 级（高）水平监测点的占比呈先下降后略有上升的变化趋势，从 16.7％上升到 20.7％，这可能与近几年钾肥的施用量和秸秆还田增加有关；2 级（较高）水平监测点的占比呈先上升后下降的变化趋势，2018 年为 20.7％；4 级（较低）水平监测点的占比较为稳定，2018 年为 27.9％；5 级（低）水平监测点的占比一直较低，2018 年为 0.9％（图 3-20）。

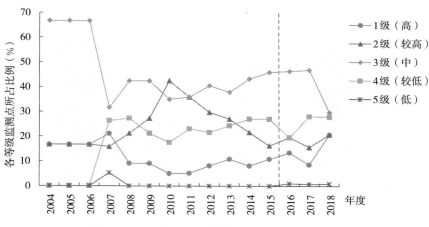

图 3-20 东北区土壤缓效钾含量各等级频率变化

（六）土壤 pH 现状及演变趋势

1. 土壤 pH 现状

2018 年，东北区土壤 pH 平均 6.2，处于 1 级（高）水平。据统计，全区 pH 有效监测点数 157 个，根据东北区耕地质量监测主要指标分级标准，处于 1 级（高）水平的监测点有 67 个，占监测点总数 42.6%；处于 2 级（较高）水平的监测点有 41 个，占 26.1%；处于 3 级（中）水平的监测点有 37 个，占 23.6%；4 级（较低）水平的监测点有 10 个，占 6.4%；处于 5 级（低）水平的监测点有 2 个，占 1.3%（图 3-21）。总体来看，东北区土壤 pH 呈稳中有降。

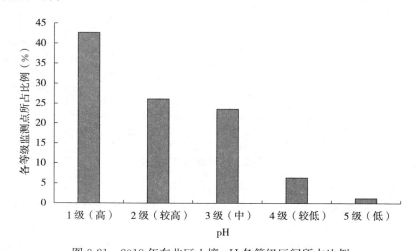

图 3-21 2018 年东北区土壤 pH 各等级区间所占比例

注：1 级（6.0～7.5]、2 级（5.5～6.0]、3 级（7.5～8.0]（5.0～5.5]、4 级（8.0～8.5]（4.5～5.0]、5 级（>8.5，≤4.5）。

2018 年耕地质量监测结果显示，东北区各二级农业区土壤 pH 平均在 5.5 以上，兴安岭林区、松嫩—三江平原农业区和辽宁平原丘陵农林区土壤 pH 平均分别为 6.56，6.28 和 6.22，长白山地林农区为 5.63（图 3-22）。

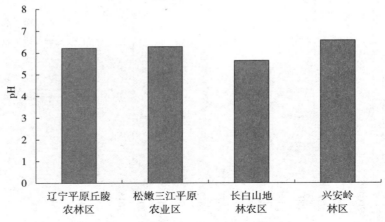

图 3-22 2018 年东北区二级农业区域土壤 pH

2. 含量变化

2004—2018 年，东北区监测点土壤 pH 略有下降，年均下降 0.02。松嫩—三江平原农业区土壤 pH 及变化情况基本与东北区一致；辽宁平原丘陵农林区呈先降后升的变化趋势；长白山地林农区土壤 pH 在 2008—2018 年间波动较大；兴安岭林区在 2016—2018 年呈先升后降的趋势（图 3-23）。

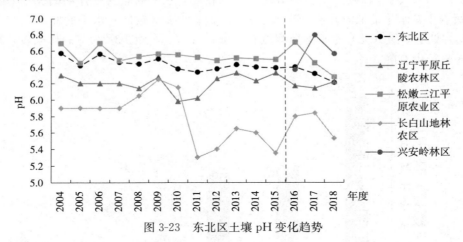

图 3-23 东北区土壤 pH 变化趋势

3. 频率变化

2004—2018 年，监测点土壤 pH 主要集中在 1 级（高）水平区间，2018 年为 42.7%；2 级（较高）水平监测点的占比波动较大，略有下降，从 25% 下降到 23.6%；3 级（中）水平监测点的占比增加趋势明显，从 15% 增加到 23.6%；4 级（较低）水平监测点的占比波动较小，略有升高，从 5% 上升到 6.4%；5 级（低）水平监测点占比较低，2018 年为 1.3%（图 3-24）。总的来看，东北区的土壤 pH 呈下降趋势。

（七）耕层厚度情况

2018 年，东北区土壤耕层厚度平均值 22.2cm，处于 3 级（中）水平。据统计，全区土壤耕层厚度有效监测点数 135 个，根据东北区耕地质量监测主要指标分级标准，处于 1 级

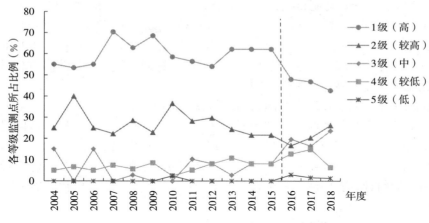

图 3-24　东北区土壤 pH 各等级频率变化

（高）水平的监测点有 9 个，占监测点总数 6.7％；处于 2 级（较高）水平的监测点有 16 个，占 11.9％；处于 3 级（中）水平的监测点有 33 个，占 24.4％；4 级（较低）水平的监测点有 74 个，占 54.8％；处于 5 级（低）水平的监测点有 3 个，占 2.2％（图 3-25）。

2018 年，东北区的 4 个二级农业区耕层厚度平均值表现为：兴安岭林区（28.6cm）＞长白山地林农区（23.2cm）＞辽宁平原丘陵农林区（22.9cm）＞松嫩—三江平原农业区（21.1cm）。

2015—2018 年，耕层厚度主要集中在 4 级（较低）水平，5 级（低）水平监测点的占比最低。从 2015 年到 2018 年，1 级（高）、2 级（较高）、3 级（中）水平监测点的占比有所增加，而 4 级（较低）、5 级（低）水平监测点的占比有所下降。

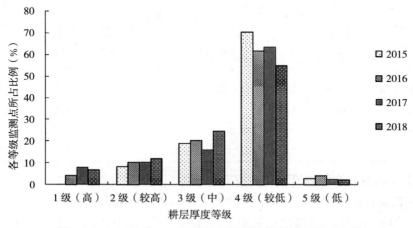

图 3-25　2018 年东北区土壤耕层厚度各等级区间所占比例

二、肥料投入与利用情况

（一）肥料投入现状

2018 年，东北区监测点肥料亩总投入量（折纯，下同）平均值 25.9kg，其中有机肥亩投入量平均值 4.1kg，化肥亩投入量平均值 21.9kg，有机肥和化肥之比 1：5.36。肥料亩总投入中，氮肥（N）投入 12.8kg，磷肥（P_2O_5）6.3kg，钾肥（K_2O）6.9kg，投入量依次为：肥料氮＞肥料钾＞肥料磷，氮：磷：钾为 1：0.49：0.54。其中化肥亩投入中，氮肥（N）投入 11.5kg，磷肥（P_2O_5）5.4kg，钾肥（K_2O）4.9kg，投入量依次为：化肥氮＞化肥磷＞化肥钾，氮：磷：钾为 1：0.47：0.43。

东北区的 4 个二级农业区中监测点的肥料投入情况见表 3-3。

辽宁平原丘陵农林区监测点肥料亩总投入量最高，为 37.9kg，其中有机肥亩投入量平均值 14.2kg，化肥亩投入量平均值 23.7kg，有机肥和化肥之比 1：1.66。肥料亩总投入中，氮肥（N）投入 18.6kg，磷肥（P_2O_5）8.8kg，钾肥（K_2O）10.5kg，投入量依次为：肥料氮＞肥料钾＞肥料磷，氮：磷：钾为 1：0.47：0.56。其中化肥 N：P_2O_5：K_2O 为 1：0.39：0.38。

松嫩—三江平原农业区监测点肥料亩总投入量为 23.4kg，其中有机肥亩投入量平均值 2.1kg，化肥亩投入量平均值 21.4kg，有机肥和化肥之比 1：10.26。肥料亩总投入中，氮肥（N）投入 11.7kg，磷肥（P_2O_5）6.0kg，钾肥（K_2O）5.8kg，投入量依次为：肥料氮＞肥料磷＞肥料钾，氮：磷：钾平均比例 1：0.51：0.49。其中化肥 N：P_2O_5：K_2O 为 1：0.50：0.45。

长白山地林农区监测点肥料亩总投入量为 26.3kg，全部为化肥。肥料亩总投入中，氮肥（N）投入 13.9kg，磷肥（P_2O_5）6.2kg，钾肥（K_2O）6.2kg，投入量依次为：肥料氮＞肥料钾＞肥料磷，氮：磷：钾平均比例 1：0.45：0.45。

兴安岭林区监测点肥料亩总投入量最低，为 16.1kg，全部为化肥。肥料亩总投入中，氮肥（N）投入 7.0kg，磷肥（P_2O_5）4.2kg，钾肥（K_2O）5.0kg，投入量依次为：肥料氮＞肥料钾＞肥料磷，氮：磷：钾平均比例 1：0.60：0.71。

表 3-3　东北区监测点肥料亩投入情况

农业区	有机肥（kg）	化肥（kg）	施肥总量（kg）	总 N（kg）	总 P_2O_5（kg）	总 K_2O（kg）	化肥 N：P_2O_5：K_2O
辽宁平原丘陵农林区	14.24	23.67	37.91	18.62	8.78	10.51	1：0.39：0.38
松嫩三江平原农业区	2.08	21.35	23.43	11.69	5.98	5.76	1：0.50：0.45
长白山地林农区	0.00	26.29	26.29	13.87	6.18	6.24	1：0.45：0.45
兴安岭林区	0.00	16.14	16.14	6.99	4.17	4.98	1：0.60：0.71
东北区	4.08	21.86	25.94	12.79	6.28	6.87	1：0.47：0.43

（二）主要粮食作物肥料投入和产量变化趋势

1. 主要粮食作物（玉米、水稻、大豆）肥料投入与产量变化趋势

2004—2018 年，东北区监测点主要粮食作物（玉米、水稻、大豆）肥料单位面积投入总量呈上升趋势。主要粮食作物（玉米、水稻、大豆）监测点肥料亩投入量 2018 年 20.0kg，较 2004 年亩增加了 1.6kg，增幅 8.5%。其中，化肥亩投入量 2018 年 18.9kg，较 2004 年亩增加了 3.5kg，增幅 22.8%。有机肥亩投入量 2018 年 1.0kg，较 2004 年亩降低了 2.0kg，降幅 65.5%。2004—2018 年，东北区监测点主要粮食作物（玉米、水稻、大豆）亩产均呈上升趋势，由 2004 年 388.5kg 增加到 469.8kg，增幅 20.9%（图 3-26）。

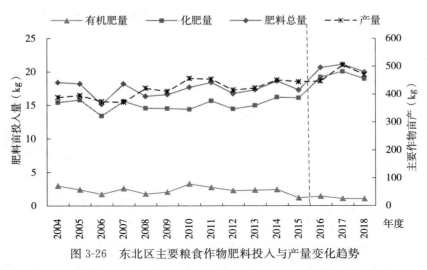

图 3-26　东北区主要粮食作物肥料投入与产量变化趋势

2. 东北区玉米肥料投入和产量变化趋势

2004—2018 年，东北区监测点玉米肥料单位面积投入总量呈上升趋势。玉米监测点肥料亩投入量 2018 年 27.0kg，较 2004 年亩增加了 1.8kg，增幅 7.4％。其中，化肥亩投入量 2018 年 25.0kg，较 2004 年亩增加了 4.9kg，增幅 24.4％。有机肥亩投入量 2018 年 2.0kg，较 2004 年亩降低了 3.1kg，降幅 60.0％。2004—2018 年，东北区监测点玉米亩产均呈上升趋势，由 2004 年 536.1kg 增加到 647.5kg，增幅 20.8％（图 3-27）。

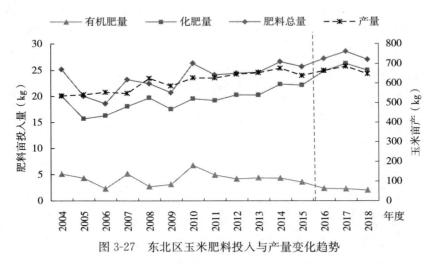

图 3-27　东北区玉米肥料投入与产量变化趋势

3. 东北区水稻肥料投入和产量变化趋势

2004—2018 年，东北区监测点水稻肥料单位面积投入总量呈曲折式上升趋势。水稻监测点肥料亩投入量 2018 年 21.4kg，较 2004 年亩增加了 3.7kg，增幅 20.9％。其中，化肥亩投入量 2018 年 20.4kg，较 2004 年亩增加了 6.5kg，增幅 47.11％。有机肥亩投入量 2018 年 1.1kg，较 2004 年亩降低了 2.8kg，降幅 72.9％。2004—2018 年，东北区监测点水稻亩产均呈上升趋势，由 2004 年 488.8kg 增加到 590.7kg，增幅 20.8％（图 3-28）。

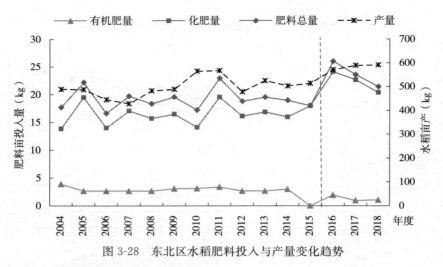

图 3-28　东北区水稻肥料投入与产量变化趋势

4. 东北区大豆肥料投入和产量变化趋势

2004—2018 年，东北区监测点大豆肥料单位面积投入总量呈先下降后上升的趋势。大豆监测点肥料亩投入量 2012 年最低，为 7.0kg，较 2004 年亩减少了 5.3kg，降幅 43.1%，2018 年大豆监测点肥料亩投入量 11.5kg，较 2012 年亩增加了 4.4kg，增幅 63.2%。化肥投入量的变化趋势与肥料变化趋势一致。2004—2018 年，东北区监测点大豆亩产呈波动式上升趋势，由 2004 年 140.6kg 增加到 171.1kg，增幅 21.7%（图 3-29）。

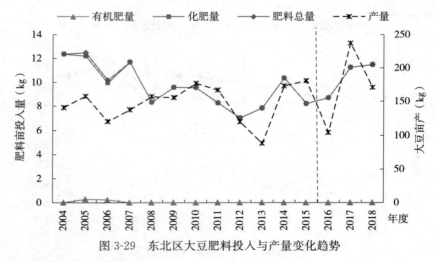

图 3-29　东北区大豆肥料投入与产量变化趋势

（三）养分回收率与偏生产力

1. 玉米

2004—2018 年，东北区监测点玉米总养分回收率较为稳定，2018 年为 147.8%。其中，玉米氮肥回收率也基本稳定在 120.0% 左右，2018 年为 115.6%；玉米磷肥回收率呈缓慢上升趋势，从 2004 年的 73.5% 上升到 2018 年的 115.6%；玉米钾肥回收率均呈下降趋势，从 2004 年的 333.8% 下降到 2018 年的 246.5%（图 3-30）。

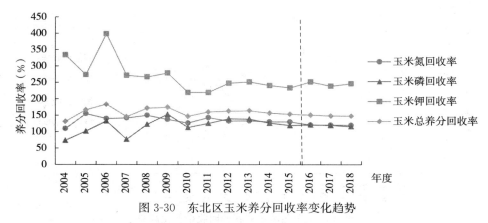

图 3-30　东北区玉米养分回收率变化趋势

2004—2018 年，东北区玉米监测点玉米化肥偏生产力（PFP）整体略有下降，2018 年化肥偏生产力 25.9kg/kg，2004 年 26.7kg/kg，下降了 2.9%。肥料氮偏生产力变幅与化肥相似，2018 年为 44.7kg/kg，比 2005 年下降了 22.8%。肥料磷偏生产力较不稳定，呈波动式上升趋势；肥料钾偏生产力有所下降，从 2004 年的 141.45kg/kg 下降到 2018 年的 104.4kg/kg，降幅为 31.9kg/kg。肥料氮偏生产力明显低于肥料磷和肥料钾（图 3-31）。

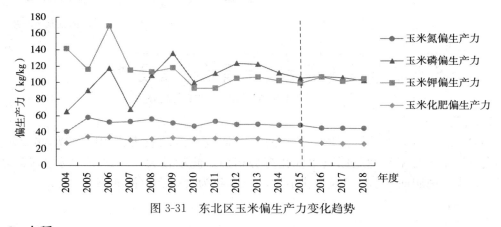

图 3-31　东北区玉米偏生产力变化趋势

2. 水稻

2004—2018 年，东北区监测点水稻总养分回收率有所波动，但变化不大，2018 年为 72.7%。其中，水稻氮肥回收率稳中略有下降，从 2004 年的 55.2% 上升到 2018 年的 46.3%；水稻磷肥回收率呈先升后降的趋势，2018 年为 59.2%；水稻钾肥回收率波动较大，总体呈下降趋势，从 2004 年的 197.6% 下降到 2018 年的 138.0%（图 3-32）。

2004—2018 年，水稻化肥偏生产力整体略有降低趋势，2018 年为 35.3 kg/ kg、较 2004 年降低了 17.9 个百分点。其中，2004 年肥料氮偏生产力平均值为 52.3kg/kg，2018 年为 54.2kg/kg，增加了 1.9kg/kg，增幅为 3.8%；肥料磷和钾偏生产力变化波动较大，可能与点位数较少有关，2018 年肥料磷、钾偏生产力平均值分别为 116.5kg/kg、108.4kg/kg。肥料氮偏生产力明显低于肥料磷和肥料钾（图 3-33）。

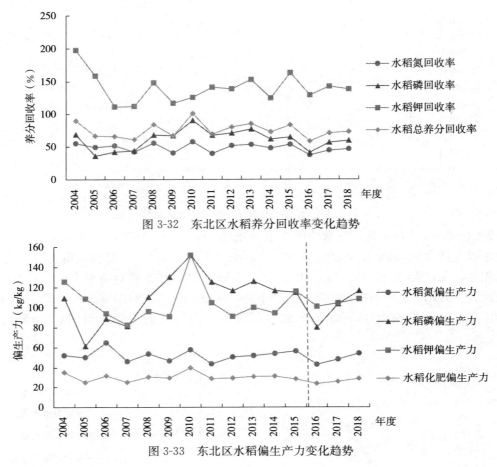

图 3-32 东北区水稻养分回收率变化趋势

图 3-33 东北区水稻偏生产力变化趋势

3. 大豆

2004—2018 年，东北区监测点大豆总养分回收率波动较大，2018 年为 46.2％。其中，大豆氮肥回收率和钾肥回收率变化趋势相似，波动较大，2018 年分别为 76.9％和 56.3％；大豆磷肥回收率较低且变化不大，2018 年为 15.5％（图 3-34）。

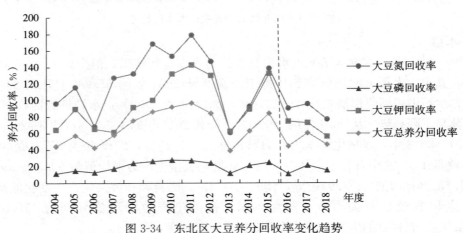

图 3-34 东北区大豆养分回收率变化趋势

2004—2018 年，大豆化肥偏生产力整体略有升高趋势，从 2004 年的 11.4kg/kg 上升到 2018 年的 14.9kg/kg，增幅为 31.0%。2004—2018 年，肥料氮、磷、钾偏生产力平均值波动较大，可能与监测点数量少有关，其中，2018 年分别为 44.8kg/kg、36.0kg/kg、59.0kg/kg。肥料氮与肥料磷的偏生产力明显低于肥料钾（图 3-35）。

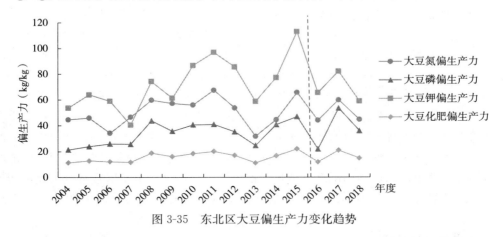

图 3-35 东北区大豆偏生产力变化趋势

三、耕地质量存在的主要问题及原因分析和土壤培肥改良对策

（一）存在的主要问题及原因分析

1. 水土流失严重，耕层厚度较薄

由于东北区耕地土壤疏松，抗蚀能力弱，加之多年来自然侵蚀和人为过度开垦，目前，东北区由于土壤侵蚀造成水土流失情况的严重程度已超乎人们的想象。严重的水土流失造成该区耕地面积减少，土地生产力下降，耕层厚度变薄。原来初垦时东北区耕层厚度一般在 60～80cm，开垦 20 年的耕层厚度减至 60～70cm，开垦 40 年的减至 50～60cm，开垦 70～80 年的东北区土壤耕层只剩下 20～30cm，许多水土流失严重的地方只剩下表皮薄薄的一层，颜色由黑变黄即"破皮黄"。自 1980 年以来，土地以户承包分散经营后，由于地块分的过于零碎，农户耕地经营规模较小，限制了大型农机具的使用，土地深耕深翻的次数明显减少，大多数农户使用小拖拉机或牛马犁翻耕农地，土壤状态严重下降，很多地方翻地困难，翻耕深度只有 8～12cm，使耕层变浅，从而出现了翻地面积减少，犁底层上移，降低了土壤的透水性和土壤的蓄水量，增加了径流对土壤的冲刷。据调查，目前除少数乡村外，东北区玉米田大多数的耕地还是以小型农机具进行田间作业，采用大型农机具的还是占少数，很多耕地已有 20 余年未进行过秋翻地，与此同时，小型农机具的田间作业次数增加，在玉米栽培过程中，从整地播种到收获，小四轮拖拉机在田间行走作业次数一般为 10 余次，对土壤的压实作用明显强于以蓄力为主要动力的传统耕作方式。上述不合理的耕作制度导致了东北区耕层不断变薄。近几年，在中央财政和地方财政的支持下，各地积极实施黑土地保护利用试点项目和耕地质量保护与提升项目等，推广了一大批有利于增加耕层厚度的耕作措施，使土壤耕层厚度得到了提高，但是，目前东北区土壤耕层厚度平均仅为 22.2cm，与初垦时耕层厚度相比还很低。

2. 土壤有机质含量较低，耕地质量退化

土壤翻耕后，虽然有利于土壤微生物活动和土壤养分的释放，加速土壤物质的矿化速度，但黑土翻耕后，表土更为疏松，也加速了土壤的风蚀和水蚀，同时，使有机质的分解速度大于合成的速度，土壤有机质开始大幅度减少。为了减少病虫草鼠害，促进农业稳产、高产，大量化肥、农药和除草剂被投入到土壤中，从而加速了土壤矿化率，土壤微生物区系也发生改变，破坏了土壤团粒结构，恶化土壤的物理性质，土壤肥力严重下降。加之农民更多的采用广种薄收的掠夺式经营方式，耕地供给作物的养分得不到补偿，从而使土壤养分平衡失调。据了解，黑龙江省每年流失氮21.9万～38.4万t，磷16.4万～28.8万t，折合尿素47.6万～83.5万t，过磷酸钙91.1万～160.0万t。据统计，近50年来，东北区土壤有机质由开垦之初的3.0%～6.0%下降到目前的2.0%～3.0%。有机质含量降低导致土壤肥力下降、容重增加、通透性变差，保水保肥能力弱化，影响了耕地的产出能力。近几年，在中央财政和地方财政的支持下，各地积极实施测土配方施肥、耕地质量保护与提升、黑土地保护利用试点等项目，推广了秸秆还田技术、增施有机肥技术和粮豆轮作等一系列培肥改良技术措施，使土壤有机质得到提升，但是总体仍然偏低，有提升空间。

3. 土壤呈酸化趋势

作物生长需要一个比较合适的土壤pH范围，土壤的pH过高或过低都不利于作物的生长和发育。2018年监测结果显示，东北区耕层土壤pH已经由2004年的6.57下降到2018年的6.21。东北区耕地土壤总体呈微酸或中性，其中pH在中性区间占比在20.0%～30.0%，呈缓慢降低趋势；pH在酸性和微酸性区间的占比之和达60%以上，且从2010年开始，微酸性区间的占比不断降低，酸性区间的占比增加趋势明显，土壤pH有降低趋势。究其原因主要有以下六方面，一是土壤磷钾蓄积。过度使用化肥，随着常年耕种，土壤中化学肥料积累过多，特别是磷钾元素积累过多，土壤酸化、盐碱化的危害就越大。土壤中大量投入氮、磷、钾会抑制硼、钙、锰、锌等中微量营养元素的吸收而出现生理缺素症状，氮、磷、钾养分过大是引起土壤营养元素之间不平衡而产生生理缺素的重要原因。二是过量使用化肥。化肥残留在土壤当中的硫酸根离子、氯离子、磷酸根，与土壤中的钠离子结合，形成盐，形成土壤盐碱化，土壤活性降低。微生物的活性也降低，土壤团粒结构变差，导致土壤板结。三是土壤过量施入磷肥。磷酸根离子与土壤中钙、镁等阳离子结合形成难溶性磷酸盐，既浪费磷肥又破坏土壤团粒结构，致使土壤板结。四是土壤中过量施入钾肥。钾肥中的钾离子置换性特别强，能将形成土壤团料结构的多价阳离子置换出来，致使土壤板结。五是化学肥料使土壤盐碱化造成土壤板结。因为肥料中有植物所需要的阳离子或阴离子等元素，植物有选择性的吸收了有用的离子，造成土壤酸化或盐碱化。土壤团粒结构的破坏导致土壤保水、保肥能力及通透性变差，导致土壤板结。六是微生物群体的破坏。在土壤中使用化肥，打破了土壤中的微生物群体平衡，有益菌和有害菌比例失调，有害菌增多，侵害植物，使得病害发生严重。

4. 耕地土壤养分不平衡，肥料效益降低

土壤磷素有积累，钾素长期供应能力（缓效钾）略有下降，造成土壤养分比例失衡，肥料增产效益下降。主要表现：一是化肥用量大，2018年监测点亩均化肥用量

25.9kg，远高于世界亩平均水平 8.0kg；二是效益差，2018 年每千克化肥可以生产玉米 23.5kg，低于 2005 年的 42.8kg，降幅达 45.1%，而发达国家每千克化肥可以生产粮食 40.0～50.0kg。造成上述情况的原因有以下五方面，一是对土地缺乏保养意识。耕地开垦年限比较长，农民只注重既得利益，缺乏长远规划，重化肥轻农肥，有机肥投入少、甚至几十年不施有机肥，只用不养，进行掠夺性生产，土地用养严重失调。二是有机肥投入少、质量差。目前，农业生产中普遍存在着重化肥轻农肥的现象，过去传统的积肥方法已不复存在。由于农村农业机械化的普及提高，有机肥源相对集中在少量养殖户家中，这势必造成农肥施用的不均衡和施用总量的不足。在农肥的积造上，由于没有专门的场地，农肥积造过程基本上是露天存放，风吹雨淋造成养分的流失，使有效养分降低，影响有机肥的施用效果。三是化肥使用比例不合理。部分农民不根据作物的需肥规律和土壤的供肥性能进行科学合理施肥，大部分盲目施肥，造成施肥量偏高或不足，影响产量水平的发挥。有些农民为了省工省时，没有从耕地土壤的实际情况出发，采取一次性施肥，不追肥，这样对保水保肥条件不好的瘠薄性地块，容易造成养分流失和脱肥现象，抑制作物产量。尤其是以前只注重氮磷肥的投入，忽视钾肥的投入，造成土壤速效钾含量下降，钾素成为目前限制作物产量的主要限制因子。四是农业机械化作业面积虽扩大，但耕翻深度过浅，化学除草剂应用减少了传统中耕次数。土壤耕层变薄，土壤结构恶化，存蓄肥水能力下降，地力退化。五是食用菌产业迅猛发展。食用菌生产周期结束后产生的废弃菌糠仅有少部分用作燃料及再生产其他食用菌类，剩余的大部分野外堆置，占用耕地，滋生霉菌和害虫，且产生大量的白色污染，一定程度上加重了耕地地力的退化。另外，根据 2018 年监测结果，主要粮食作物有机肥亩施用量平均 1.0kg，比 2004 年减少 1.9kg，降幅 65.5%；化肥亩施用量平均 18.9kg，比 2004 年增加 3.5kg，增幅 22.8%。2018 年化肥和有机肥之比18.39：1，有机肥投入比例过低。

（二）培肥改良对策

1. 因地制宜，积极推广秸秆还田等耕地质量保护技术模式

以生态平衡为耕地质量保护的核心，不以增加植物营养物质为主，以保持与改善植物的土壤营养环境条件为首要措施，经济合理地利用秸秆等有机物来培肥土壤，恢复和保持地力。

2. 广辟有机肥源，重施有机肥料

东北区有着广泛的有机肥源，如畜禽粪便、秸秆等，将这些有机肥源收集起来，进行堆积发酵腐熟就可以积制出有机肥料。有机肥中含有丰富的有机质，施入土中后可显著提高土壤有机质含量，从而起到培肥地力、改善土壤理化性质的作用。

3. 合理轮作，种植豆科等绿肥作物，实现用地养地相结合

合理轮作能够保持和提高土壤有机质含量，增加土壤微团聚体比例，提高土壤的保水、保肥能力。合理轮作也是有效控制土壤酸化的一种有效措施，在土壤上长期种植一种作物，会造成某几种营养元素富集，导致酸化加剧。此外，合理轮作还能够减少连作带来的土传病虫害，进而减少农药等药剂的使用，既保障了粮食质量安全，又有效控制了土壤酸化，还培肥了地力，可谓一举多得。

4. 建立合理的施肥体系，有机无机肥搭配科学施肥，提高肥料效益，减少化肥用量

由于化肥和有机肥中都含有大量的有机酸，所以不恰当的施肥也会导致土壤酸化加剧，根据土壤肥性进行科学施肥配比，达到最佳利用效果，对减少土壤酸化有积极效果。施用有机肥料是培肥土壤切实有效的途径，它不仅能更新改善土壤腐殖质的组成，而且能够协调土壤肥力的许多因素，但在增加施用量的同时，要对有机肥和土壤的环境质量进行监测，防止重金属等有害物质污染耕地土壤，影响耕地质量。在增施有机肥、实施秸秆还田或轮作种植豆科绿肥作物的基础上，氮肥采用分期调控，减施增效；磷肥利用后效，减量施用，恒量调控，高含量地块可以连续两年减施 30%，再根据测土结果确定合理用量；钾肥采用恒量调控，适量增钾；中微量元素可基于土壤测试进行因缺补缺，不断提高肥料效益。

5. 加大财政投入力度，推进耕地保护相关资金整合

实施好黑土地保护利用试点项目、耕地质量保护与提升补助项目、化肥减量增效项目等。建立健全耕地保护相关项目的投入保障机制，完善支持政策，调动农民、农民专业合作组织、农业企业等投入主体的积极性，运用市场机制鼓励和吸引金融资本、民间资本积极投入耕地保护。规划区政府要加强土地出让金、新增千亿斤粮食生产能力规划投资等不同渠道资金的有机整合，集中投入，连片治理，整县推进，提高资金使用效益。

第二节　内蒙古及长城沿线区

内蒙古及长城沿线区包括内蒙古自治区包头以东地区（除大兴安岭地区）、辽宁朝阳地区、河北承德、秦皇岛和张家口地区以及山西晋北和晋西北地区。种植制度为一年一熟，主要种植各种旱杂粮（春小麦、玉米、高粱、谷子、莜麦、马铃薯等）、耐寒油料（胡麻等）和甜菜，人均粮食产量低于全国平均水平。总耕地面积 1.31 亿亩，占全国耕地总面积的 6.5%。该区可划分为内蒙古北部牧农区、内蒙古中南部牧农区、长城沿线农牧区 3 个二级农业区，是我国生态平衡严重失调地区之一。由于人口密度小，人均耕地面积居各区之首，该区大部分耕地质量较差，中低等级耕地占耕地总面积的 68% 以上，主要限制因素是土壤黏重、耕性较差、风沙、盐碱、土壤养分贫瘠等，且这部分耕地淡水资源缺乏，干旱威胁严重。

2018 年，内蒙古及长城沿线区耕地质量监测点共 76 个。其中，内蒙古北部牧农区 3 个，占全区监测点总数的 3.9%；内蒙古中南部牧农区 27 个，占 35.5%；长城沿线农牧区 46 个，占 60.5%（表 3-4）。

表 3-4　内蒙古及长城沿线区 2018 年国家级耕地质量监测点基本情况

农业区	省份	监测点数	土壤类型
内蒙古北部牧农区	内蒙古自治区	3	栗钙土、黑钙土
内蒙古中南部牧农区	内蒙古自治区	22	栗钙土、草甸土、灰褐土、潮土
	河北省	5	栗钙土、褐土
	小计	27	栗钙土、草甸土、灰褐土、潮土、褐土

（续）

农业区	省份	监测点数	土壤类型
	山西省	20	栗褐土、褐土、栗钙土
	内蒙古自治区	12	栗钙土、草甸土、褐土
长城沿线农牧区	河北省	10	褐土、潮土、栗褐土、栗钙土
	辽宁省	4	褐土
	小计	46	栗钙土、褐土、栗褐土、潮土、草甸土
内蒙古及长城沿线区	合计	76	栗钙土、褐土、栗褐土、草甸土、潮土、灰褐土、黑钙土

内蒙古及长城沿线区耕地质量监测指标分级见表3-5。

表3-5 内蒙古及长城沿线耕地质量监测指标分级标准

指标	单位	1级（高）	2级（较高）	3级（中）	4级（较低）	5级（低）
有机质	g/kg	＞30.0	25.0～30.0	15.0～25.0	10.0～15.0	≤10.0
全氮	g/kg	＞2.00	1.50～2.00	1.00～1.50	0.50～1.00	≤0.50
有效磷	mg/kg	＞30.0	20.0～30.0	10.0～20.0	5.0～10.0	≤5.0
速效钾	mg/kg	＞200	150～200	100～150	60～100	≤60
缓效钾	mg/kg	＞1200	1 000～1 200	800～1 000	600～800	≤600
土壤 pH	—	6.5～7.5	6.0～6.5	7.5～8.0，5.5～6.0	8.0～8.5	＞8.5
耕层厚度	cm	＞30.0	25.0～30.0	20.0～25.0	10.0～20.0	≤10.0

一、耕地质量主要指标性状

（一）有机质现状及演变趋势

1. 有机质现状

2018年，内蒙古及长城沿线区土壤有机质平均含量17.1g/kg，处于3级（中）水平。根据内蒙古及长城沿线区耕地质量监测主要性状分级标准（表3-5），处于1级（高）水平的监测点有8个，占监测点总数10.7%；处于2级（较高）水平的监测点有4个，占5.3%；处于3级（中）水平的监测点有26个，占34.7%；处于4级（较低）水平的监测点有24个，占32.0%；处于5级（低）水平的监测点有13个，占17.3%（图3-36）。总体来看，内蒙古及长城沿线区土壤有机质呈上升趋势。

2018年耕地质量监测结果显示，各二级区中内蒙古北部牧农区和中南部牧农区土壤有机质含量平均值基本持平，长城沿线农牧区有机质含量差异较大。内蒙古北部牧农区有机质含量平均值为21.2g/kg，处于3级（中）水平；内蒙古中南部牧农区平均值为20.6g/kg，处于3级（中）水平；长城沿线农牧区最低，平均值为14.9g/kg，处于4级（较低）水平（图3-37）。

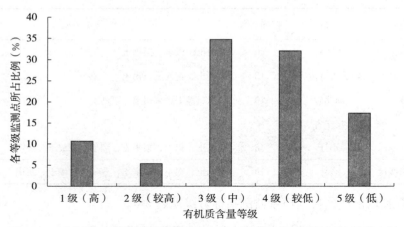

图 3-36 2018 年内蒙古及长城沿线区土壤有机质含量各等级区间所占比例

注：1 级（＞30.0g/kg）、2 级（25.0～30.0]、3 级（15.0～25.0]、4 级（10.0～15.0]、5 级（≤10.0）。

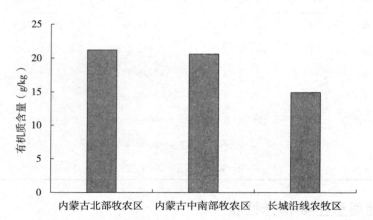

图 3-37 2018 年内蒙古及长城沿线区二级农业区域土壤有机质含量

2. 含量变化

2004—2018 年，内蒙古及长城沿线区监测点土壤有机质平均含量呈先上升后下降再趋于稳定的趋势（图 3-38）。从 2004 年起呈波状上升至 2013 年达最大值之后下降，2016 年开始监测点数量增多，有机质平均含量趋于稳定，2016—2018 年有机质平均含量在 17.1～17.9g/kg。总体来看，2004—2018 年间，内蒙古及长城沿线区有机质平均含量略有上升，年均增加 0.4g/kg。2 个二级区有机质变化趋势与大区一致，内蒙古中南部牧农区有机质年均增加 0.8g/kg，长城沿线农牧区年均增加 0.2g/kg。与 2017 年相比，2018 年内蒙古及长城沿线区土壤有机质平均值略有降低，下降 0.8g/kg；中南部牧农区和长城沿线农牧区有机质平均含量有所下降，分别下降 2.8g/kg 和 0.2g/kg；内蒙古北部牧农区有所上升，增加 4g/kg。分析其原因可能是由于内蒙古中南部牧农区和长城沿线农牧区 2018 年肥料亩投入量同比减少 1.7kg，作物需要从土壤中获取更多的养分导致土壤有机质含量下降；而内蒙古北部牧农区的施肥量与上年度相比没有变化。

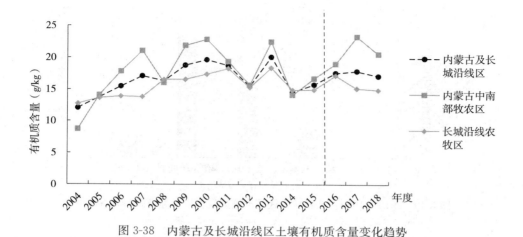

图 3-38　内蒙古及长城沿线区土壤有机质含量变化趋势

3. 频率变化

2004—2018 年，内蒙古及长城沿线区监测点土壤有机质含量主要集中在 3 级（中）水平，占比 36.4%～66.7%。2016 年开始，3 级（中）水平的占比呈下降趋势，4 级（较低）水平占比呈上升趋势。1 级（高）水平、2 级（较高）水平、5 级（低）水平所占比例一直处于 30% 以下。与 2017 年相比，处于 1 级（高）水平、2 级（较高）水平的监测点数量下降，3 级（中）水平占比最大，4 级（较低）水平和 5 级（低）水平占比基本持平（图 3-39）。

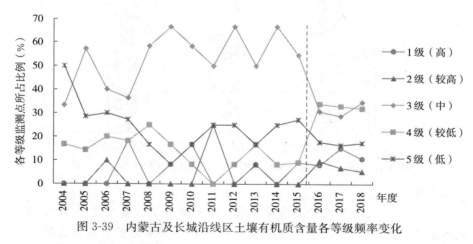

图 3-39　内蒙古及长城沿线区土壤有机质含量各等级频率变化

（二）全氮现状及演变趋势

1. 全氮现状

2018 年，内蒙古及长城沿线区土壤全氮平均含量 1.00g/kg，处于 3 级（中）水平。根据内蒙古及长城沿线区耕地质量监测主要性状分级标准（表 3-5），处于 1 级（高）水平的监测点有 0 个；处于 2 级（较高）水平的监测点有 9 个，占监测点总数的 12.0%；处于 3 级（中）水平的监测点有 23 个，占 30.7%；处于 4 级（较低）水平的监测点有 38 个，占 50.7%；处于 5 级（低）水平的监测点有 5 个，占 6.7%（图 3-40）。

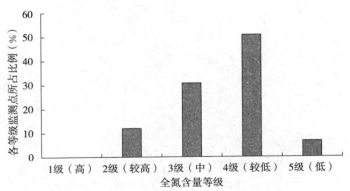

图 3-40　2018 年内蒙古及长城沿线区土壤全氮含量各等级区间所占比例

注：1 级（＞2.0g/kg）、2 级（1.50～2.00]、3 级（1.00～1.50]、4 级（0.50～1.00]、5 级（≤0.50）。

　　2018 年耕地质量监测结果显示，各二级区土壤全氮含量平均值基本持平，差异不大。内蒙古中南部牧农区全氮含量最高，平均值为 1.08g/kg，处于 3 级（中）水平；内蒙古北部牧农区全氮含量次之，平均值为 1.00g/kg，处于 3 级（中）水平；长城沿线农牧区最低，平均值为 0.96g/kg，处于 4 级（较低）水平（图 3-41）。

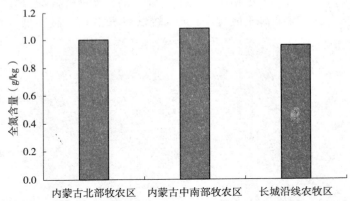

图 3-41　2018 年内蒙古及长城沿线区二级农业区域土壤全氮含量

2. 含量变化

　　2004—2018 年，内蒙古及长城沿线区监测点土壤全氮含量变化范围 0.75～1.05g/kg，呈波状上升趋势，年均增加 0.02g/kg（图 3-42）。2 个二级农业区土壤全氮含量同样呈波状上升趋势，内蒙古中南部牧农区年均增加 0.04g/kg、长城沿线农牧区年均增加 0.01g/kg。与 2017 年相比，2018 年内蒙古及长城沿线区土壤全氮平均值略有降低，下降 0.02g/kg；内蒙古北部牧农区和中南部牧农区全氮平均值有所降低，分别下降 0.02g/kg 和 0.12g/kg；长城沿线农牧区有所上升，增加 0.09g/kg。其可能原因是，与 2017 年比较，2018 年内蒙古北部牧农区施氮肥水平持平，内蒙古中南部牧农区亩施氮量（纯量）减少 0.3kg，导致土壤全氮含量下降；而长城沿线农牧区虽然化肥氮素投入量减少，但其有机肥氮素投入量同比增加，导致其土壤全氮含量有所上升。

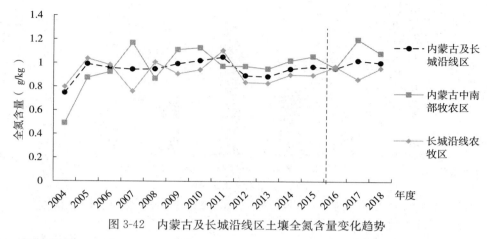

图 3-42　内蒙古及长城沿线区土壤全氮含量变化趋势

3. 频率变化

2004—2018 年，内蒙古及长城沿线区监测点土壤全氮含量主要集中在 4 级（较低）水平和 3 级（中）水平，占比之和达 50.0%～90.9%，且年际间变动幅度较大。较高水平和高水平的占比较低，不超过 20%。5 级（低）水平占比由 2004 年的 33.3% 降至 2018年的 6.7%。与 2017 年相比，处于 2、3、4 级水平的监测点数量增加，1、5 级水平的监测点数量降低（图 3-43）。说明内蒙古及长城沿线区各监测点土壤全氮含量逐渐趋于集中。

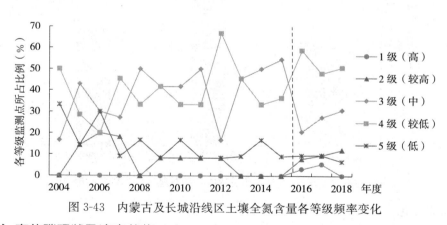

图 3-43　内蒙古及长城沿线区土壤全氮含量各等级频率变化

（三）有效磷现状及演变趋势

1. 有效磷现状

2018 年，内蒙古及长城沿线区土壤有效磷平均含量 17.3mg/kg，处于 3 级（中）水平。根据内蒙古及长城沿线区耕地质量监测主要性状分级标准（表 3-5），处于 1 级（高）水平的监测点有 8 个，占监测点总数 10.8%；处于 2 级（较高）水平的监测点有15 个，占 20.3%；处于 3 级（中）水平的监测点有 29 个，占 39.2%；处于 4 级（较低）水平的监测点有 12 个，占 16.2%；处于 5 级（低）水平的监测点有 10 个，占13.5%（图 3-44）。

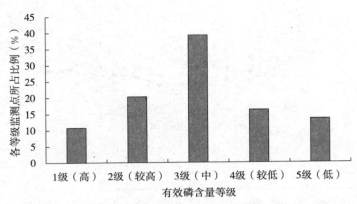

图 3-44　2018 年内蒙古及长城沿线区土壤有效磷含量各等级区间所占比例

注：1 级（＞30.0mg/kg）、2 级（20.0～30.0]、3 级（10.0～20.0]、4 级（5.0～10.0]、5 级（≤5.0）。

2018 年耕地质量监测结果显示，3 个二区之间，内蒙古中南部牧农区有效磷含量明显高于其他两区，平均值为 21.8mg/kg，处于 2 级（较高）水平；内蒙古北部牧农区和长城沿线农牧区有效磷含量相近，平均值分别为 14.4mg/kg 和 14.7mg/kg，处于 3 级（中）水平（图 3-45）。

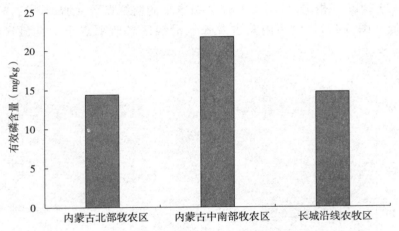

图 3-45　2018 年内蒙古及长城沿线区二级农业区域土壤有效磷含量

2. 含量变化

2004—2018 年，内蒙古及长城沿线区监测点土壤有效磷平均含量在 20mg/kg 左右波动，略有降低，年均降低 0.3mg/kg（图 3-46）。2 个二级农业区有效磷变化趋势与大区相似，内蒙古中南部牧农区有效磷年均降低 0.1mg/kg，长城沿线农牧区年均降低 0.5mg/kg。

与 2017 年相比，2018 年内蒙古及长城沿线区土壤有效磷平均值下降明显，降低 9.0mg/kg。3 个二级农业区均有下降，内蒙古北部牧农区、中南部牧农区和长城沿线农牧区分别降低 2.2mg/kg、3.6mg/kg、12.5mg/kg。分析其原因，可能与 2018 年 3 个二级农业区磷肥施用量（纯量）同比持平或减少有关。

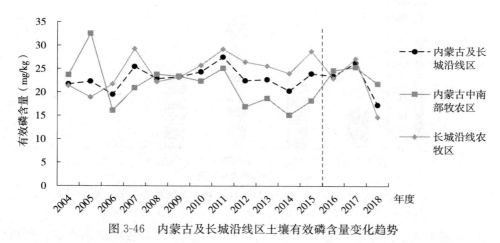

图 3-46 内蒙古及长城沿线区土壤有效磷含量变化趋势

3. 频率变化

2004—2018 年，内蒙古及长城沿线区监测点土壤有效磷含量主要集中在 1 级（高）水平、3 级（中）水平和 4 级（较低）水平，三者之和占 66%～100%；2 级（较高）水平和 5 级（低）水平的占比较低，不超过 34.0%。各等级占比年际间变动幅度较大。与 2017 年相比，处于 1 级（高）水平和 4 级（较低）水平的占比呈降低趋势，处于 2 级（较高）水平、3 级（中）水平和 5 级（低）水平的占比呈增加趋势（图 3-47）。

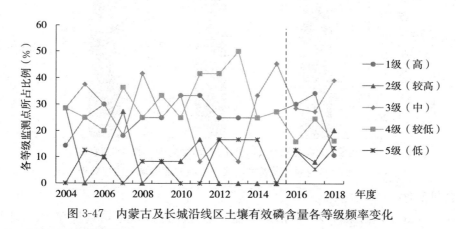

图 3-47 内蒙古及长城沿线区土壤有效磷含量各等级频率变化

（四）速效钾现状及演变趋势

1. 速效钾现状

2018 年，内蒙古及长城沿线区土壤速效钾平均含量 143mg/kg，处于 3 级（中）水平。根据内蒙古及长城沿线区耕地质量监测主要性状分级标准（表 3-5），处于 1 级（高）水平的监测点有 9 个，占监测点总数 12.0%；处于 2 级（较高）水平的监测点有 16 个，占 21.3%；处于 3 级（中）水平的监测点有 31 个，占 41.3%；处于 4 级（较低）水平的监测点有 17 个，占 22.7%；处于 5 级（低）水平的监测点有 2 个，占 2.7%（图 3-48）。

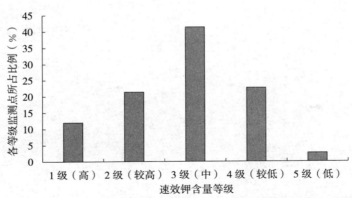

图 3-48　2018 年内蒙古及长城沿线区土壤速效钾含量各等级区间所占比例

注：1 级（＞200mg/kg）、2 级（150～200]、3 级（100～150]、4 级（60～100]、5 级（≤60）。

2018 年耕地质量监测结果显示，该区的二级农业区中内蒙古中南部牧农区所辖区域内速效钾含量最高，平均值为 155mg/kg，处于 2 级（较高）水平；长城沿线农牧区次之，平均值为 137mg/kg，处于 3 级（中）水平；内蒙古北部牧农区最低，平均值为 125mg/kg，处于 3 级（中）水平（图 3-49）。

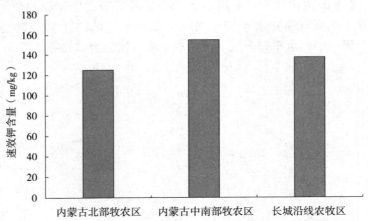

图 3-49　2018 年内蒙古及长城沿线区二级农业区域土壤速效钾含量

2. 含量变化

2004—2018 年，内蒙古及长城沿线区监测点土壤速效钾平均含量在 125mg/kg 左右波动，略有上升，年均增加 1.65mg/kg（图 3-50）。内蒙古中南部牧农区 2004 年速效钾含量极低，仅为 53mg/kg；从 2005 年开始，含量趋于稳定，在 140mg/kg 上下波动。长城沿线农牧区土壤速效钾平均含量在 120mg/kg 左右波动，略有上升，年均增加 0.4mg/kg。

与 2017 年相比，2018 年内蒙古及长城沿线区土壤速效钾平均值有所上升，增加 12mg/kg。内蒙古中南部牧农区和长城沿线农牧区分别增加 22mg/kg、10mg/kg；内蒙古北部牧农区显著下降，降低 53mg/kg。其原因是由于内蒙古北部牧农区种植了喜钾作物马铃薯，但钾肥施用总量与上年度相比没有变化，马铃薯需要从土壤中吸收更多的钾，导致内蒙古北部牧农区土壤速效钾含量显著下降。

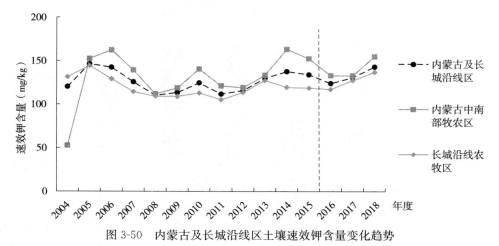

图 3-50　内蒙古及长城沿线区土壤速效钾含量变化趋势

3. 频率变化

2004—2018 年，内蒙古及长城沿线区监测点土壤速效钾含量主要集中在 3 级（中）水平，占比在 20%～70%；2 级（较高）水平和 4 级（较低）水平的占比在 30% 左右；1级（高）水平和 5 级（低）水平的占比较低，在 10% 左右。与 2017 年相比，处于 2 级（较高）水平的占比略有增加、4 级（较低）水平的占比略有降低；其他等级占比基本持平（图 3-51）。

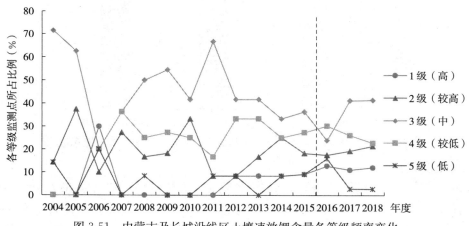

图 3-51　内蒙古及长城沿线区土壤速效钾含量各等级频率变化

（五）缓效钾现状及演变趋势

1. 缓效钾现状

2018 年，内蒙古及长城沿线区土壤缓效钾平均含量 820mg/kg，处于 3 级（中）水平。根据内蒙古及长城沿线区耕地质量监测主要性状分级标准（表 3-5），处于 1 级（高）水平的监测点有 8 个，占监测点总数 10.5%；处于 2 级（较高）水平的监测点有8 个，占 10.5%；处于 3 级（中）水平的监测点有 22 个，占 28.9%；处于 4 级（较低）水平的监测点有 22 个，占 28.9%；处于 5 级（低）水平的监测点有 16 个，占

21.1％（图 3-52）。

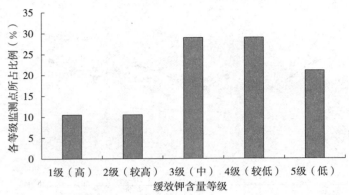

图 3-52　2018 年内蒙古及长城沿线区土壤缓效钾含量各等级区间所占比例
注：1 级（＞1200mg/kg）、2 级（1000～1200）、3 级（800～1 000）、4 级（600～800）、5 级（≤600）。

2018 年耕地质量监测结果显示，内蒙古北部牧农区和长城沿线农牧区缓效钾含量相近，分别为 945mg/kg 和 893mg/kg，处于 3 级（中）水平；内蒙古中南部牧农区缓效钾含量最低，平均值为 682mg/kg，处于 4 级（较低）水平（图 3-53）。

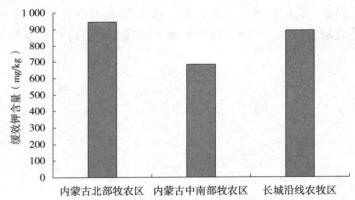

图 3-53　2018 年内蒙古及长城沿线区二级农业区域土壤缓效钾含量

2. 含量变化

2004—2018 年，内蒙古及长城沿线区监测点土壤缓效钾平均含量在 750mg/kg 左右呈稳中有升，2006—2018 年均增加 13mg/kg（图 3-54）。二级农业区内蒙古中南部牧农区和长城沿线农牧区土壤缓效钾含量的变化趋势与大区基本相同，2006—2018 年均增加量分别为 9mg/kg、12mg/kg。

与 2017 年相比，2018 年内蒙古及长城沿线区土壤缓效钾平均值有所上升，增加 40mg/kg。内蒙古北部牧农区和内蒙古中南部牧农区缓效钾含量与上一年度基本持平；长城沿线农牧区略有上升，增加 70mg/kg。

3. 频率变化

2004—2018 年，内蒙古及长城沿线区监测点土壤缓效钾含量各等级占比变化较大。总体上来看，3 级（中）水平、4 级（较低）水平和 5 级（低）水平的比例各占 30％左

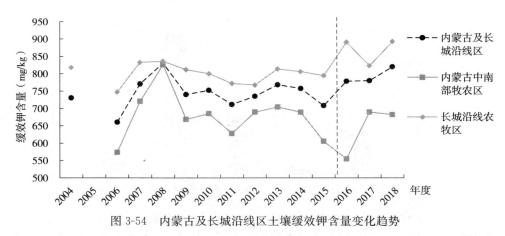

图 3-54 内蒙古及长城沿线区土壤缓效钾含量变化趋势

右；1 级（高）水平占 2.0% 左右；2 级（较高）水平占 8% 左右。与 2017 年相比，处于 3 级及以上水平的占比有所增加，处于 4 级及以下水平的占比有所下降（图 3-55）。表明内蒙古及长城沿线区土壤缓效钾含量有所增加。

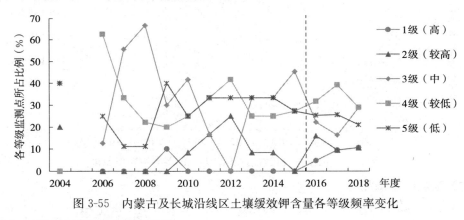

图 3-55 内蒙古及长城沿线区土壤缓效钾含量各等级频率变化

（六）土壤 pH 现状及演变趋势

1. 土壤 pH 现状

2018 年，内蒙古及长城沿线区土壤 pH 变幅在 5.5~8.8 之间，处于 3 级（中）水平和 4 级（较低）水平。从监测数据等级分布看（图 3-56），处于 1 级（高）水平的监测点有 12 个，占监测点总数 16.0%；处于 2 级（较高）水平的监测点有 1 个，占 1.3%；处于 3 级（中）水平的监测点有 16 个，占 21.3%；处于 4 级（较低）水平的监测点有 39 个，占 52.0%；处于 5 级（低）水平的监测点有 7 个，占 9.3%。

2. 频率变化

2004—2018 年，内蒙古及长城沿线区监测点土壤 pH 在 4 级（较低）水平的居多；处于 3 级（中）水平和 5 级（低）水平的占比年际间波动较大；处于 1 级（高）水平和 2 级（较高）水平的占比极小。说明该区土壤酸碱度不适宜作物生长。与 2017 年相比，处于 1、3、4 等级的占比有所增加，5 级（低）水平的占比下降，2 级（较高）水平的占比基本持平（图 3-57）。说明该区土壤酸碱度有一定程度的好转，这可能与施用有机肥有关。

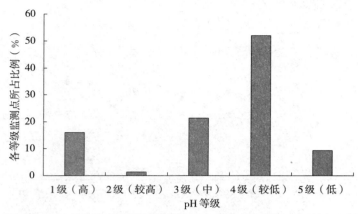

图 3-56　2018 年内蒙古及长城沿线区土壤 pH 各等级区间所占比例

注：1 级（6.5～7.5）、2 级（6.0～6.5]、3 级（7.5～8.0，5.5～6.0]、4 级（8.0～8.5]、5 级（>8.5）。

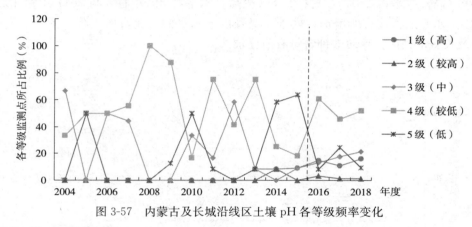

图 3-57　内蒙古及长城沿线区土壤 pH 各等级频率变化

（七）耕层厚度情况

2018 年，内蒙古及长城沿线区耕地质量监测点土壤耕层厚度平均为 24.2cm，处于 3 级（中）水平，耕层最厚 45.0cm，最薄 16.5cm。在 3 个二级农业区中，内蒙古北部牧农区土壤耕层平均厚度最厚，为 31.7cm，处于 1 级（高）水平；内蒙古中南部牧农区次之，为 26.4cm，2 级（较高）水平；长城沿线农牧区最薄，为 22.5cm，处于 3 级（中）水平（图 3-58）。

从监测数据等级分布看（图 3-59），2015—2018 年，处于 1 级（高）水平和 3 级（中）水平的占比有所增加；处于 2 级（较高）水平和 4 级（较低）水平的占比有所下降。

二、肥料投入与利用情况

（一）肥料投入现状

2018 年，内蒙古及长城沿线区监测点肥料亩投入量（折纯，下同）平均值为 33.5kg，比 2017 年亩减少 1.6kg。其中有机肥亩投入量平均值 8.3kg，比 2017 年亩增加 0.5kg，化肥亩投入量平均值为 25.2kg，比 2017 年亩减少 2.1kg，化肥和有机肥之比为 3.02∶1。这与提倡增施有机肥，减少化肥用量有直接关系。肥料总投入中，2018 年肥料

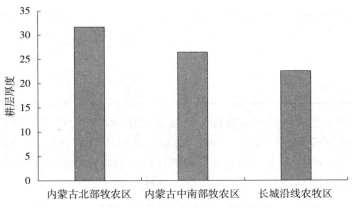

图 3-58　2018 年内蒙古及长城沿线区二级农业区域耕层厚度

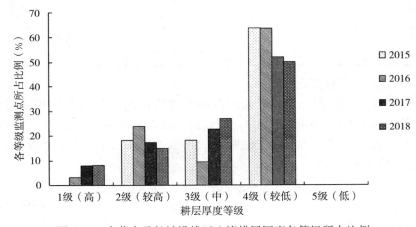

图 3-59　内蒙古及长城沿线区土壤耕层厚度各等级所占比例

氮、磷、钾的亩均用量为：氮肥（N）15.9kg，磷肥（P₂O₅）10.0kg，钾肥（K₂O）7.6kg，投入量依次为：化肥氮＞化肥磷＞化肥钾，氮：磷：钾平均比例为 1：0.62：0.48。与 2017 年相比，化肥氮、磷、钾亩均用量分别减少 0.2kg、0.6kg 和 0.8kg。

从二级农业区情况看，内蒙古北部牧农区肥料亩总投入量最高，为 46.2kg，其中有机肥亩投入量平均为 14.7kg，化肥亩投入量平均为 31.5kg，化肥和有机肥之比为 2.14：1。内蒙古中南部牧农区肥料亩总投入量次之，为 33.8kg，其中有机肥亩投入量平均为 8.4kg，化肥亩投入量平均为 25.4kg，化肥和有机肥之比为 3.03：1。长城沿线农牧区肥料亩总投入量最低，为 32.8kg，其中有机肥亩投入量平均为 8.0kg，化肥亩投入量平均为 24.8kg，化肥和有机肥之比为 3.09：1。各二级农业区总氮、总磷、总钾亩均用量及比例详见表 3-6。

表 3-6　内蒙古及长城沿线区监测点肥料亩投入情况

农业区	有机肥（kg）	化肥（kg）	施肥总量（kg）	总 N（kg）	总 P₂O₅（kg）	总 K₂O（kg）	N：P₂O₅：K₂O
内蒙古北部牧农区	14.7	31.5	46.2	17.1	13.3	15.8	1：0.78：0.92

（续）

农业区	有机肥 （kg）	化肥 （kg）	施肥总量 （kg）	总 N （kg）	总 P₂O₅ （kg）	总 K₂O （kg）	N：P₂O₅：K₂O
内蒙古中南部牧农区	8.4	25.4	33.8	14.8	10.1	8.9	1：0.68：0.60
长城沿线农牧区	8.0	24.8	32.8	16.5	9.7	6.6	1：0.59：0.40
内蒙古及长城沿线区	8.3	25.2	33.5	15.9	10.0	7.6	1：0.62：0.48

　　内蒙古及长城沿线区主要种植粮食作物和油料作物，粮食作物主要包括玉米、水稻、小麦、高粱、谷子、莜麦和马铃薯（5∶1 折粮）；油料作物主要包括大豆和胡麻。从施肥总量来看，粮食作物肥料亩投入量远高于油料作物，油料作物施肥结构不尽合理，不施有机肥，化肥仅施用氮肥和磷肥，不施用钾肥，详情见表 3-7。

表 3-7　内蒙古及长城沿线区主要作物肥料亩投入情况

作物名称	有机肥 （kg）	化肥 （kg）	施肥总量 （kg）	总 N （kg）	总 P₂O₅ （kg）	总 K₂O （kg）	N：P₂O₅：K₂O
粮食作物	9.3	26.1	35.4	17.1	10.2	8.1	1：0.60：0.48
油料作物	0.0	9.2	9.2	3.3	6.0	0.0	1：1.81：0

（二）肥料投入与产量变化趋势

　　2004—2009 年，内蒙古及长城沿线区监测点作物亩均肥料投入量年际间变化较大；2010—2018 年亩均肥料投入量趋于稳定，肥料亩总投入量在 30.0kg 左右，有机肥亩施用量在 10.0kg 左右，化肥亩施用量在 20kg 左右。2004—2018 年，作物平均亩产在 500.0kg 左右（图 3-60）。

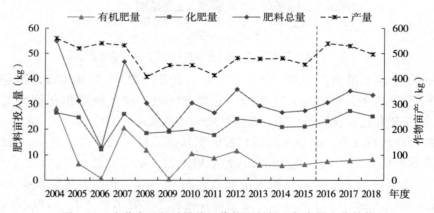

图 3-60　内蒙古及长城沿线区作物肥料投入与产量变化趋势

（三）偏生产力

1. 小麦

　　2004—2018 年，内蒙古及长城沿线区小麦监测点化肥偏生产力在 21.9～36.9kg/kg 之间波动，年际间变化幅度不大，平均值为 28.4kg/kg。氮、磷、钾偏生产力中以钾偏生产力最高，且年际间波动最大，在 52.6～124.8kg/kg 之间，平均值为 77.6kg/kg；磷偏生产力平均值为 77.6kg/kg，范围 52.6～124.8kg/kg；氮偏生产力最低，平均值为

44.0kg/kg，范围 28.4～76.24kg/kg（图 3-61）。

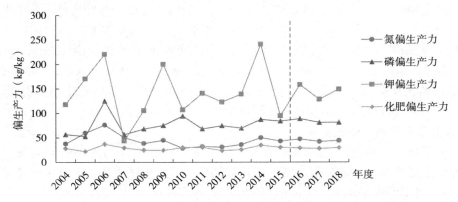

图 3-61　内蒙古及长城沿线区小麦偏生产力变化趋势

2. 马铃薯

2014—2018 年，内蒙古及长城沿线区马铃薯监测点化肥偏生产力在 17.3～19.5kg/kg 之间波动，年际间变化幅度不大，平均值为 18.3kg/kg。磷偏生产力呈先上升后下降的趋势，以 2016 年最大，达 84.3kg/kg，平均值为 55.8kg/kg；钾偏生产力平均值为 46.1kg/kg，呈逐年下降趋势，从 53.3kg/kg 降到 35.4kg/kg，下降 33.59%；氮偏生产力平均值为 44.2kg/kg，呈逐年下降趋势，从 61.5kg/kg 降到 22.0kg/kg，下降 64.31%（图 3-62）。

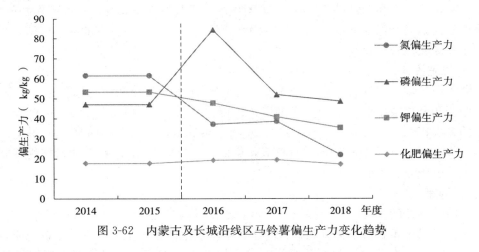

图 3-62　内蒙古及长城沿线区马铃薯偏生产力变化趋势

三、耕地质量存在的主要问题、原因和培肥改良对策

（一）存在的主要问题

内蒙古及长城沿线区是我国典型的生态环境脆弱区，该区虽然土地面积广阔，但耕地面积相对较少，在高寒、干旱、土地沙化及人为因素等多重因子的综合作用下，该区的耕地生产能力表现出极端的脆弱性。为了改善耕地土壤理化性状，提高耕地土壤基础肥力和综合生产能力，近 10 多年来，该区大力推广测土配方施肥技术、旱作农业技术、土壤有

机质提升技术，2017 年开始，在河套灌区进行改盐增草（饲）兴牧示范工程。通过一系列的农艺改良措施，内蒙古及长城沿线区内耕地土壤养分含量呈回升趋势，其中土壤有机质平均含量由 2004 年的 12.1g/kg 增加到 2018 年的 17.1g/kg，增幅 42.14%；全氮平均含量由 0.75g/kg 增加到 1.00g/kg，增幅 34.5%；速效钾平均含量由 120mg/kg 增加到 143mg/kg，增幅 19.2%；缓效钾平均含量由 730mg/kg 增加到 820mg/kg，增幅 12.3%。但耕地质量监测结果显示，目前该区仍有 30.0%～60.0% 的监测点土壤养分处于 4 级（较低）水平和 5 级（低）水平，耕地质量依然面临如下问题：

1. 水土流失严重，耕层变浅

该区坡耕地面积约占总耕地面积的 38.0%，无完善的水保措施，水土流失严重。土壤侵蚀导致土层变薄，加之分散小农户经营长期用小马力机械耕作，形成了坚硬的"犁底层"。监测区耕层厚度平均为 24.2cm，最薄处仅 16.5cm，耕层变浅导致水、肥、气、热不协调，而且蓄水保墒能力降低。

2. 养分含量低，土壤贫瘠

耕地质量长期定位监测结果显示，2004—2018 年监测区耕地土壤有机质含量在 12.1～20.1g/kg，平均值为 17.1g/kg，含量在 3 级（中）水平及以下的样点占 89.4%。其他养分如全氮、有效磷、速效钾、缓效钾，含量在 3 级（中）水平及以下的样点占 65.2%～91.7%。说明该区大部分耕地土壤养分含量低，土壤贫瘠。

3. 耕地碱化程度高

监测结果显示，2004—2018 年，内蒙古及长城沿线区监测点 pH 平均值为 8.1，且 pH 在 8.0～8.5 之间的样本占 52.4%。说明该区大部分耕地呈碱性，不利于作物的生长。特别是西辽河灌区和河套灌区，由于大水漫灌、排水不畅以及不合理的耕作措施，耕地土壤的次生盐渍化比较严重。

4. 有机肥投入低，施肥结构不合理

内蒙古及长城沿线区有机肥资源丰富，年产各种畜禽粪便和作物秸秆近 2.0 亿多 t，但有机肥资源利用效率低，秸秆直接翻压还田仅占秸秆资源总量 13.0%，畜禽粪便用作农家肥施入农田的占资源总量的 40.0%。监测结果显示，2004—2018 年间，平均每年仅有 41.6% 的监测点投入有机肥料，且投入量偏低，每亩仅 10kg 左右。油料作物施肥结构不尽合理，偏施氮、磷肥，不施钾肥。

（二）对策

针对以上存在的主要问题，提出以下培肥改良对策：

一是构建以土壤有机质提升为核心的土壤培肥技术体系。土壤有机质是耕地质量中最重要的因素之一，提升耕地质量首要任务就是提升土壤有机质含量。大力开展增施有机肥，推广秸秆堆沤还田、过腹还田等技术；推广林网草粮轮作制，改良耕地土壤，提高单产，在川水地、风沙滩、丘陵坡地上，营造小框格林网，进行草粮轮作，对于防风固沙、保持水土、改善农田小气候、提高农作物产量，效果显著；增施有机肥，因地制宜种植绿肥，实现用地养地相结合，保持和提高土壤有机质含量，培肥地力。

二是构建合理的养分管理体系。大力推广应用测土配方施肥，合理使用肥料资源，有机无机结合，科学施肥，在用地同时养地，提高耕地养分供应能力。在增施有机肥的基础上，氮肥采用分期调控，减施增效；磷肥充分利用后效，适当增加施用量，根据测土结果恒量调控；钾肥采用恒量调控，适量增钾；中微量元素根据测土结果因缺补缺。

三是构建盐碱地改良技术体系。在耕地土壤盐渍化严重的地区，通过工程、农艺、生物、化学等综合配套措施改良盐碱地。一是完善灌排系统，灌水洗盐，黄灌区有条件的地区开展井黄轮灌，降低地下水位；二是通过农田整治，平整土地，实现农田畦田化或条田化。三是在完善灌排体系和农田规划的基础上，配套施用磷石膏（或脱硫石膏）等土壤改良剂、客土压盐、种植耐盐作物、增施有机肥、秸秆还田等措施改良盐碱地。

四是构建以节水核心的水分管理体系。合理开发与配置水资源，大力实施节水配套改造工程，推广管灌、防渗渠灌、滴灌、喷灌等节水灌溉技术，并应用水肥一体化等高效节水技术。

第三节　黄淮海区

黄淮海区位于长城以南、淮河以北、太行山及豫西山地以东，包括北京大部、天津、河北大部、河南大部、山东、安徽与江苏的淮北地区，总耕地面积 3.46 亿亩，占全国耕地总面积的 18.9%。该区地形平坦，是我国最重要的粮食生产基地之一，也是我国冬小麦夏玉米一年两熟粮食主产区，在保障国家粮食安全方面具有举足轻重的作用。该区主要包括燕山太行山山麓平原农业区、冀鲁豫低洼平原农业区、黄淮平原农业区及山东丘陵农林区 4 个二级农业区。该区大部分耕地质量中等为主，中低等级耕地占耕地总面积的 60% 左右。主要限制因素是水土流失、土壤养分贫瘠、土层较薄及干旱缺水，滨海盐碱土地区以盐碱危害与土壤养分贫瘠为主。

2018 年，黄淮海区耕地质量监测点共有 195 个（表 3-8）。其中，燕山太行山山麓平原农业区 42 个，占黄淮海区监测点总数的 21.5%；冀鲁豫低洼平原农业区 51 个，占 26.2%；黄淮平原农业区 66 个，占 33.8%；山东丘陵农林区 36 个，占 18.5%。

表 3-8　2018 年黄淮海区国家级监测点的分布及主要土壤类型

农业区	省份	监测点数量	主要土壤类型
燕山太行山山麓平原农业区	北京市	13	潮土、褐土、黄褐土
	河北省	26	潮土、褐土
	河南省	3	潮土
	小计	42	
冀鲁豫低洼平原农业区	天津市	4	潮土
	河北省	22	潮土、沼泽土
	山东省	17	潮土、砂姜黑土
	河南省	8	潮土
	小计	51	

（续）

农业区	省份	监测点数量	主要土壤类型
	江苏省（淮北）	18	潮土、褐土、砂姜黑土
	安徽省（淮北）	16	砂姜黑土、潮土
黄淮平原农业区	山东省	6	潮土、水稻土
	河南省	26	潮土、砂姜黑土、褐土、黄褐土
	小计	66	
山东丘陵农林区	山东省	36	棕壤、褐土、砂姜黑土、潮土、粗骨土
	小计	36	
黄淮海区	合计	195	

　　根据农业农村部耕地质量监测保护中心印发的《全国九大农区及省级耕地质量监测指标分级标准（试行）》，黄淮海区耕地质量监测主要指标分级标准见表 3-9。

表 3-9　黄淮海区耕地质量监测主要指标分级标准

指标	单位	分级标准				
		1 级（高）	2 级（较高）	3 级（中）	4 级（较低）	5 级（低）
有机质	g/kg	>25.0	20.0～25.0	15.0～20.0	10.0～15.0	≤10.0
全氮	g/kg	>1.50	1.25～1.50	1.00～1.25	0.75～1.00	≤0.75
有效磷	mg/kg	>40.0	30.0～40.0	20.0～30.0	10.0～20.0	≤10.0
速效钾	mg/kg	>200	150～200	100～150	50～100	≤50
缓效钾	mg/kg	>1 000	800～1 000	600～800	400～600	≤400
pH	—	6.5～7.5	7.5～8.0, 6.0～6.5	8.0～8.5, 5.5～6.0	8.5～9.0, 5.0～5.5	>9.0, ≤5.0
耕层厚度	cm	>25.0	20.0～25.0	15.0～20.0	10.0～15.0	≤10.0

一、耕地质量主要指标性状

（一）有机质现状及演变趋势

1. 有机质现状

　　2018 年，黄淮海区土壤有机质平均含量 19.1g/kg，处于 3 级（中）水平。根据黄淮海区耕地质量监测主要性状分级标准，处于 1 级（高）水平的监测点有 25 个，占监测点总数 12.9%；处于 2 级（较高）水平的监测点有 47 个，占 24.2%；处于 3 级（中）水平的监测点有 78 个，占 40.2%；4 级（较低）水平的监测点有 35 个，占 18.0%；处于 5 级（低）水平的监测点有 9 个，占 4.6%（图 3-63）。总体来看，黄淮海区土壤有机质呈提升趋势发展。

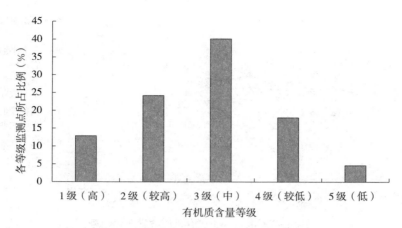

图 3-63　2018 年黄淮海土壤有机质各含量等级所占比例

注：1 级（＞25.0g/kg）、2 级（20.0～25.0］g/kg、3 级（15.0～20.0］g/kg、4 级
（10.0～15.0］g/kg、5 级（≤10.0g/kg）。

2018 年耕地质量监测结果显示（图 3-64），黄淮海区各二级农业区土壤有机质含量平均值相差不大，黄淮平原农业区所辖区域有机质含量最高，平均为 21.7g/kg，处于 2 级（较高）水平；冀鲁豫低洼平原农业区区最低，平均为 16.8g/kg，处于 4 级（较低）水平；燕山太行山山麓平原农业区和山东丘陵农林区居中，平均值分别为 19.4g/kg 和 17.4g/kg，处于 3 级（中）水平。

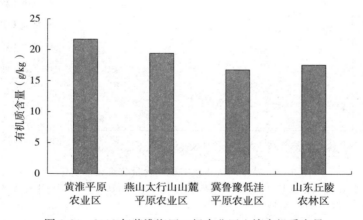

图 3-64　2018 年黄淮海区二级农业区土壤有机质含量

2. 含量变化

2004—2018 年，黄淮海区监测点土壤有机质平均含量总体略呈上升趋势，年均增加 0.3g/kg（图 3-65）。4 个二级农业区中，黄淮海平原农业区、燕山太行山山麓平原农业区有机质含量变化较大，上升趋势与全区趋势基本相同，2018 年其有机质含量分别比 2004 年增加 50.2％和 27.9％；冀鲁豫低洼平原农业区土壤有机质含量变化较小，基本持平；山东丘陵农林区土壤有机质含量 2014 年以前波动较大，2015—2018 年呈明显上升趋势，2018 年比 2004 年增加 40.1％。

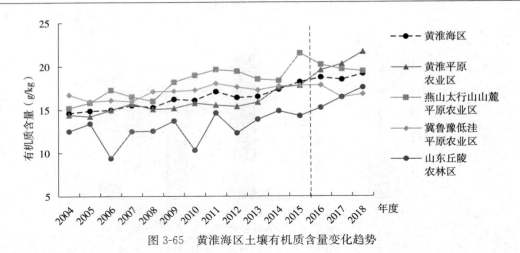

图 3-65　黄淮海区土壤有机质含量变化趋势

3. 频率变化

2004—2018 年，黄淮海区监测点土壤有机质含量主要集中在（15～20］g/kg 区间，占比 40.0％以上，处于 3 级（中）等水平。在 4 级（较低）的监测点占比呈降低的趋势，2014 年后占比小于 30％；在 2 级（较高）的比例呈升高趋势，15 年间上升了 10 个百分点以上。1 级（高）和 5 级（低）区间的所占比例均较低（图 3-66）。

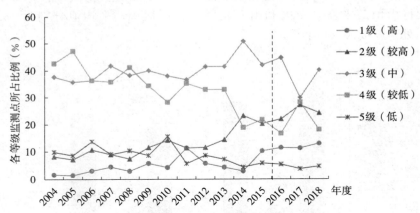

图 3-66　黄淮海区土壤有机质含量分级频率变化

注：1 级（＞25.0g/kg）、2 级（20.0～25.0］g/kg、3 级（15.0～20.0］g/kg、4 级（10.0～15.0］g/kg、5 级（≤10.0g/kg）。

（二）全氮现状及演变趋势

1. 全氮现状

2018 年，黄淮海区土壤全氮平均含量 1.19g/kg，处于 3 级（中）水平。根据黄淮海区耕地质量监测主要性状分级标准，处于 1 级（高）水平的监测点有 27 个，占监测点总数 13.9％；处于 2 级（较高）水平的监测点有 40 个，占 20.6％；处于 3 级（中）水平的监测点有 67 个，占 34.5％；4 级（较低）水平的监测点有 43 个，占 22.2％；处于 5 级（低）水平的监测点有 17 个，占 8.8％（图 3-67）。总体来看，黄淮海区土壤全氮呈提升趋势发展。

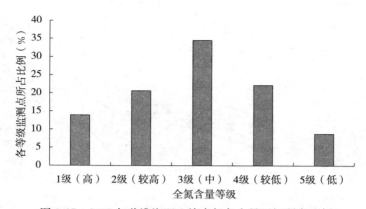

图 3-67 2018 年黄淮海区土壤全氮各含量区间所占比例

注：1 级（＞1.50g/kg）、2 级（1.25～1.50］g/kg、3 级（1.00～1.25］g/kg、4 级（0.75～1.00］g/kg、5 级（≤0.75g/kg）。

2018 年耕地质量监测结果显示，黄淮海区各二级农业区土壤全氮含量平均值变化较大（图 3-68）。黄淮平原农业区所辖区域全氮含量最高，平均为 1.37g/kg，处于 2 级（较高）水平；燕山太行山山麓平原农业区居中，平均值为 1.20g/kg，处于 3 级（中）水平；冀鲁豫低洼平原农业区和山东丘陵农林区全氮含量最低，平均值分别为 1.05g/kg 和 1.04g/kg，处于 3 级（中）水平。

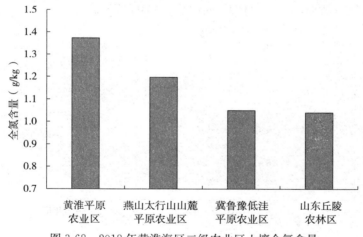

图 3-68 2018 年黄淮海区二级农业区土壤全氮含量

2. 含量变化

2004—2018 年，黄淮海区土壤全氮含量变化范围 0.98～1.19g/kg，呈增加趋势，2018 年比 2004 年增加 14.4％，年均增加 0.01g/kg（图 3-69）。4 个二级农业区土壤全氮含量均呈增加趋势，黄淮海平原农业区土壤全氮含量由 2004 年的 1.00g/kg 上升到 2018 年的 1.37g/kg，增加了 0.4g/kg，年平均增加 0.025g/kg；燕山太行山山麓平原农业区土壤全氮含量由 2004 年的 0.99g/kg 上升到 2018 年的 1.20g/kg，增加了 0.2g/kg，年平均增加 0.014g/kg；冀鲁豫低洼平原农业区土壤全氮含量在 0.93～1.10g/kg 之间，基本持平；山东丘陵农林区土壤全氮含量波动相对较大，在 0.86～1.19g/kg 之间。

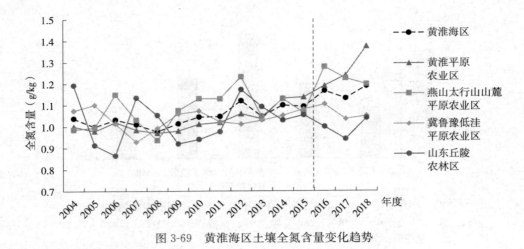

图 3-69　黄淮海区土壤全氮含量变化趋势

3. 频率变化

2004—2018 年，黄淮海区土壤全氮含量主要集中在 3 级（中）和 4 级（较低），分别属于 3 级（中）和 4 级（较低）水平，其中 3 级（中）水平监测点占比基本维持在 30％以上，4 级（较低）水平监测点比例逐年降低，15 年间降低了 15 个百分点；在 1 级（高）和 2 级（较高）的监测点比例有所增加，分别增加了 11 个和 8 个百分点；在 5 级（≤0.75g/kg）区间的监测点占比有所波动，但总体趋势不明显（图 3-70）。

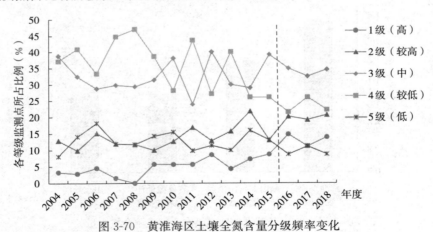

图 3-70　黄淮海区土壤全氮含量分级频率变化

注：1 级（＞1.50g/kg）、2 级（1.25～1.50] g/kg、3 级（1.00～1.25] g/kg、4 级（0.75～1.00] g/kg、5 级（≤0.75g/kg）。

（三）有效磷现状及演变趋势

1. 有效磷现状

2018 年，黄淮海区监测点土壤有效磷平均含量 33.8mg/kg，处于 2 级（较高）水平。据统计全区有效磷含量有效数据 182 个，根据黄淮海区耕地质量监测主要性状分级标准，处于 1 级（高）水平的监测点有 35 个，占监测点总数 19.2％；处于 2 级（较高）水平的监测点有 23 个，占 12.6％；处于 3 级（中）水平的监测点有 32 个，占 17.6％；4 级（较低）水平的监测点有 68 个，占 37.4%；处于 5 级（低）水平的监测点有 24 个，占 13.2%（图 3-71）。总体来看，黄淮海区有效磷区间分布较为分散，有增加趋势。

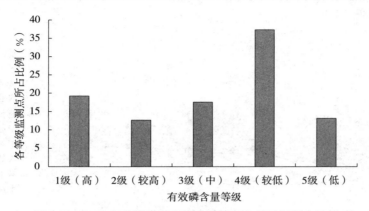

图 3-71　2018 年黄淮海区土壤有效磷各含量区间所占比例

注：1 级（>40.0mg/kg）、2 级（30.0～40.0]mg/kg、3 级（20.0～30.0]mg/kg、4 级（10.0～20.0]mg/kg、5 级（≤10.0mg/kg）。

2018 年耕地质量监测结果显示，黄淮海区各二级农业区土壤有效磷含量平均值变化较大（图 3-72）。燕山太行山山麓平原农业区土壤有效磷含量最高，平均值为 52.2mg/kg，处于 1 级（高）水平；山东丘陵农林区土壤有效磷含量其次，平均值为 32.2mg/kg，处于 2 级（较高）水平；黄淮平原农业区和冀鲁豫低洼平原农业区土壤有效磷含量相对较低，平均值分别为 28.5mg/kg 和 26.1mg/kg，处于 3 级（中）水平。

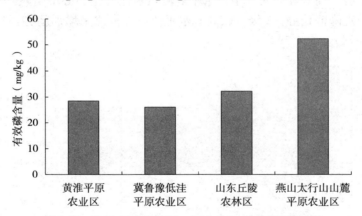

图 3-72　2018 年黄淮海区二级农业区土壤有效磷含量

2. 含量变化

2004—2018 年，黄淮海区土壤有效磷含量变化较大，整体呈上升趋势，年均增加 0.51mg/kg（图 3-73）。4 个二级农业区土壤有效磷含量变化有所不同，黄淮海平原农业区土壤有效磷含量变化较小，由 2004 年的 14.3mg/kg 上升到 2018 年的 28.5mg/kg，增加了 14.2mg/kg，年平均增加 0.94mg/kg；燕山太行山山麓平原农业区土壤有效磷含量波动较大且明显高于其他二级农业区，由 2004 年的 44.3mg/kg 上升到 2018 年的 52.2mg/kg，增加了 17.9%，年平均增加 0.53mg/kg；山东丘陵农林区土壤有效磷含量年际间波动较大，由 2004 年的 24.1mg/kg 上升到 2018 年的 32.2mg/kg，年平均增加 0.54mg/kg；冀鲁豫低洼平原农业区土壤有效磷含量有所波动，近 3 年有所降低，2018 年比 2004 年降低 16.3％。

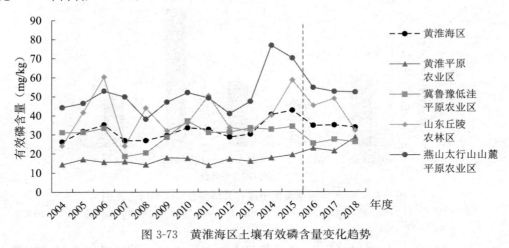

图 3-73 黄淮海区土壤有效磷含量变化趋势

3. 频率变化

2004—2018 年，黄淮海区土壤有效磷含量主要集中在（10.0～20.0］mg/kg 区间，处于 4 级（较低）水平，占比在 29.0％～43.3％之间，近 4 年占比增加明显，2018 年比 2005 年增加 8 个百分点；1 级（高）、3 级（中）和 5 级（低）水平监测点占比年度间波动较大，其中 1 级（高）和 3 级（中）水平监测点占比变化趋势不明显，5 级（低）水平监测点占比有一定降低趋势；2 级（较高）水平监测点占比呈增加趋势，15 年间增加了 4 个百分点（图 3-74）。

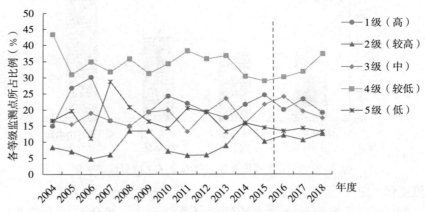

图 3-74 黄淮海区土壤有效磷含量分级频率变化

注：1 级（＞40.0mg/kg）、2 级（30.0～40.0］mg/kg、3 级（20.0～30.0］mg/kg、4 级（10.0～20.0］mg/kg、5 级（≤10.0mg/kg）。

（四）速效钾现状及演变趋势

1. 速效钾现状

2018 年，黄淮海区监测点土壤速效钾平均含量 166mg/kg，处于 2 级（较高）水平。

根据黄淮海区耕地质量监测主要性状分级标准，处于 1 级（高）水平的监测点有 46 个，占监测点总数 23.7%；处于 2 级（较高）水平的监测点有 54 个，占 27.8%；处于 3 级（中）水平的监测点有 48 个，占 24.7%；4 级（较低）水平的监测点有 45 个，占 23.2%；处于 5 级（低）水平的监测点有 1 个，占 0.5%（图 3-75）。总体来看，黄淮海区速效钾有增加趋势。

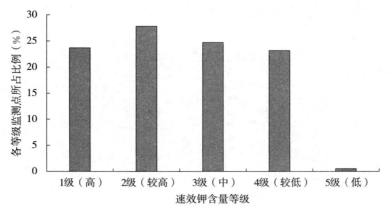

图 3-75　2018 年黄淮海区土壤速效钾各含量区间所占比例

注：1 级（＞200mg/kg）、2 级（150～200] mg/kg、3 级（100～150] mg/kg、4 级（50～100] mg/kg、5 级（≤50mg/kg）。

2018 年耕地质量监测结果显示，黄淮海区各二级农业区土壤速效钾含量平均值变化较大（图 3-76）。冀鲁豫低洼平原农业区土壤速效钾含量最高，平均值为 184mg/kg，处于 2 级（较高）水平；黄淮平原农业区和燕山太行山山麓平原农业区土壤速效钾含量平均值分别为 168mg/kg 和 167mg/kg，处于 2 级（较高）水平；山东丘陵农林区土壤速效钾含量最低，平均值为 137mg/kg，处于 3 级（中）水平。

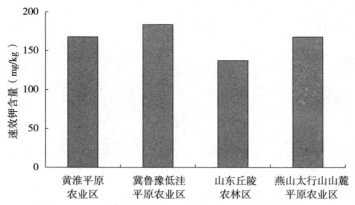

图 3-76　2018 年黄淮海区二级农业区土壤速效钾含量

2. 含量变化

2004—2018 年，黄淮海区土壤速效钾含量变化较大，整体呈稳步增加趋势，2018 年比 2004 年增加 27.3%，年均增加 2.4mg/kg（图 3-77）。4 个二级农业区土壤速效钾含量均呈增加趋势，且近 3 年各区平均值相对集中。黄淮海平原农业区土壤速效钾含量与全区增加趋势基本相同，由 2004 年的 118mg/kg 上升到 2018 年的 168mg/kg，增加了 42.0%；燕山太行山山麓平原农业区土壤速效钾含量由 2004 年的 132mg/kg 上升到 2018 年的 167mg/kg，增加了 27.0%；2004 和 2005 年冀鲁豫低洼平原农业区土壤速效钾含量较高，到 2007 年呈现降低趋势，随后年份与全区趋势增加趋势基本相同，2018 年比 2007 年增加 57.3%；山东丘陵农林区土壤速效钾含量整体低于其他各区，2016 和 2017 年平均值较高，2018 年有所降低，但与 2004 年相比增加了 78.0%。

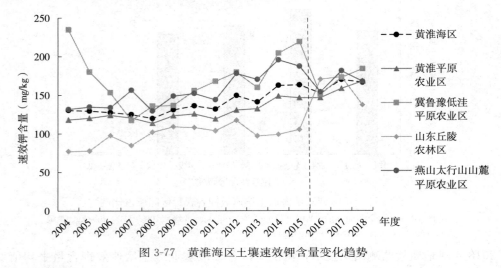

图 3-77　黄淮海区土壤速效钾含量变化趋势

3. 频率变化

2004—2018 年，黄淮海区土壤速效钾含量主要集中在（100～150］mg/kg 区间，处于 3 级（中）水平，监测点占比在 24.7%～42.0%之间，呈降低趋势，2018 年比 2004 年降低 13.0 个百分点；4 级（50～100］mg/kg 和 5 级（≤50mg/kg）的监测点占比均呈降低趋势，2018 年比 2004 年分别降低 6.3 和 7.7 个百分点；1 级（高）和 2 级（较高）水平监测点占比呈增加趋势，2018 年比 2004 年分别增加 9.0 和 18.0 个百分点（图 3-78）。

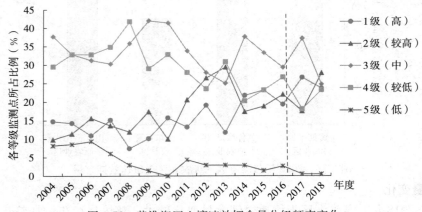

图 3-78　黄淮海区土壤速效钾含量分级频率变化

注：1 级（>200mg/kg）、2 级（150～200］mg/kg、3 级（100～150］mg/kg、4 级（50～100］mg/kg、5 级（≤50mg/kg）。

（五）缓效钾现状及演变趋势

1. 缓效钾现状

2018 年，黄淮海区监测点土壤缓效钾平均含量 774mg/kg，处于 3 级（中）水平。据统计全区缓效钾含量有效数据 193 个，根据黄淮海区耕地质量监测主要性状分级标准，处于 1 级（高）水平的监测点有 28 个，占监测点总数 14.5%；处于 2 级（较高）水平的监测点有 54 个，占 28.0%；处于 3 级（中）水平的监测点有 64 个，占 33.2%；4 级（较低）水平的监测点有 30 个，占 15.5%；处于 5 级（低）水平的监测点有 17 个，占 8.8%（图 3-79）。总体来看，黄淮海区缓效钾有增加趋势。

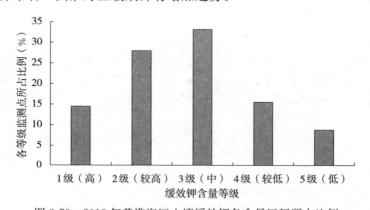

图 3-79　2018 年黄淮海区土壤缓效钾各含量区间所占比例

注：1 级（>1 000mg/kg）、2 级（800～1 000] mg/kg、3 级（600～800] mg/kg、4 级（400～600] mg/kg、5 级（≤400mg/kg）。

2018 年耕地质量监测结果显示，黄淮海区各二级农业区土壤缓效钾含量平均值变化较大（图 3-80）。冀鲁豫低洼平原农业区土壤缓效钾含量最高，其次是燕山太行山山麓平原农业区，平均值分别为 921mg/kg 和 890mg/kg，均处于 2 级（较高）水平；黄淮平原农业区土壤缓效钾含量平均值为 702mg/kg，处于 3 级（中）水平；山东丘陵农林区土壤缓效钾含量最低，平均值为 565mg/kg，处于 4 级（较低）水平。

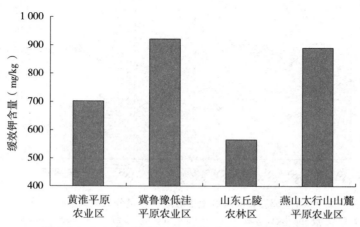

图 3-80　2018 年黄淮海区二级农业区土壤缓效钾含量

2. 含量变化

2007—2018 年，黄淮海区土壤缓效钾含量变化较大，有一定增加趋势，2018 年比 2007 年增加 4.8%，年均增加 3.0mg/kg（图 3-81）。4 个二级农业区土壤速效钾含量均呈增加趋势，黄淮海平原农业区土壤缓效钾含量与全区增加趋势基本相同，由 2007 年的 621mg/kg 上升到 2018 年的 702mg/kg，增加了 13.0%；燕山太行山山麓平原农业区和冀鲁豫低洼平原农业区土壤缓效钾含量高于全区平均值，有一定降低趋势，分别降低 7.2% 和 13.2%；山东丘陵农林区土壤缓效钾含量 2017 年前呈现上升趋势，2018 年有所降低，与 2007 年相比降低 2.7%。

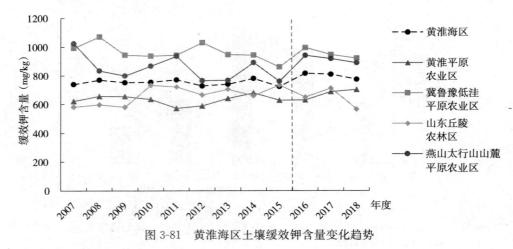

图 3-81　黄淮海区土壤缓效钾含量变化趋势

3. 频率变化

2007—2018 年，黄淮海区土壤缓效钾含量主要集中在 3 级（中）和 2 级（较高），监测点占比高于 20%，且有一定增加趋势，2018 年比 2007 年分别增加 2.4 和 4.9 个百分点；1 级（高）和 4 级（较低）的监测点占呈持平状态；5 级（低）的监测点占比呈降低趋势，2018 年比 2007 年降低 6.6 个百分点（图 3-82）。

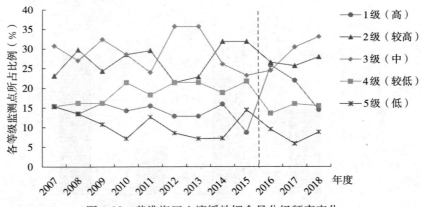

图 3-82　黄淮海区土壤缓效钾含量分级频率变化

注：1 级（＞1 000mg/kg）、2 级（800～1 000］mg/kg、3 级（600～800］mg/kg、4 级（400～600］mg/kg、5 级（≤400mg/kg）。

（六）土壤 pH 现状及演变趋势

1. 土壤 pH 现状

2018 年，黄淮海区监测点土壤 pH 变幅在 4.5～8.7 之间，平均 7.6，处于 2 级（较高）水平。根据黄淮海区耕地质量监测主要性状分级标准，处于 1 级（高）水平的监测点有 20 个，占监测点总数 10.3%；处于 2 级（较高）水平的监测点有 54 个，占 27.8%；处于 3 级（中）水平的监测点有 101 个，占 52.1%；4 级（较低）水平的监测点有 11 个，占 5.7%；处于 5 级（低）水平的监测点有 8 个，占 4.1%（图 3-83）。总体来看，黄淮海区 pH 有增加趋势。

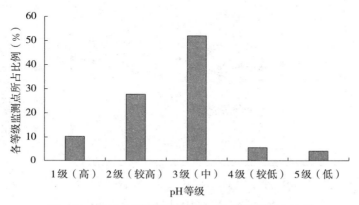

图 3-83 2018 年黄淮海区土壤 pH 各区间所占比例

注：1 级（6.5～7.5]、2 级（7.5～8.0]（6.0～6.5]、3 级（8.0～8.5]（5.5～6.0]、4 级（8.5・9.0](5.0～5.5]、5 级（>9.0，≤5.0）。

2018 年耕地质量监测结果显示，黄淮海区各二级农业区土壤 pH 平均值变化较大（图 3-84）。冀鲁豫低洼平原农业区土壤 pH 最高，平均值分别为 8.2 处于 3 级（中）水平，其次是燕山太行山山麓平原农业区，平均值为 7.9，处于 2 级（较高）水平；黄淮平原农业区土壤 pH 平均为 7.4，处于 1 级（高）水平；山东丘陵农林区土壤 pH 最低，平均值为 6.6，处于 1 级（高）水平。

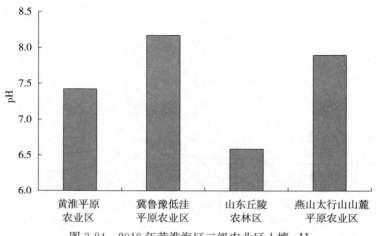

图 3-84 2018 年黄淮海区二级农业区土壤 pH

2. 含量变化

2004—2018年，黄淮海区土壤 pH 年平均值变化范围为 7.2～7.6，有一定增加趋势，2018年比2004年增加4.7%，年均增加0.02（图3-85）。4个二级农业区土壤 pH 平均变化有所不同，黄淮海平原农业区和山东丘陵农林区土壤 pH 平均呈增加趋势，2018年比2004年均增加了0.2，增加比例分别为2.9%和3.1%；冀鲁豫低洼平原农业区土壤 pH 平均年度间变化较小，基本持平；燕山太行山山麓平原农业区土壤 pH 平均有一定降低趋势，2018年比2004年降低3.1%。

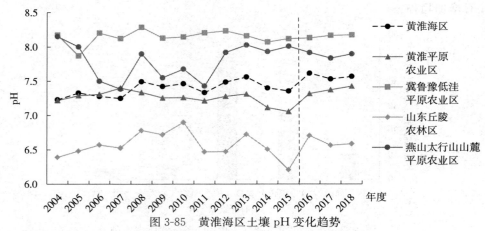

图3-85　黄淮海区土壤 pH 变化趋势

3. 频率变化

2004—2018年，黄淮海区土壤 pH 主要集中在2级（较高）和3级（中），占比均在20.0%以上。2级（较高）的监测点占比有降低趋势，2018年比2004年降低4.4个百分点；3级（中）的监测点占比有增加趋势，2018年比2004年增加16.6个百分点；1级（高）监测点占比在2004—2015年间有所波动，但基本稳定在20.0%左右，近3年下降近10个百分点；4级（较低）、5级（低）监测点较少，占比低于10.0%，年度间变化不大（图3-86）。

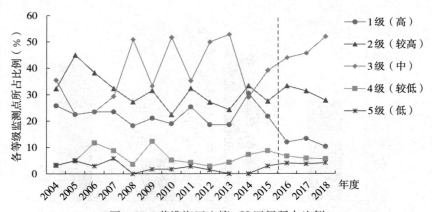

图3-86　黄淮海区土壤 pH 区间所占比例

注：1级（6.5～7.5）、2级（7.5～8.0）（6.0～6.5]、3级（8.0～8.5）（5.5～6.0]、4级（8.5～9.0）（5.0～5.5]、5级（>9.0，≤5.0）。

（七）耕层厚度情况

2018 年，黄淮海区土壤耕层厚度平均 20.4cm，耕层最厚 40cm，最薄仅 12cm。根据黄淮海区耕地质量监测主要性状分级标准，处于 1 级（高）水平的监测点有 14 个，占监测点总数 7.8%；处于 2 级（较高）水平的监测点有 25 个，占 14.0%；处于 3 级（中）水平的监测点有 126 个，占 70.4%；4 级（较低）水平的监测点有 14 个，占 7.8%；无 5 级（低）水平的监测点（图 3-87）。总体来看，黄淮海区土壤耕层厚度保持稳定。

2018 年黄淮海区的 4 个二级农业区耕层厚度平均值差别不大，表现为：山东丘陵农林区＞冀鲁豫低洼平原农业区＞黄淮平原农业区＞燕山太行山山麓平原农业区。

2015—2018 年，黄淮海区土壤耕层厚度平均值变化不大，但与 2017 年（20.8cm）相比平均值有所降低。4 个二级农业区中，燕山太行山山麓平原农业区耕层厚度下降明显，由 2015 年的 25.7cm 下降到 2018 年的 18.8cm，其他 3 个二级农业区耕层厚度呈增加趋势。

由图 3-87 可见，2015—2018 年，黄淮海区土壤耕层厚度主要集中在 3 级（中），监测点占比由 2015 年的 59.4% 增加到 70.4%；2 级（较高）监测点占比近 3 年变化不大；1 级（高）和 4 级（较低）监测点占比呈降低趋势，分别降低了 5.2 和 12.5 个百分点。

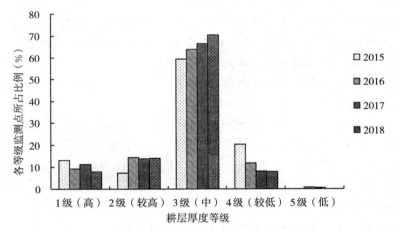

图 3-87　2015—2018 年黄淮海区土壤耕层厚度各区间所占比例

注：1 级（＞25.0cm）、2 级（20.0～25.0] cm、3 级（15.0～20.0] cm、4 级（10.0～15.0] cm、5 级（≤10.0cm）。

二、肥料投入与利用情况

（一）肥料投入现状

2018 年，黄淮海区小麦玉米轮作监测点的年肥料亩总投入量（折纯，下同）平均值 65.8kg，其中有机肥亩投入量平均值 12.3kg，化肥亩投入量平均值 53.5kg，化肥和有机肥之比 4.34：1。肥料亩总投入中，氮肥（N）投入 34.03kg，磷肥（P_2O_5）16.18kg，钾肥（K_2O）15.6kg，投入量依次为：肥料氮＞肥料磷＞肥料钾，N：P_2O_5：K_2O 为 1：0.48：0.45。其中化肥亩投入中，氮肥（N）投入 30.56kg，磷肥（P_2O_5）13.74kg，钾肥（K_2O）9.21kg，投入量依次为：化肥氮＞化肥磷＞化肥钾，N：P_2O_5：K_2O 平均比例 1∶0.45∶0.30。

黄淮海区的 4 个二级农业区中小麦玉米轮作监测点的肥料投入情况见表 3-10。

表 3-10　黄淮海区小麦玉米轮作监测点肥料亩投入情况

农业区	有机肥总量（kg）	化肥总量（kg）	施肥总量（kg）	总 N（kg）	总 P_2O_5（kg）	总 K_2O（kg）	化肥 N∶P_2O_5∶K_2O
燕山太行山山麓平原农业区	29.61	50.86	80.47	39.16	18.28	23.03	1∶0.39∶0.23
冀鲁豫低洼平原农业区	14.96	52.76	67.72	34.10	17.74	15.87	1∶0.50∶0.27
黄淮平原农业区	4.40	51.30	55.70	32.43	12.38	10.89	1∶0.37∶0.29
山东丘陵农林区	3.94	61.06	65.00	31.50	17.82	15.68	1∶0.57∶0.46
黄淮海区	12.33	53.48	65.81	34.03	16.18	15.60	1∶0.45∶0.30

燕山太行山山麓平原农业区小麦玉米轮作监测点肥料亩总投入量最高，为 80.5kg，其中有机肥亩投入量平均值 29.6kg，化肥亩投入量平均值 50.9kg，化肥和有机肥之比 1.72∶1。肥料亩总投入中，氮肥（N）投入 39.2kg，磷肥（P_2O_5）18.3kg，钾肥（K_2O）23.0kg，投入量依次为：肥料氮＞肥料钾＞肥料磷，N∶P_2O_5∶K_2O 平均比例 1∶0.47∶0.59。其中化肥 N∶P_2O_5∶K_2O 为 1∶0.39∶0.23。

冀鲁豫低洼平原农业区小麦玉米轮作监测点肥料亩总投入量为 67.7kg，其中有机肥亩投入量平均值 15.0kg，化肥亩投入量平均值 52.8kg，化肥和有机肥之比 3.53∶1。肥料亩总投入中，氮肥（N）投入 34.1kg，磷肥（P_2O_5）17.7kg，钾肥（K_2O）15.9kg，投入量依次为：肥料氮＞肥料磷＞肥料钾，N∶P_2O_5∶K_2O 平均比例 1∶0.52∶0.47。其中化肥 N∶P_2O_5∶K_2O 为 1∶0.50∶0.27。

黄淮平原农业区小麦玉米轮作监测点肥料亩总投入量最低，为 55.7kg，其中有机肥亩投入量平均值 4.4kg，化肥亩投入量平均值 51.3kg，化肥和有机肥之比 11.66∶1。肥料亩总投入中，氮肥（N）投入 32.4kg，磷肥（P_2O_5）12.38kg，钾肥（K_2O）10.9kg，投入量依次为：肥料氮＞肥料磷＞肥料钾，N∶P_2O_5∶K_2O 平均比例 1∶0.38∶0.34。其中化肥 N∶P_2O_5∶K_2O 为 1∶0.37∶0.29。

山东丘陵农林区小麦玉米轮作监测点肥料亩总投入量为 65.0kg，其中有机肥亩投入量平均值 3.94kg，化肥亩投入量平均值 61.1kg，化肥和有机肥之比 15.48∶1。肥料亩总投入中，氮肥（N）投入：31.5kg，磷肥（P_2O_5）17.8kg，钾肥（K_2O）15.7kg，投入量依次为：肥料氮＞肥料磷＞肥料钾，N∶P_2O_5∶K_2O 平均比例 1∶0.57∶0.50。其中化肥 N∶P_2O_5∶K_2O 为 1∶0.57∶0.46。

（二）肥料投入与产量变化趋势

1. 小麦玉米轮作肥料投入与年产量变化趋势

2004—2018 年，黄淮海区监测点小麦玉米轮作的肥料单位面积投入总量呈上升趋势。小麦玉米轮作监测点肥料亩投入总量 2018 年 65.8kg，较 2004 年亩增加了 13.0kg，增幅 24.7%。其中化肥亩投入量 2018 年 53.5kg，较 2004 年亩增加了 14.5kg，增幅 37.1%。有机肥亩投入量 2018 年 12.3kg，较 2004 年亩降低了 1.5kg，降幅 10.5%，但从 2011 年起有增加趋势。2004—2018 年，黄淮海区监测点小麦玉米年亩产呈上升趋势，2018 年小麦玉米年亩产为 986.0kg，比 2004 年增加 15.4%。15 年间化肥投入量提高了 37.1%，小麦玉米年亩产提高了 15.4%（图 3-88）。

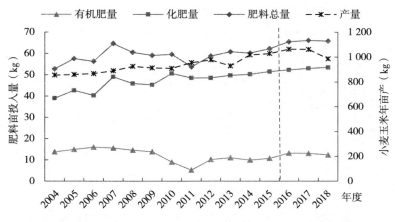

图 3-88　黄淮海区小麦玉米轮作区肥料投入与产量变化趋势

2. 小麦季肥料投入与产量变化趋势

2004—2018 年，黄淮海区小麦玉米轮作监测点中小麦季肥料单位面积投入总量呈上升趋势。2018 年轮作监测点小麦季肥料亩投入量 37.7kg，较 2004 年亩增加了 4.0kg，增幅 11.9%。其中，2018 年轮作监测点小麦季化肥亩投入量 30.3kg，较 2004 年亩增加了 8.8kg，增幅 42.2%。2018 年轮作监测点小麦季有机肥亩投入量 7.4kg，较 2004 年亩降低了 4.8kg，降幅 39.4%。2004—2018 年，黄淮海区轮作监测点小麦季亩产呈上升趋势，由 2004 年 397.0kg 增加到 452.0kg，增幅 13.9%（图 3-89）。

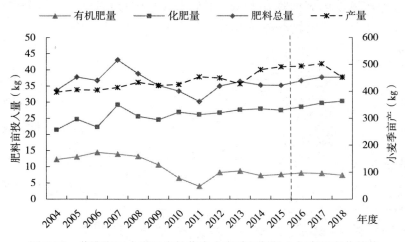

图 3-89　黄淮海区小麦玉米轮作中小麦季肥料投入与产量变化趋势

3. 玉米季肥料投入与产量变化趋势

2004—2018 年，黄淮海区小麦玉米轮作监测点中玉米季肥料单位面积投入总量呈上升趋势。2018 年轮作监测点小麦季肥料亩投入量 28.0kg，较 2004 年亩增加了 8.8kg，增幅 46.3%。其中，2018 年轮作监测点玉米季化肥亩投入量 23.2kg，较 2004 年亩增加了

5.7kg，增幅 32.3%。2018 年轮作监测点玉米季有机肥亩投入量 4.7kg，较 2004 年亩增加了 3.2kg，增幅 204%。2004—2018 年，黄淮海区小麦玉米轮作监测点玉米季亩产呈上升趋势，由 2004 年 457.0kg 增加到 534.0kg，增幅 16.8%（图 3-90）。

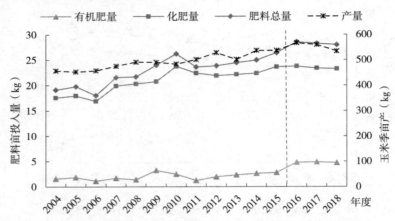

图 3-90　黄淮海区小麦玉米轮作中玉米季肥料投入与产量变化趋势

（三）养分回收率与偏生产力

1. 小麦

（1）养分回收率

2004—2018 年，黄淮海区小麦玉米轮作监测点中小麦季氮肥、磷肥和总养分回收率有所降低，钾肥回收率呈先增加后降低趋势。2018 年小麦季总养分回收率为 37.2%，较 2004 年降低 5.0 个百分点；2018 年小麦季氮肥回收率为 33.4%，较 2004 年降低 4.8 个百分点；2018 年小麦季磷肥回收率为 28.1%，较 2004 年降低 5.3 个百分点；2018 年小麦季钾肥回收率为 73.8%，较 2004 年增加 3.8 个百分点（图 3-91）。

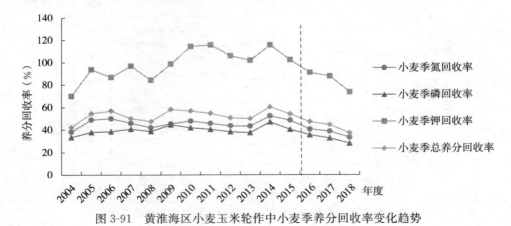

图 3-91　黄淮海区小麦玉米轮作中小麦季养分回收率变化趋势

（2）偏生产力

2004—2018 年，黄淮海区小麦玉米轮作监测点中小麦季化肥偏生产力年度变化较小，整体略有下降；氮肥偏生产力波动较小，处于基本持平状态；磷肥偏生产力波动较大，整体有下降趋势，钾肥偏生产力呈增加趋势。15 年间小麦季化肥偏生产力在 16.1～

21.2kg/kg 之间，2018 年小麦季化肥偏生产力为 16.1kg/kg，比 2004 年下降了 5.0kg/kg，降幅 23.7%；2018 年小麦季氮肥偏生产力为 28.3kg/kg，15 年间数值在 26.0～32.2kg/kg 之间；2018 年小麦季磷肥偏生产力为 53.1kg/kg，比 2004 年下降了 6.3kg/kg，降幅 10.6%；2018 年小麦季钾肥偏生产力为 75.5kg/kg，比 2004 年增加了 7.1kg/kg，增幅 10.4%；（图 3-92）。

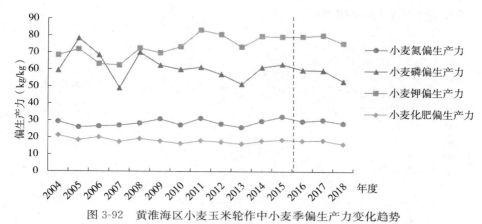

图 3-92　黄淮海区小麦玉米轮作中小麦季偏生产力变化趋势

2. 玉米

（1）养分回收率

2004—2018 年，黄淮海区小麦玉米轮作监测点中玉米季氮肥、磷肥、钾肥和总养分回收率均呈降低趋势。2018 年玉米季总养分回收率为 49.7%，较 2004 年降低 30.0 个百分点；2018 年小麦季氮肥回收率为 38.9%，较 2004 年降低 8.2 个百分点；2018 年玉米季磷肥回收率为 58.1%，较 2004 年降低 54.2 个百分点；2018 年玉米季钾肥回收率为 91.2%，较 2004 年降低 90.6 个百分点（图 3-93）。

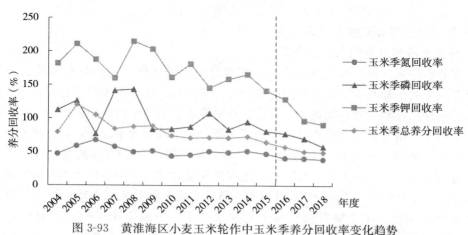

图 3-93　黄淮海区小麦玉米轮作中玉米季养分回收率变化趋势

（2）偏生产力

2004—2018 年，黄淮海区小麦玉米轮作监测点中玉米季化肥偏生产力和氮肥偏生产力年度变化较小，稍有下降趋势；磷肥偏生产力波动较大，变化趋势不明显；钾肥偏生产力呈降低趋势。15 年间玉米季化肥偏生产力在 22.6～29.9kg/kg 之间，2018 年玉米季化肥偏生产力为 25.1kg/kg，比 2004 年下降了 3.6kg/kg，降幅 12.4%；15 年间玉米季氮肥偏生产力在 31.8～49.6kg/kg 之间，2018 年玉米季氮肥偏生产力为 37.4kg/kg，比 2004 年下降了 3.4kg/kg，降幅 8.2%；2018 年玉米季磷肥偏生产力为 134.5kg/kg，与 2004 年基本持平；2018 年玉米季钾肥偏生产力为 105.8kg/kg，比 2004 年降低了 55.4kg/kg，增幅 34.4%（图 3-94）。

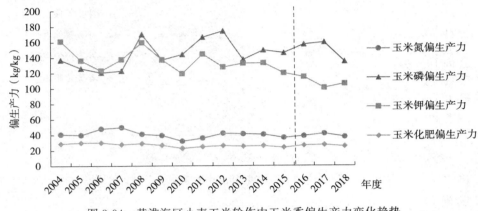

图 3-94　黄淮海区小麦玉米轮作中玉米季偏生产力变化趋势

三、耕地质量存在的主要问题、原因分析和土壤培肥改良对策

根据耕地质量监测分析结果，2004—2018 年黄淮海区监测点土壤有机质、全氮、有效磷、速效钾呈增加趋势，2018 年比 2004 年分别增加了 30.8%、14.4%、29.0% 和 27.3%，pH 年度平均值和缓效钾含量有所增加，土壤养分指标总体向好，耕地质量整体呈提升态势。但区域内耕地土壤养分和施肥情况仍存在以下问题：

（一）存在的主要问题及原因分析

1. 耕地土壤养分不均衡、不协调

根据分析结果，黄淮海区内监测点土壤养分呈提升态势，特别是有机质含量逐年提升，主要因为测土配方施肥覆盖面积逐渐扩大，农民的对耕地土壤的养分投入重视程度提高，同时秸秆综合利用率不断提高，联合收割机等农业大型机械的应用促进了秸秆的直接还田，有利于土壤有机物质的积累。但仍存在部分点位养分水平较低，且存在养分不协调的现状。2018 年区域内有机质平均值处于中等水平，但仍有 22.7% 的监测点土壤有机质处于中等以下水平，土壤全氮、有效磷、速效钾和缓效钾处于中等以下水平的监测点占比分别为 30.9%、50.5%、23.7% 和 24.3%，部分点位土壤养分水平较低。部分点位还存在氮低磷钾高问题，在土壤有机质和全氮含量处于中等以下水平的监测点中，分别有 32.4% 和 43.2% 的点位土壤有效磷和速效钾含量处于中等及以上水平，同一点位养分存在不协调情况。磷素含量过高易造成中微量元素有效性降低，2018 年监测点中 12.6% 的点位土壤有效磷含量高于 60mg/kg，淋溶风险高。同时近 3 年内监测点土壤有效磷和缓效钾含量有所降低，部分指标在局部地区如冀鲁豫低洼平原农业区等二级区域内也存在降

低现象，耕地养分不均衡可能与局部区域科学施肥水平不够有关，因此还需进一步均衡施肥，提升区域内耕地地力整体水平。

2. 土壤酸碱度指标呈恶化趋势

黄淮海区土壤 pH 平均值总体稳定，有一定提升趋势，2018 年比 2004 年增加 4.7%。这与区域内的大力实施耕地质量提升项目有关，针对区域内主要障碍因素连续实施盐碱地改良、土壤酸化治理等措施，使土壤 pH 总体趋势向好。但仍存在较多问题：2018 年区域内 pH 小于 6.5 的监测点占比 18.0%，pH 大于 8.0 的监测点比 49.0%，且燕山太行山山麓平原农业区土壤 pH 平均值有一定降低趋势，存在酸化风险。同时，2018 年 1 级（高）监测点占比仅为 10%，近 3 年下降近 10 个百分点，适宜 pH 占比减少；而 3 级（中）的监测点占比近 3 年增加了 13 个百分点，其中微碱性（8.0～8.5］区间监测点占比增加 11.1 个百分点，微酸性（5.5～6.0］区间的监测点占比增加 1.9 个百分点。处于高水平（适宜 pH）监测点数量降低而中等水平监测点数量增加，土壤 pH 指标呈恶化趋势。土壤 pH 主要与母质有关，其酸化是土壤形成和发育过程中普遍存在的自然过程，但人为原因加快了土壤酸化的进程：一是酸雨沉降会的导致土壤酸化；二是化肥的大量施用带入了大量的酸根离子，为获得作物高产，区域内化肥的投入量仍然较高，同时氮肥投入过高和不适宜的磷肥和钾肥品种均会影响土壤的酸碱度；三是黄淮海区内秸秆还田面积较大，但施用商品有机肥及其他来源的有机肥点位较少，有机肥施用不足导致土壤缓冲能力下降等。pH 偏酸或偏碱不利于作物生长，且将影响土壤中养分循环、促使有害元素活化等，应当引起重视。

3. 耕地土壤耕层变浅，土壤保水保肥性能下降

根据国家产业技术研究中心研究，玉米耕作层 22.0cm 为最低要求，2018 年黄淮海区土壤耕层厚度平均 20.4cm，7.8% 的监测点耕层不足 15.0cm，最薄仅 12.0cm，明显低于该要求。主要原因是近年来旋耕越来越普遍，旋耕深度较浅的限制对耕层厚度的增加有很大的阻碍作用，频繁的机械碾压又增加了土壤容重，免耕等农技措施减少了翻耕次数，因此耕层土壤深度仍然较浅，且犁底层容重进一步增加，严重影响作物根系发育，土壤通透性变差，保水保肥能力下降，抗旱、防涝等能力降低，对产量的提高有一定影响。另一方面，农村劳力的老龄化也增加了农田机械作业的几率，减少了翻耕次数。近年来随深松深耕项目推广、秸秆还田及新型农机具的推广，耕层变浅问题得到一定缓解，但仍与科学的耕层厚度有所差距。

4. 施肥结构不合理，有机肥施用量较低

为追求高产，农民传统施肥习惯往往重施化肥、轻施有机肥，重施大量元素肥料、轻施中微量元素肥料，大量元素中又重施氮肥、轻施钾肥，导致区域内肥料投入不合理，主要体现在黄淮海区内肥料投入量过高，化肥施用比例较高，有机肥施用比例较低，氮肥施用量高、钾肥施用量过低。全区 2018 年小麦玉米轮作监测点有机肥亩投入量为 12.3kg，占施肥总量的 18.7%，其中黄淮平原农业区和山东丘陵农林区有机肥投入量仅占施肥总量的 7.9% 和 6.1%，有机肥投入量较低，进而影响土壤养分和酸碱度的变化。在养分投入比例上，化肥氮磷钾投入冀鲁豫低洼平原农业区和黄淮平原农业区投入比例不均衡，氮投入量过高，磷钾相对较低。15 年间黄淮海区小麦和玉米的氮肥偏生产力变动较小，

2018年分别为28.3kg/kg和37.4kg/kg，但磷肥和钾肥的偏生产力波动相对较大，其中小麦磷肥偏生产力有所下降，而玉米钾肥偏生产力有所提高，说明产量提高的同时，投入的磷肥总量过高、而钾肥总量过低。2018年小麦玉米轮作监测点肥料钾与肥料氮投入量之比小于0.3的监测点占26.4%，施肥结构的不合理将严重制约作物高产和耕地质量的持续提升。15年间小麦玉米轮作监测点肥料全年投入总量增加了24.7%，化肥投入量提高了37.1%，小麦玉米年产量提高了15.4%。肥料投入的增加比例明显高于作物产量的提高。导致施肥结构的不合理的主要原因是农民"三重三轻"的施肥习惯。

（二）土壤培肥改良对策

1. 遵循科学施肥原则，调整肥料养分结构，合理增施有机肥

坚持因地适宜施肥，根据土壤肥力条件及作物的需肥特性，充分应用测土配方和田间试验结果，科学确定肥料用量、肥料施用方法及肥料种类。一是利用目标产量等方法，结合高产、优质栽培技术，继续推行优化配方施肥，合理选用新型肥料，因缺补缺施用中微量元素肥料，促进化肥减量增效，适当降低肥料的总投入量；二是开展有机肥替代化肥行动，增加秸秆还田面积，增施商品有机肥，广辟有机肥源充分应用农业有机废弃物，有机无机肥料合理配施，减少化肥用量，促进耕地土壤有机物质积累；三是调节氮磷钾养分结构，因地按需的建立精准施肥套餐，优化施肥配方，合理减氮增钾，促进氮磷钾养分均衡投入，进一步提高科学施肥技术水平。

2. 推广应用土壤调理剂，促进土壤酸碱度呈良性发展

根据土壤的pH选用适宜的土壤调理剂并推广应用。在酸性土壤上，一般施用腐殖酸铵（钾）、生石灰、钙镁磷肥、贝壳粉等碱性肥料或土壤调理剂来调节土壤pH，其施入后可以中和土壤中H^+和Al^{3+}，提高土壤的盐基饱和度以提升pH；在碱性土壤上，增施有机肥以提高土壤缓冲能力，化肥优先选用生理酸性肥料和水溶性肥料，同时增施石膏等碱性土壤调理剂以降低土壤pH。土壤调理剂不仅可以调节土壤酸碱度，还能改良土壤结构，提高土壤透气性，促进土壤微生物活性，增强土壤缓冲能力，利于解决耕地土壤关键限制因素，促进耕地土壤高产高效。

3. 科学调茬倒茬，推行深松深耕，助于耕地土壤可持续发展

由于作物对土壤营养的选择性吸收，长期种植同一种作物品种或轮作模式，往往造成土壤中某种养分的亏缺，而使作物生长不良，科学的调茬倒茬有助于充分利用土壤营养物质。作物根系分布和需肥特性的改变，对调整土壤供肥特性，减少土传病害和杂草生长有重要作用。建议结合轮作休耕等试点项目，调整种植模式，增加种植作物多样性，如种植大豆、花生、棉花、春玉米、油菜等作物，同时适时休整土地，促进耕地用养结合，实现耕地土壤的可持续发展。

4. 增加财政投入，整合项目促进耕地综合开发和利用

财政投入是项目实施的重要的驱动力，应增加耕地项目的财政投入，整合有关项目实施"藏粮于地、藏粮于技"战略，继续扶持化肥减量增效项目、扩大有机肥替代化肥和轮作休耕试点范围、鼓励新型肥料生产和应用，大力推广深松深耕、秸秆还田等项目，促进耕地综合开发和利用。

第四节 黄土高原区

黄土高原区位于太行山以西、青海日月山以东、伏牛山及秦岭以北、长城以南，包括河北西部、山西大部、河南西部、陕西中北部、甘肃中东部、宁夏南部及青海东部，总耕地面积1.53亿亩，占全国耕地总面积的8.4%。黄土高原区是我国乃至世界上水土流失最严重、生态环境最脆弱的地区。该区包括晋东豫西丘陵山地农林牧区、汾渭谷地农业区、晋陕甘黄土丘陵沟壑牧林农区和陇中青东丘陵农牧区4个二级农业区。该区耕地质量等级较低，中低等级耕地占耕地总面积的90%左右，主要障碍因素包括土壤有机质含量低、土壤养分贫瘠、干旱缺水、水土流失严重等。

2018年，黄土高原区耕地质量监测点共有98个（表3-11）。其中，汾渭谷地农业区30个，占黄土高原区监测点总数的30.6%；晋东豫西丘陵山地农林牧区25个，占25.5%；晋陕甘黄土丘陵沟壑牧林农区26个，占26.5%；陇中青东丘陵农牧区17个，占17.4%。

表 3-11 2018 年黄土高原区国家级监测点的分布及主要土壤类型

农业区	监测点数量	主要土壤类型
汾渭谷地农业区	30	褐土、潮土、黑垆土、新积土
晋东豫西丘陵山地农林牧区	25	褐土、潮土、红黏土
晋陕甘黄土丘陵沟壑牧林农区	26	黑垆土、黄绵土、褐土、灌淤土、风沙土、栗褐土、新积土
陇中青东丘陵农牧区	17	灰钙土、栗钙土、黑垆土、灌淤土、黄绵土、黑钙土、黑土、新积土
合计	98	

根据农业农村部耕地质量监测保护中心印发的《全国九大农区及省级耕地质量监测指标分级标准（试行）》，黄土高原区耕地质量监测主要指标分级标准见表3-12。

表 3-12 黄土高原区耕地质量监测主要指标分级标准

指标	单位	分级标准				
		1级（高）	2级（较高）	3级（中）	4级（较低）	5级（低）
有机质	g/kg	>20.0	15.0～20.0	10.0～15.0	5.0～10.0	≤5.0
全氮	g/kg	>1.50	1.25～1.50	1.00～1.25	0.75～1.00	≤0.75
有效磷	mg/kg	>35.0	25.0～35.0	15.0～25.0	5.0～15.0	≤5.0
速效钾	mg/kg	>250	200～250	150～200	100～150	≤100
缓效钾	mg/kg	>1 200	1 000～1 200	700～1 000	500～700	≤500
pH	—	6.5～7.5	7.5～8.0，6.0～6.5	8.0～8.5，5.5～6.0	8.5～9.0，5.0～5.5	>9.0，≤5.0
耕层厚度	cm	>30.0	25.0～30.0	15.0～25.0	10.0～15.0	≤10.0

一、耕地质量主要性状

（一）有机质现状及演变趋势

1. 有机质现状

2018 年，黄土高原区土壤有机质平均含量 16.2g/kg。从监测数据频率分布看（图 3-95），1 级区间的监测点 22 个，占监测点总数的 22.4%；2 级区间的监测点 27 个，占监测点总数的 27.5%；3 级区间的监测点 35 个，占监测点总数的 35.7%；4 级区间的监测点 13 个，占监测点总数的 13.3%；5 级区间的监测点 1 个，占监测点总数的 1.0%；总的来看，黄土高原区有机质含量主要集中在 2 级和 3 级区间内，整体处于中等水平。

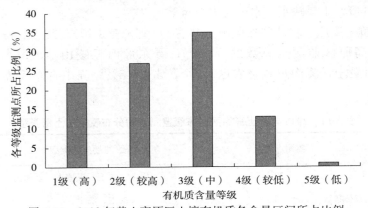

图 3-95　2018 年黄土高原区土壤有机质各含量区间所占比例

注：1 级（＞20g/kg）、2 级（15～20）g/kg、3 级（10～15）g/kg、4 级（5～10）g/kg、5 级（≤5g/kg）。

2018 年黄土高原区的 4 个二级农业区有机质平均含量现状为（图 3-96）：陇中青东丘陵农牧区＞晋东豫西丘陵山地农林牧区＞汾渭谷地农业区＞晋陕甘黄土丘陵沟壑牧林农区。其中，汾渭谷地农业区、晋东豫西丘陵山地农林牧区、陇中青东丘陵农牧区土壤有机质含量平均值分别为 17.0g/kg、17.9g/kg 和 19.0g/kg，均高于全区的平均水平，晋陕甘黄土丘陵沟壑牧林农区土壤有机质含量为 11.7g/kg，低于全区平均水平。

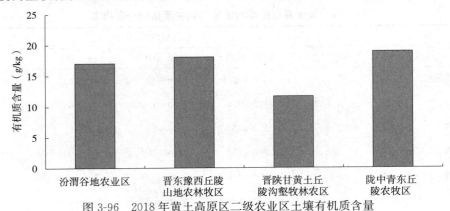

图 3-96　2018 年黄土高原区二级农业区土壤有机质含量

2. 含量变化

2004—2018 年，土壤有机质呈缓慢上升趋势（图 3-97），但其间变化幅度不大。土壤有机质含量由 2004 年的 13.7g/kg 上升至 2018 年的 16.2g/kg，上升 2.5g/kg，增幅 18.3％。4 个二级农业区土壤有机质含量在 2004—2018 年间均有增加的趋势，但各二级区变化趋势有所不同。陇中青东丘陵农牧区在 2004—2018 年土壤有机质含量呈缓慢下降后逐渐上升的变化趋势，由 2004 年的 13.6g/kg 上升至 2018 年的 19.0g/kg，增加了 5.3g/kg，增幅达到 38.9％，是黄土高原区 4 个二级农业区中土壤有机质含量变化幅度最大的二级区；晋东豫西丘陵山地农林牧区的有机质含量缓慢上升后略有下降，但与 2004 年相比整体呈上升的趋势，由 2004 年的 14.6g/kg 上升至 2018 年的 18.1g/kg，增加了 3.5g/kg，增幅为 23.6％；汾渭谷地农业区土壤有机质在 2004—2018 年间逐渐上升后下降，2014 年后又逐渐上升，该区土壤有机质含量由 2004 年的 15.1g/kg 上升到 2018 年的 17.0g/kg，增加了 2.0mg/kg，增幅达到 13.0％；晋陕甘黄土丘陵沟壑牧林农区土壤有机质含量呈波动趋势，总体略有上升，由 2004 年的 10.2g/kg 增加至 2018 年的 11.7g/kg。

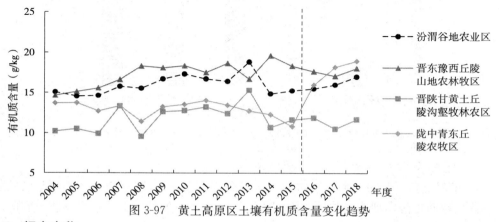

图 3-97　黄土高原区土壤有机质含量变化趋势

3. 频率变化

2004—2018 年，土壤有机质含量主要集中在 2 级和 3 级区间（图 3-98），其余区间占比均较低。1 级区间的比例呈上升趋势，上升了 17.7 个百分点；2 级区间的比例变化波动较大，总体略有下降，降低了 5.8 个百分点；3 级区间比比例变化波动较大，总体呈下降趋势，降低了 11.9 个百分点；4 级、5 级区间比例基本稳定，变化不大。

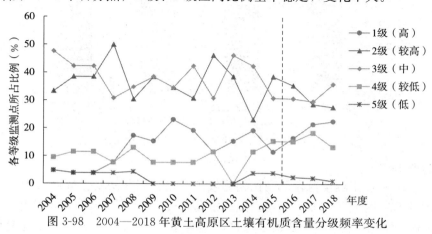

图 3-98　2004—2018 年黄土高原区土壤有机质含量分级频率变化

（二）全氮现状及演变趋势

1. 全氮现状

2018年，黄土高原区监测点土壤全氮平均含量1.01g/kg。从监测数据频率分布看（图3-99），分布在1级区间的监测点9个，占监测点总数的9.2％；2级区间的监测点8个，占8.2％；3级区间的监测点30个，占30.6％；4级区间的监测点26个，占26.5％；4级区间的监测点25个，占25.5％。总的来看，黄土高原区土壤全氮的含量主要集中在3、4、5级区间内，土壤全氮含量整体水平较低。

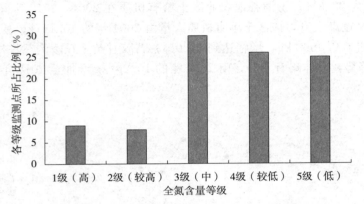

图3-99　2018年黄土高原区土壤全氮各含量区间所占比例

注：1级（>1.5g/kg）、2级（1.25~1.5] g/kg、3级（1~1.25] g/kg、4级（0.75~1] g/kg、5级（≤0.75g/kg）。

2018年黄土高原区的4个二级农业区全氮含量现状为（图3-100）：陇中青东丘陵农牧区＞晋东豫西丘陵山地农林牧区＞汾渭谷地农业区＞晋陕甘黄土丘陵沟壑牧林农区。

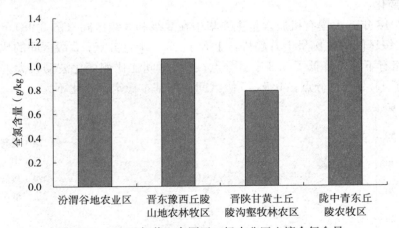

图3-100　2018年黄土高原区二级农业区土壤全氮含量

2. 含量变化

2004—2018年，土壤全氮含量变化趋势较为平稳，年际间变化幅度不大；而2015—2017年间到出现较为明显的波动变化，这可能是由于2016年及2017年黄土高原区的监测点位数迅速增加引起的。4个二级农业区全氮含量在2004—2018年间变化趋势有所不同。陇中青东丘陵农牧区在 2004—2015 年土壤全氮含量呈缓慢下降趋势，2016 年后又逐步上升，由 2004 年的 0.95g/kg 上升至 2018 年的 1.33g/kg，增加了 0.38g/kg，增幅达到 38.9％，是黄土高原区 4 个二级农业区中土壤全氮含量变化幅度最大的二级区；晋东豫西丘陵山地农林牧区的有全氮含量缓慢上升后略有下降，但与 2004 年相比整体呈上升的趋势，由 2004 年的 0.99g/kg 上升至 2018 年的 1.06g/kg，增加了 0.06g/kg，增幅为 6.4％；汾渭谷地农业区土壤全氮在 2004—2018 年间逐渐上升后下降，2016 年起又逐渐上升，该区土壤全氮含量由 2004 年的 0.97g/kg 上升到 2018 年的 0.98g/kg，增加了 0.01mg/kg，增幅仅为 0.9％；晋陕甘黄土丘陵沟壑牧林农区土壤全氮含量除 2015 年下降明显外，总体变幅不大，略有上升，由 2004 年的 0.77g/kg 增加至 2018 年的 0.78g/kg，增加了 0.02mg/kg，增幅为 3.12％（图 3-101）。

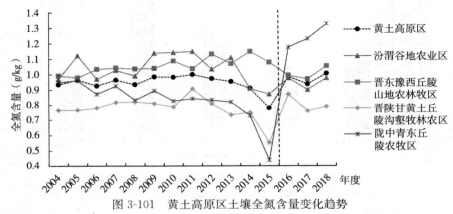

图 3-101　黄土高原区土壤全氮含量变化趋势

3. 频率变化

2004—2018 年，土壤全氮含量主要集中在 3 级（中）和 4 级（较低）两个等级内。其中 5 级（低）的比例略有上升；分布 3 级（中）和 4 级（较低）的监测点占比在 2004—2013 年间表现为年际间变化波动较大，但分布于这两个区间内的监测点仍占黄土高原区全部监测点的大部分，而 2013 年后这两个区间内的监测点占比相对稳定；分布于 1 级（高）和 2 级（较高）的监测点占比总体较低（图 3-102）。

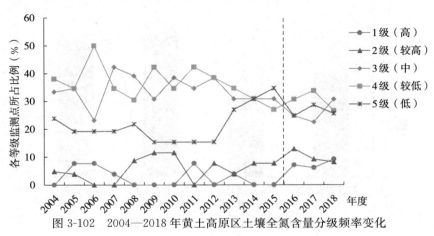

图 3-102　2004—2018 年黄土高原区土壤全氮含量分级频率变化

（三）有效磷现状及演变趋势

1. 有效磷现状

2018 年，监测点土壤有效磷平均含量 21.3mg/kg。从监测数据频率分布看（图 3-103），监测点土壤有效磷主要集中在 3 级（中）和 4 级（较低），这两个区间内的监测点数分别为 21 个和 35 个，合计占比为 57.1%；1 级区间的监测点有 15 个，占 15.3%；2 级区间的监测点 14 个，占黄土高原区监测点总数的 14.3%；5 级区间的监测点 13 个，占黄土高原区监测点总数的 13.3%。总的来看，黄土高原区土壤有效磷含量处于较低水平。

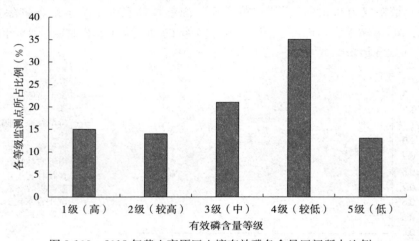

图 3-103 2018 年黄土高原区土壤有效磷各含量区间所占比例

注：1 级（＞35mg/kg）、2 级（25～35] mg/kg、3 级（15～25] mg/kg、4 级（5～15] mg/kg、5 级（≤5mg/kg）。

2018 年黄土高原区的 4 个二级农业区有效磷含量现状为（图 3-104）：晋陕甘黄土丘陵沟壑牧林农区＞陇中青东丘陵农牧区＞汾渭谷地农业区＞晋东豫西丘陵山地农林牧区。其中，晋陕甘黄土丘陵沟壑牧林农区和陇中青东丘陵农牧区土壤有效磷含量平均值分别为 28.3g/kg 和 25.4g/kg，高于全区的平均水平，汾渭谷地农业区、晋东豫西丘陵山地农林牧区土壤有效磷含量分别为 18.4g/kg 和 14.6g/kg，均低于全区平均水平。

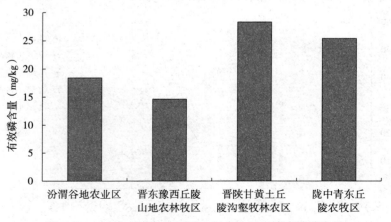

图 3-104 2018 年黄土高原区二级农业区土壤有效磷含量

2. 含量变化

2004—2014 年，黄土高原区土壤有效磷含量呈逐年下降的趋势，从 2004 年的 18.4mg/kg 下降至 12.2mg/kg。2014—2018 年，土壤有效磷含量呈上升的趋势，2018 年全区土壤有效磷含量为 21.3mg/kg，较 2014 年的 12.2mg/kg 有所增加，增幅达到 74.6%。4 个二级农业区土壤有效磷含量在 2004—2018 年间的变化趋势为：汾渭谷地农业区 2018 年土壤有效磷含量均比 2004 年有所降低，降幅达到 36.9%。其他 3 个二级区 2018 年土壤有效磷含量均比 2004 年有所提升。其中，陇中青东丘陵农牧区较 2004 年提高 133.4%，是黄土高原区 4 个二级农业区中土壤有效磷含量变幅最大的二级区；晋东豫西丘陵山地农林牧区和晋陕甘黄土丘陵沟壑牧林农区土壤有效磷含量分别增加 5.3% 和 32.1%（图 3-105）。

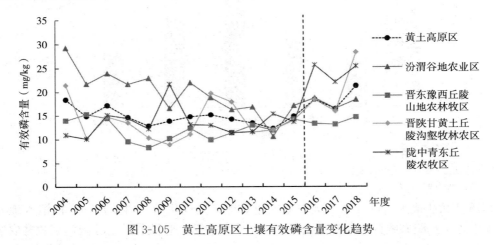

图 3-105　黄土高原区土壤有效磷含量变化趋势

3. 频率变化

2004—2018 年，土壤有效磷主要集中在 3 级（中）和 4 级（较低）等级内。但 2012—2018 年间，3 级（中）和 4 级（较低）的监测点比例均呈下降的趋势，而 1 级和 2 级区间的比例有所增加，也表现出近年来黄土高原区土壤有效磷含量趋于上升（图 3-106）。

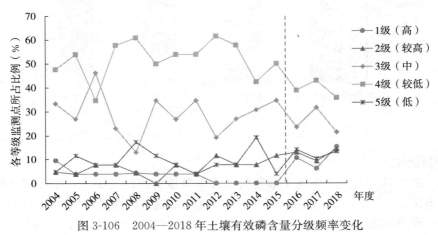

图 3-106　2004—2018 年土壤有效磷含量分级频率变化

（四）速效钾现状及演变趋势

1. 速效钾现状

2018年，监测点土壤速效钾平均含量173mg/kg。从监测数据频率分布看（图3-107），监测点土壤速效钾主要集中在3级（中）和4级（较低），共有监测点57个，占监测点总数的58.2%；1级（高）区间的监测点有12个，占监测点总数的12.2%；2级区间的监测点有16个，占监测点总数的16.3%；5级（低）的监测点有13个，占比13.3%。总体来看，黄土高原区速效钾含量处于中等水平。

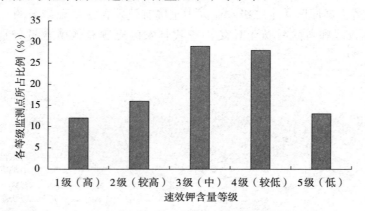

图3-107　2018年黄土高原区土壤速效钾各含量区间所占比例

注：1级（＞250mg/kg）、2级（200～250] mg/kg、3级（150～200] mg/kg、4级（100～150] mg/kg、5级（≤100mg/kg）。

2018年黄土高原区的4个二级农业区速效钾含量现状为（图3-108）：汾渭谷地农业区＞陇中青东丘陵农牧区＞晋东豫西丘陵山地农林牧区＞晋陕甘黄土丘陵沟壑牧林农区。

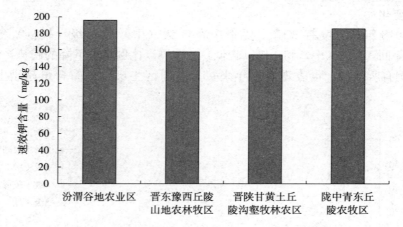

图3-108　2018年黄土高原区二级农业区域土壤速效钾含量

2. 含量变化

2004—2018年，黄土高原区土壤速效钾含量整体变化幅度不大，年际间土壤速效钾含量均维持在150～180mg/kg间，表现出该地区土壤速效钾含量较为稳定（图3-109）。4个二级农业区的土壤速效钾含量变化趋势为：汾渭谷地农业区和陇中青东农牧区土壤速效钾含量在 2004—2018 年间波动较大，但总体均呈上升趋势，分别上升 28mg/kg 和 59mg/kg，上升比分别为 16.8% 和 46.4%；晋东豫西丘陵山地农林牧区土壤速效钾含量变幅不大，略有上升，提高 17mg/kg，上升比 12.4%；晋陕甘黄土丘陵沟壑牧林农区表现为波动下降的变化趋势，土壤速效钾含量由 2004 年的 178mg/kg 下降至 2018 年的 154mg/kg，降低了 24mg/kg，下降比 13.3%。

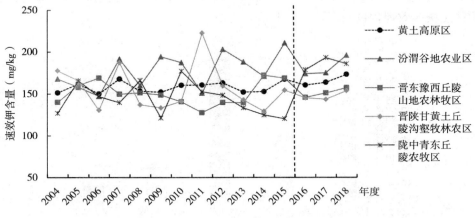

图 3-109 黄土高原区土壤速效钾含量变化趋势

3. 频率变化

2004—2018 年，监测点土壤速效钾含量频率分布变化较为复杂。其中 1 级（高）区间内的监测点占比从 2009 年起呈波动式增加的趋势；2 级（较高）区间在 2004—2011 年期间占比先上升后下降，2012 年起又波动式上升；3 级（中）、4 级（较低）区间监测点占比年际间变幅较大，总体均呈下降趋势；5 级（低）区间变幅不大，监测点占比略有下降。由图可以看出，土壤速效钾含量高的监测点占比近几年有所提高，土壤速效钾含量低的监测点占比有所下降（图 3-110）。

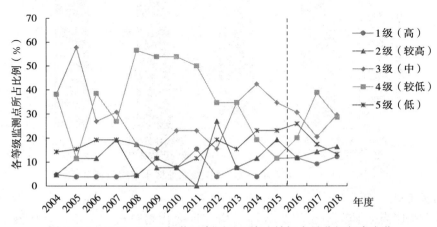

图 3-110 2004—2018 年黄土高原区土壤速效钾含量分级频率变化

（五）缓效钾现状及演变趋势

1. 缓效钾现状

2018年，黄土高原区监测点土壤缓效钾平均含量982mg/kg。从监测数据频率分布看（图3-111），黄土高原区监测点土壤缓效钾含量主要集中在1级（高）和2级（较高）区的监测点共45个，占监测点总数的48.4%；分布在3级（中）区间的监测点有36个，占比38.7%；分布在4级和5级区间的监测点较少共12个，占比12.9%。总体来看，黄土高原区土壤缓效钾含量处于较高水平。

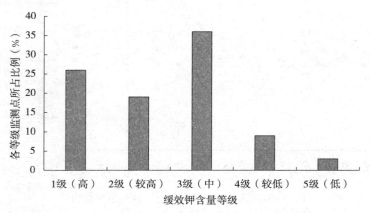

图3-111　2018年黄土高原区土壤缓效钾各含量区间所占比例

注：1级（>1 200mg/kg）、2级（1 000～1 200] mg/kg、3级（700～1 000] mg/kg、4级（500～700] mg/kg、5级（≤500mg/kg）。

2018年黄土高原区的4个二级农业区缓效钾含量现状为（图3-112）：陇中青东丘陵农牧区>汾渭谷地农业区>晋东豫西丘陵山地农林牧区>晋陕甘黄土丘陵沟壑牧林农区。

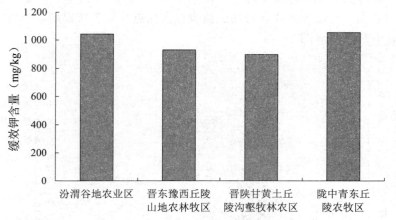

图3-112　2018年黄土高原区二级农业区土壤缓效钾含量

2. 含量变化

2004—2018年，监测点土壤缓效钾平均含量变化趋势较为平稳，呈缓慢下降趋势，从2004年的1 024mg/kg下降至2018年的982mg/kg，下降了4.1%（图3-113）。4个二级农业区的土壤缓效钾含量变化为：晋东豫西丘陵山地农林牧区和陇中青东丘陵农牧区土壤缓效钾含量2004年与2017年相比分别增加了9.6％和4.1％，其余2个二级农业区的土壤缓效钾含量在2004—2018年间均呈波动下将的趋势，其中晋陕甘黄土丘陵沟壑牧林农区的变幅最大，由2004年的1 182 mg/kg下降至2018年的899mg/kg，降幅为23.9％。

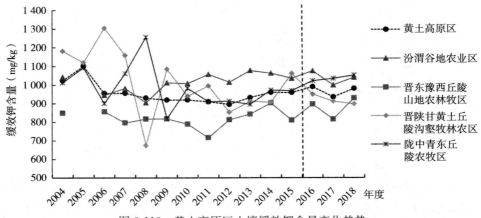

图3-113　黄土高原区土壤缓效钾含量变化趋势

3. 频率变化

2004—2018年，黄土高原区监测点土壤缓效钾含量位于1级区间的比例呈波动式上升趋势；3级（中）区间年际间变幅较大，总体呈下降趋势；2级（较高）、4级（较低）和5级（低）区间频率变化基本稳定，总体略有下降（3-114）。

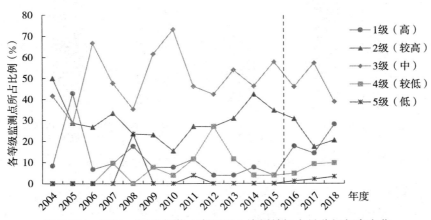

图3-114　2004—2018年黄土高原区土壤缓效钾含量分级频率变化

（六）土壤 pH 现状及演变趋势

1. 土壤 pH 现状

2018年，黄土高原区监测点土壤pH主要分布在3级（中）区间，监测点有60个，占监测点总数的61.2％；1级（高）区间的监测点2个，占2.0％；2级（较高）区间的监测点23个，占23.5％；3级（中）区间的监测点60个，占61.2％；4级（较低）区间的监测点12个，占12.1％；5级（低）区间的监测点1个，占1.0％（图3-115）。

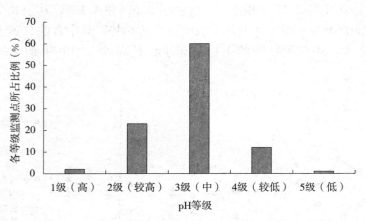

图 3-115　2017 年黄土高原区土壤 pH 各区间所占比例

注：1 级（6.5～7.5）、2 级（7.5～8.0］[6.0～6.5］、3 级（8.0～8.5］（5.5～6.0）、4 级（8.5～9.0］（5.0～5.5］、5 级（＞9.0，≤5.0）。

2017 年黄土高原区的 4 个二级农业区土壤 pH 现状为（图 3-116）：晋陕甘黄土丘陵沟壑牧林农区 pH 平均为 8.3，陇中青东丘陵农牧区 pH 平均为 8.3，汾渭谷地农业区 pH 平均为 8.2，晋东豫西丘陵山地农林牧区 pH 平均为 8.0。

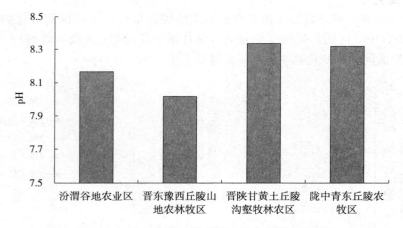

图 3-116　2018 年黄土高原区二级农业区土壤 pH

2. 频率变化

2004—2018 年，黄土高原区土壤 pH 主要集中在 3 级区间（图 3-117），占比 61.2％，比例略有下降；1 级（高）、2 级（较高）区间共有监测点 25 个，占比 25.5％，比例有所提升；4 级（较低）区间监测点 12 个，占比 12.2％，比例略有下降；5 级（低）区间仅有监测点 1 个，占比 1.0％，比例有所下降。

（七）耕层厚度情况

2018 年，黄土高原区耕地质量监测点土壤耕层厚度平均 23.8cm，耕层最厚 42cm，最薄仅 15cm。2015—2018 年，监测点厚度在 1 级区间占比由 11.5％降低到 6.1％；2 级区间占比由 7.7％增加到 19.2％；3 级区间占比最高，由 80.8％降低到 73.7％；4 级区间

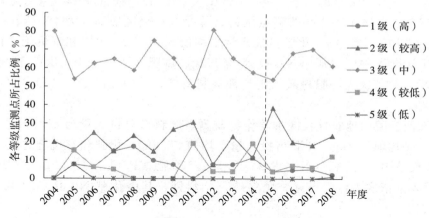

图 3-117 黄土高原区土壤 pH 分级频率变化

2018 年占比 1.0%。2018 年黄土高原区 4 个二级农业区耕层厚度平均值表现为：陇中表区丘陵农牧区（26.8cm）＞晋陕甘黄土丘陵沟壑牧林农区（24.7cm）＞晋东豫西丘陵山地农林牧区（22.5cm）＞汾渭谷地农业区（22.5cm）（图 3-118）。

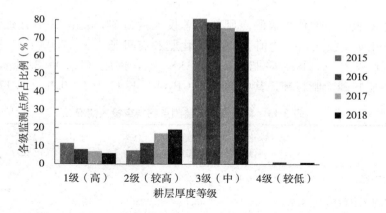

图 3-118 2018 年黄土高原区土壤耕层厚度各区间所占比例

注：1 级（＞30cm）、2 级（25～30] cm、3 级（15～25] cm、4 级（10～15] cm。

二、肥料投入与利用情况

（一）肥料投入现状

2018 年，黄土高原区主要作物监测点肥料亩总投入量（折纯，下同）平均值 42.9kg，其中有机肥亩投入量平均值 9.3kg，化肥亩投入量平均值 33.5kg，化肥和有机之比 3.60：1。肥料亩总投入中，氮肥投入 23.1kg，磷肥（P_2O_5）11.2kg，钾肥（K_2O）8.6kg，投入量依次为：肥料氮＞肥料磷＞肥料钾，氮：磷：钾平均比例 1：0.51：0.22。其中化肥亩投入中，氮肥（N）投入 19.4kg，磷肥（P_2O_5）为 9.9kg，钾肥（K_2O）为 4.24kg，投入量依次为：化肥氮＞化肥磷＞化肥钾，氮：磷：钾平均比例 1：0.51：0.22。

2018年，黄土高原区的4个二级农业区中主要作物监测点的肥料投入情况见表3-13。

汾渭谷地农业区主要作物监测点肥料亩总投入在全区最高，为46.3kg，其中有机肥亩投入量平均值12.7kg，化肥亩投入量平均值33.61kg，化肥和有机肥之比2.65∶1。肥料亩总投入中，氮肥（N）投入24.3kg，磷肥（P_2O_5）10.5kg，钾肥（K_2O）11.5kg，投入量依次为：肥料氮＞肥料钾＞肥料磷，其中化肥N∶P_2O_5∶K_2O为1∶0.47∶0.26。

晋东豫西丘陵山地农林牧区主要作物监测点肥料亩总投入量为45.9kg，其中有机肥亩投入量平均值7.7kg，化肥亩投入量平均值38.2kg，化肥和有机肥之比4.94∶1。肥料亩总投入中，氮肥（N）投入25.1kg，磷肥（P_2O_5）12.3kg，钾肥（K_2O）8.4kg，投入量依次为：肥料氮＞肥料磷＞肥料钾，其中化肥N∶P_2O_5∶K_2O为1∶0.52∶0.21。

晋陕甘黄土丘陵沟壑牧林农区主要作物监测点肥料亩总投入量为38.7kg，其中有机肥亩投入量平均值9.5kg，化肥亩投入量平均值29.2kg，化肥和有机肥之比3.06∶1。肥料亩总投入中，氮肥（N）投入22.0kg，磷肥（P_2O_5）9.7kg，钾肥（K_2O）7.1kg，投入量依次为：肥料氮＞肥料磷＞肥料钾，其中化肥N∶P_2O_5∶K_2O为1∶0.43∶0.19。

陇中青东农牧区主要作物监测点肥料亩总投入量为34.5kg。其中有机肥亩投入量平均值1.9kg，化肥亩投入量平均值32.6kg，化肥和有机肥之比17.05∶1。肥料亩总投入中，氮肥（N）投入16.2kg，磷肥（P_2O_5）14.5kg，钾肥（K_2O）3.8kg，投入量依次为：肥料氮＞肥料磷＞肥料钾，其中化肥N∶P_2O_5∶K_2O为1∶0.91∶0.17。

表3-13　黄土高原区监测点肥料亩投入情况

二级农业区	有机肥（kg）	化肥（kg）	施肥总量（kg）	总N（kg）	总P（kg）	总K（kg）	化肥 N∶P_2O_5∶K_2O
汾渭谷地农业区	12.68	33.61	46.29	24.31	10.45	11.53	1∶0.47∶0.26
晋东豫西丘陵山地农林牧区	7.72	38.16	45.88	25.14	12.31	8.43	1∶0.52∶0.21
晋陕甘黄土丘陵沟壑牧林农区	9.54	29.19	38.74	21.97	9.71	7.06	1∶0.43∶0.19
陇中青东丘陵农牧区	1.91	32.56	34.47	16.17	14.46	3.85	1∶0.91∶0.17
黄土高原区	9.32	33.55	42.86	23.08	11.16	8.62	1∶0.51∶0.22

（二）肥料投入与产量变化趋势

2004—2018年，黄土高原区主要种植作物（单季小麦、玉米）监测点，肥料单位面积投入总量呈现缓慢下降趋势，监测点肥料亩投入量2018年42.9kg，较2004年亩减少了7.5kg，降幅14.9%。化肥亩投入量较2004年略有增长，2018年为33.5kg，较2004年亩增加了2.4kg，增幅7.6%；有机肥用量在2004—2009年变化波动较大，2011—2018年变化较平稳，一直在较低投入水平上波动（图3-119）。监测点平均单产总体呈上升趋势，2018年监测点平均亩产626.4kg，较2004年亩增产95.2kg，增幅17.9%。

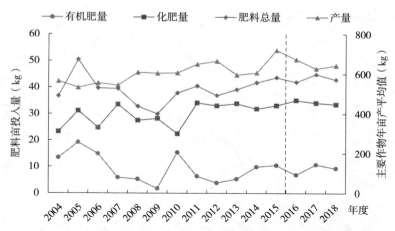

图 3-119 2004—2018 年黄土高原区主要种植作物肥料投入与产量变化趋势

1. 小麦

2004—2018 年，黄土高原区单季小麦监测点肥料单位面积投入总量变幅较大，总体呈现下降趋势，监测点肥料亩投入量 2018 年 31.5kg，较 2004 年亩减少了 26.0kg，降幅 45.2%。化肥亩投入量较 2004 年有所降低，2018 年为 28.2kg，较 2004 年亩降低了 5.5kg，降幅 16.2%；有机肥用量在 2004—2009 年变化波动较大，2011—2018 年变化较平稳，2018 年有机肥亩投入量 3.3kg，较 2004 年亩降低了 20.5kg，降幅 86.1%；小麦产量总体呈上升趋势，2018 年监测点小麦平均亩产 381.8kg，较 2015 年亩增产 100.6kg，增幅 35.8%（图 3-120）。

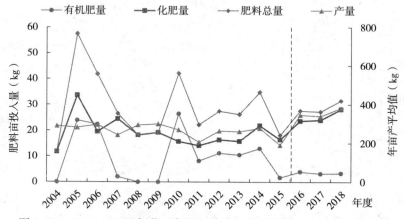

图 3-120 2004—2018 年黄土高原区单季小麦肥料投入与产量变化趋势

2. 玉米

2004—2018 年，黄土高原区单季玉米监测点肥料单位面积投入总量总体呈现上升趋势，监测点肥料亩投入量 2018 年 41.6kg，较 2004 年亩增加了 3.1kg，增幅 8.0%。化肥亩投入量较 2004 年有所上升，2018 年为 29.8kg，较 2004 年亩增加了 6.2kg，增幅 26.3%；有机肥用量在 2004—2009 年变化波动较大，2011—2018 年呈现上升趋势，但总体投入依然偏低；玉米产量总体呈上升趋势，2018 年监测点玉米平均亩产 675.5kg，较

2015 年亩增产 153.2kg，增幅 29.3％（图 3-121）。

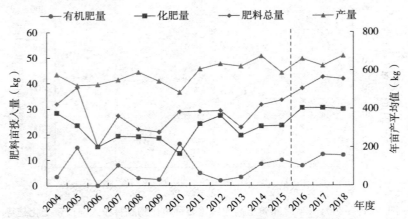

图 3-121　2004—2018 年黄土高原区单季玉米肥料投入与产量变化趋势

（三）养分回收率与偏生产力

1. 小麦

（1）养分回收率

由图 3-122 可见，2004—2018 年，黄土高原区小麦氮肥和磷肥养分回收率基本保持稳定；钾肥回收率波动较大，总体呈上升的趋势。2016 年肥料养分回收率平均 38.6％，2018 年平均 40.0％，2018 较 2016 年提高了 1.3％。2016 年氮肥养分回收率平均 32.8％，2018 年平均 35.3％，提高了 2.6％；磷肥养分回收率 2018 年较 2016 年下降 0.7％；钾肥养分回收率 2018 平均 92.8％，较 2016 年下降 49.4％。

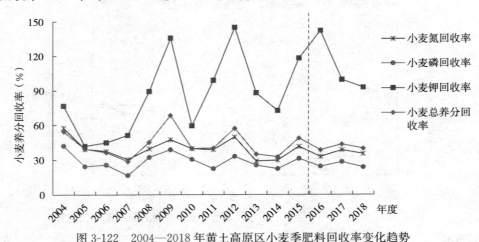

图 3-122　2004—2018 年黄土高原区小麦季肥料回收率变化趋势

（2）偏生产力

由图 3-123 可见，2004—2018 年黄土高原区耕地质量长期定位监测点小麦氮肥和磷肥偏生产力变化幅度不大，2018 年氮肥偏生产力 27.8kg/kg，与 2016 年相比，提高 1.8kg/kg；2018 年磷肥偏生产力 45.1kg/kg，与 2016 年相比，下降 1.4kg/kg。钾肥偏生产力年际间变化幅度较大，总体呈上升趋势，2018 年钾肥偏生产力 81.6kg/kg，较 2004

年提高 29.0kg/kg，较 2016 年下降 36.6kg/kg。小麦肥料偏生产力 2018 年 13.7kg/kg，较 2004 年下降 0.3kg/kg，较 2016 年提高 0.2kg/kg。

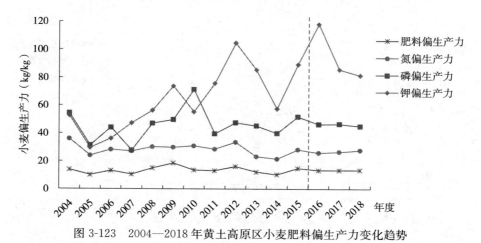

图 3-123　2004—2018 年黄土高原区小麦肥料偏生产力变化趋势

2. 玉米

（1）养分回收率

由图 3-124 可见，2004—2018 年，黄土高原区玉米氮肥和磷肥养分回收率基本稳定，钾肥养分回收率波动较大。2016 年肥料养分回收率平均 49.9%，2018 年平均 44.6%，2018 较 2016 年降低 5.3%。2016 年氮肥养分回收率平均 36.4%，2018 年平均 34.1%，降低 2.3%；磷肥养分回收率 2018 年平均 39.2%，较 2016 年下降 8.2%；钾肥养分回收率 2018 平均 101.8%，较 2016 年下降 31.0%。

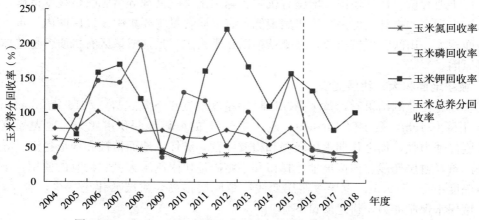

图 3-124　2004—2018 年黄土高原区玉米季肥料回收率变化趋势

（2）偏生产力

由图 3-125 可见，2004—2018 年黄土高原区玉米氮肥偏生产力变化趋势较为平稳，2018 年氮肥偏生产力 35.2kg/kg，较 2004 年下降 14.9kg/kg，较 2016 年提高 1.6kg/kg。磷肥和钾肥年际间变化较大，2018 年磷肥偏生产力 93.5kg/kg，较 2004 年提高 31.6kg/kg，与 2016 年持平；2018 年钾肥偏生产力 108.6kg/kg，较 2004 年提高 7.6kg/kg，较

2016 年下降 21.6kg/kg。玉米肥料偏生产力 2018 年 19.9kg/kg，较 2004 年下降 6.2kg/kg，较 2016 年提高 0.1kg/kg。

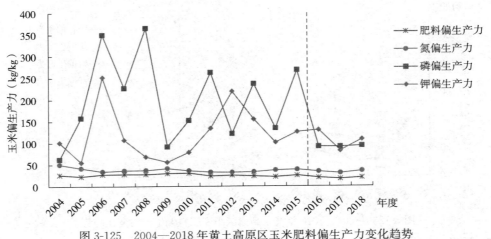

图 3-125　2004—2018 年黄土高原区玉米肥料偏生产力变化趋势

三、耕地质量存在的主要问题、原因分析和土壤培肥改良对策

（一）存在的主要问题及原因分析

1. 土壤有机质含量有所提升，但整体水平仍旧偏低

2018 年黄土高原区土壤有机质含量 16.2g/kg，较 2004 年上升 2.5g/kg，增幅 18.3%。近年来各地积极实施耕地质量保护提升、测土配方施肥、化肥减量增效等项目，大力推广土地翻耕、秸秆还田、增施有机肥、施用土壤改良剂等培肥改良技术措施，使土壤有机质得到有效提升，但是总体仍然偏低，有机质含量主要集中 3 级区间内。黄土高原区旱地面积大，田间管理较粗放，施肥结构以化肥为主，是造成该区有机质含量总体偏低的主要原因。

2. 坡耕地面积大，耕层变浅

据长期定位监测结果看，黄土高原区耕层厚度呈逐年下降趋势，2018 年 23.8cm，较 2015 年下降 0.1cm，最浅仅 15.0cm。该区 6°~25°的坡耕地面积占比大，地表径流对土壤的冲刷侵蚀力强，加之长期重用轻养和粗放经营，破坏了地面植被和地形稳定，导致水土流失严重，耕层变浅。该区坡地、梯田和小零碎地块限制了大型农机具的使用，小型农机翻耕深度小于 15.0cm，也导致耕层变浅，犁底层抬高，耕层活化土变少，容重增加，影响土壤保水保肥能力，耕地质量下降。

3. 施肥不合理，肥料利用率低

黄土高原区施肥结构不合理，导致肥料利用率低，限制作物产出提高。主要体现在：化肥亩均施用量偏高，2018 年化肥亩均投入 33.6kg，远高于世界平均水平（每亩 8.0kg）。区域化肥施用不平衡现象突出，汾渭谷地农业区和城郊区施肥量偏高，蔬菜果树等附加值较高的经济园艺作物过量施肥比较普遍。化肥有机肥施用比例不协调，2018 年化肥和有机肥投入比 3.60：1，有机资源利用低，不足 40.0%。施肥结构不合理，重化肥、轻有机肥，重大量元素肥料、轻中微量元素肥料，重氮肥、轻磷钾肥"三重三轻"问题突出。施肥方式不合理，化肥撒施、表施现象依然存在。

（二）培肥改良对策

针对以上问题，建议以下培肥改良措施：

1. 秸秆还田

秸秆是农作物收获后的副产品，其含有大量的有机碳和各种营养物质，是重要的有机肥资源，对于改善土壤结构，增加土壤有机质，提高土壤肥力，增加作物产量具有明显的作用。各地应因地制宜，推广秸秆还田技术。特别应集中研发适于黄土高原区坡地、梯田和小零碎地块的经济耐用、环保低耗、操作简便的秸秆还田小型农机具，解决这部分地块秸秆难以还田的问题。

2. 积造农家肥

农家肥以散养的畜禽粪便、堆沤肥、土杂肥等为主要来源，具有低成本且肥效长而稳定的特点。应鼓励引导农民积造农家肥，做好人粪尿、分散养殖的畜禽粪便的积造和堆沤工作，广辟有机肥源。

3. 增施商品有机肥

商品有机肥其养分含量全，分解快，更易被作物吸收利用，是快速改良、培肥土壤的优质有机肥料。同时它还有用量少、便于运输、施用方便的特点。应引导农民对粮田增施商品有机肥，达到增加土壤有机质含量、改善土壤团粒结构、有效协调土壤水、肥、气、热状况，提高农产品品质，减轻环境污染的良效。

4. 种植绿肥

采用粮肥间作或轮作制度，种植绿豆、草木樨和苜蓿等绿肥作物，实施绿肥翻压还田或绿肥过腹还田模式，从而增加土壤有机物投入量，疏松耕作层、增加地面覆盖、减少水分蒸发和盐分上行运动，达到培肥地力、提高耕地综合生产能力的作用。

5. 测土配方施肥

继续推广测土配方施肥技术，根据土壤养分监测结果及其供肥性能、作物需肥规律与肥料施用效应，在合理施用有机肥的基础上，提出氮、磷、钾、中量元素和微量元素等肥料适宜用量与科学配比，并采用合理施肥方法，确保作物所需养分平衡。

6. 深耕整地保水保肥

深耕整地是改善土壤结构、提高土壤蓄水保墒能力、增强土壤排涝降盐能力、保护农田生态环境的有效措施，针对黄土高原区区耕地土壤耕作层普遍变浅的问题，应积极扶持和引导农民深松深翻耕地，耕作深度30.0cm以上，以彻底打破犁底层，提高土壤通透性，促进土壤水分、养分及微生物循环，为作物生长创造适宜环境。

第五节　长江中下游区

长江中下游区位于淮河—伏牛山以南、福州—英德—梧州以北、鄂西山地—雪峰山以东，包括河南省南部、江苏、安徽、湖北、湖南省大部，上海市、浙江、江西省全部，福建、广东、广西省（自治区）北部，总耕地面积3.30亿亩，占全国耕地总面积的

18.1％，是我国重要的粮、棉、油生产基地。该区包括长江下游平原丘陵农畜水产区、鄂豫皖平原山地农林区、长江中游平原农业水产区、江南丘陵山地农林区、浙闽丘陵山地林农区、南岭丘陵山地林农区等 6 个二级农业区，主要土壤类型为水稻土、红壤、潮土、黄褐土、黄棕壤、石灰（岩）土。该区耕地质量等级适中，评价为一至三等的耕地占 25％左右，中低等级占 75％左右，主要限制因素是土壤微酸、质地黏重、养分贫瘠、土层较薄、水土流失严重等。

2018 年，长江中下游区耕地质量监测点共有 278 个（表 3-14）。其中，长江下游平原丘陵农畜水产区有监测点 78 个，占长江中下游区监测点总数的 28.1％；鄂豫皖平原山地农林区 21 个，占 7.6％；长江中游平原农业水产区 53 个，占 19.1％；江南丘陵山地农林区 79 个，占 28.4％；浙闽丘陵山地林农区 21 个，占 7.6％；南岭丘陵山地林农区 26 个，占 9.4％。

表 3-14　2018 年长江中下游区国家级耕地质量监测点的分布及主要土壤类型

农业区	省份	监测点数量	主要土壤类型
长江下游平原丘陵农畜水产区	上海市	3	水稻土、潮土
	江苏省	22	水稻土、潮土
	浙江省	49	水稻土、潮土、黄棕壤
	安徽省	4	水稻土、黄褐土
	小计	78	
鄂豫皖平原山地农林区	安徽省	2	水稻土
	河南省	13	水稻土、黄褐土、潮土、红壤
	湖北省	6	水稻土、黄棕壤
	小计	21	
长江中游平原农业水产区	江西省	19	水稻土、红壤、潮土、黄褐土
	湖北省	20	水稻土、潮土、黄棕壤、石灰（岩）土
	湖南省	14	水稻土、潮土
	小计	53	
江南丘陵山地农林区	浙江省	10	水稻土、潮土、红壤
	安徽省	38	水稻土、红壤
	江西省	5	水稻土
	湖北省	5	水稻土、潮土、红壤
	湖南省	21	水稻土、红壤
	小计	79	

（续）

农业区	省份	监测点数量	主要土壤类型
浙闽丘陵山地林农区	浙江省	5	水稻土
	福建省	16	水稻土、红壤
	小计	21	
南岭丘陵山地林农区	江西省	10	水稻土
	湖南省	10	水稻土、红壤、石灰（岩）土
	广东省	1	赤红壤
	广西壮族自治区	5	水稻土、红壤
	小计	26	
长江中下游区	合计	278	

耕地质量监测指标水平状况评价主要是依据《全国九大农区及省级耕地质量监测指标分级标准（试行）》，涉及标准如表 3-15。

表 3-15　长江中下游区耕地质量监测指标分级标准

指标	单位	分级标准				
		1 级（高）	2 级（较高）	3 级（中）	4 级（较低）	5 级（低）
耕层厚度	cm	>20.0	16.0～20.0	12.0～16.0	8.0～12.0	≤8.0
土壤容重	g/cm³	1.00～1.20	1.20～1.30，0.90～1.00	1.30～1.40	1.40～1.50	>1.50，≤0.90
有机质	g/kg	>35.0	25.0～35.0	15.0～25.0	10.0～15.0	≤10.0
pH	—	6.5～7.5	5.5～6.5	7.5～8.5	4.5～5.5	>8.5，≤4.5
全氮	g/kg	>2.00	1.50～2.00	1.00～1.50	0.75～1.00	≤0.75
有效磷	mg/kg	>35.0	25.0～35.0	15.0～25.0	10.0～15.0	≤10.0
速效钾	mg/kg	>150	125～150	100～125	75～100	≤75
缓效钾	mg/kg	>800	600～800	400～600	200～400	≤200

一、耕地质量主要性状

（一）有机质现状及演变趋势

1. 有机质现状

2018 年，长江中下游区监测点土壤有机质平均含量 30.6g/kg，处于 2 级（较高）水平。根据长江中下游区耕地质量监测指标分级标准，处于 1 级（高）水平的监测点有 91 个，占监测点总数的 32.9%；处于 2 级（较高）水平的监测点有 89 个，占 32.1%；处于 3 级（中）水平的监测点有 81 个，占 29.2%；4 级（较低）水平的监测点有 15 个，占 5.4%；处于 5 级（低）水平的监测点有 1 个，占 0.4%（图 3-126）。

2018 年耕地质量监测结果显示，长江中下游区各二级农业区土壤有机质含量平均值差异较大，江南丘陵山地农林区所辖区域有机质含量最高，平均为 36.7g/kg，处于 1 级（高）水平；鄂豫皖平原山地农林区有机质含量最低，平均为 21.3g/kg，处于 3 级（中）水平；南岭丘陵山地林农区、长江中游平原农业水产区、浙闽丘陵山地林农区和长江下游

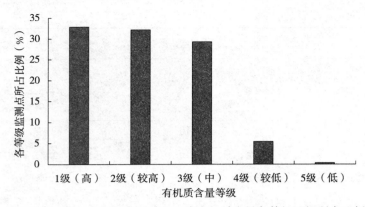

图 3-126　2018 年长江中下游区土壤有机质含量各等级区间所占比例

注：1 级（>35g/kg）、2 级（25～35] g/kg、3 级（15～25] g/kg、4 级（10～15] g/kg、5 级（≤10g/kg）。

平原丘陵农畜水产区居中，平均值分别为 32.4g/kg、31.0g/kg、29.0g/kg 和 26.7g/kg，处于 2 级（较高）水平（图 3-127）。

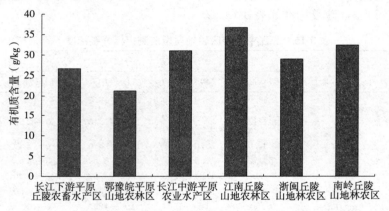

图 3-127　2018 年长江中下游区二级农业区域土壤有机质含量

2. 含量变化

2004—2018 年，长江中下游区监测点土壤有机质平均含量略有上升，从 2004 年的 25.7g/kg 上升至 2018 年的 30.6g/kg，年均增加 0.35g/kg。6 个二级农业区中浙闽丘陵山地林农区土壤有机质含量呈下降趋势，从 2004 年的 34.2g/kg 下降至 2018 年的 29.0g/kg，下降了 5.3g/kg；南岭丘陵山地林农区土壤有机质含量在 35.0g/kg 左右波动，近几年略有下降，2018 年为 32.4g/kg；其他农业区土壤有机质含量均呈增加趋势，江南丘陵山地农林区、长江中游平原农业水产区、鄂豫皖平原山地农林区和长江下游平原丘陵农畜水产区分别从 28.5g/kg、24.3g/kg、17.3g/kg 和 23.6g/kg 上升至 36.7g/kg、31.0g/kg、21.3g/kg 和 26.7g/kg，增加了 8.2g/kg、6.8g/kg、4.0g/kg 和 3.1g/kg，年均增加 0.58g/kg、0.48g/kg、0.28g/kg 和 0.22g/kg（图 3-128）。总体来看，长江中下游区土壤有机质呈提升趋势发展。

3. 频率变化

2004—2018 年，长江中下游区监测点土壤有机质含量主要集中在 1～3 级水平，2018

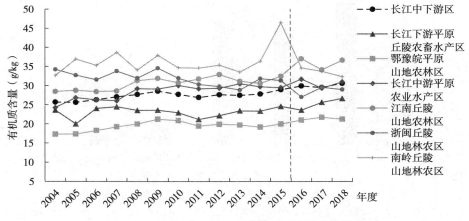

图 3-128 长江中下游区土壤有机质含量变化趋势

年占比 94.0％左右。其中，土壤有机质含量处于 1 级（高）水平及 2 级（较高）水平的监测点的占比呈增加趋势，分别从 20.7％、23.3％上升到 32.8％、32.1％；处于 3 级（中）水平的监测点的占比在最近几年有所下降，从 2014 年的 44.2％下降到 29.2％；处于 4 级（较低）水平的监测点的占比呈下降趋势，从 13.8％下降到 5.4％；监测点土壤有机质含量处于 5 级（低）水平的监测点，2008 年以后比例为 0（图 3-129）。

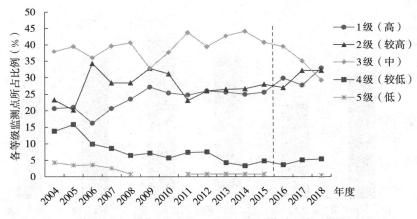

图 3-129 长江中下游区土壤有机质含量各等级频率变化

（二）全氮现状及演变趋势

1. 全氮现状

2018 年，长江中下游区监测点土壤全氮平均含量 1.80g/kg，处于 2 级（较高）水平。根据长江中下游区耕地质量监测指标分级标准，处于 1 级（高）水平的监测点有 92 个，占监测点总数的 33.3％；处于 2 级（较高）水平的监测点有 81 个，占 29.4％；处于 3 级（中）水平的监测点有 81 个，占 29.3％；4 级（较低）水平的监测点有 16 个，占 5.8％；处于 5 级（低）水平的监测点有 6 个，占 2.2％（图 3-130）。

2018 年耕地质量监测结果显示，长江中下游区各二级农业区土壤全氮含量平均值差

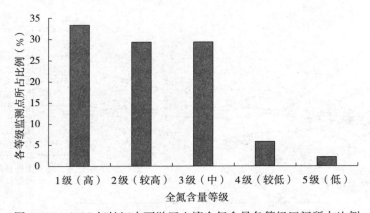

图 3-130　2018 年长江中下游区土壤全氮含量各等级区间所占比例

注：1 级（＞2.00g/kg）、2 级（1.50～2.00]g/kg、3 级（1.00～1.50]g/kg、4 级（0.75～1.00]g/kg、5 级（≤0.75g/kg）。

异较大，江南丘陵山地农林区所辖区域全氮含量最高，平均为 2.06g/kg，处于 1 级（高）水平；鄂豫皖平原山地农林区全氮含量最低，平均为 1.24g/kg，处于 3 级（中）水平；南岭丘陵山地林农区、长江中游平原农业水产区、浙闽丘陵山地林农区和长江下游平原丘陵农畜水产区居中，平均值分别为 1.98g/kg、1.81g/kg、1.80g/kg 和 1.61g/kg，处于 2 级（较高）水平（图 3-131）。

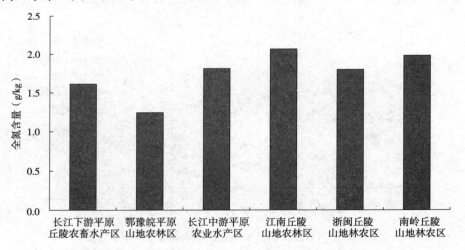

图 3-131　2018 年长江中下游区二级农业区域土壤全氮含量

2. 含量变化

2004—2018 年，长江中下游区监测点土壤全氮平均含量略有上升，从 2004 年的 1.61g/kg 上升至 2018 年的 1.80g/kg，年均增加 0.013g/kg。6 个二级农业区中南岭丘陵山地林农区土壤全氮含量较高，且在 2004—2015 年呈上升趋势，但在近两年有所下降，2018 年含量为 1.98g/kg；浙闽丘陵山地林农区土壤全氮含量在 1.64～1.92g/kg 之间呈波动；其他农业区土壤全氮含量均呈增加趋势，长江中游平原农业水产区、长江下游平原丘陵农畜水产区、江南丘陵山地农林区和鄂豫皖平原山地农林区分别从 1.59g/kg、1.46g/kg、1.91g/kg 和

1.14g/kg 上升至 1.81g/kg、1.61g/kg、2.06g/kg 和 1.24g/kg，增加了 0.23g/kg、0.16g/kg、0.15g/kg 和 0.10g/kg，年均增加 0.016g/kg、0.011g/kg、0.011g/kg、0.007g/kg（图 3-132）。总体来看，长江中下游区土壤全氮呈提升趋势发展。

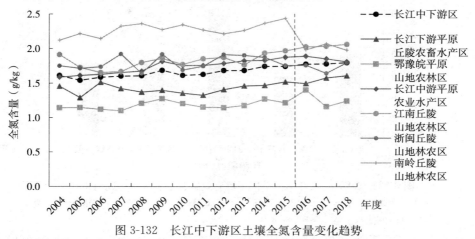

图 3-132　长江中下游区土壤全氮含量变化趋势

3. 频率变化

2004—2018 年，长江中下游区监测点土壤全氮含量主要集中在 1～3 级水平，2018 年占比 92.0%。其中，土壤全氮含量处于 1 级（高）水平及 2 级（较高）水平的监测点的占比呈增加趋势，分别从 20.5%、24.8% 上升到 33.3%、29.4%；处于 3 级（中）水平的监测点的占比下降幅度较大，从 41.0% 下降到 29.3%，下降了 11.7%；处于 4 级（较低）水平的监测点的占比呈下降趋势，从 8.5% 下降到 5.8%；处于 5 级（低）水平的监测点占比一直处于低水平，2018 年占 2.2%（图 3-133）。

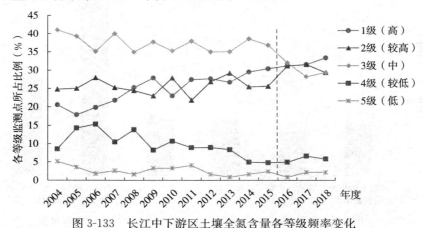

图 3-133　长江中下游区土壤全氮含量各等级频率变化

（三）有效磷现状及演变趋势

1. 有效磷现状

2018 年，长江中下游区监测点土壤有效磷平均含量 27.4mg/kg，处于 2 级（较高）水平。根据长江中下游区耕地质量监测指标分级标准，处于 1 级（高）水平的监测点有 56 个，占监测点总数的 20.2%；处于 2 级（较高）水平的监测点有 40 个，占 14.4%；

处于 3 级（中）水平的监测点有 87 个，占 31.4%；4 级（较低）水平的监测点有 44 个，占 15.9%；处于 5 级（低）水平的监测点有 50 个，占 18.1%（图 3-134）。

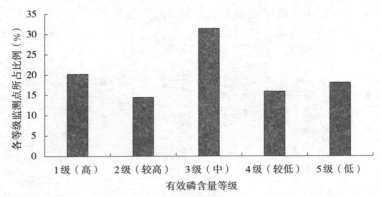

图 3-134　2018 年长江中下游区土壤有效磷含量各等级区间所占比例

注：1 级（>35mg/kg）、2 级（25～35］mg/kg、3 级（15～25］mg/kg、4 级（10～15］mg/kg、5 级（≤10mg/kg）。

2018 年耕地质量监测结果显示，长江中下游区各二级农业区土壤有效磷含量平均值差异较大，浙闽丘陵山地林农区所辖区域有效磷含量最高，平均为 71.8mg/kg，处于 1 级（高）水平；其次是南岭丘陵山地林农区，平均为 39.8mg/kg，也处于 1 级（高）水平；鄂豫皖平原山地农林区有效磷含量最低，平均为 18.0mg/kg，处于 3 级（中）水平；江南丘陵山地农林区、长江中游平原农业水产区和长江下游平原丘陵农畜水产区居中，平均值分别为 23.6mg/kg、22.9mg/kg 和 20.9g/kg，处于 3 级（中）水平（图 3-135）。

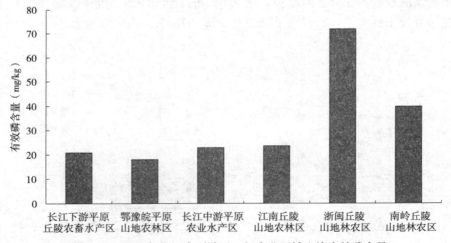

图 3-135　2018 年长江中下游区二级农业区域土壤有效磷含量

2. 含量变化

2004—2018 年，长江中下游区监测点土壤有效磷平均含量略有上升，从 2004 年的 20.7mg/kg 上升至 2018 年的 27.5mg/kg，年均增加 0.48mg/kg。6 个二级农业区中除鄂豫皖平原山地农林区土壤有效磷含量略有下降，从 2004 年的 20.5mg/kg 下降至 2018 年的 18.0mg/kg，下降了 2.5mg/kg，其他农业区土壤有效磷含量均呈增加趋势。其中，浙闽丘陵山地林农区土壤有效磷含量较高，且波动较大，2018 年平均含量为 71.8mg/kg；南岭丘陵山地林农区、江南丘陵山地农林区、长江中游平原农业水产区和长江下游平原丘陵农畜水产区土壤有效磷含量分别从 20.2mg/kg、12.0mg/kg、14.4mg/kg 和 18.9mg/kg，上升至 39.8mg/kg、23.6mg/kg、22.9mg/kg 和 20.9mg/kg，增加了 19.7mg/kg、11.6mg/kg、8.5mg/kg 和 2.0mg/kg，年均增加 1.40mg/kg、0.83mg/kg、0.61mg/kg、0.14mg/kg（图 3-136）。总体来看，长江中下游区土壤有效磷呈提升趋势发展。

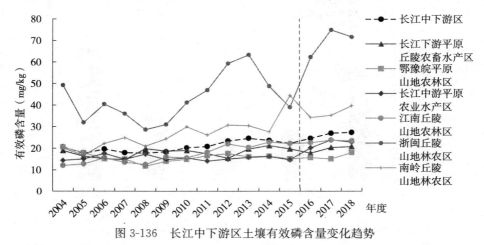

图 3-136 长江中下游区土壤有效磷含量变化趋势

3. 频率变化

2004—2018 年，长江中下游区监测点土壤有效磷含量主要集中在 3 级（中）水平，2018 年占比 31.4%。土壤有效磷含量处于 1 级（高）水平、2 级（较高）水平和 3 级（中）水平的监测点的占比呈增加趋势，分别从 16.1%、6.8%、24.6% 上升到 20.2%、14.4%、31.4%；处于 5 级（低）水平的监测点的占比下降幅度较大，从 36.4% 下降到 18.1%，下降了 18.4%；处于 4 级（较低）水平的监测点的占比 2004—2015 年呈缓慢上升趋势，2015 年后有所下降，2018 年占比 15.9%（图 3-137）。

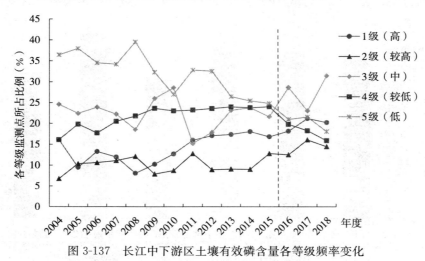

图 3-137 长江中下游区土壤有效磷含量各等级频率变化

（四）速效钾现状及演变趋势

1. 土壤速效钾现状

2018年，长江中下游区监测点土壤速效钾平均含量115mg/kg，处于3级（中）水平。根据长江中下游区耕地质量监测指标分级标准，处于1级（高）水平的监测点有57个，占监测点总数的20.6%；处于2级（较高）水平的监测点有33个，占11.9%；处于3级（中）水平的监测点有47个，占17.0%；4级（较低）水平的监测点有53个，占19.1%；处于5级（低）水平的监测点有87个，占31.4%（图3-138）。

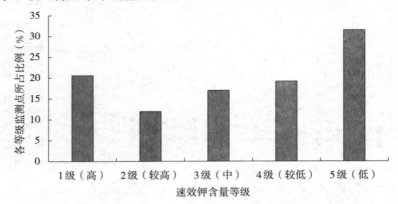

图3-138　2018年长江中下游区土壤速效钾含量各等级区间所占比例

注：1级（>150mg/kg）、2级（125~150]mg/kg、3级（100~125]mg/kg、4级（75~100]mg/kg、5级（≤75mg/kg）。

2018年耕地质量监测结果显示，长江中下游区各二级农业区土壤速效钾含量平均值差异较大，浙闽丘陵山地林农区所辖区域速效钾含量最高，平均为137mg/kg，处于2级（较高）水平；其次是长江中游平原农业水产区，平均为132mg/kg，也处于2级（较高）水平；江南丘陵山地农林区速效钾含量最低，平均为100mg/kg，处于4级（较低）水平；鄂豫皖平原山地农林区、长江下游平原丘陵农畜水产区和南岭丘陵山地林农区居中，平均值分别为119mg/kg、116mg/kg和103g/kg，处于3级（中）水平（图3-139）。

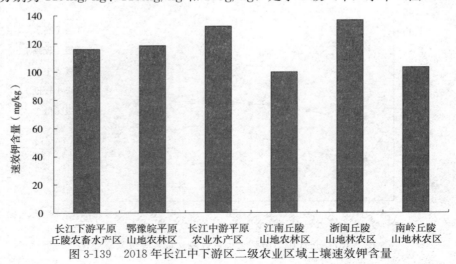

图3-139　2018年长江中下游区二级农业区域土壤速效钾含量

2. 含量变化

2004—2018 年，长江中下游区监测点土壤速效钾平均含量略有上升，从 2004 年的 89mg/kg 上升至 2018 年的 115mg/kg，年均增加 1.9mg/kg。6 个二级农业区土壤速效钾含量均呈增加趋势，其中浙闽丘陵山地林农区与南岭丘陵山地林农区波动比较大。浙闽丘陵山地林农区、长江中游平原农业水产区、江南丘陵山地农林区、南岭丘陵山地林农区、长江下游平原丘陵农畜水产区和鄂豫皖平原山地农林区分别从 72mg/kg、90mg/kg、68mg/kg、87mg/kg、103mg/kg 和 111mg/kg，上升至 137mg/kg、132mg/kg、100mg/kg、103mg/kg、116mg/kg 和 119mg/kg，分别增加了 64.7mg/kg、42.8mg/kg、32.0mg/kg、16.0mg/kg、13.4mg/kg 和 7.9mg/kg，年均分别增加 4.6mg/kg、3.1mg/kg、2.3mg/kg、1.1mg/kg、1.0mg/kg 和 0.6mg/kg（图 3-140）。总体来看，长江中下游区土壤速效钾呈提升趋势。

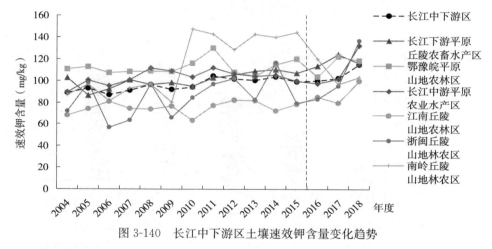

图 3-140　长江中下游区土壤速效钾含量变化趋势

3. 频率变化

2004—2018 年，长江中下游区监测点土壤速效钾含量主要集中在 5 级（低）水平，2018 年占比 31.4%。土壤速效钾含量处于 1 级（高）水平、2 级（较高）水平和 3 级（中）水平的监测点的占比呈增加趋势，分别从 8.5%、7.7% 和 12.8% 上升到 20.6%、11.9% 和 17.0%；处于 4 级（较低）水平和处于 5 级（低）水平的监测点的占比呈下降趋势，分别从 29.1% 和 41.9% 下降到 19.1% 和 31.4%（图 3-141）。

（五）缓效钾现状及演变趋势

1. 缓效钾现状

2018 年，长江中下游区监测点土壤缓效钾平均含量 360mg/kg，处于 4 级（较低）水平。根据长江中下游区耕地质量监测指标分级标准，处于 1 级（高）水平的监测点有 11 个，占监测点总数的 4.0%；处于 2 级（较高）水平的监测点有 36 个，占 13.2%；处于 3 级（中）水平的监测点有 57 个，占 20.9%；4 级（较低）水平的监测点有 79 个，占 28.9%；处于 5 级（低）水平的监测点有 90 个，占 33.0%（图 3-142）。

2018 年耕地质量监测结果显示，长江中下游区各二级农业区土壤缓效钾含量平均值差异较大，长江下游平原丘陵农畜水产区所辖区域缓效钾含量最高，平均为 535mg/kg，处于 3 级（中）水平；其次是鄂豫皖平原山地农林区，平均为 508mg/kg，也处于 3 级

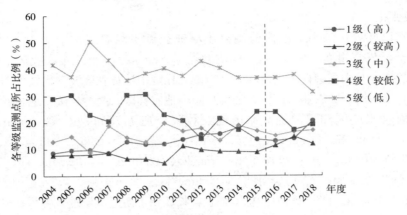

图 3-141 长江中下游区土壤速效钾含量各等级频率变化

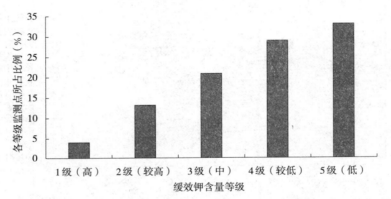

图 3-142 2018 年长江中下游区土壤缓效钾含量各等级区间所占比例

注：1 级（>800mg/kg）、2 级（600～800] mg/kg、3 级（400～600] mg/kg、4 级（200～400] mg/kg、5 级（≤200mg/kg）。

（中）水平；南岭丘陵山地林农区缓效钾含量最低，平均为 168mg/kg，处于 5 级（低）水平；长江中游平原农业水产区、浙闽丘陵山地林农区和江南丘陵山地农林区居中，平均值分别为 357mg/kg、285mg/kg 和 241g/kg，处于 4 级（较低）水平（图 3-143）。

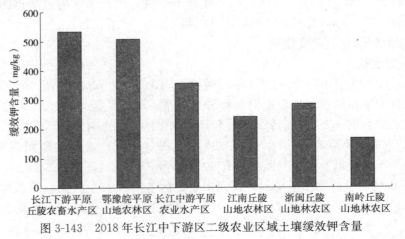

图 3-143 2018 年长江中下游区二级农业区域土壤缓效钾含量

2. 含量变化

2004—2018 年，长江中下游区监测点土壤缓效钾平均含量在 2004 年到 2010 年上升幅度较大，从 2004 年的 317mg/kg 上升至 2010 年的 465mg/kg，2011 年下降后基本稳定在 360mg/kg 左右。6 个二级农业区土壤缓效钾含量变化有所不同，长江中游平原农业水产区、长江下游平原丘陵农畜水产区、南岭丘陵山地林农区土壤缓效钾含量缓慢上升，分别从 196mg/kg、430mg/kg、68mg/kg 上升至 357mg/kg、535mg/kg、168mg/kg，分别增加了 161.2mg/kg、104.7mg/kg、100mg/kg，年均分别增加 11.5mg/kg、7.5mg/kg、7.1mg/kg；鄂豫皖平原山地农林区土壤缓效钾含量 2004—2010 年呈波动变化，2010 年以后基本持平，2018 年含量为 508mg/kg；江南丘陵山地农林区土壤缓效钾含量 2004—2010 年呈上升趋势，2010 年以后趋于稳定，2018 年含量为 241mg/kg；浙闽丘陵山地林农区土壤缓效钾含量从 2006 年的 460mg/kg 下降至 285mg/kg，下降了 175mg/kg（图 3-144）。总体来看，长江中下游区土壤缓效钾含量基本持平。

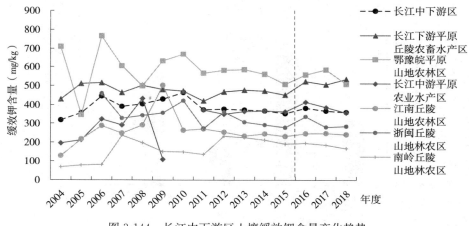

图 3-144　长江中下游区土壤缓效钾含量变化趋势

3. 频率变化

2004—2018 年，长江中下游区监测点土壤缓效钾含量主要集中在 4 级（较低）水平和 5 级（低）水平，2018 年占比 61.9%。土壤缓效钾各水平间的占比从 2005 年开始到 2012 年呈波动变化。2012 年以后，处于 1 级（高）水平的监测点的占比基本稳定，2018 年占 4.0%；处于 2 级（较高）水平的监测点的占比略有上升，从 9.8% 上升到 13.2%；处于 3 级（中）水平的监测点的占比基本稳定，2018 年占 20.9%；处于 4 级（较低）水平的监测点的占比呈下降趋势，从 43.1% 下降到 28.9%；处于 5 级（低）水平的监测点的占比上升幅度较大，从 21.9% 上升到 33.0%（图 3-145）。

（六）土壤 pH 现状及演变趋势

1. 土壤 pH 现状

2018 年，长江中下游区监测点土壤 pH 变幅在 4.1～8.5 之间。根据长江中下游区耕地质量监测指标分级标准，处于 1 级（高）水平的监测点有 50 个，占监测点总数的 18.1%；处于 2 级（较高）水平的监测点有 104 个，占 37.5%；处于 3 级（中）水平的

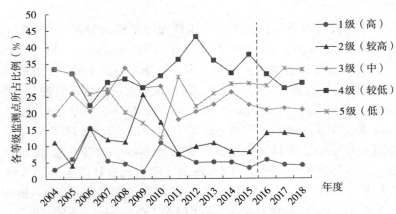

图 3-145　长江中下游区土壤缓效钾含量各等级频率变化

监测点有 30 个，占 10.8%；4 级（较低）水平的监测点有 87 个，占 31.4%；处于 5 级（低）水平的监测点有 6 个，占 2.2%（图 3-146）。

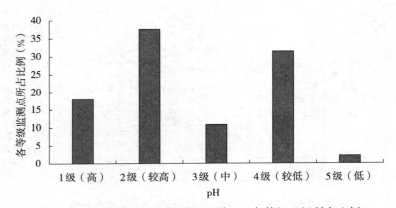

图 3-146　2018 年长江中下游区土壤 pH 各等级区间所占比例

注：1 级（6.5～7.5]、2 级（5.5～6.5]、3 级（7.5～8.5]、4 级（4.5～5.5]、5 级（>8.5，≤4.5）。

2018 年耕地质量监测结果显示，长江中下游区各二级农业区土壤 pH 平均值差异较大，长江下游平原丘陵农畜水产区所辖区域 pH 最高，平均为 6.8，处于 1 级（高）水平；浙闽丘陵山地林农区最低，平均为 5.2，处于 4 级（较低）水平；鄂豫皖平原山地农林区、南岭丘陵山地林农区、长江中游平原农业水产区和江南丘陵山地农林区居中，平均值分别为 6.1、6.0、6.0 和 5.8，处于 2 级（较高）水平（图 3-147）。

2. 频率变化

2004—2018 年，长江中下游区监测点土壤 pH 主要集中在 2 级（较高）水平和 4 级（较低）水平。土壤 pH 处于 1 级（高）水平的监测点的占比略有上升，从 14.7% 上升到 18.1%；处于 2 级（较高）水平的监测点的占比 2016 年前呈下降趋势，但最近几年有所上升，2018 年占 37.6%；处于 4 级（较低）水平的监测点的占比呈波动变化，最近几年有所下降，2018 年占 31.4%；处于 3 级（中）水平和 5 级（低）水平的监测点的占比较低，基本稳定在 10.0% 和 3.0% 左右（图 3-148）。

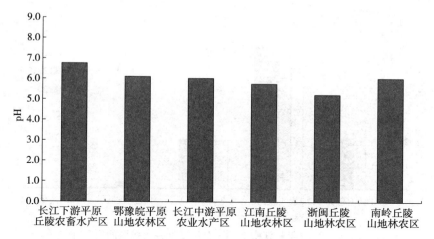

图 3-147 2018 年长江中下游区二级农业区域土壤 pH

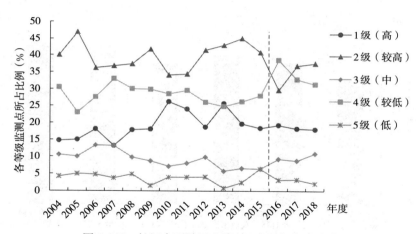

图 3-148 长江中下游区土壤 pH 各等级频率变化

（七）耕层厚度现状

2018 年，长江中下游区监测点土壤耕层厚度平均 19.2cm，处于 2 级（较高）水平。根据长江中下游区耕地质量监测指标分级标准，处于 1 级（高）水平的监测点有 43 个，占监测点总数的 18.0%；处于 2 级（较高）水平的监测点有 143 个，占 59.8%；处于 3 级（中）水平的监测点有 49 个，占 20.5%；4 级（较低）水平的监测点有 4 个，占 1.7%（图 3-149）。

2018 年耕地质量监测结果显示，长江中下游区各二级农业区差异不大，南岭丘陵山地林农区所辖区域耕层厚度平均值最高，平均为 22.1cm，处于 1 级（高）水平；其次是浙闽丘陵山地林农区和长江中游平原农业水产区，平均分别为 20.8cm 和 20.4cm，也处于 1 级（高）水平；鄂豫皖平原山地农林区、江南丘陵山地农林区和长江下游平原丘陵农畜水产区平均值分别为 19.4cm、19.4cm 和 17.4cm，处于 2 级（较高）水平（图 3-150）。

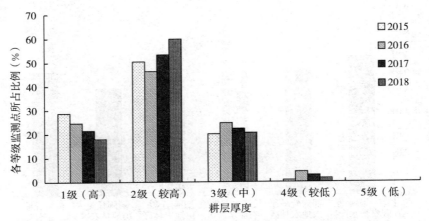

图 3-149　2018 年长江中下游区耕层厚度各等级区间所占比例

注：1 级（＞20cm）、2 级（16～20] cm、3 级（12～16] cm、4 级（8～12] cm、5 级（≤8cm）。

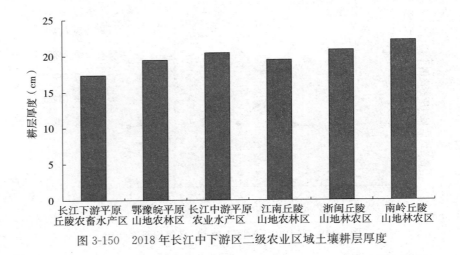

图 3-150　2018 年长江中下游区二级农业区域土壤耕层厚度

二、肥料投入与利用情况

（一）肥料投入现状

2018 年，长江中下游区双季稻轮作监测点肥料亩总投入量（折纯，下同）平均值 42.2kg，其中有机肥亩投入量平均值 4.8kg，化肥亩投入量平均值 37.4kg，化肥和有机肥之比 7.73∶1。肥料亩总投入中，氮肥（N）投入 22.2kg，磷肥（P_2O_5）8.4kg，钾肥（K_2O）11.6kg，投入量依次为：肥料氮＞肥料钾＞肥料磷，氮∶磷∶钾平均比例 1∶0.38∶0.52。化肥亩投入中，氮肥（N）投入 20.4kg，磷肥（P_2O_5）7.6kg，钾肥（K_2O）9.3kg，投入量依次为：化肥氮＞化肥钾＞化肥磷，氮∶磷∶钾平均比例 1∶0.38∶0.46。

长江中下游区二级农业区中双季稻轮作监测点的肥料投入情况见表 3-16。

表 3-16 长江中下游区双季稻轮作监测点肥料亩投入情况

农业区	有机肥 (kg)	化肥 (kg)	施肥总量 (kg)	总 N (kg)	总 P$_2$O$_5$ (kg)	总 K$_2$O (kg)	化肥 N:P$_2$O$_5$:K$_2$O
长江下游平原丘陵农畜水产区	0.00	37.13	37.13	20.13	6.68	10.33	1:0.33:0.51
长江中游平原农业水产区	8.34	37.12	45.46	23.05	8.36	14.05	1:0.38:0.43
江南丘陵山地农林区	4.19	37.76	41.95	22.55	8.94	10.46	1:0.38:0.43
浙闽丘陵山地林农区	0.00	41.76	41.76	20.53	8.58	12.65	1:0.42:0.62
南岭丘陵山地林农区	3.95	35.16	39.11	20.78	6.68	11.65	1:0.34:0.56
长江中下游区	4.83	37.34	42.17	22.22	8.35	11.61	1:0.38:0.46

2018 年，长江中下游区稻麦轮作监测点主要分布于长江下游平原丘陵农畜水产区，肥料亩总投入量（折纯，下同）平均值 58.2kg，其中有机肥亩投入量平均值 5.1kg，化肥亩投入量平均值 53.1kg，化肥和有机肥之比 10.50:1。肥料亩总投入中，氮肥（N）投入 35.5kg，磷肥（P$_2$O$_5$）10.1kg，钾肥（K$_2$O）12.6kg，投入量依次为：肥料氮＞肥料钾＞肥料磷，氮：磷：钾平均比例 1:0.29:0.35。化肥亩投入中，氮肥（N）投入 33.7kg，磷肥（P$_2$O$_5$）9.5kg，钾肥（K$_2$O）9.9kg，投入量依次为：化肥氮＞化肥钾＞化肥磷，氮：磷：钾平均比例 1:0.28:0.29。

（二）肥料投入与产量变化趋势

2004—2018 年，长江中下游区双季稻轮作监测点肥料和化肥单位面积投入总量 2017 年前呈现缓慢上升趋势，但今年开始出现波动，有所下降。监测点肥料亩投入量 2018 年为 42.2kg，较 2017 年降低了 5.4kg，其中 2018 年化肥亩投入量 37.4kg，较 2017 年降低了 5.8kg；有机肥 2004—2008 年出现小幅波动，2009—2018 年变化较平稳，一直在较低投入水平上运行。2004—2018 年，长江中下游区监测点双季稻年亩产量呈上升趋势，由 2004 年 823kg 增加到 910kg，增幅 10.6%（图 3-151）。

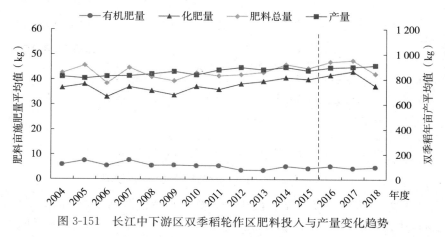

图 3-151 长江中下游区双季稻轮作区肥料投入与产量变化趋势

2004—2018 年，长江中下游区稻麦轮作监测点（主要分布于长江下游平原丘陵农畜水产区）肥料和化肥单位面积投入总量呈现先下降后缓慢上升趋势，近几年又略有下降，监测点肥料亩投入量 2018 年 58.2kg，较 2008 增加了 6.9kg。其中 2018 年化肥亩投入量

53.1kg，较 2008 年增加了 7.0kg；有机肥亩投入量 2018 年 5.1kg，较 2004 年降低了 2.3kg。2004—2018 年，长江中下游区监测点双季稻年亩产量呈上升趋势，16 年后略有下降，由 2004 年 869kg 增加到 938kg，增幅 7.9%（图 3-152）。

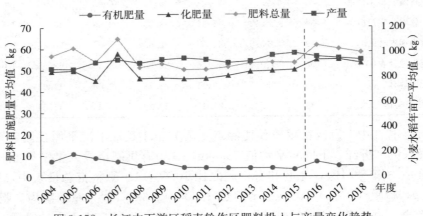

图 3-152　长江中下游区稻麦轮作区肥料投入与产量变化趋势

（三）养分回收率与偏生产力

1. 水稻

（1）养分回收率　2004—2018 年，长江中下游区水稻总养分回收率略有上升，2018 年为 68.8%。其中氮肥回收率基本稳定在 40.0% 左右，2018 年为 39.9%；磷肥回收率 2004—2013 年略有上升，2013 年后呈下降趋势，2018 年为 72.5%；钾肥回收率在 130.0% 左右波动，2018 年为 139.1%（图 3-153）。

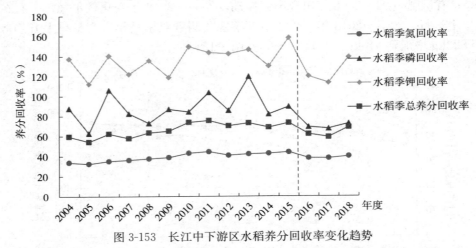

图 3-153　长江中下游区水稻养分回收率变化趋势

（2）偏生产力　2004—2018 年，长江中下游区水稻监测点肥料偏生产力基本稳定，2018 年肥料偏生产力为 25.9kg/kg。其中氮肥偏生产力也基本稳定在 45.0kg/kg，2018 年为 46.2kg/kg；磷肥偏生产力 2004—2008 年波动变化，2008 年后呈下降趋势，从 2008 年的 174.3kg/kg 下降到 2018 年的 146.3kg/kg；钾肥偏生产力呈缓慢下降趋势，从 2004 年的 132.7kg/kg 下降到 2018 年为 97.4kg/kg（图 3-154）。

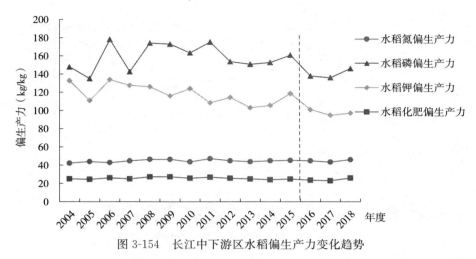

图 3-154 长江中下游区水稻偏生产力变化趋势

2. 小麦

（1）养分回收率 2004—2009 年，长江中下游区小麦养分回收率呈上升趋势，2009—2018 年养分回收率呈下降趋势，从 2009 年的 87.3% 下降到 2018 年的 51.5%，下降了 35.8%。其中，钾肥回收率变化幅度最大，从 2009 年的 164.3% 下降到 2018 年的 93.3%，下降了 71.0%；氮肥回收率和磷肥回收率也分别从 60.4%、68.1% 下降到 39.4%、52.2%，下降了 21.1% 和 15.9%（图 3-155）。

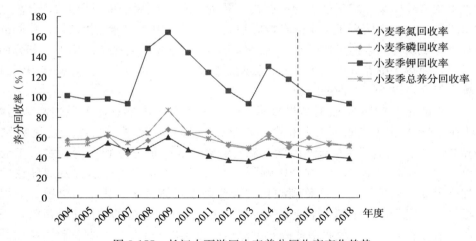

图 3-155 长江中下游区小麦养分回收率变化趋势

（2）偏生产力 2004—2018 年，长江中下游区小麦监测点肥料偏生产力基本稳定，2018 年肥料偏生产力为 14.9kg/kg。其中氮肥偏生产力也基本稳定在 25.0kg/kg，2018 年为 24.9kg/kg；磷肥偏生产力 2004—2010 年呈上升趋势，2010 年后呈下降趋势，从 2010 年的 113.3kg/kg 下降到 2018 年的 79.5kg/kg；钾肥偏生产力 2004—2010 年呈上升趋势，2010 年后呈下降趋势，从 2010 年的 127.2kg/kg 下降到 2018 年的 81.0kg/kg（图 3-156）。

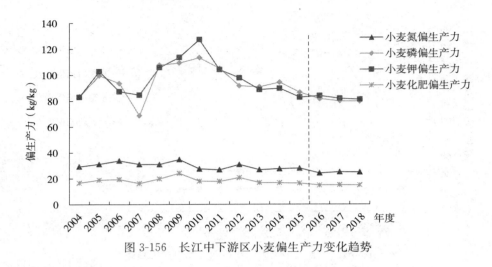

图 3-156　长江中下游区小麦偏生产力变化趋势

三、耕地质量存在的主要问题、原因和培肥改良对策

2004—2018 年，长江中下游区监测点土壤有机质、全氮、有效磷、速效钾含量均略有上升。总体来说，秸秆还田、种植绿肥和施用化肥，是促进长江中下游区监测点土壤养分提升的主要影响因素：长江中下游主要农作物秸秆有水稻、小麦、油菜等，秸秆资源丰富且含有大量的有机质、氮、磷、钾和微量元素。秸秆还田后提高了土壤有机质、钾元素等，改善土壤空隙团聚、坚实性等物理性状，提高土壤蓄水保墒和培肥地力；合理利用冬闲田种植绿肥，也为土壤提供丰富的有机质和氮素，促进用地和养地相结合；化肥的施用也是影响土壤氮磷钾元素的重要因素，前面分析可以看出化肥施肥量的增加，养分回收率又有所下降，使得土壤养分得到了补充。长期的耕地质量监测结果表明，长江中下游区监测点土壤仍然存在以下三方面的问题：

（1）土壤酸化　2018 年监测结果显示，长江中下游区土壤总体上呈酸性和弱酸性，其中 pH 在酸性 4 级（较低）水平和微酸性 2 级（较高）水平的监测点占比分别达到 31.4％和 37.6％。土壤酸化是自然因素（温度、降水、地形等）和人为因素（工业"三废"排放、农业面源污染等）等综合影响的复杂过程。近年来工业迅猛发展导致的"三废"增加已经成为局部地区土壤急剧酸化的重要因素，如采矿、化工、电镀、纺织、印染、造纸等工业废水排入土壤，工业废气中的 SO_2、NO_x 等造成的酸性干湿沉降，固体废弃物中所含酸性物质通过大气扩散或降水淋滤后也直接进入土壤，这些都将直接引起土壤 pH 的下降。同时，农民长期的不合理施肥，特别是施用酸性和生理酸性肥料，也加剧土壤酸化。

（2）土壤耕作层变浅　长江中下游区耕层厚度第二次土壤普查期间一般在 25～30cm，但 2018 年该区耕地质量监测点耕层厚度平均 19.2cm。对比前几年各水平占比可以看出（表 3-17），处于 1 级（高）水平的监测点比例逐渐减少，处于 2 级水平的监测点比例在增加。长江中下游区主要以稻麦轮作、双季稻种植为主，旋耕机旋耕快捷、相对成本低，很大程度上提升了农业生产管理效率，但旋耕深度通常为 15cm，不可忽视地导致了稻田土壤耕层浅化。耕层变浅，犁底层抬高，耕层活化土变少，容重增加，影响土壤保水保肥能力，耕地质量下降。

表3-17　长江中下游区耕层厚度各水平占比情况（%）

级别	2015	2016	2017	2018
1级（高）	28.80	24.67	21.49	17.99
2级（较高）	50.40	46.26	53.31	59.83
3级（中）	20.00	24.67	22.31	20.50
4级（较低）	0.80	4.41	2.89	1.67

（3）土壤养分非均衡化　2004—2018年监测结果显示，长江中下游区土壤养分均略有上升，但各二级农业区间土壤养分差异较大，且变化趋势各不相同。土壤有效磷含量在部分监测点中表现出过度富集，土壤速效钾、缓效钾含量虽略有上升，但仍处于较低水平，土壤养分不平衡问题在部分区域比较突出。

2018年长江中下游区水稻监测点氮肥（N）、磷肥（P_2O_5）、钾肥（K_2O）的亩投入量分别为12.2kg、4.1kg、6.0kg，变化幅度分别为1.9~26.75kg、0~15kg、0~16.5kg，具体见表3-18。小麦监测点氮肥（N）、磷肥（P_2O_5）、钾肥（K_2O）的亩投入量分别为15.1kg、4.9kg、4.8kg，变化幅度分别为8.7~22.15kg、2~10.5kg、2.4~8.52kg，具体见表3-19。可见，长江中下游区监测点之间施肥差异较大，各二级农业区之间也存在较大差异，重氮、磷肥轻钾肥的状况依然存在。同时施用有机肥的比例较低，过多的氮、磷肥的施用将增加肥料资源的浪费以及由此带来的环境风险，还会造成土壤养分失衡、土壤退化。

表3-18　长江中下游区水稻监测点亩施肥情况统计

二级农业区	氮肥（N）			磷肥（P_2O_5）			钾肥（K_2O）		
	平均值（kg）	标准差	变异系数（%）	平均值（kg）	标准差	变异幅度（%）	平均值（kg）	标准差	变异系数（%）
长江下游平原丘陵农畜水产区	17.11	4.45	25.98	4.35	1.30	29.81	5.50	1.86	33.93
鄂豫皖平原山地农林区	11.63	2.37	20.40	4.48	1.34	30.00	4.62	2.15	46.53
长江中游平原农业水产区	10.71	2.60	24.29	3.96	1.46	36.82	6.26	2.65	42.29
江南丘陵山地农林区	10.56	2.77	26.21	4.20	2.25	53.72	6.32	2.62	41.52
南岭丘陵山地林农区	9.75	2.47	25.36	3.89	1.84	47.21	6.79	3.18	46.88
浙闽丘陵山地林农区	10.35	2.61	25.24	3.74	1.91	50.96	5.61	2.87	51.20
长江中下游区	12.17	4.28	35.20	4.14	1.81	43.72	5.99	2.53	42.18

表 3-19　长江中下游区小麦监测点亩施肥情况统计

二级农业区	氮肥（N）			磷肥（P$_2$O$_5$）			钾肥（K$_2$O）		
	平均值（kg）	标准差	变异系数（%）	平均值（kg）	标准差	变异系数（%）	平均值（kg）	标准差	变异系数（%）
长江下游平原丘陵农畜水产区	15.72	3.31	21.05	5.00	1.40	27.91	4.80	1.29	26.89
鄂豫皖平原山地农林区	11.53	1.72	14.91	4.66	1.07	22.90	4.94	1.47	29.81
长江中下游区	15.07	3.48	23.09	4.91	1.40	28.43	4.80	1.30	26.99

　　针对上述问题，提出以下土壤增肥与改良对策：

　　一是根据土壤酸化成因，采取有效措施改善土壤 pH。可通过生石灰及土壤改良剂的合理科学施用直接改善土壤酸性环境，改善土壤微生物菌群结构；也可大力推广生物碱性肥料施用，增加土壤的 K$^+$、Na$^+$ 和 OH$^-$ 的浓度，有利于土壤 pH 的提高；适当推广生物菌肥配施，以改变土壤微生物生态环境，有助于稻田有机物（包括秸秆）的分解。

　　二是构建合理的生产管理技术体系，改善土壤耕层现状。旋耕机的大面积推广虽然很大程度上提升了农业生产管理效率，但不可忽视地导致了稻田土壤耕层浅化。可通过构建定期或不定期稻田深耕管理机制，有效防止耕层变浅，提升耕地质量。

　　三是大力开展秸秆还田、测土配方施肥、耕地质量综合提升等先进技术和模式的推广应用。秸秆还田是在杜绝了秸秆焚烧所造成的大气污染的同时还有增肥增产作用，秸秆还田能增加土壤有机质，改良土壤结构，使土壤疏松，孔隙度增加，容量减轻，促进微生物活力和作物根系的发育。秸秆还田增肥增产作用显著，但若方法不当，也会导致土壤病菌增加，作物病害加重及缺苗（僵苗）等不良现象。因此采取合理的秸秆还田措施，才能起到良好的还田效果。测土配方施肥是以土壤测试和肥料田间试验为基础，根据作物需肥规律、土壤供肥性能和肥料效应，在合理施用有机肥料的基础上，提出氮、磷、钾及中、微量元素等肥料的施用数量、施肥时期和施用方法，其核心是调节和解决作物需肥与土壤供肥之间的矛盾。耕地质量综合提升可包括养分平衡技术、耕地的轮作休耕、有机肥替代化肥、水肥一体化、耕地障碍因子消减技术、补充耕地快速培肥等技术的综合应用。这些技术的共同点是在充分合理利用养分资源的同时注重耕地质量和环境质量的保护，在实践中均取得了良好的效果。

参 考 文 献

李伟峰，叶英聪，朱安繁，2017. 近 30 年江西省农田土壤 pH 时空变化及其与酸雨和施肥量间关系 [J]. 自然资源学报，32（11）：1942-1953.

王志刚，赵永存，廖启林，2008. 近 20 年来江苏省土壤 pH 时空变化及其驱动力 [J]. 生态学报，28（02）：720-727.

辛景树，贺立源，郑磊，2017. 长江中游区耕地质量评价 [M]. 北京：中国农业出版社．

第六节　西　南　区

西南区位于秦岭以南，百色—新平—盈江以北，宜昌—溆浦以西，川西高原以东，包括陕西南部、甘肃东南部、四川和云南大部、贵州全部、湖北和湖南西部以及广西北部，总耕地面积2.92亿亩，占全国耕地总面积的16.0%。该区西北依青藏高原，北接黄土高原，东邻我国东部低山丘陵平原，西南抵达国境线，主要包括秦岭大巴山林农区、四川盆地农林区、渝鄂湘黔边境山地林农牧区、黔桂高原山地林农牧区、川滇高原山地农林牧区5个二级农业区。该区以中低等级耕地为主，占区域耕地总面积的80%左右。

2018年，西南区耕地质量监测点共有122个。其中，秦岭大巴山林农区18个，占西南区监测点总数的14.7%；四川盆地农林区52个，占42.6%；渝鄂湘黔边境山地林农牧区19个，占15.6%；黔桂高原山地林农牧区16个，占13.1%；川滇高原山地农林牧区17个，占13.9%（表3-20）。

表3-20　西南区2018年国家级耕地质量监测点基本情况

二级农业区	省份	监测点数	土壤类型
川滇高原山地农林牧区	贵州	1	黄棕壤
	四川	5	赤红壤、石灰（岩）土、水稻土
	云南	11	赤红壤、红壤、黄壤、水稻土
	小计	17	黄棕壤、赤红壤、石灰（岩）土、水稻土、红壤、黄壤
黔桂高原山地林农牧区	广西	2	红壤、石灰（岩）土
	贵州	14	黄壤、石灰（岩）土、水稻土、紫色土
	小计	16	红壤、黄壤、石灰（岩）土、水稻土、紫色土
秦岭大巴山林农区	甘肃	3	褐土
	湖北	6	黄棕壤、石灰（岩）土、水稻土、紫色土
	陕西	6	黄绵土、黄棕壤、水稻土、紫色土、棕壤
	四川	3	黄壤、水稻土、紫色土
	小计	18	褐土、黄棕壤、石灰（岩）土、水稻土、紫色土、黄绵土、棕壤、黄壤
四川盆地农林区	四川	41	潮土、黄壤、水稻土、紫色土
	重庆	10	水稻土、紫色土
	小计	51	潮土、黄壤、水稻土、紫色土
渝鄂湘黔边境山地林农牧区	贵州	3	黄壤、石灰（岩）土、水稻土
	湖北	2	黄棕壤、紫色土
	湖南	12	红壤、石灰（岩）土、水稻土、紫色土
	重庆	3	黄壤、水稻土、紫色土
	小计	20	黄壤、石灰（岩）土、水稻土、黄棕壤、紫色土、红壤
西南区	合计	122	潮土、赤红壤、褐土、红壤、黄绵土、黄壤、黄棕壤、石灰（岩）土、水稻土、紫色土、棕壤

根据农业农村部耕地质量监测保护中心印发的《全国九大区及省级耕地质量监测指标

分级标准（试行）》，西南区耕地质量监测主要指标分级见表 3-21。

表 3-21　西南区耕地质量监测指标分级标准

指标	单位	分级标准				
		1 级（高）	2 级（较高）	3 级（中）	4 级（较低）	5 级（低）
耕层厚度	cm	>25.0	20.0～25.0	15.0～20.0	10.0～15.0	≤10.0
土壤容重	g/cm³	1.10～1.25	1.25～1.35， 1.00～1.10	1.35～1.45	1.45～1.55， 0.90～1.00	>1.55， ≤0.90
有机质	g/kg	>35.0	25.0～35.0	15.0～25.0	10.0～15.0	≤10.0
pH	—	6.0～7.0	7.0～7.5， 5.5～6.0	7.5～8.0， 5.0～5.5	8.0～8.5， 4.5～5.0	>8.5， ≤4.5
全氮	g/kg	>2.00	1.50～2.00	1.00～1.50	0.50～1.00	≤0.50
有效磷	mg/kg	>40.0	25.0～40.0	15.0～25.0	5.0～15.0	≤5.0
速效钾	mg/kg	>150	100～150	75～100	50～75	≤50
缓效钾	mg/kg	>500	300～500	200～300	150～200	≤150

一、耕地质量主要性状

（一）有机质现状及演变趋势

1. 有机质现状

2018 年，西南区土壤有机质平均含量 26.8g/kg，处于 2 级（较高）水平。据统计，全区有机质含量有效监测点数量 121 个，根据西南区耕地质量监测主要性状分级标准，处于 1 级（高）水平的监测点有 21 个，占监测点总数 17.4%；处于 2 级（较高）水平的监测点有 38 个，占 31.4%；处于 3 级（中）水平的监测点有 43 个，占 35.5%；4 级（较低）水平的监测点有 15 个，占 12.4%；处于 5 级（低）水平的监测点有 4 个，占 3.3%（图 3-157）。总体来看，西南区土壤有机质呈提升趋势发展。

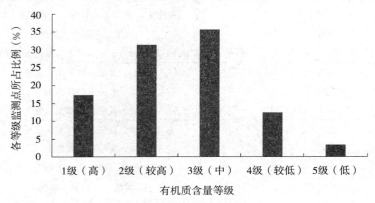

图 3-157　2018 年西南区监测点土壤有机质含量分级比例

注：1 级（>30g/kg）、2 级（25～30] g/kg、3 级（15～25] g/kg、4 级（10～15] g/kg、5 级（≤10g/kg）。

2018 年耕地质量监测结果显示，西南区各二级区土壤有机质含量平均值为 26.8g/kg。川滇高原山地农林牧区所辖区域有机质含量最高，平均为 34.3g/kg，处于 2 级（较高）水平；秦岭大巴山林农区最低，平均为 19.2g/kg，处于 3 级（中）水平；黔桂高原山地林农牧区、渝鄂湘黔边境山地林农牧区、四川盆地农林区居中，平均值分别为31.0g/kg、29.1g/kg、24.7g/kg，分别处于 2 级（较高）、2 级（较高）和 3 级（中）水平（图 3-158）。

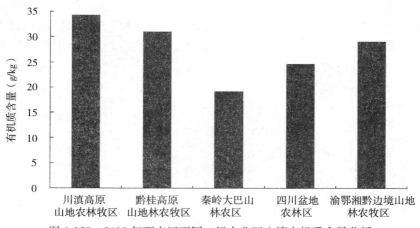

图 3-158　2018 年西南区不同二级农业区土壤有机质含量分析

2. 含量变化

2004—2018 年，西南区监测点土壤有机质含量平均值基本稳定略有升高，15 年间从25.0g/kg 上升至 26.8g/kg，上升了 7.0%。川滇高原山地农林牧区监测点土壤有机质平均含量变化较小，略有上升，年均增加 0.08g/kg。黔桂高原山地林农牧区监测点土壤有机质平均含量变化较大，有所下降，年均下降 0.60g/kg。秦岭大巴山林农区监测点土壤有机质平均含量变化较大，有所上升，年均增加 0.40g/kg。四川盆地农林区监测点土壤有机质平均含量变化较大，有所上升，年均增加 0.42g/kg。渝鄂湘黔边境山地林农牧区监测点土壤有机质平均含量变化较小，略有下降，年均增加 0.01g/kg（图 3-159）。

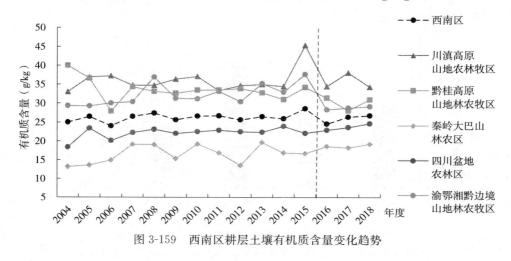

图 3-159　西南区耕层土壤有机质含量变化趋势

3. 频率变化

2004—2018年，西南区监测点土壤有机质含量主要集中在2级（较高）和3级（中）水平，15年间土壤有机质含量区间比例变化较大（图3-160）。总体来看，处于1级（高）的比例由20.5%下降至17.4%，降低了3.1个百分点；处于2级（较高）水平的比例由25.7%上升至31.4%，升高了5.7个百分点；处于3级（中）水平比例变化最大，由25.6%增加至35.5%，增加了9.9个百分点；处于4级（较低）水平波动较大，所占比例由15.4%下降至12.4%，下降了3.0个百分点；处于5级（低）水平的比例由12.8%下降至3.3%，下降9.5个百分点。

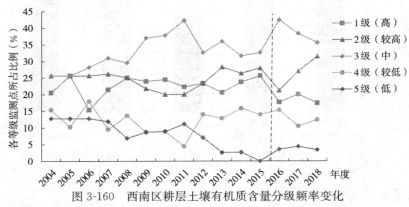

图3-160 西南区耕层土壤有机质含量分级频率变化

（二）全氮现状及演变趋势

1. 全氮现状

2018年，西南区土壤全氮平均含量1.60g/kg，处于2级（较高）水平。据统计，全区全氮含量有效监测点数量121个，根据西南区耕地质量监测主要性状分级标准，处于1级（高）水平的监测点有24个，占监测点总数19.8%；处于2级（较高）水平的监测点有40个，占33.1%；处于3级（中）水平的监测点有38个，占31.4%；4级（较低）水平的监测点有17个，占14.1%；处于5级（低）水平的监测点有2个，占1.6%（图3-161）。总体来看，西南区土壤全氮呈持平趋势发展。

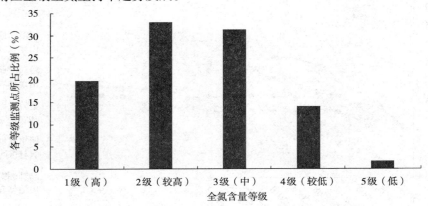

图3-161 2018年西南区监测点土壤全氮含量分级比例

注：1级（>2.00g/kg）、2级（1.50～2.00]g/kg、3级（1.00～1.50]g/kg、4级（0.50～1.00]g/kg、5级（≤0.50g/kg）。

2018 年耕地质量监测结果显示，西南区各二级农业区土壤全氮含量平均值基本稳定略有变化。黔桂高原山地林农牧区所辖区域全氮含量最高，平均为 2.02g/kg，处于 1 级（高）水平；秦岭大巴山林农区最低，平均为 1.36g/kg，处于 3 级（中）水平。川滇高原山地农林牧区、渝鄂湘黔边境山地林农牧区、四川盆地农林区居中，平均值分别为 1.86g/kg、1.73g/kg、1.40g/kg，分别处于 2 级（较高）、2 级（较高）和 3 级（中）水平（图 3-162）。

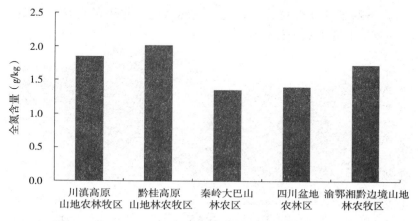

图 3-162　2018 年西南区不同二级农业区土壤全氮含量分析

2. 含量变化

2004—2018 年耕地质量监测结果显示，西南区各土壤全氮含量平均值基本稳定略有降低，15 年间从 1.78g/kg 下降至 1.60g/kg，下降了 10.1%。秦岭大巴山林农区土壤全氮平均值含量变化较大，有所上升，年均增加 0.02g/kg。黔桂高原山地林农牧区土壤全氮平均含量变化较大，有所下降，年均 0.05g/kg。川滇高原山地农林牧区监测点土壤全氮平均含量变化持平，但总体上经历了先上升后下降的趋势。四川盆地农林区监测点土壤全氮平均含量变化持平。渝鄂湘黔边境山地林农牧区监测点土壤全氮平均含量变化持平，总体上经历了先上升后下降的趋势（图 3-163）。

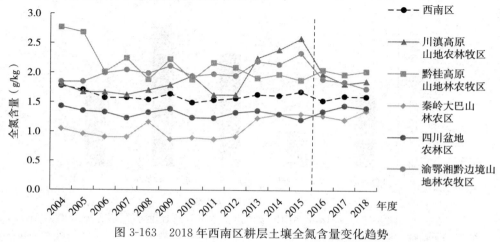

图 3-163　2018 年西南区耕层土壤全氮含量变化趋势

3. 频率变化

2004—2018年，西南区监测点土壤全氮含量主要集中在2级（较高）和3级（中）水平，15年间土壤全氮含量区间比例变化较大（图3-164）。总体来看，处于1级（高）的比例变化最大，由32.5％下降至19.8％，降低了12.7个百分点；处于2级（较高）水平的比例由25.0％上升至33.1％，升高了8.1个百分点；处于3级（中）水平比例由22.5％增加至31.4％，增加了8.9个百分点；处于4级（较低）水平所占比例由20.0％下降至14.1％，下降了5.9个百分点；处于5级（低）水平的比例一直处于较低水平，由0上升至1.6％，上升1.6个百分点。

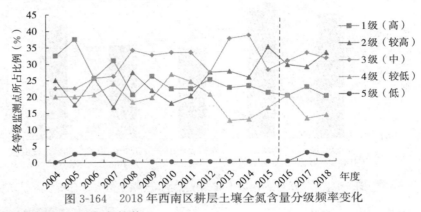

图3-164　2018年西南区耕层土壤全氮含量分级频率变化

（三）有效磷现状及演变趋势

1. 有效磷现状

2018年，西南区土壤有效磷平均含量21.4mg/kg，处于3级（中）水平。据统计，全区有效磷含量有效监测点数量121个，根据西南区耕地质量监测主要性状分级标准，处于1级（高）水平的监测点有20个，占监测点总数16.5％；处于2级（较高）水平的监测点有10个，占8.3％；处于3级（中）水平的监测点有31个，占25.6％；4级（较低）水平的监测点有39个，占32.2％；处于5级（低）水平的监测点有21个，占17.4％（图3-165）。总体来看，西南区土壤有效磷呈持平趋势发展。

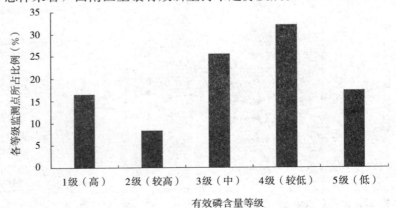

图3-165　2018年西南区监测点土壤有效磷含量分级比例

注：1级（>40mg/kg）、2级（25～40]mg/kg、3级（15～25]mg/kg、4级（5～15]mg/kg、5级（≤5mg/kg）。

2018年耕地质量监测结果显示，秦岭大巴山林农区所辖区域有效磷含量最高，平均为30.9mg/kg，处于2级（较高）水平；四川盆地农林区最低，平均为15.0mg/kg，处于3级（中）水平。川滇高原山地农林牧区、黔桂高原山地林农牧区、渝鄂湘黔边境山地林农牧区居中，平均值分别为30.2mg/kg、21.4mg/kg、21.2mg/kg，分别处于2级（较高）、3级（中）水平和3级（中）水平（图3-166）。

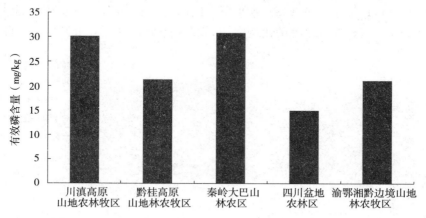

图3-166　2018年西南区不同二级农业区土壤有效磷含量分析

2. 含量变化

2004—2018年耕地质量监测结果显示，西南区各土壤有效磷含量平均值基本稳定略有升高，15年间从18.5mg/kg上升至21.4mg/kg，上升了15.8%。秦岭大巴山林农区土壤有效磷平均值含量变化较大，有所上升，年均增加1.0mg/kg。黔桂高原山地林农牧区土壤有效磷平均含量变化较小，略有下降，年均下降0.12mg/kg。川滇高原山地农林牧区监测点土壤有效磷平均含量经历先下降后上升再下降的趋势，年均下降2.3mg/kg。四川盆地农林区监测点土壤有效磷平均含量基本稳定，略有增加。渝鄂湘黔边境山地林农牧区监测点土壤有效磷平均含量变化较大，经历了先上升后下降的趋势，总体上上升较大，年均增加1.0mg/kg。

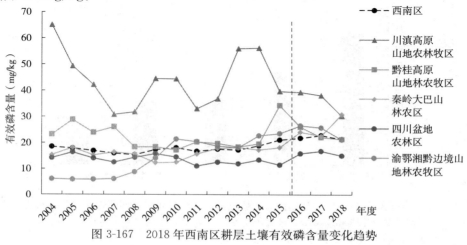

图3-167　2018年西南区耕层土壤有效磷含量变化趋势

3. 频率变化

2004—2018年，西南区监测点土壤有效磷含量主要集中在4级（较低），15年间土壤有效磷含量区间比例变化较大（图3-168）。总体来看，处于3级（中）的比例变化最大，由9.8%上升至25.6%，升高了15.8个百分点；处于2级（较高）水平的比例由19.5%下降至8.3%，下降了11.2个百分点；处于5级（低）水平比例由24.4%下降至17.4%，下降了7个百分点；处于1级（高）水平所占比例由9.8%下降至16.5%，上升了6.8个百分点；处于4级（较低）水平的比例由36.6%下降至32.2%，上升4.4个百分点。

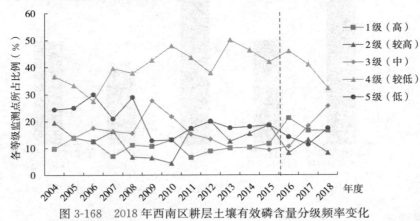

图3-168　2018年西南区耕层土壤有效磷含量分级频率变化

（四）速效钾现状及演变趋势

1. 速效钾现状

2018年，西南区土壤速效钾平均含量134mg/kg，处于2级（较高）水平。据统计，全区速效钾含量有效监测点数121个，根据西南区耕地质量监测主要指标分级标准，处于1级（高）水平的监测点有41个，占监测点总数33.9%；处于2级（较高）水平的监测点有29个，占24.0%；处于3级（中）水平的监测点有21个，占17.4%；4级（较低）水平的监测点有20个，占16.5%；处于5级（低）水平的监测点有10个，占8.2%（图3-169）。总体来看，西南区土壤速效钾含量呈逐步上升趋势。

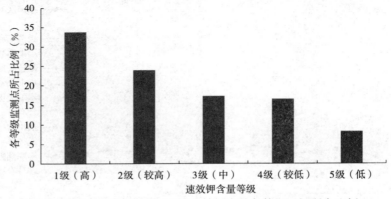

图3-169　2018年西南区土壤速效钾含量各等级区间所占比例

注：1级（＞150mg/kg）、2级（100～150］mg/kg、3级（75～100］mg/kg、4级（50～75］mg/kg、5级（≤50mg/kg）。

　　2018 年耕地质量监测结果显示，黔桂高原山地林农牧区所辖区域速效钾含量最高，平均为 171mg/kg，处于 1 级（高）水平；渝鄂湘黔边境山地林农牧区最低，平均为 112mg/kg，处于 2 级（较高）水平。川滇高原山地农林牧区、秦岭大巴山林农区、四川盆地农林区居中，平均值分别为 161mg/kg、148mg/kg、117mg/kg，分别处于 1 级（高）水平、2 级（较高）和 2 级（较高）（图 3-170）。

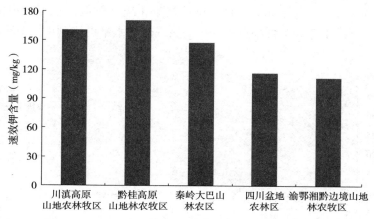

图 3-170　2018 年西南区二级农业区域土壤速效钾含量

2. 含量变化

　　2004—2018 年耕地质量监测结果显示，西南区土壤速效钾含量平均值大幅增加，15 年间从 96mg/kg 上升至 134mg/kg，上升了 40.0%。黔桂高原山地林农牧区土壤速效钾平均含量波动较大，从 2014 年到 2018 年经历先上升后下降的趋势，整体上年均增加 4.9mg/kg。秦岭大巴山林农区土壤速效钾平均值含量变化较大，有所上升，年均增加 2.5mg/kg。川滇高原山地农林牧区监测点土壤速效钾平均含量有所上升，年均增加 2.3mg/kg。四川盆地农林区监测点土壤速效钾平均含量变化较大，有所上升，年均增加 3.0mg/kg。渝鄂湘黔边境山地林农牧区监测点土壤速效钾平均含量变化较大，经历了先下降后上升的趋势，总体上有所降低（图 3-171）。

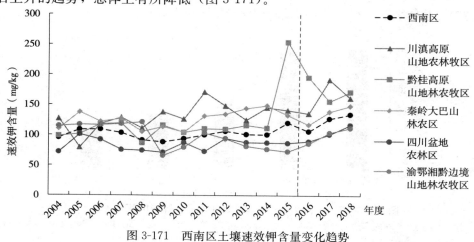

图 3-171　西南区土壤速效钾含量变化趋势

3. 频率变化

2004—2018年，西南区监测点土壤速效钾含量主要集中在1级（高）和2级（较高），15年间土壤速效钾含量区间比例变化较大（图3-172）。总体来看，处于1级（高）的比例变化最大，由4.9%上升至33.9%，上升了29个百分点；处于2级（较高）水平的比例由34.1%下降至24.0%，下降了10.1个百分点；处于3级（中）水平比例由26.8%下降至17.3%，下降了9.5个百分点；处于4级（较低）水平所占比例由24.4%下降至16.5%，下降了7.9个百分点；处于5级（低）水平的比例由9.8%下降至8.3%，下降1.5个百分点。

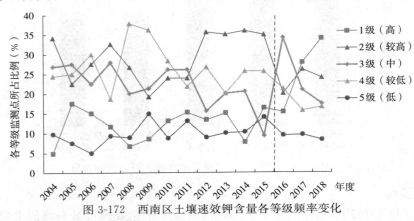

图3-172 西南区土壤速效钾含量各等级频率变化

（五）缓效钾现状及演变趋势

1. 缓效钾现状

2018年，西南区土壤缓效钾平均含量422mg/kg，处于2级（较高）水平。据统计，全区速效钾含量有效监测点数110个，根据西南区耕地质量监测主要指标分级标准，处于1级（高）水平的监测点有33个，占监测点总数30.0%；处于2级（较高）水平的监测点有32个，占29.1%；处于3级（中）水平的监测点有19个，占17.3%；4级（较低）水平的监测点有15个，占13.6%；处于5级（低）水平的监测点有11个，占10.0%（图3-173）。总体来看，西南区土壤缓效钾含量呈缓慢上升趋势。

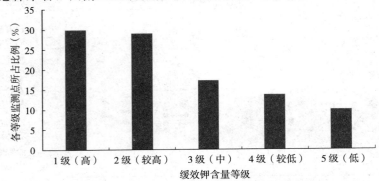

图3-173 2018年西南区土壤缓效钾含量各等级区间所占比例

注：1级（＞500mg/kg）、2级（300～500］mg/kg、3级（200～300］mg/kg、4级（150～200］mg/kg、5级（≤150mg/kg）。

2018 年耕地质量监测结果显示，西南区土壤缓效钾含量平均值为 422mg/kg。秦岭大巴山林农区所辖区域缓效钾含量最高，平均为 931mg/kg，处于 1 级（高）水平；黔桂高原山地林农牧区最低，平均为 220mg/kg，处于 3 级（中）水平。四川盆地农林区、渝鄂湘黔边境山地林农牧区、川滇高原山地农林牧区居中，平均值分别为 428mg/kg、315mg/kg、254mg/kg，分别处于 2 级（较高）水平、2 级（较高）水平和 3 级（中）水平（图3-174）。

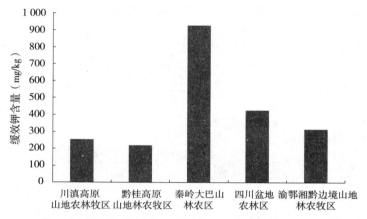

图 3-174　2018 年西南区二级农业区域土壤缓效钾含量

2. 含量变化

2007—2018 年耕地质量监测结果显示，西南区各土壤缓效钾含量平均值大幅增加，12 年间从 258mg/kg 上升至 422mg/kg，上升了 57.9%。黔桂高原山地林农牧区土壤缓效钾平均含量变化较大，有所增加，年均增加 8.7mg/kg。秦岭大巴山林农区土壤缓效钾平均值含量变化波动较大，大幅上升，年均增加 39.6mg/kg。川滇高原山地农林牧区监测点土壤缓效钾平均含量有所上升，年均增加 5.3mg/kg。四川盆地农林区监测点土壤缓效钾平均含量变化较大，有所上升，年均增加 9.6mg/kg。渝鄂湘黔边境山地林农牧区监测点土壤缓效钾平均含量有所上升，年均增加 4.6mg/kg（图 3-175）。

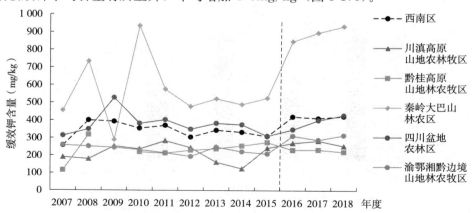

图 3-175　西南区土壤缓效钾含量变化趋势

3. 频率变化

2004—2018年，15年间西南区监测点土壤缓效钾含量区间比例变化较大（图3-176）。总体来看，处于1级（高）的比例变化最大，由6.1%上升至30.0%，上升了23.9个百分点；处于2级（较高）水平的比例由27.3%上升至29.1%，上升了1.8个百分点；处于3级（中）水平比例由27.3%下降至17.3%，下降了10.0个百分点；处于4级（较低）水平所占比例由9.1%上升至13.6%，上升了4.5个百分点；处于5级（低）水平的比例由30.3%下降至10.0%，下降20.3个百分点。

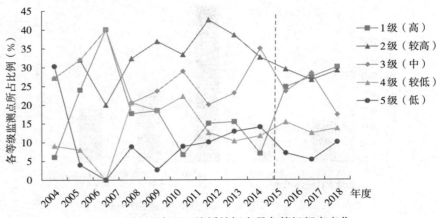

图3-176 西南区土壤缓效钾含量各等级频率变化

（六）土壤pH现状及演变趋势

1. 土壤pH现状

2018年，西南区土壤pH有效监测点数121个，根据西南区耕地质量监测主要指标分级标准，处于1级（高）水平的监测点有36个，占监测点总数29.8%；处于2级（较高）水平的监测点有24个，占19.8%；处于3级（中）水平的监测点有37个，占30.6%；4级（较低）水平的监测点有22个，占18.2%；处于5级（低）水平的监测点有2个，占1.6%（图3-177）。

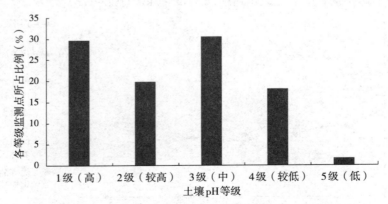

图3-177 2018年西南区土壤pH各等级区间所占比例

注：1级（6.0～7.0]、2级（5.5～6.0]（7.0～7.5]、3级（7.5～8.0]（5.0～5.5]、4级（8.0～8.5]（4.5～5.0]、5级（>8.5，≤4.5]。

2. 频率变化

2004—2018 年，15 年间西南区监测点土壤 pH 等级区间比例变化较大（图 3-178）。总体来看，处于 2 级（较高）的比例变化最大，由 50.0％下降至 19.8％，下降了 30.2 个百分点；处于 1 级（高）水平的比例由 10.5％上升至 29.8％，上升了 19.3 个百分点；处于 3 级（中）水平比例由 28.9％上升至 30.6％，上升了 1.7 个百分点；处于 4 级（较低）水平所占比例由 5.3％上升至 18.2％，上升了 12.9 个百分点；处于 5 级（低）水平的比例由 5.3％下降至 1.6％，下降 3.7 个百分点。

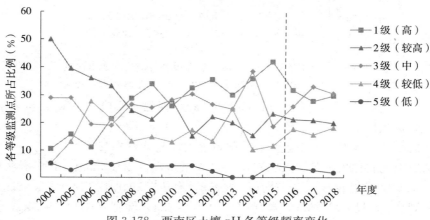

图 3-178　西南区土壤 pH 各等级频率变化

（七）耕层厚度现状及演变趋势

2018 年，西南区土壤耕层厚度平均值 21.6cm，处于 2 级（较高）水平。据统计，全区土壤耕层厚度有效监测点数 114 个，根据西南区耕地质量监测主要指标分级标准，处于 1 级（高）水平的监测点有 17 个，占监测点总数 14.9％；处于 2 级（较高）水平的监测点有 28 个，占 24.6％；处于 3 级（中）水平的监测点有 66 个，占 57.9％；4 级（较低）水平的监测点有 3 个，占 2.6％。

2018 年，西南区的 5 个二级农业区耕层厚度平均值表现为：川滇高原山地农林牧区＞秦岭大巴山林农区＞四川盆地农林区＞渝鄂湘黔边境山地林农牧区＞黔桂高原山地林农牧区。

2015—2018 年，耕层厚度主要集中在 3 级（中）水平，无 5 级（低）水平的监测点。从 2015 年到 2018 年，1 级（高）、4 级（较低）水平监测点的占比有所增加，而 2 级（较高）、3 级（中）水平监测点的占比有所下降（图 3-179）。

二、肥料投入与利用情况

（一）肥料投入现状

2018 年，西南区监测点肥料亩总投入量（折纯，下同）平均值 36.2kg，其中，有机肥亩投入量平均值 9.1kg，化肥亩投入量平均值 27.1kg，有机肥和化肥之比 1：2.98。肥料亩总投入中，氮肥（N）投入 19.4kg，磷肥（P₂O₅）8.6kg，钾肥（K₂O）8.2kg，投入量依次为：肥料氮＞肥料磷＞肥料钾，氮：磷：钾为 1：0.43：0.42。其中化肥亩投入

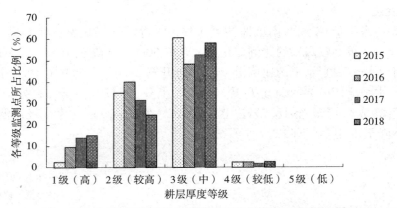

图 3-179　2018 年西南区土壤耕层厚度各等级区间所占比例

注：1 级（>25cm）、2 级（20～25] cm、3 级（15～20] cm、4 级（10～15] cm、5 级（≤10cm）。

中，氮肥（N）投入 15.8kg，磷肥（P_2O_5）6.6kg，钾肥（K_2O）4.7kg，投入量依次为：化肥氮＞化肥磷＞化肥钾，氮∶磷∶钾为 1∶0.41∶0.30。

西南区的 5 个二级农业区中监测点的肥料投入情况见表 3-22。

川滇高原山地农林牧区监测点肥料亩总投入量最高，为 40.2kg，其中有机肥亩投入量平均值 11.2kg，化肥亩投入量平均值 29.0kg，有机肥和化肥之比 1∶2.58。肥料亩总投入中，氮肥（N）投入 22.5kg，磷肥（P_2O_5）8.4kg，钾肥（K_2O）9.3kg，投入量依次为：肥料氮＞肥料钾＞肥料磷，氮∶磷∶钾为 1∶0.37∶0.41。其中化肥 N∶P_2O_5∶K_2O 为 1∶0.32∶0.25。

黔桂高原山地林农牧区监测点肥料亩总投入量为 35.0kg，其中有机肥亩投入量平均值 12.4kg，化肥亩投入量平均值 22.5kg，有机肥和化肥之比 1∶1.81。肥料亩总投入中，氮肥（N）投入 16.4kg，磷肥（P_2O_5）10.2kg，钾肥（K_2O）8.3kg，投入量依次为：肥料氮＞肥料磷＞肥料钾，氮∶磷∶钾平均比例 1∶0.61∶0.50。其中化肥 N∶P_2O_5∶K_2O 为 1∶0.52∶0.32。

秦岭大巴山林农区监测点肥料亩总投入量为 40.1kg，其中有机肥亩投入量平均值 5.6kg，化肥亩投入量平均值 34.5kg，有机肥和化肥之比 1∶6.18。肥料亩总投入中，氮肥（N）投入 22.4kg，磷肥（P_2O_5）9.6kg，钾肥（K_2O）8.1kg，投入量依次为：肥料氮＞肥料磷＞肥料钾，氮∶磷∶钾平均比例 1∶0.42∶0.35。其中化肥 N∶P_2O_5∶K_2O 为 1∶0.42∶0.32。

四川盆地农林区监测点肥料亩总投入量为 35.0kg，其中有机肥亩投入量平均值 9.3kg，化肥亩投入量平均值 25.7kg，有机肥和化肥之比 1∶2.78。肥料亩总投入中，氮肥（N）投入 19.5kg，磷肥（P_2O_5）8.0kg，钾肥（K_2O）7.4kg，投入量依次为：肥料氮＞肥料磷＞肥料钾，氮∶磷∶钾平均比例 1∶0.40∶0.38。其中化肥 N∶P_2O_5∶K_2O 为 1∶0.40∶0.22。

渝鄂湘黔边境山地林农牧区监测点肥料亩总投入量为 36.1kg，其中有机肥亩投入量平均值 5.6kg，化肥亩投入量平均值 30.5kg，有机肥和化肥之比 1∶5.47。肥料亩总投入中，氮肥（N）投入 18.5kg，磷肥（P_2O_5）7.5kg，钾肥（K_2O）10.0kg，投入量依次

为：肥料氮＞肥料钾＞肥料磷，氮：磷：钾平均比例 1：0.40：0.54。其中化肥
N：P_2O_5：K_2O 为 1：0.38：0.53。

$N：P_2O_5：K_2O$ 为 1：0.38：0.53。

表 3-22　西南区监测点肥料亩投入情况

农业区	有机肥（kg）	化肥（kg）	施肥总量（kg）	总 N（kg）	总 P_2O_5（kg）	总 K_2O（kg）	化肥 $N：P_2O_5：K_2O$
川滇高原山地农林牧区	11.2	29.0	40.2	22.5	8.4	9.3	1：0.32：0.25
黔桂高原山地林农牧区	12.4	22.5	35.0	16.4	10.2	8.3	1：0.52：0.32
秦岭大巴山林农区	5.6	34.5	40.1	22.4	9.6	8.1	1：0.42：0.32
四川盆地农林区	9.3	25.7	35.0	19.5	8.0	7.4	1：0.40：0.22
渝鄂湘黔边境山地林农牧区	5.6	30.5	36.1	18.5	7.5	10.0	1：0.38：0.53
西南区	9.1	27.1	36.2	19.4	8.6	8.2	1：0.41：0.30

（二）主要粮食作物肥料投入和产量变化趋势

1. 主要粮食作物（玉米、水稻）肥料投入与产量变化趋势

2004—2018 年，西南区监测点主要粮食作物（玉米、水稻）肥料单位面积投入总量呈上升趋势。主要粮食作物（玉米、水稻）监测点肥料亩投入量 2018 年 35.1kg，较 2004 年亩减少了 6.5kg，降幅 15.6%。其中，化肥亩投入量 2018 年 29.6kg，较 2004 年亩增加了 3.8kg，增幅 14.7%。有机肥亩投入量 2018 年 5.5kg，较 2004 年亩降低了 10.3kg，降幅 65.3%。2004—2018 年，西南区监测点主要粮食作物（玉米、水稻）亩产均呈上升趋势，由 2004 年 525kg 增加到 759kg，增幅 44.6%（图 3-180）。

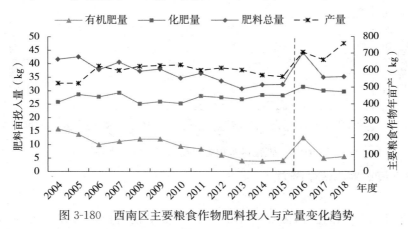

图 3-180　西南区主要粮食作物肥料投入与产量变化趋势

2. 西南区玉米肥料投入和产量变化趋势

2004—2018 年，西南区监测点玉米肥料单位面积投入总量呈上升趋势。玉米监测点肥料亩投入量 2018 年 37.3kg，较 2004 年亩下降了 19.2kg，降幅 33.9%。其中，化肥亩投入量 2018 年 31.0kg，较 2004 年亩增加了 0.28kg，增幅 0.9%。有机肥亩投入量 2018 年 6.3kg，较 2004 年亩降低了 19.5kg，降幅 75.5%。2004—2018 年，西南区监测点玉米亩产量均呈上升趋势，由 2004 年 378kg 增加到 455kg，增幅 20.3%（图 3-181）。

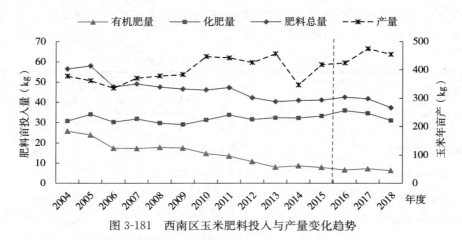

图 3-181　西南区玉米肥料投入与产量变化趋势

3. 西南区水稻肥料投入和产量变化趋势

2004—2018 年，西南区监测点水稻肥料单位面积投入总量呈曲折式上升趋势。水稻监测点肥料亩投入量 2018 年 30.3kg，较 2004 年亩增加了 1.5kg，增幅 5.1%。其中，化肥亩投入量 2018 年 25.92g，较 2004 年亩增加了 4.65kg，增幅 21.9%。有机肥亩投入量 2018 年 4.4kg，较 2004 年亩降低了 3.2kg，降幅 41.88%。2004—2018 年，西南区监测点水稻亩产量均呈上升趋势，由 2004 年 422kg 增加到 550kg，增幅 30.4%（图 3-182）。

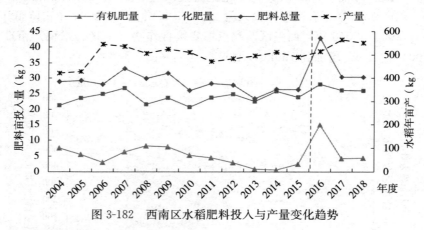

图 3-182　西南区水稻肥料投入与产量变化趋势

（三）养分回收率与偏生产力

1. 玉米

2004—2018 年，西南区监测点玉米总养分回收率较为稳定，2018 年为 46.2%。其中，玉米氮肥回收率也基本稳定在 33.4% 左右，2018 年为 37.4%；玉米磷肥回收率在 2006 年有较大波动，回收率最高，为 67.6%，其余年份较平稳；玉米钾肥回收率较为波动，整体从 2004 年的 87.7% 上升到 2018 年的 104.2%（图 3-183）。

2004—2018 年，西南区玉米监测点玉米化肥偏生产力（PFP）整体略有上升，2018 年化肥偏生产力 16.5kg/kg，2004 年 15.6kg/kg，上升了 5.7%。肥料氮偏生产力变幅较平稳，略有所下降，2018 年为 28.5kg/kg，比 2004 年下降了 2.4%。肥料磷和钾偏生产

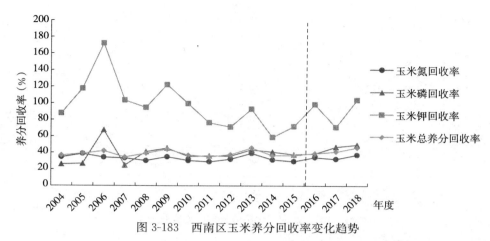

图 3-183 西南区玉米养分回收率变化趋势

力较不稳定，呈波动式上升趋势，肥料磷偏生产力从 2004 年的 49.4kg/kg 上升到 2018 年的 95.5kg/kg，增幅为 93.4kg/kg，肥料钾偏生产力从 2004 年的 72.8kg/kg 上升到 2018 年的 103.5kg/kg，增幅为 42.2kg/kg。肥料氮偏生产力明显低于肥料磷和肥料钾（图 3-184）。

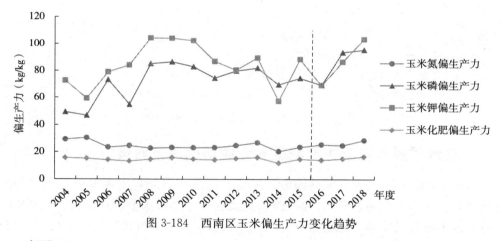

图 3-184 西南区玉米偏生产力变化趋势

2. 水稻

2004—2018 年，西南区监测点水稻总养分回收率有所波动，但趋于平稳，2018 年为 51.6%。其中，水稻氮肥回收率趋于平稳，并有所下降，从 2004 年的 53.7%下降到 2018 年的 32.5%；水稻磷肥回收率呈波动后趋于平稳的趋势，2018 年为 59.7%；水稻钾肥回收率波动较大，总体呈下降趋势，从 2004 年的 261%下降到 2018 年的 121%（图 3-185）。

2004—2018 年，水稻化肥偏生产力整体较为平稳，2018 年为 26.5kg/kg，较 2004 年降低了 7.18 个百分点。其中，2004 年肥料氮偏生产力平均值为 51.4kg/kg，2018 年为 49.5kg/kg，下降了 1.8kg/kg，降幅为 3.5%；肥料磷和钾偏生产力变化波动较大，2018 年肥料磷、钾偏生产力平均值分别为 137.5kg/kg、146.0kg/kg。肥料氮偏生产力明显低于肥料磷和肥料钾（图 3-186）。

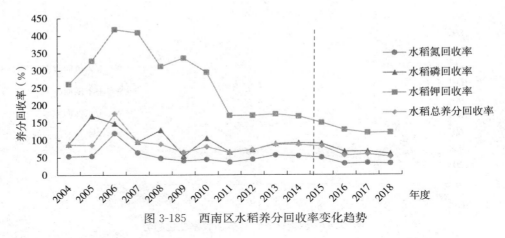

图 3-185　西南区水稻养分回收率变化趋势

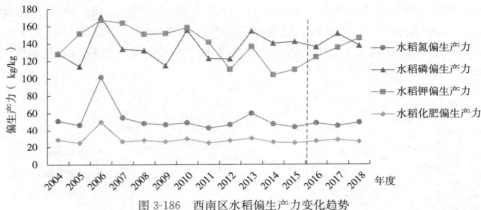

图 3-186　西南区水稻偏生产力变化趋势

三、耕地质量存在的主要问题和土壤培肥改良对策

总体来说，西南区土壤呈中性偏酸，碱性土仅占 26.2%，土壤养分处于中等水平。2018 年西南区土壤有机质、全氮、速效钾、缓效钾处于 2 级水平，有效磷处于 3 级水平。

西南区土壤有机质基本稳定略有升高。一般来说，土壤有机质的增加与有机物料的投入呈正相关关系，但是从西南区有机肥的投入来看，有机肥的投入反而呈下降趋势。分析原因，一方面可能由于近年来由于秸秆禁烧政策的出台，加大了秸秆还田的推广力度，同时由于环保压力的逐步加大，种养循环农业的不断推广，畜禽粪污的综合利用率逐年增加，加大了有机物料的投入，而这部分投入并未完全计入有机肥施用中；另一方面由于化肥施用量的增加，提高了作物的生物量，从而增加作物残体以及根系在土壤中的残留。

西南区土壤全氮呈下降趋势，主要表现在黔桂高原山地林农牧区，其余 4 个二级农区土壤全氮呈基本稳定或上升。黔桂高原山地林农牧区土壤全氮含量从 2004 年 2.77g/kg 下降至 2018 年的 2.05g/kg，15 年间下降了 26.9%。分析原因，可能是因为该区域的氮肥投入水平不高、土壤氮素耗竭严重所致。2018 年该区域的氮肥亩投入量为 16.4kg，是 5

个二级农区中最低的，比西南区氮肥亩投入最高的川滇高原山地农林牧区低 6.1kg，同时历史上该区域氮肥亩投入一直较低，在 1997 年以前该区域氮肥投入在 10.0kg 以下。

西南区土壤有效磷基本稳定并略有增加，但是不同的二级农业区域之间，呈现截然不同的变化趋势，即土壤有效磷高的区域呈下降趋势，而土壤有效磷低的区域呈增加趋势，而土壤有效磷中等水平区域其变化较小、基本稳定。这说明测土配方施肥的效果已经显现，出于节本增效和环保考虑，在土壤有效磷较高的区域，降低了磷肥的投入，而在土壤磷素亏缺的区域，加大了磷肥的投入。

西南区土壤速效钾和缓效钾均呈增加趋势。但是从肥料投入来看，钾肥的投入量并不大，这可能与秸秆还田有关，一方面秸秆钾含量较高，秸秆还田未计入肥料投入量，另一方面有机肥与化肥配合，土壤速效钾增加明显。但是，对于土壤钾素的平衡，目前大多研究均表明我国农田钾亏缺严重，但速效钾基本都呈增加趋势，应该注意到，关于钾素的平衡，不能仅看到速效钾和缓效钾的增加，还应研究土壤全钾和不同深度土壤速效钾的变化趋势。四川省部分区域的数据显示，与第二次土壤普查相比，土壤全钾下降明显，同时，大多数研究还表明土壤速效钾有显著的表聚现象和层化效应。

总体来说，近年来大力推广的测土配方施肥、秸秆还田、有机肥替代化肥、畜禽粪污综合利用等技术促进了耕地土壤养分的提升，秸秆还田、畜禽粪污综合利用等技术提高了监测点的有机肥投入量，提升了土壤有机质，同时也改善了土壤物理性质、提高了土壤保肥供肥能力，但是也存在一些问题。

（一）存在的主要问题及原因分析

1. 土壤养分区域之间不平衡

虽然西南区土壤养分总体较高，但是各二级农区之间差异较大。川滇高原山地农林牧区、黔桂高原山地林农牧区、渝鄂湘黔边境山地林农牧区这 3 个非粮食主产区耕地立地条件相对较差，但土壤肥力整体较高，如川滇高原山地农林牧区土壤有机质、有效磷、速效钾均处于 1 级水平，而作为粮食主产区的四川盆地农林区，灌溉条件相对较好、光温资源较协调，但土壤养分是 5 个二级农业区中最低的，除土壤速效钾和缓效钾处于 2 级水平外，土壤全氮、有机质、有效磷均处于 3 级水平。这可能与各二级区的地理环境条件和种植制度有关，2018 年，川滇高原山地农林牧区 70.0% 的监测点为一熟制，大多数监测点都由传统的二熟制改为一熟制，用养有机结合，有利于土壤养分积累；而四川盆地监测点基本为二熟制甚至三熟制，一熟制监测点的比例仅为 11.0%，该区域耕地土壤利用强度大，特别是丘陵区、山区农民多采取广种薄收的掠夺式经营方式，土壤地力耗竭，从而使土壤养分平衡失调。

2. 施肥结构不合理

整体来说，西南区施肥存在重氮轻磷钾、重化肥轻有机肥的特点。2018 年，西南区肥料投入总量中氮、磷、钾的比例为 1∶0.44∶0.42，磷肥和钾肥的投入量均只占肥料投入总量的 1/4 以下；有机肥与化肥的投入比例为 1∶3，有机肥投入量只占肥料投入总量的 1/4。这从肥料的偏生产力分析中可以得到印证。西南区玉米钾肥的偏生产力和水稻磷钾肥的偏生产力常年在 100kg/kg 以上，特别是在 2004—2010 年，水稻钾肥的偏生产力平均达到 337kg/kg；水稻和玉米的钾肥回收率也显著高于氮肥。由于磷钾肥的投入较低，投入的磷钾肥不足以满足作物生长需要，只有从土壤养分库中吸收养分，长此以往，必然会造成土壤养分的验证耗竭，导致土壤肥力下降。

3. 土壤有酸化风险

2018 年西南区酸性（微酸性、酸性、强酸性）土壤占监测点总数的 23.7%，pH 最低为 4.2，大多数监测点的土壤酸碱度呈下降趋势，特别是中酸性土壤较为明显，如编号为 420223 的监测点，土壤酸碱度由 2004 年 7.1 下降至 2018 年的 6.1，15 年间下降了 1.0 个 pH 单位。分析原因，可能是化肥的过量使用，特别是大量酸性或生理酸性肥料的施用造成土壤酸碱度下降，同时由于该区域雨热同季，土壤淋溶强，大量盐基离子流失造成土壤酸化。

4. 耕作层浅薄

2018 年，西南区土壤耕层厚度平均值 21.6cm，仅处于中等水平，而且土壤耕层厚度处于中、低水平的监测点占总监测点数的比例达到 60.5%。由于该区域耕地大部分位于紫色丘陵区、石漠化地区、石灰岩地区，土壤发育时间短，土层本就浅薄，同时受地形、降雨等因素和不合理的耕作方式影响，水土流失严重，加剧土壤耕作层变浅。

（二）培肥改良对策

1. 加强田间基础设施建设

针对川滇高原山地农林牧区、黔桂高原山地林农牧区、渝鄂湘黔边境山地林农牧区土壤养分高的特点，要加强田间基础设施建设，提高耕地粮食综合生产能力。在地势高、水源无保障的山区，修建山坪塘、集水池、集雨窖，建设提灌设施和沟渠，强化灌溉保障能力；在地势低洼的地区要配套建设"外三沟"（排水沟、灌溉沟、拦洪沟）和"内三沟"（围边沟、十字沟、内厢沟），提高降渍排涝和防洪能力。

2. 增加有机肥投入量

针对西南区有机肥施用量普遍较低的问题，结合畜禽粪污综合利用、秸秆综合利用，在粮食作物上，推广秸秆还田、秸秆覆盖、沼渣沼液还田、畜禽粪污腐熟还田等技术，在经济作物还可开展有机肥替代化肥、间作套作绿肥等试验示范推广，增加土壤有机质、提高土壤基础地力。

3. 调整氮磷钾投入结构

根据区域土壤养分现状，调整肥料投入结构。总体来说，西南区肥料投入的总原则为控氮稳磷补钾，降低化肥投入总量，增加有机肥投入量，但是各二级区应根据实际情况有所调整。在黔桂高原山地林农牧区，土壤全氮下降趋势明显且氮肥投入不足，要适当增加氮肥的投入量；在川滇高原山地农林牧区和渝鄂湘黔边境山地林农牧区土壤有效磷已较高，要注意控制磷肥投入量；四川盆地农林区土壤钾素缺乏，要增加钾肥施用量，提高土壤供钾能力。

4. 开展土壤酸化治理

在土壤酸化严重的区域，要开展酸化治理。一是减少化肥的投入总量，特别要注意不用或少用酸性、生理酸性肥料；二是适当使用生石灰、生物质炭等土壤酸化调理剂，施用钙、镁碱基含量较高的钙镁磷肥。三是在雨季，加强田间排水，在旱季，加强灌溉，从而减缓土壤硝酸盐的过度积累。

5. 防治水土流失

针对西南区山高坡陡、水土流失严重的问题,在丘陵区、山区要推广坡改梯技术,提高耕地土壤保土、保水、保肥能力。积极地进行保护性耕作,实施免耕、旋耕等耕作方式,尽量减少对土层的扰动。推广间作、套作、秸秆覆盖等技术,种植牧草护坡,推广植物篱技术,减少地表径流。

第七节 华 南 区

华南区位于福州—大埔—英德—百色—新平—盈江以南,包括福建东南部、广东中南部、广西南部和云南南部,总耕地面积 1.32 亿亩,占全国耕地总面积的 7.2%。该区北与华中地区,华东地区相接,南面毗邻辽阔的南海和南海诸岛,与菲律宾、马来西亚、印度尼西亚、文莱等国相望。该区包括闽南粤中农林水产区、粤西桂南农林区、滇南农林区和琼雷及南海诸岛农林区 4 个二级农业区。主要土壤类型为水稻土、赤红壤、砖红壤、石灰(岩)土、紫色土等,存在"黏、酸、瘦、薄"等障碍因素,耕性较差。

2018 年,华南区国家级耕地质量监测点共有 64 个(表 3-23)。其中,闽南粤中农林水产区 18 个,占华南区监测点总数的 28.1%;琼雷及南海诸岛农林区 19 个,占 29.7%;滇南农林区 9 个,占 14.1%;粤西桂南农林区 18 个,占 28.1%。

表 3-23 2018 华南区国家耕地质量监测点分布及土壤主要类型

农业区	省份	监测点数量(个)	主要土壤类型
滇南农林区	云南省	9	赤红壤、红壤、水稻土、砖红壤
闽南粤中农林水产区	福建省	2	水稻土
	广东省	16	水稻土
琼雷及南海诸岛农林区	广东省	17	水稻土
	海南省	2	水稻土、砖红壤
粤西桂南农林区	广东省	7	水稻土
	广西壮族自治区	11	赤红壤、石灰(岩)土、石灰(岩)土、石灰岩土、水稻土、砖红壤、紫色土
华南区	合计	64	

依据《全国九大农区耕地质量监测指标分级标准》(试行),华南区 2018 年度耕地质量监测点主要性状分级标准如表 3-24。各指标分为 5 个等级,依次为 1 级(高)、2 级(较高)、3 级(中)、4 级(较低)和 5 级(低)。

表 3-24 华南区耕地质量监测指标分级标准

指标	单位	分级标准				
		1级(高)	2级(较高)	3级(中)	4级(较低)	5级(低)
耕层厚度	cm	>25.0	20.0~25.0	15.0~20.0	10.0~15.0	≤10.0

（续）

指标	单位	分级标准				
		1级（高）	2级（较高）	3级（中）	4级（较低）	5级（低）
有机质	g/kg	>35.0	30.0～35.0	20.0～30.0	10.0～20.0	≤10.0
pH	—	6.0～7.0	7.0～7.5，5.5～6.0	7.5～8.0，5.0～5.5	8.0～8.5，4.5～5.0	>8.5，≤4.5
全氮	g/kg	>2.00	1.50～2.00	1.00～1.50	0.50～1.00	≤0.50
有效磷	mg/kg	>40.0	20.0～40.0	10.0～20.0	5.0～10.0	≤5.0
速效钾	mg/kg	>150	100～150	75～100	50～75	≤50
缓效钾	mg/kg	>500	300～500	200～300	100～200	≤100

一、耕地质量主要性状

（一）有机质现状及演变趋势

1. 有机质现状

2018年，华南区土壤有机质平均含量27.5g/kg，处于1级（高）水平。根据华南区耕地质量监测主要性状分级标准，处于1级（高）水平的监测点有16个，占监测点总数24.6%；处于2级（较高）水平的监测点有8个，占12.3%；处于3级（中）水平的监测点有20个，占30.8%；处于4级（较低）水平的监测点有19个，占29.2%；处于5级（低）水平的监测点有2个，占3.1%（图3-187）。

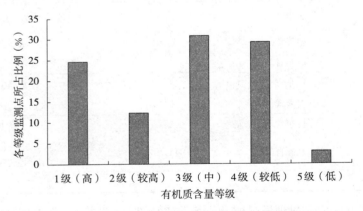

图3-187　2018年华南区土壤有机质含量各等级区间所占比例

注：1级（>25g/kg）、2级（20～25g/kg]、3级（15～20g/kg]、4级（10～15g/kg]、5级（≤10g/kg）。

2018年耕地质量监测结果显示，华南区各二级农业区土壤有机质含量有一定差别，滇南农林区所辖区域有机质含量最高，平均为41.3g/kg，处于1级（高）水平；琼雷及南海诸岛农林区最低，平均为20.1g/kg，处于3级（中）水平；闽南粤中农林水产区和粤西桂南农林区居中，平均值分别为26.6g/kg和29.4g/kg，处于3级（中）水平（图3-188）。

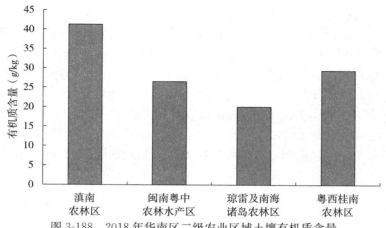

图 3-188　2018 年华南区二级农业区域土壤有机质含量

2. 含量变化

分析 2004—2018 年监测数据，华南区耕地质量监测点土壤有机质平均含量变化较大，以 2015 年为分界点，呈先升后降趋势。2004—2015 年，华南区土壤有机质含量总体呈上升趋势，由 2004 年的 30.3g/kg 上升至 2015 年的 37.5g/kg，年均增加 0.66g/kg（图 3-189）；此后，由于 2016 年增设了一些低产田国家耕地质量监测点，2016—2018 年土壤有机质平均含量相对 2015 年度有较大幅度下降，2018 年较 2015 年降低值达 10.0g/kg，降幅为 26.7%。

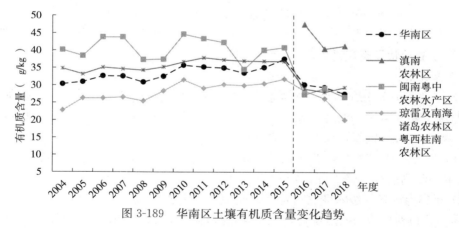

图 3-189　华南区土壤有机质含量变化趋势

在华南区二级农业区中，2004—2015 年，粤西桂南农林区监测点土壤有机质平均含量由 2004 年的 34.8g/kg 上升至 2015 年的 36.9g/kg，年均增加 0.19g/kg；琼雷及南海诸岛农林区由 2004 年的 22.8g/kg 上升至 2015 年的 31.8g/kg，年均增加 0.82g/kg；闽南粤中农林水产区则基本维持在 40g/kg 上下徘徊。2016—2018 年，滇南农林区有机质含量呈下降趋势，其他各二级农业区也大体呈下降趋势，特别是与 2016 年之前的年份相比下降非常明显，可能与 2016 之后监测点位变化有关。

3. 频率变化

分析 2004—2018 年数据（图 3-190），华南区监测点土壤有机质含量主要集中在 1 级

（＞25g/kg）和 3 级（15～20g/kg]区间。其中，位于 1 级（＞25g/kg）区间的监测点占比先由 2004 年的 38.9％上升到 2015 年的 56.0％，较长时间处于占比较高水平，但 2015 年之后占比开始逐步降低，2018 年占比已降为 24.6％；位于 3 级（15～20g/kg]区间的监测点占比也相对较高，占比由 2004 年的 22.2％上升到 2018 年的 30.8％；位于 2 级（20～25g/kg]和 4 级（10～15g/kg]区间的点位占比则相对较低，较长时间处于 25％以下水平，但 2016 年开始，4 级（10～15g/kg]区间的点位占比上升较为明显。2015 年之前一直没有点位位于 5 级（≤10g/kg）区间，2016 年开始有少量的点位处于该区间。相比以往，2015 年之后该区监测点在有机质各含量等级区间占比分布趋于相对均匀。

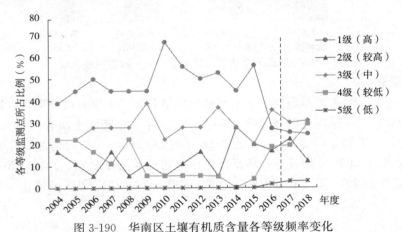

图 3-190　华南区土壤有机质含量各等级频率变化

注：1 级（＞25g/kg）、2 级（20～25g/kg]、3 级（15～20g/kg]、4 级（10～15g/kg]、5 级（≤10g/kg）。

（二）全氮现状及演变趋势

1. 全氮现状

2018 年，华南区土壤全氮平均含量 1.49g/kg，处于 3 级（中）水平。根据华南区耕地质量监测主要性状分级标准，处于 1 级（高）水平的监测点有 16 个，占监测点总数 24.6％；处于 2 级（较高）水平的监测点有 12 个，占 18.5％；处于 3 级（中）水平的监测点有 19 个，占 29.2％；4 级（较低）水平的监测点有 12 个，占 18.5％；处于 5 级（低）水平的监测点有 6 个，占 9.2％（图 3-191）。

2018 年华南区各二级农业区耕地土壤全氮含量差别较大（图 3-192），滇南农林区全氮含量最高，粤西桂南农林区次之，平均含量分别为 1.96g/kg 和 1.80g/kg，均处于 2 级（较高）水平；闽南粤中农林水产区居中，平均含量为 1.47g/kg，处于 3 级（中）水平；琼雷及南海诸岛农林区最低，平均为 0.99g/kg，处于 4 级（较低）水平。各区差异与有机质的含量差异情况基本类似。

2. 含量变化

分析 2004—2018 年监测数据，华南区耕地质量监测点土壤全氮平均含量变化较大，以 2015 年为分界点，呈先升后降趋势，情况与有机质指标类似。2004—2015 年，华南区土壤全氮含量呈上升趋势，由 2004 年的 1.80g/kg 上升至 2015 年的 2.09g/kg，跃升一个等级，年均增加 0.03g/kg（图 3-193）；2016—2018 年土壤全氮平均含量相对 2015 年度有较大幅度下降，2018年全氮平均含量为1.49g/kg，较2015年降低值达0.6g/kg，降幅为28.5%，这可能与2016年增设了一些低产田国家耕地质量监测点有关。

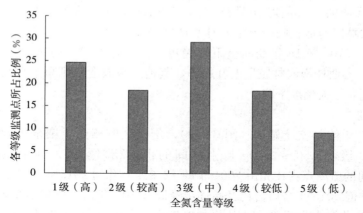

图 3-191 2018年华南区土壤全氮含量各等级区间所占比例

注：1级（＞2.00g/kg）、2级（1.50～2.00g/kg]、3级（1.00～1.50g/kg]、4级（0.50～1.00g/kg]、5级（≤0.50g/kg）。

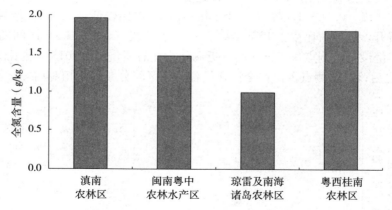

图 3-192 2018年华南区二级农业区域土壤全氮含量

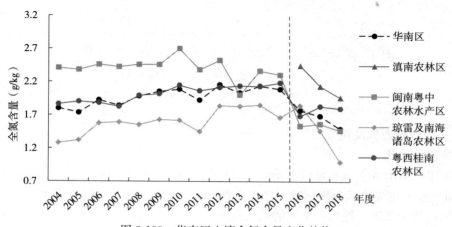

图 3-193 华南区土壤全氮含量变化趋势

2004—2015 年，华南区二级农业区粤西桂南农林区耕地质量监测点土壤全氮平均含量由 2004 年的 1.86g/kg 上升至 2015 年的 2.18g/kg，年均增加 0.03g/kg；琼雷及南海诸岛农林区由 2004 年的 1.28g/kg 上升至 2015 年的 1.66g/kg，年均增加 0.04g/kg，变化情况与粤西桂南农林区类似；闽南粤中农林水产区 2004—2009 年基本维持在 2.4g/kg 的较高含量水平上，2010—2015 年期间呈下降趋势，但下降不大，仍处于 1 级（高）水平。2016—2018 年，粤西桂南农林区呈上升趋势，其他二级农业区则呈下降趋势，且与 2016 年之前的年份比有较大幅度下降。

3. 频率变化

2004—2018 年数据统计显示（图 3-194），华南区监测点土壤全氮含量在 1 级（>2.00g/kg）和 2 级（1.50～2.00g/kg］区间的占比相对较多。其中，位于 1 级（>2.00g/kg）区间的监测点占比先由 2004 年的 42.9％上升到 2015 年的 48.0％，长期处于较高占比水平，但 2015 年之后占比开始逐步降低，2018 年占比已降为 24.6％；位于 2 级（1.50～2.00g/kg］区间的监测点占比也相对较高，占比由 2004 年的 19.1％上升到 2016 年的 42.9％，但 2017、2018 两年占比则大幅下降，现已降为 18.5％；位于 3 级（1.00～1.50g/kg］区间的点位占比居中且呈上升趋势，由 2004 年的 19.1％上升到 2018 年的 29.2％；位于 4 级（0.50～1.00g/kg］区间的监测点占比较低，以 2014 年为分界点，呈 V 字形先降后升，目前占比以上升至 18.5％；位于 5 级（≤10g/kg）区间的监测点占比最少，不少年份没有监测点位于该区间，近两年占比有所增加，2018 年占比 9.2％。总体上，2015 年之后该区监测点占比在全氮含量各等级区间分布趋于相对均匀。

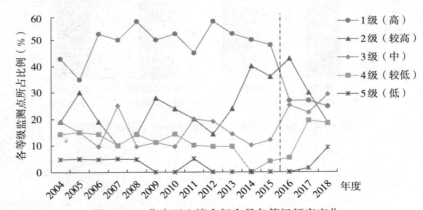

图 3-194　华南区土壤全氮含量各等级频率变化

注：1 级（>2.00g/kg）、2 级（1.50～2.00g/kg］、3 级（1.00～1.50g/kg］、4 级（0.50～1.00g/kg］、5 级（≤0.50g/kg）。

（三）有效磷现状及演变趋势

1. 有效磷现状

2018 年，华南区土壤有效磷平均含量 44.6mg/kg，处于 1 级（高）水平。根据华南区耕地质量监测主要性状分级标准，处于 1 级（高）水平的监测点有 25 个，占监测点总数 38.4％；处于 2 级（较高）水平的监测点有 18 个，占 27.7％；处于 3 级（中）水平的监测点有 15 个，占 23.1％；4 级（较低）水平的监测点有 5 个，占 7.7％；处于 5 级

（低）水平的监测点有 2 个，占 3.1%（图 3-195）。

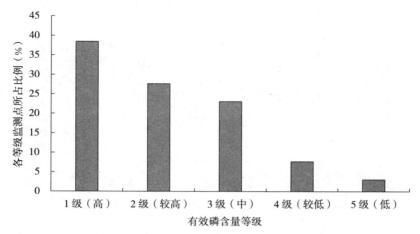

图 3-195 2018 年华南区土壤有效磷含量各等级区间所占比例

注：1 级（＞40.0mg/kg）、2 级（20.0～40.0mg/kg]、3 级（10.0～20.0mg/kg]、4 级（5.0～10.0mg/kg]、5 级（≤5.0mg/kg）。

2018 年华南区各二级农业区耕地土壤有效磷含量有一定差别（图 3-196），闽南粤中农林水产区和粤西桂南农林区，平均含量分别为 53.5mg/kg 和 51.8mg/kg，均属 1 级（高）水平；滇南农林区和琼雷及南海诸岛农林区，平均含量分别为 34.2mg/kg 和 33.8mg/kg，均处于 2 级（较高）水平。

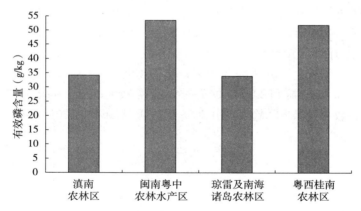

图 3-196 2018 年华南区二级农业区域土壤有效磷含量

2. 含量变化

2004—2018 年，华南区耕地质量监测点土壤有效磷平均含量变化较大，总体呈上升趋势。由 2004 年的 26.7mg/kg 上升至 2018 年的 44.6mg/kg，增幅达 66.8%，年均增加 1.3mg/kg（图 3-197）。

2004—2018 年，华南区二级农业区中粤西桂南农林区，耕地土壤有效磷平均含量由 2004 年的 24.7mg/kg 上升至 2018 年的 51.8mg/kg，年均增加 1.9mg/kg，年增速最大；闽南粤中农林水产区监测点土壤有效磷平均含量由 2004 年的 30.4mg/kg 上升至 2018 年

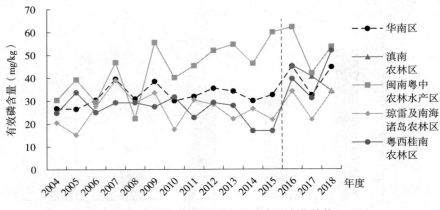

图 3-197　华南区土壤有效磷含量变化趋势

的 53.5mg/kg，年均增加 1.7mg/kg，年增速仅次于粤西桂南农林区，且多数年份高于其他区；琼雷及南海诸岛农林区由 2004 年的 20.5mg/kg 上升至 2018 年的 33.8mg/kg，年均增加 1.0mg/kg，年增速相对较小；2016—2018 年滇南农林区有效磷平均含量呈下降趋势，由 2016 年的 45.3mg/kg 降低至 2018 年的 34.2mg/kg，变化较大。

3. 频率变化

2004—2018 年数据统计显示（图 3-198），华南区监测点土壤有效磷含量在 1 级（＞40.0mg/kg)至 4 级（5.0～10.0mg/kg]各等级区间监测点占比呈相对均匀分布，5 级（≤5.0mg/kg）区间分布相对较少。位于 1 级（＞40.0mg/kg）区间的监测点由 2004 年的 23.8％上升到 2018 年的 38.5％；位于 2 级（20.0～40.0mg/kg]区间的监测点占比，由 2004 年的 14.3％上升到 2018 年的 27.7％；位于 3 级（10.0～20.0mg/kg]区间的点位占比由 2004 年的 28.6％下降到 2018 年的 23.1％；位于 4 级（5.0～10.0mg/kg]区间的监测点占比由 2004 年的 23.8％下降到 2018 年的 7.7％，降幅较大；位于 5 级（≤5.0mg/kg）区间的监测点占比总体较小且呈下降趋势，由 2004 年的 9.5％下降到 2018 年的 3.1％。

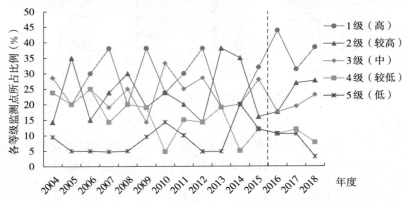

图 3-198　华南区土壤有效磷含量各等级频率变化

注：1 级（＞40.0mg/kg）、2 级（20.0～40.0mg/kg]、3 级（10.0～20.0mg/kg]、4 级（5.0～10.0mg/kg]、5 级（≤5.0mg/kg）。

（四）速效钾现状及演变趋势

1. 速效钾现状

2018年，华南区土壤速效钾平均含量95mg/kg，处于3级（中）水平。根据华南区耕地质量监测主要性状分级标准，处于1级（高）水平的监测点有10个，占监测点总数15.4％；处于2级（较高）水平的监测点有10个，占15.4％；处于3级（中）水平的监测点有6个，占9.2％；4级（较低）水平的监测点有18个，占27.7％；处于5级（低）水平的监测点有21个，占32.3％（图3-199）。监测点数量在各等级区间分布呈中间等级低，两端等级高的特点。

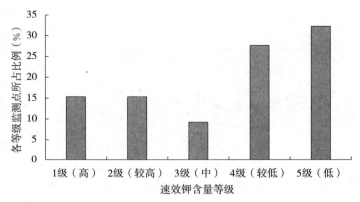

图3-199　2018年华南区土壤速效钾含量各等级区间所占比例

注：1级（＞150mg/kg）、2级（100～150mg/kg]、3级（75～100mg/kg]、4级（50～75mg/kg]、5级（≤50mg/kg）。

2018年华南区各二级农业区耕地土壤速效钾含量差别较大（图3-200），4个区分属4个等级。滇南农林区速效钾含量最高，平均含量为161mg/kg，均处于1级（较高）水平；闽南粤中农林水产区速效钾含量次之，平均含量为117mg/kg，均处于2级（较高）水平；粤西桂南农林区平均含量为81mg/kg，均处于3级（中）水平；琼雷及南海诸岛农林区最低，平均含量为56mg/kg，处于4级（较低）水平。

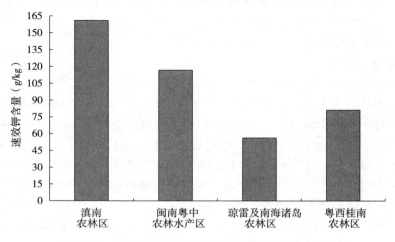

图3-200　2018年华南区二级农业区域土壤速效钾含量

2. 含量变化

分析 2004—2018 年监测数据（图 3-201），华南区耕地质量监测点土壤速效钾平均含量变化较大，总体呈上升趋势，由 2004 年的 74mg/kg 平均含量快速上升到 2018 年 95mg/kg，增幅为 28％，年均增加 1.5mg/kg。具体看变化，以 2010 年为界，2010 之前呈先升后降趋势，由 2004 年的 74mg/kg 平均含量快速上升到 2005 年 90mg/kg，之后逐步下降到 2010 年的历史最低点 68mg/kg；2010 之后又呈较长时间的上升趋势，逐步上升到 2018 年的 95mg/kg。

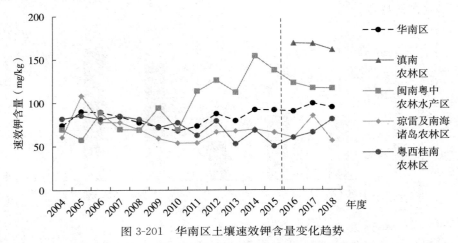

图 3-201　华南区土壤速效钾含量变化趋势

分析 2004—2018 年华南区二级农业区监测点土壤速效钾平均含量变化可知，各区呈现不同的变化特点。闽南粤中农林水产区速效钾平均含量起伏变化较大，大致以 2014 年为界，呈现快速先升后降趋势，由 2004 年的 69mg/kg 快速波动上升到 2014 年的历史最高点 154mg/kg，之后又逐年下降到 2018 年的 117mg/kg；粤西桂南农林区的变化趋势则与闽南粤中农林水产区相反，该区以 2015 为界呈先降后升趋势，由 2004 年的 82mg/kg 逐步下降到 2015 年的 50mg/kg，之后又逐步上升到 2018 年的 81mg/kg，恢复到 2004 年的含量水平；琼雷及南海诸岛农林区速效钾平均含量 2005 年相对较高，达到 108mg/kg，其他年份变化基本维持在 66mg/kg 上下水平上，变化不是很大。滇南农林区 2016—2018 年略有下降，但基本维持在 160～170mg/kg 水平上。

3. 频率变化

2004—2018 年数据统计显示（图 3-202），华南区监测点在土壤速效钾含量各个分级区间上的分布年际间变化较大，相对而言在 4 级（50～75mg/kg] 和 5 级（≤50mg/kg）区间分布相对较多，在 1 级（＞150mg/kg）和 2 级（100～150mg/kg] 区间分布相对较少。位于 1 级（＞150mg/kg）区间的监测点占比由 2004 年的 5.0％上升到 2018 年的 15.4％；位于 2 级（100～150mg/kg] 区间的监测点占比由 2004 年的 10.0％上升到 2018 年的 15.4％；位于 3 级（75～100mg/kg] 区间的监测点占比由 2004 年的 30.0％下降到 2018 年的 9.2％，降幅较大；位于 4 级（50～75mg/kg] 区间占比相对较高，由 2004 年的 10.0％上升到 2018 年的 27.7％；位于 5 级（50～75mg/kg] 区间占比相对较高，由 2004 年的 45.0％降低到 2018 年的 32.3％。

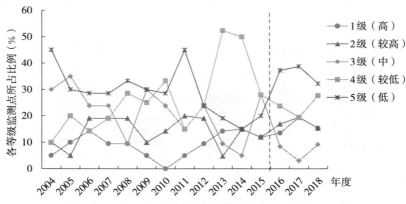

图 3-202 华南区土壤速效钾含量各等级频率变化

注：1 级（＞150mg/kg）、2 级（100～150mg/kg]、3 级（75～100mg/kg]、

4 级（50～75mg/kg]、5 级（≤50mg/kg）。

（五）缓效钾现状及演变趋势

1. 缓效钾现状

2018 年，华南区土壤缓效钾平均含量 260mg/kg，处于 3 级（中）水平。根据华南区耕地质量监测主要性状分级标准，处于 1 级（高）水平的监测点有 5 个，占监测点总数 7.7％；处于 2 级（较高）水平的监测点有 13 个，占 20.0％；处于 3 级（中）水平的监测点有 7 个，占 10.8％；4 级（较低）水平的监测点有 26 个，占 40.0％；处于 5 级（低）水平的监测点有 14 个，占 21.5％（图 3-203）。

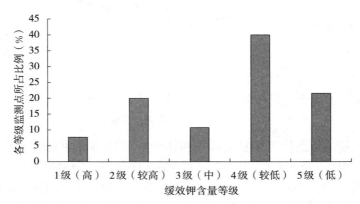

图 3-203 2018 年华南区土壤缓效钾含量各等级区间所占比例

注：1 级（＞500mg/kg）、2 级（300～500mg/kg]、3 级（200～300mg/kg]、

4 级（100～200mg/kg]、5 级（≤100mg/kg）。

2018 年华南区各二级农业区耕地土壤缓效钾含量差别较大（图 3-204），滇南农林区缓效钾含量最高，平均含量分别为 425mg/kg，属 2 级（较高）水平；粤西桂南农林区和闽南粤中农林水产区居中，平均含量分别为 294mg/kg 和 248mg/kg，均处于 3 级（中）水平；琼雷及南海诸岛农林区最低，平均为 150mg/kg，处于 4 级（较低）水平。

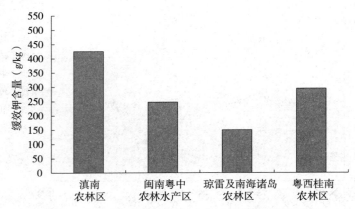

图 3-204　2018 年华南区二级农业区域土壤缓效钾含量

2. 含量变化

分析 2008—2018 年监测数据，华南区耕地质量监测点土壤缓效钾平均含量变化趋势比较明显，总体呈上升趋势，由 2008 年的 169mg/kg 上升至 2018 年的 260mg/kg，增幅为 39.1%，跃升了一个等级，年均增加 6.6mg/kg（图 3-205）。

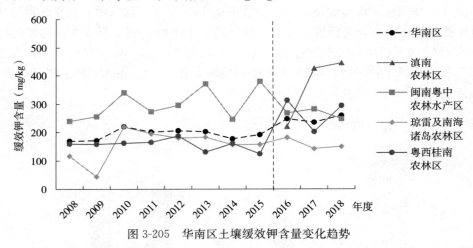

图 3-205　华南区土壤缓效钾含量变化趋势

2008—2018 年，华南区二级农业区粤西桂南农林区耕地质量监测点土壤缓效钾平均含量由 2008 年的 159mg/kg 上升至 2018 年的 294mg/kg，年均增加 4.3mg/kg；琼雷及南海诸岛农林区由 2008 年的 117mg/kg 上升至 2018 年的 150mg/kg，年均增加 2.5mg/kg，其中 2010 年为历史高点，随后一直呈下降趋势；闽南粤中农林水产区由 2008 年的 239mg/kg 上升至 2018 年的 248mg/kg，小幅上升，但年际间波动较大。2016—2018 年，滇南农林区呈上升趋势，由 2016 年的 221mg/kg 上升至 2018 年的 445mg/kg，变化较大。

3. 频率变化

2008—2018 年数据统计显示（图 3-206），华南区监测点在土壤缓效钾含量各等级区间上的分布年际间变化较大，主要位于 3 级至 5 级区间，在 1 级和 2 级区间分布的占比相对较少。其中，位于 1 级（＞500mg/kg）区间的监测点占比由 2008 年的 0.0％上升到 2018 年的 7.7％；位于 2 级［300～500mg/kg］区间的监测点占比由 2008 年的 12.5％上升到 2018 年的 20.0％；位于 3 级（200～300mg/kg］区间的点位占比由 2008 年的 25.0％下降到 2018 年的 10.8％；位于 4 级（100～200mg/kg］区间的点位占比由 2008 年的 31.3％上升到 2018 年的 40.0％；位于 5 级（≤10mg/kg）区间的点位占比由 2008 年的 31.3％下降到 2018 年的 21.5％。

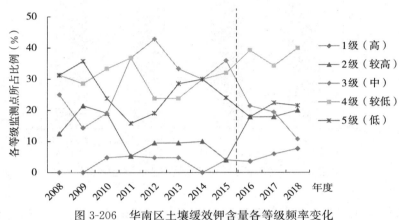

图 3-206　华南区土壤缓效钾含量各等级频率变化

注：1 级（＞500mg/kg）、2 级（300～500mg/kg］、3 级（200～300mg/kg］、
4 级（100～200mg/kg］、5 级（≤100mg/kg）。

（六）土壤 pH 现状及演变趋势

1. pH 现状

2018 年，华南区土壤 pH 平均为 5.7，处于 2 级（较高）水平。根据华南区耕地质量监测主要性状分级标准，处于 1 级（高）水平的监测点有 17 个，占监测点总数 26.2％；处于 2 级（较高）水平的监测点有 20 个，占 30.8％；处于 3 级（中）水平的监测点有 16 个，占 24.6％；4 级（较低）水平的监测点有 11 个，占 16.9％；处于 5 级（低）水平的监测点有 1 个，占 1.5％（图 3-207）。

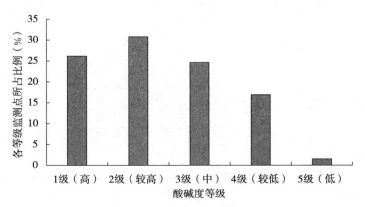

图 3-207　2018 年华南区土壤 pH 各等级区间所占比例

注：1 级（6.0～7.0］、2 级（5.5～6.0］、3 级（5.0～5.5］、4 级（4.5～5.0］、5 级（≤4.5）。

2018 年华南区各二级农业区耕地土壤 pH 差别不大（图 3-208），滇南农林区 pH 最高，平均含量为 6.1，属于 1 级（高）；粤西桂南农林区和闽南粤中农林水产区次之，平均含量分别 5.9 和 5.7，均处于 2 级（较高）水平；琼雷及南海诸岛农林区最低，平均为 5.4，处于 3 级（中）水平。

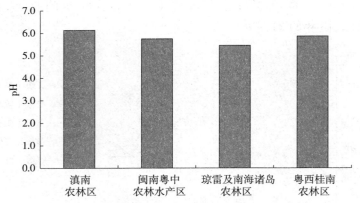

图 3-208　2018 年华南区二级农业区域土壤 pH

2. pH 变化

分析 2004—2018 年监测数据（图 3-209），华南区耕地质量监测点土壤 pH 平均值变化不大，维持在 5.6～5.8。2004—2018 年，华南区二级农业区粤西桂南农林区耕地质量监测点土壤 pH 平均值年际间变化较大，围绕 6.0 上下波动，与 2004 年比 2018 年稍有增加；琼雷及南海诸岛农林区和闽南粤中农林水产区年际间变化相对较小，均围绕 5.5 上下波动；滇南农林区 2015—2018 年 pH 先降后升。

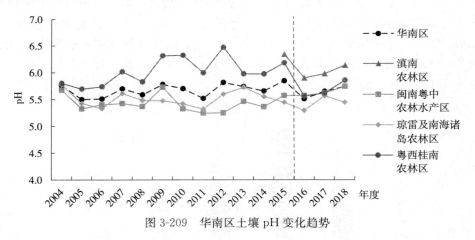

图 3-209　华南区土壤 pH 变化趋势

3. 频率变化

2004—2018 年数据统计显示（图 3-210），华南区监测点土壤 pH 主要集中在 2 级（5.5～6.0］和 3 级（5.0～5.5］区间。其中，位于 2 级（5.5～6.0］区间的监测点占比先由 2008 年的 42.9％上升到 2015 年的 48.0％，长期处于较高占比水平，但 2015 年之后占比开始逐步降低，2018 年占比已降为 24.6％；位于 2 级（1.50～2.00mg/kg］区间的监测点占比也相对较高，占比由 2004 年的 19.1％上升到 2016 年的 42.9％，但 2017、2018 两年占比则大幅下降，现已降为 18.5％；位于 3 级（1.00～1.50mg/kg］区间的点位占比居中且呈上升趋势，由 2004 年的 19.1％上升到 2018 年的 29.2％；位于 4 级（0.50～1.00mg/kg］区间的监测点占比较低，以 2014 年为分界点，呈 V 字形先降后升，目前占比已上升至 18.5％；位于 5 级（≤10mg/kg）区间的监测点占比最少，不少年份没有监测点位于该区间，近两年占比有所增加，2018 年占比 9.2％。总体上，2015 年之后该区监测点占比在 pH 含量各等级区间分布趋于相对均匀。

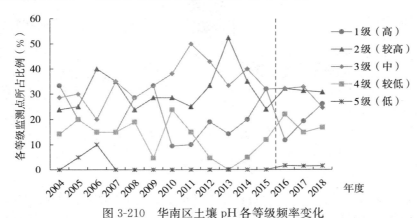

图 3-210 华南区土壤 pH 各等级频率变化

注：1 级（6.0～7.0）、2 级（5.5～6.0）、3 级（5.0～5.5］、4 级（4.5～5.0］、5 级（≤4.5）。

（七）耕层厚度现状及演变趋势

2018 年，华南区耕层厚度平均 19.7cm，处于 3 级（中）水平。2015—2018 年数据统计显示，华南区监测点耕层厚度集中在 3 级（15.0～20.0cm］区间，其他区间分布很少。位于 3 级（15.0～20.0cm］区间的监测点由 2015 年的 72.0％上升到 2018 年的 82.1％；位于 1 级（＞25.0cm）区间的监测点占比，由 2015 年的 4.0％上升到 2018 年的 7.1％；位于 2 级（20.0～25.0cm］区间的点位占比由 2015 年的 4.0％上升到 2018 年的 10.7％；位于 4 级（10.0～15.0cm］区间的监测点占比由 2004 年的 20.0％下降到 2018 年的 0.0％；位于 5 级（≤10.0cm）区间的监测点除 2016 年有少量分布外，其他年份没有点位分布（图 3-211）。

二、肥料投入与利用情况

（一）肥料投入现状

2018 年，华南区主要粮食作物（水稻、玉米）监测点的肥料亩总投入量（折纯，下同）平均值 43.5kg，其中有机肥亩投入量平均值 3.4kg，化肥亩投入量平均值 41.2kg，化肥和有机肥之比 11.8，有机肥投入占肥料总投入比重为 7.8％。肥料亩总投入中，氮肥（N）投入 20.5kg，磷肥（P_2O_5）9.5kg，钾肥（K_2O）13.4kg，投入量依次为：肥料氮＞肥料钾＞肥料磷，氮：磷：钾平均比例 1：0.46：0.65。其中化肥亩投入中，氮肥（N）投入 19.7kg，磷肥（P_2O_5）8.7kg，钾肥（K_2O）11.7kg，投入量依次为：化肥氮＞化肥钾＞化肥磷，氮：磷：钾平均比例 1：0.44：0.59（表 3-25）。

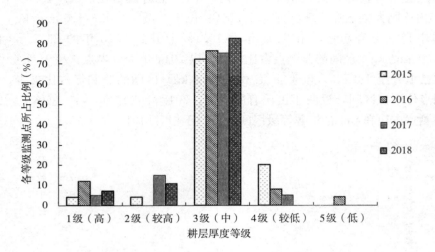

图 3-211　华南区监测点耕层厚度各等级频率变化

注：1 级（＞25.0cm）、2 级（20.0～25.0cm]、3 级（15.0～20.0cm]、
4 级（10.0～15.0cm]、5 级（≤10.0cm）。

华南区的 4 个二级农业区中主要粮食作物（水稻、玉米）监测点的肥料投入情况见表 3-25。其中，琼雷及南海诸岛农林区肥料亩总投入量最高，为 47.1kg，其中有机肥亩投入量平均值 1.3kg，化肥亩投入量平均值 45.8kg，化肥和有机肥之比 35.2：1，有机肥投入占肥料总投入比重为 2.8%。肥料亩总投入中，氮肥（N）投入 19.3kg，磷肥（P_2O_5）10.9kg，钾肥（K_2O）16.9kg，投入量依次为：肥料氮＞肥料钾＞肥料磷，氮：磷：钾平均比例 1：0.56：0.87。其中化肥 $N：P_2O_5：K_2O$ 为 1：0.57：0.86。

粤西桂南农林区肥料亩总投入量其次，为 45.6kg，其中有机肥亩投入量平均值 4.5kg，化肥亩投入量平均值 41.2kg，化肥和有机肥之比 9.4：1，有机肥投入占肥料总投入比重为 9.8%。肥料亩总投入中，氮肥（N）投入 22.1kg，磷肥（P_2O_5）10.0kg，钾肥（K_2O）13.5kg，投入量依次为：肥料氮＞肥料钾＞肥料磷，氮：磷：钾平均比例 1：0.46：0.61。其中化肥 $N：P_2O_5：K_2O$ 为 1：0.44：0.50。

闽南粤中农林水产区肥料亩总投入量为 42.1kg，其中有机肥亩投入量平均值 0.6kg，化肥亩投入量平均值 41.6kg，化肥和有机肥之比 69.3：1，有机肥投入占肥料总投入比重为 1.4%，4 个区中占比最低。肥料亩总投入中，氮肥（N）投入 22.2kg，磷肥（P_2O_5）7.5kg，钾肥（K_2O）12.4kg，投入量依次为：肥料氮＞肥料钾＞肥料磷，氮：磷：钾平均比例 1：0.34：0.56。其中化肥 $N：P_2O_5：K_2O$ 为 1：0.34：0.55。

滇南农林区肥料亩总投入量为 35.8kg，其中有机肥亩投入量平均值 10.6kg，化肥亩投入量平均值 25.1kg，化肥和有机肥之比 2.4：1，有机肥投入占肥料总投入比重为 29.7%，4 个区中占比最高。肥料亩总投入中，氮肥（N）投入 17.5kg，磷肥（P_2O_5）9.8kg，钾肥（K_2O）8.5kg，投入量依次为：肥料氮＞肥料磷＞肥料钾，氮：磷：钾平均比例 1：0.56：0.48。其中化肥 $N：P_2O_5：K_2O$ 为 1：0.43：0.27。

表 3-25　华南区主要粮食作物肥料亩投入情况

农业区	有机肥（kg）	化肥（kg）	施肥总量（kg）	总 N（kg）	总 P$_2$O$_5$（kg）	总 K$_2$O（kg）	化肥 N：P$_2$O$_5$：K$_2$O
滇南农林区	10.6	25.1	35.8	17.5	9.8	8.5	1：0.43：0.27
闽南粤中农林水产区	0.6	41.6	42.1	22.2	7.5	12.4	1：0.34：0.55
琼雷及南海诸岛农林区	1.3	45.8	47.1	19.3	10.9	16.9	1：0.57：0.86
粤西桂南农林区	4.5	41.2	45.6	22.1	10.0	13.5	1：0.44：0.5
华南区	3.4	40.1	43.5	20.5	9.5	13.4	1：0.44：0.59

（二）肥料投入与产量变化趋势

1. 主要粮食作物

2004—2018 年，华南区监测点主要粮食作物（水稻和玉米）肥料亩投入总量呈 V 字形变化趋势（图 3-212），以 2006 年为分界点前降后升，波动范围在 29.6～47.7kg 之间，2018 年肥料亩投入量为 43.8kg，比 2004 年亩增加 0.3kg，基本持平。其中，化肥亩投入量变化趋势与肥料亩投入总量基本一致，波动范围在 27.1～42.2kg 之间，2018 年化肥亩投入量为 40.4kg，比 2004 年亩增加 3.1kg，增幅 8.5%；有机肥亩投入量总体水平较低，14 年平均亩投入水平为 5.0kg，远低于化肥亩投入水平（14 年的亩平均为 38.1kg），有机肥占肥料总投入比重在 6.2%～17.5% 之间波动，占比平均值为 11.3%。

2004—2018 年，华南区监测点主要粮食年亩产总体呈前升后降的趋势，以 2014 年为界，2014 年之前总体呈缓慢上升趋势，由 2004 年的亩产 819kg，增加到 2014 年的亩产 857kg，增幅为 4.7%，之后则急剧下降，2015—2018 年粮食年亩产下降到 800kg 以下水平，这可能与监测点位调整和种植结构调整有关。比较分析华南区肥料投入与主要粮食年亩产间数据关系，相关度不高，即肥料投入的变化趋势与产量变化关联度不强。

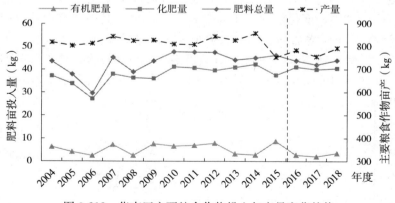

图 3-212　华南区主要粮食作物投入与产量变化趋势

2. 水稻

2004—2018 年，华南区监测点水稻季肥料投入总量呈波动上升趋势，2018 年水稻肥料亩投入总量为 23.8kg，比 2004 年亩增加 1.8kg，增幅为 8.0%，年际间波动范围在 19.1kg～27.0kg。其中，化肥亩投入呈稳定增加趋势，由 2004 年的 19.4kg 增加到 2018

年的 21.8kg，增加 2.4kg，增幅 12.2%，年际间波动范围在 18.9～24.2kg；有机肥投入量总体水平较低，14 年亩平均投入水平为 2.4kg，远低于化肥亩投入水平（14 年的亩平均为 20.7kg），有机肥占肥料总投入比重在 4.8%～18.1% 之间波动，占比平均值为 10.1%（图 3-213）。

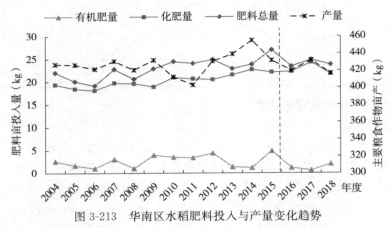

图 3-213 华南区水稻肥料投入与产量变化趋势

2004—2018 年，华南区监测点水稻单季产量基本呈倒 V 字形变化（2010 和 2011 年处于历史低位），以 2014 年为亩产最高点，前升后降。2004 年比 2018 年亩产略有下降，2018 年亩产为 416kg，比 2004 年的 427kg 下降了 10.7kg，降幅为 2.5%。比较分析华南区肥料投入与水稻产量间数据关系，肥料投入的变化趋势与产量变化有一定相关性，但较低。

（三）养分回收率与偏生产力

1. 养分回收率

2004—2018 年，华南区监测点水稻肥料总养分回收率变化不大，保持稳定，2018 年和 2004 年均为 132.3%，变化范围为 122.5%～145.3%。其中，氮素养分回收率略有增加，由 2004 年的 87.9% 增加到 2018 年的 90.4%；钾素养分回收率增加相对明显，由 2004 年的 198.1% 增加到 2018 年的 216.1%，年际间波动较大；磷素养分回收率则呈快速下降趋势，由 2004 年的 218.1% 下降到 2018 年的 151.3%，降幅达 30.6%（图 3-214）。

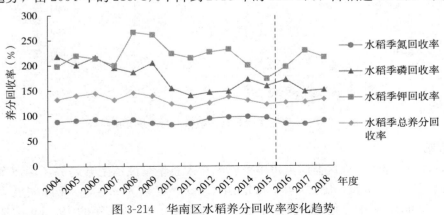

图 3-214 华南区水稻养分回收率变化趋势

2. 肥料偏生产力

2004—2018 年，华南区水稻监测点肥料养分偏生产力（PFP）保持多年基本稳定在 19kg/kg 的水平上，年际间变化较小。其中，水稻氮素养分的偏生产力变化趋势与总体类似，基本稳定在 42.7kg/kg 的水平上；磷素养分的偏生产力变化趋势则呈快速下降趋势，由 2004 年的 174.5kg/kg 下降到 2018 年的 121.0kg/kg，降幅达 30.6%；钾素养分的偏生产力略有上升，但基本围绕 69.7kg/kg 上下波动，2018 年为 69.1kg/kg，比 2004 年的 63.3kg/kg 增加了 5.8kg/kg，增幅 9.1%（图 3-215）。

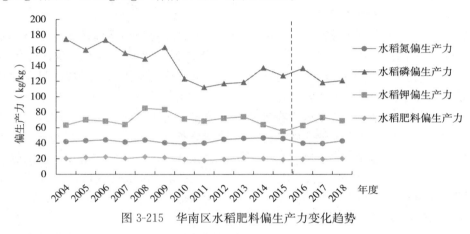

图 3-215　华南区水稻肥料偏生产力变化趋势

三、耕地质量存在的主要问题、原因和培肥改良对策

（一）主要问题与原因

1. 土壤有机质含量前升后降，有待进一步提升

2004—2015 年，华南区土壤有机质含量总体呈上升趋势，增幅为 23.8%。自 1996 年开始，秸秆覆盖栽培、机械旋耕翻埋还田和机械粉碎还田等直接还田技术已成为政府推广的成熟秸秆还田技术，各级部门陆续出台政策积极推行秸秆禁烧和还田利用技术。特别是 2009 年开始农业部与财政部连续发布了《土壤有机质提升补贴项目实施指导意见》，通过加大补贴力度，鼓励各地实施秸秆还田，支持土壤有机质提升技术的推广。南方稻作区主要推行秸秆还田腐熟技术模式，连续多年持续实施，使得土壤有机质得到有效补充。但 2016 年后华南区逐步增加了一些中低产田点位，近些年份的有机质监测结果不能很好反映这一趋势。此外，2004—2018 年期间华南区，粮食作物产量变化趋势与土壤有机质变化趋势基本一致，较多的研究表明作物产量的增加往往会使得耕层根系残留增多，这也能一定程度解释土壤有机质含量的演化趋势。

华南区土壤有机质含量前升后降，受到近年点位分布影响，不过从华南区耕地土壤有机质含量现状来看，该区域有机质平均含量尽管处于 1 级（高）水平，但处于 3 级（中）及以下水平的监测点占 63.1%，中低等级含量水平的地块占比仍然较多，因此该地区耕地土壤有机质含量水平仍有待进一步培肥提升。

2. 耕地土壤磷素累积过快，增加环境污染风险

14 年间，华南区耕地质量监测点土壤有效磷平均含量由 26.7mg/kg 上升至 44.6mg/

kg，已处于 1 级（高）水平，增幅达 66.8%，年增速 4.9%，高于速效钾的年增速 2%，表明土壤有效磷呈快速累积趋势。广东省省级耕地质量监测点数据，2016 年广东省土壤有效磷含量总体水平比 1984 年增加了 3 倍，土壤有效磷已由过去的亏缺状态转变为丰富水平，磷肥的广泛施用和种植结构调整是导致这一结果的重要原因。研究表明，土壤磷素可通过径流损失或在超过一定阈值（红壤 40～70mg/kg）时可向下淋洗损失而增加环境污染风险，目前该区 38.4% 的监测点土壤有效磷已处于高含量（大于 40mg/kg）水平，存在一定的环境污染风险。

3. 土壤速效与缓效钾含量偏低，耕地供钾能力不足

尽管华南区耕地土壤速效钾和缓效钾含量均呈上升趋势，但总体仍属于 3 级（中）水平，有大约 60% 的监测点属于 4 级（较低）或 5 级（低）水平，表明土壤向作物提供的无论是现有钾素养分还是潜在钾素养分的能力均较弱。这与华南区土壤成土母质含钾量偏低，气候上高温多雨，土壤风化强烈、淋溶严重，钾素易于流失有关，再加上该地区复种指数较高，作物生长量大，从土壤中带走的养分较多。历史上我国南方的砖红壤和赤红壤区也一直被认为是我国钾素最缺乏的地区，尽管随着测土配方施肥的推广普及，土壤钾素养分有提升趋势，但仍有较大比例的耕地土壤钾素养分不足（一般作物速效钾的临界值为 80mg/kg）。钾是作物必需的大量元素，且对作物抗逆能力和品质提升具有重要作用，而较低的钾素供应水平不利于作物的种植，不利于实现稳产、高产和优质。

4. 施肥结构不合理，耕地养分供应不均衡

华南区主要粮食作物种植化学氮肥（N）亩平均投入量 19.7kg，化学磷肥（P_2O_5）8.7kg，化学钾肥（K_2O）11.7kg，与该区主要粮食作物（水稻）亩推荐施肥量氮肥（N）18～22kg，化学磷肥（P_2O_5）5kg，化学钾肥（K_2O）15～18kg 相比，明显存在磷肥投入过量、钾肥投入不足的问题，这也是造成华南区耕地土壤磷高钾低的主要原因。另一方面，肥料施用的品种结构不合理，有机肥投入量总体水平较低，14 年亩平均投入水平为 5.0kg，远低于化肥亩投入水平（14 年平均为 38.1kg），有机肥占肥料总投入比重仅为 11.3%，土壤培肥严重不足，较多的研究表明有机肥占比在 50% 左右即可以实现作物高产亦有利于土壤质量提升，实现藏粮于地的可持续发展目标。

5. 适宜耕层较浅，不利于作物根系发育

一般而言，农作物最佳的耕层厚度为大于 20～25cm。华南区耕层厚度平均 19.7cm，处于 3 级（中）水平，耕层相对较浅，这可能跟长期机械碾压、耕作深度较浅、或降水导致黏粒下沉等因素作用下逐步形成犁底层有关。较浅的耕层影响降水渗入土壤深层、阻止作物根系下扎，不利于蓄水保墒和根系发育吸收深层土壤水分和养分，降低作物的抗逆能力。

（二）培肥改良对策

1. 科学施用磷肥，减少磷素流失风险

农田土壤磷的流失与土壤磷素积累状况密切关系。累积在农田土壤的磷素受降雨或者灌溉冲刷作用，随着径流、淋溶的迁移、泥沙的输移，最终进入水体，并在水体中进行迁移和转化进而影响水体生态系统的平衡，引发各类水体污染问题。针对华南区耕地土壤磷素累积较快的问题，首先应加强磷肥施用的科学认识。应充分认识到磷素不仅是作物的营

养元素，而且也是农业面源污染的关键因子。因此应重视磷肥的科学施用，避免过量投入土壤快速累积，最终导致向环境的大量流失。华南地区年降雨量非常高，过高的土壤磷素含量更易于导致磷素向环境流失。根据土壤磷素测试结果，依照土壤供磷水平科学合理的推荐施用磷肥。特别是当地块土壤有效磷超过环境阈值，应严格控制磷肥的投入，可减少或暂时不施磷肥。对于菜田或经济作物肥料施用应重视磷肥的长期累积作用，特别是有机肥投入应以磷定量，不要以氮定量，造成过多施入，品种上可选择低磷高碳有机肥料施用。

2. 重视钾肥投入，提高土壤供钾能力

钾是作物必需的大量元素之一，能促进作物光合作用和蛋白质的合成，能增强作物茎秆的坚韧性，提高作物的抗旱、抗病、抗寒性能。作物缺少钾肥，就会得"软骨病"，易伏倒，常被病菌害虫困扰，钾元素常被称为"品质元素"。另一方面钾肥资源又比较昂贵，因此应科学推荐施用。针对华南区有不少耕地钾素含量不足、库容较小的问题，首先应加大缺钾（速效钾低于80mg/kg）地块的钾肥投入，除了为作物提供足够的钾素养分外，可以适当有盈余，达到逐年提升土壤钾的肥力水平；其次，因作物施用钾肥，甚至因轮作模式调配施用。如在稻—稻轮作中，晚稻比早稻更易缺钾，晚稻施钾的效果优于早稻。对水稻冷浸田施钾肥，能增加根系活力，同时减轻硫化物、有机酸和亚铁的危害。水稻秧田施钾有利于培育壮苗，移栽本田后，返青快、分蘖早、叶片多、产量高；另外，施用方法上对大多数作物来说，钾肥施用应以基施为主，在施足有机肥的情况下，亦可基、追各半，但追肥宜早；对砂质土壤，宜分次施用，以减少钾素的流失。

3. 增施有机肥料，部分替代化肥

有机肥是土壤保育和作物高产稳产品质优良的基础，具有以下优点：一是养分全面，肥效持久。另外，有机肥肥效虽然和缓但肥效持久，是最廉价的缓释肥，不但利于作物生长而且相比传统化肥对环境相对友好。二是利于改善土壤理化性状，提高土壤肥力。有机肥含有大量有机质，能增加土壤阳离子代换量，提高土壤的保肥性能，增加土壤有机质含量，有利于良好土壤结构的形成，特别是水稳性团粒结构的增加，从而改善土壤的松紧度、通气性、保水性和热状况，对决定土壤肥力的水、肥、气、热状况均有良好的作用。有利于改善土壤的理化性状，提高土壤肥力。三是利于促进土壤养分平衡。植物从土壤中摄取的各种养分可通过施用有机肥料和以植物残体形式回归土壤。目前，华南区有机培肥土壤主要有以下3种途径：

（1）推行秸秆还田。作物在生长发育过程中，从土壤吸收大量的营养元素。作物收获后，进行秸秆还田，不仅能将部分养分归还土壤，还能提高土壤有机质和代换性钾水平。长期实行秸秆还田，可以将作物吸收的部分钾素养分归还补充土壤，能提供较稳定的腐殖质，促进土壤团粒结构的形成，改善土壤结构，提高土壤生物肥力。华南地区一年三熟的种植制度下，在早稻收割后，可将秸秆就地粉碎，并保持一定的水层，通过化学腐熟剂、生物腐熟剂的双重作用，实现秸秆在短期内（两茬间约2周时间）快速腐熟还田，从而不影响晚稻插秧，是一种比较适宜的秸秆还田主推模式。

（2）扩大绿肥种植。种植绿肥植物，并翻压还田，对耕地质量具有良好的培育提升作用。一是增加土壤氮素和有机物质。豆科绿肥具有固氮功能，如紫云英所含的氮，

2/3 是固定空气中的氮取得的，种植绿肥相当于建立一个微型氮肥化工厂。二是富集与转化土壤养分。绿肥作物根系发达，能将土壤中不易为其他作物吸收利用的养分集中起来，在绿肥翻压还田后，大部分养分以有效态留在耕作层中。三是改善土壤理化性状，加速土壤熟化。绿肥翻压还田能促进土壤水稳性团粒结构的形成，增加土壤保水、透水性能。群众普遍反映，水田种植绿肥后，土壤易转为乌黑色，土质松软易耕，保水保肥能力增强。旱地种植绿肥，除能培肥地力外，还可以防止水土流失，减少田间杂草生长。

（3）增施农家肥或商品有机肥。有机肥以畜禽粪便、动植物残体为原料，或以动植物加工的下脚料为原料，经高温杀菌杀虫，通过微生物完全发酵腐熟。有机肥含有丰富的有机质，可以向土壤和作物提供大量的氮磷钾及多种中微量元素。长期施用有机肥能改善土壤理化性状，增强土壤的透气、保水、保肥能力，防止土壤板结和酸化，降低土壤盐分对作物的不良影响，增强作物的抗逆和抗病虫害能力，缓解连作障碍，并能明显提高农产品品质和产量。

4. 打破犁底层，加厚耕层

深松可以加深耕层，打破犁底层，增加耕层厚度，能改善土壤结构，使土壤疏松通气，提高耕地质量。进而增强雨水入渗速度和数量，提高土壤蓄水能力，促进农作物根系下扎，提高作物抗旱、抗倒伏能力，经试验对比，深耕深松一次每亩耕地的蓄水能力达到 $10m^3$ 以上，土壤蓄水能力是浅耕的 2 倍，可使不同类型土壤透水率提高 5～7 倍。可显著促进作物增产。另外，相比深翻翻，深松使残茬、秸秆、杂草大部分覆盖于地表，既有利于保墒，减少风蚀，又可以吸纳更多的雨水，还可以延缓径流的产生，削弱径流强度，缓解地表径流对土壤的冲刷，减少水土流失，从而有效地保护土壤。深松后还可减少旋耕次数（一般旋耕一遍即可），减低耕作成本。针对华南区耕层相对较浅的问题，应推广土壤深松技术，不断加厚耕层，提高耕地质量。耕层较浅的土壤应根据土壤质地类型来加深耕层厚度。一般壤性或黏性土壤，可通过深耕深松增加耕层厚度，能改善土壤结构，使土壤疏松通气，而砂性土壤或有浅位漏砂层的土壤则应保护犁底层，以利于保水保肥，不去轻易打破犁底层，否则会导致漏水漏肥。

第八节　甘　新　区

甘新区位于包头—盐池—天祝以西，祁连山—阿尔金山以北，包括新疆全境、甘肃河西走廊、宁夏中北部及内蒙古西部，总耕地面积 0.93 亿亩，占全国耕地总面积的 5.1%。其最西端在新疆阿克陶县乌孜别里山口以西，最北端在新疆布尔津县北部友谊峰以北，最东端为内蒙古的乌拉特前旗，最南端在新疆和田地区以东。主要土壤类型为棕钙土、灰钙土、荒漠土。该区包括蒙宁甘农牧区、北疆农牧林区、南疆农牧林区 3 个二级农业区。干旱是本区最主要的自然特征。

2018 年，甘新区国家耕地质量长期定位监测点有 47 个（表 3-26）。其中，蒙宁甘农牧区有 28 个，占 59.6%；北疆农牧林区 11 个，占 23.4%；南疆农牧林区 8 个，占 17.0%。甘新区耕地质量监测指标分级标准详见表 3-27。

表 3-26 2018 年甘新区国家级监测点的分布及主要土壤类型

农业区	监测点数量	主要土壤类型
蒙宁甘农牧区	28	灌漠土、灌淤土、潮土
北疆农牧林区	11	灌淤土、棕漠土
南疆农牧林区	8	棕钙土、灌淤土、潮土、灰钙土
合计	47	

表 3-27 甘新区耕地质量监测指标分级标准

指标	单位	分级标准				
		1级（高）	2级（较高）	3级（中）	4级（较低）	5级（低）
有机质	g/kg	＞25.0	20.0～25.0	15.0～20.0	10.0～15.0	≤10.0
全氮	g/kg	＞1.80	1.50～1.80	1.00～1.50	0.50～1.00	≤0.50
有效磷	mg/kg	＞40.0	30.0～40.0	20.0～30.0	10.0～20.0	≤10.0
速效钾	mg/kg	＞250	200～250	150～200	100～150	≤100
缓效钾	mg/kg	＞1200	1 000～1 200	800～1 000	600～800	≤600
耕层厚度	cm	＞30.0	20.0～30.0	15.0～20.0	10.0～15.0	≤10.0
pH	—	6.5～7.5	7.5～8.5	8.5～9.0	5.5～6.5	＞9.0，≤5.5

一、耕地质量主要性状

（一）有机质现状及演变趋势

1. 有机质现状

2018 年，甘新区土壤有机质平均含量 16.9g/kg。从甘新区土壤有机质含量各等级所占比例看（图 3-216），甘新区土壤有机质主要分布在 3 级（中），分布在该区间的监测点数占监测点总数的 55.3％；2 级（较高）和 4 级（较低）区间的监测点分别占监测点总数的 12.8％和 21.3％；1 级（高）和 5 级（低）的较少，分别占监测点总数的 2.1％和 8.5％。总的看来，甘新区土壤有机质含量处于中等偏低水平。

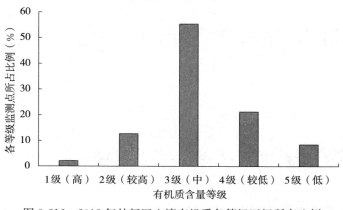

图 3-216 2018 年甘新区土壤有机质各等级区间所占比例

2018年耕地质量监测结果显示，甘新区各二级农业区土壤有机质含量平均值基本持平，北疆农牧林区所辖区域有机质含量最高，平均为17.8g/kg，处于2级（较高）水平；南疆农牧林区最低，平均为14.5g/kg，处于3级（中）水平；蒙宁甘农牧区居中，平均值分别为17.3g/kg，同样处于2级（较高）水平（图3-217）。

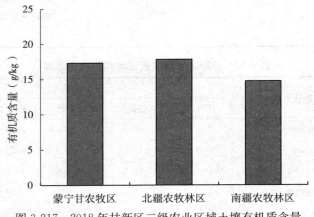

图3-217　2018年甘新区二级农业区域土壤有机质含量

2. 含量变化

2004—2018年，甘新区耕地质量监测点土壤有机质呈缓慢上升后下降的趋势（图3-218），2004—2011年土壤有机质含量成缓慢上升的趋势，2011—2016年略有下降，2016年后逐渐上升。整体看来2018年甘新区土壤有机质含量较2004年增加了0.29g/kg，增幅较小，为1.73%。蒙宁甘农牧区和北疆农牧林区土壤有机质含量在2004—2018年间的变化趋势与全区变化趋势大致相同，南疆农牧林区土壤有机质含量在2004—2008年间呈逐渐下降，2008年后则表现为缓慢上升的变化趋势。蒙宁甘农牧区和南疆农牧林区2018年土壤有机质含量均比2004年有所增加，增幅分别为8.74%和0.85%；北疆农牧林区2018年土壤有机质含量较2004年降低了0.93g/kg，降幅为1.0%。

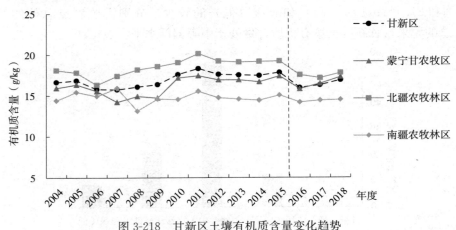

图3-218　甘新区土壤有机质含量变化趋势

3个二级农业区中蒙宁甘农牧区土壤有机质含量是全区土壤有机质含量变化幅度最大

的。出现这样变化趋势的原因一方面是由于监测点数量的变化引起的；另一方面相比其他2个二级农业区，蒙宁甘农牧区种植作物种类较多，施肥结构常随着种植作物种类的改变而发生变动，该二级区主要作物有原来的小麦为主，逐渐发展为小麦、棉花、蔬菜等作物为主，有机肥增施使得该区的土壤有机质含量呈缓慢上升的变化趋势。

3. 频率变化

2004—2018年，甘新区土壤有机质含量主要集中在3级（中）（图3-219），该等级监测点的比例呈波动上升的趋势，2018年该等级监测点频率较2004年增加了22.0%；有机质含量为1级（高）和5级（低）的比例整体较低，且变化趋势在2004—2018年相对稳定；2级（较高）监测点的比例呈先上升后下降的趋势；而4级（较低）监测点的比例则呈波动时下降的趋势，2018年该等级的监测点的比例较2004年降低17.6%。

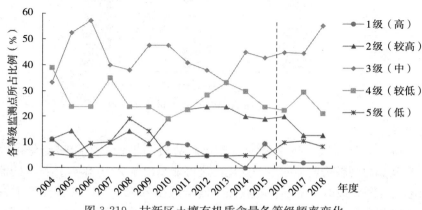

图3-219 甘新区土壤有机质含量各等级频率变化

（二）全氮现状及演变趋势

1. 全氮现状

2018年，甘新区监测点土壤全氮平均含量0.93g/kg。从监测数据频率分布看（图3-220），甘新区监测点土壤全氮含量主要集中在3级（中）和4级（较低）内，分布在这两个等级的监测点分别占监测点总数的46.8%和44.7%；5级（低）的监测点比例较低，仅为8.5%；全区没有监测点分布在1级（高）和2级（较高）两个等级。

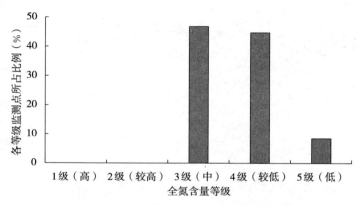

图3-220 2018年甘新区土壤全氮各含量区间所占比例

2018年耕地质量监测结果显示，甘新区各二级农业区土壤全氮含量平均值基本持平（图3-221），3个二级农业区全氮含量现状为：北疆农牧林区＞蒙宁甘农牧区＞南疆农牧林区。其中，蒙宁甘农牧区和北疆农牧林区土壤全氮含量平均值分别为0.96g/kg和0.98g/kg，均高于全区的平均水平，而南疆农牧林区土壤全氮含量为0.91g/kg，低于全区平均水平。3个二级农业区全氮含量均处于4级（较低）水平。

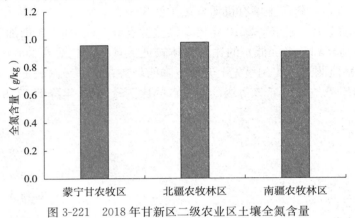

图3-221　2018年甘新区二级农业区土壤全氮含量

2. 含量变化

2004—2014年，甘新区土壤全氮含量变化趋势较为平稳，年际间变化幅度不大；而2015—2018年间到出现较为明显的波动变化，这可能是由于2016年后甘新区的监测点位数迅速增加引起的（图3-222）。蒙宁甘农牧区土壤全氮在2004—2010年间逐渐上升后趋于平稳，2010—2018年呈波动下降的，该区土壤全氮含量由2010年的1.09g/kg下降到2018年的0.96g/kg，2004年到2018年间整体相对持平；北疆农牧林区的全氮含量2004—2010年间呈先下降后上升的变化趋势，2010—2015年间变化不大，但2015年后又呈下降趋势，但与2004年相比整体呈上升的趋势，2018年该区土壤全氮含量较2004年增加了4.0%；南疆农牧林区土壤全氮含量由2004年的0.60g/kg增加至2018年的0.79g/kg，增加了0.19g/kg，增幅达到32.4%，是甘新区3个二级农业区中土壤全氮含量变化幅度最大的二级区。监测点数量的变动，同样是引起甘新区全氮含量的一个主要因素。

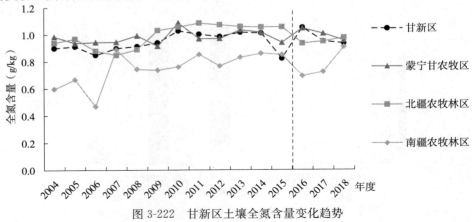

图3-222　甘新区土壤全氮含量变化趋势

3. 频率变化

2004—2018 年，甘新区土壤全氮含量主要集中在 3 级（中）和 4 级（较低）。其中分布在 3 级（中）等级的监测点比例在 2004—2018 年呈波动式上升的变化趋势，增幅为 24.6%，而 4 级（较低）的则呈相反的波动式下降的变化趋势，降幅为 22.0%；在 2004—2018 年，甘新区监测点土壤全氮含量分布在 1 级（高）的没有，2 级（较高）和 5 级的比例均较低，且变化趋势相对稳定。说明甘新区土壤全氮含量在 2004—2018 年间表现为等级逐渐提高的趋势（图 3-223）。总的来看，甘新区土壤全氮的含量处在中等偏低的水平。

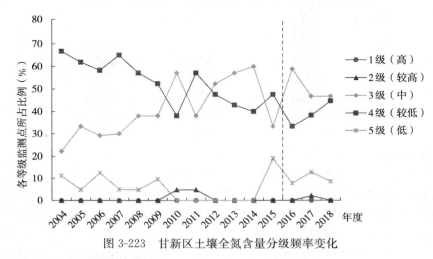

图 3-223　甘新区土壤全氮含量分级频率变化

（三）有效磷现状及演变趋势

1. 有效磷现状

2018 年，监测点土壤有效磷平均含量 29.5mg/kg。从监测数据频率分布看（图 3-224），监测点土壤有效磷主要集中在 3 级（中）和 4 级（较低）等级区间内，分布在该区间内的监测点数均占甘新区监测点总数的 33.3%；在 1 级（高）的监测点也占了较高的比例，该区间内的监测点数占甘新区监测点总数的比例为 20.8%；此外，分布在 2 级（较高）和 5 级（较低）的比例分别为 4.2% 和 8.3%。总的来看，甘新区土壤有效磷含量属于中等偏高的水平。

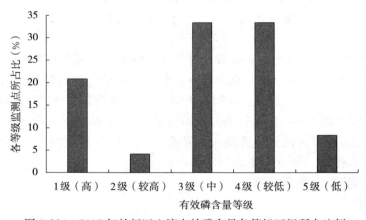

图 3-224　2018 年甘新区土壤有效磷含量各等级区间所占比例

2018 年耕地质量监测结果显示，甘新区各二级农业区土壤有效磷含量平均值变化较大，3 个二级农业区土壤有效磷含量现状为：蒙宁甘农牧区＞南疆农牧林区＞北疆农牧林区，其中蒙宁甘农牧区所辖区域有效磷含量最高，平均为 36.2mg/kg，处于 2 级（较高）水平；北疆农牧林区最低，平均为 15.9mg/kg，处于 4 级（较低）水平；南疆农牧林区居中，平均值分别为 21.2mg/kg，同样处于 3 级（中）水平（图 3-225）。

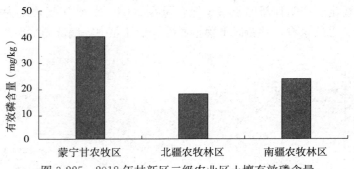

图 3-225　2018 年甘新区二级农业区土壤有效磷含量

2. 含量变化

2004—2018 年，甘新区土壤有效磷含量呈先下降后上升的变化趋势，2004—2014 年间该区土壤有效磷含量呈波动式下降的趋势，2014 年后，土壤有效磷含量呈逐年上升趋势，整体看来 2018 年甘新区土壤有效磷含量较 2014 年减少了 2.9mg/kg，降幅为 8.9%（图 3-226）。3 个二级农业区土壤有效磷含量在 2004—2018 年间的变化不同。其中，蒙宁甘农牧区土壤有效磷含量在 2004—2018 年呈现降低后波动上升的变化趋势，但整体看来该区土壤有效磷含量由 2004 年的 49.3mg/kg，下降至 2018 年的 36.2mg/kg，降幅为 2.5%；南疆农牧林区土壤有效磷含量在 2004—2018 年的变化趋势与蒙宁甘农牧区大致相同，但其变化幅度更大，2018 年土壤有效磷含量比 2004 年减少了 18.6mg/kg，降幅为 46.6%；与蒙宁甘农牧区和南疆农牧林区土壤有效磷含量变化情况不同，北疆农牧林区土壤有效磷含量在 2004—2017 年呈逐年上升的变化趋势，但在 2018 年却略有下降，整体看来该区土壤有效磷含量 2018 年较 2004 年仍有增加，2018 年比 2004 年增加了 1.3mg/kg，增幅为 8.6%。甘新区土壤有效磷的降低，可能和连年种植作物携出大量土壤磷素，而磷肥的使用并未明显增加，土壤磷素的补充未能有效满足其消耗，进而导致该区土壤有效磷出现了下降的趋势。

3. 频率变化

2004—2018 年，甘新区土壤有效磷含量各等级频率变化较为复杂。在 2004—2018 年间，分布在 1 级（高）、3 级（中）和 4 级（较低）区间的监测点呈先降低后逐渐上升的趋势，但 2018 年 1 级（高）监测点区间的比例较 2004 年降低了 6.9%，而 3 级（中）和 4 级（较低）区间监测点所占的比例则分别增加了 11.1% 和 22.2%；2 级（较高）和 5 级（低）区间区间监测点所占比例呈波动式下降的趋势，2018 年监测点所占比例较 2004 年分别降低了 6.9% 和 19.4%（图 3-227）。

（四）速效钾现状及演变趋势

1. 速效钾现

2018 年，监测点土壤速效钾平均含量 183mg/kg。从监测数据频率分布看（图 3-

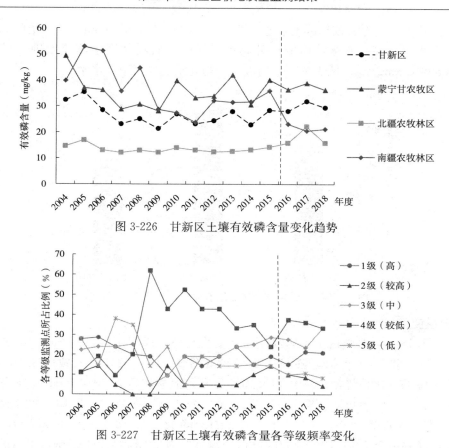

图 3-226 甘新区土壤有效磷含量变化趋势

图 3-227 甘新区土壤有效磷含量各等级频率变化

228），监测点土壤速效钾主要集中在大于 3 级（中）区间，在各等级监测点所占比例呈正态分布；分布在 3 级（中）区间的监测点比例为 34.0%，2 级（较高）和 4 级（较低）的比例分别为 19.2% 和 21.3%，分布在 1 级（高）和 5 级（低）的比例均为 12.8%。总的来看，甘新区监测点土壤速效钾含量处于中等水平。

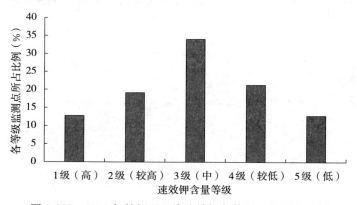

图 3-228 2018 年甘新区土壤速效钾各等级区间所占比例

2018 年耕地质量监测结果显示，甘新区各二级农业区土壤速效钾含量平均值变化较大（图 3-229），3 个二级农业区速效钾含量现状为：北疆农牧林区＞蒙宁甘农牧区＞南疆农牧林区。其中，北疆农牧林区土壤速效钾含量平均值为 229mg/kg，高于全区的平均水平，处于 2 级（较高）水平，而蒙宁甘农牧区和南疆农牧林区土壤速效钾含量分别为 175mg/kg 和 156mg/kg，低于全区平均水平，均处于 3 级（中）水平。

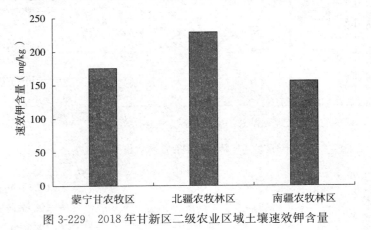

图 3-229　2018 年甘新区二级农业区域土壤速效钾含量

2. 含量变化

2004—2018 年，甘新区土壤速效钾含量变化趋势呈缓慢下降，由 2004 年的 232mg/kg 下降至 2018 年 183mg/kg，降幅达 21.2%（图 3-230）。蒙宁甘农牧区在 2004—2014 年呈逐渐下降的变化趋势，2014 年后又逐渐上升，但整体看来 2018 年较 2004 年土壤速效钾含量降低了 22mg/kg，降幅为 11.2%；北疆农牧林区在 2004—2018 年间下降趋势较为平稳，其速效钾含量有 2004 年的 248mg/kg 降低为 2018 年的 229mg/kg，减少了 19mg/kg，降幅为 7.7%；而南疆农牧林区土壤速效钾含量在 2004—2018 年间的变化较大，2004—2007 年土壤速效钾含量降低的幅度较大，2007—2018 年略有上升后趋于平稳，2018 年该区土壤速效钾含量较 2004 年减少了 115mg/kg，降幅为 42.4%，是全区土壤速效钾含量变幅最大的二级农业区。甘新区土壤钾含量的本底值较高，因此农民施肥习惯"重氮磷轻钾肥"，常年不施或少施钾肥，这可能是导致该地区土壤钾素含量逐年下降的主要原因。

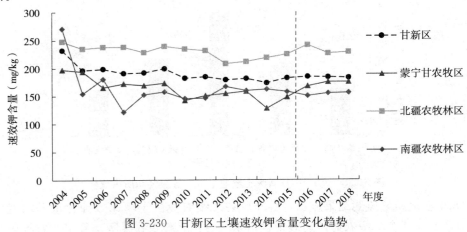

图 3-230　甘新区土壤速效钾含量变化趋势

3. 频率变化

2004—2018 年，甘新区监测点土壤速效钾含量等级频率变化表现为：1 级（高）等级频率有所下降，其余等级频率有所上升。其中 1 级（高）等级的频率在 2004—2005 年迅速下降后，在 2005—2018 年呈平稳下降的趋势，整体看来 2018 年分布在 1 级（高）等级的监测点比例较 2004 年降低了 37.2%；其余等级年际波动较大，但整体呈波动式上升的变化趋势其中 5 级（低）等级监测点占比增加较大，增加了 12.8%（图 3-231）。

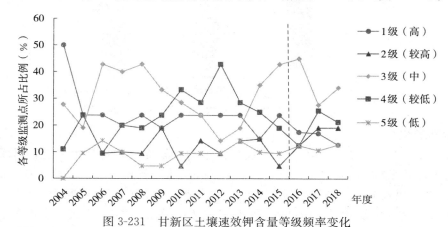

图 3-231　甘新区土壤速效钾含量等级频率变化

（五）缓效钾现状及演变趋势

1. 缓效钾现状

2018 年，甘新区监测点土壤缓效钾平均含量 990mg/kg。从监测数据频率分布看（图 3-232），甘新区监测点的土壤缓效钾含量主要集中分布于 1 级（高）、2 级（较高）和 3 级（中）三个等级，分布在这 3 个区间内监测点占比分别为 20.6%、26.5% 和 29.4%；分布在 4 级（较低）的监测点数最少，仅占甘新区监测点总数的 8.8%；5 级（低）的占14.7%。由图可以看出，甘新区土壤缓效钾含量水平较高。

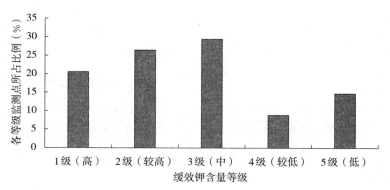

图 3-232　2018 年甘新区土壤缓效钾各等级区间所占比例

2018 年耕地质量监测结果显示，甘新区各二级农业区土壤缓效钾含量平均值变化较大，南疆农牧林区所辖区域缓效钾含量最高，平均为 1228mg/kg，处于 1 级（高）水平；蒙宁甘农牧区最低，平均为 870mg/kg，处于 3 级（中）水平；北疆农牧林区居中，平均值分别为 1 021mg/kg，处于 2 级（较高）水平（图 3-233）。

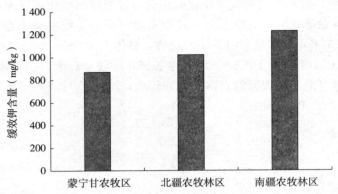

图 3-233　2018 年甘新区二级农业区域土壤缓效钾含量

2. 含量变化

2004—2018 年，甘新区监测点土壤缓效钾平均含量变化趋势较为平稳，呈缓慢上升的变化趋势，从 2004 年的 613mg/kg 上升至 2018 年的 990mg/kg，增幅达 31.42%（图 3-234）。3 个二级农业区土壤缓效钾含量在 2011—2018 年间的变化情况为：3 个二级区在 2011—2015 年间变化幅度不大相对较为平稳，但 2015 年后蒙宁甘农牧区呈逐渐下降的趋势，而北疆农牧林区和南疆农牧林区都表现为波动上升的变化趋势。与 2011 年相比，北疆农牧林区和南疆农牧林区土壤缓效钾含量均有所增加，分别增加了 42.6% 和 5.4%，而蒙宁甘农牧区土壤缓效钾含量则由 2011 年的 1059mg/kg 降低为 2018 年的 870mg/kg，降幅为 17.8%。

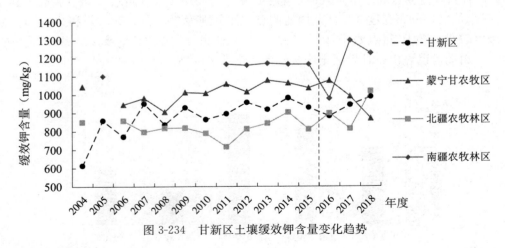

图 3-234　甘新区土壤缓效钾含量变化趋势

3. 频率变化

2011—2018 年，甘新区监测点土壤缓效钾含量分布于 1 级（高）的监测点频率变化相对平稳，呈缓慢上升的变化趋势；2 级（较高）监测点的频率则呈缓慢下降的变化趋势；3 级（中）和 5 级（低）的监测点频率在 2011—2018 年呈波动上升的变化趋势，4 级（较低）的监测点频率在 2011—2018 年呈波动下降的变化趋势（图 3-235）。

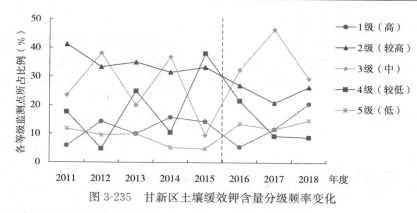

图 3-235 甘新区土壤缓效钾含量分级频率变化

（六）土壤 pH 现状及演变趋势

1. 土壤 pH 现状

2018 年，甘新区监测点土壤 pH 主要分布在 2 级（较高）等级区间内，分布在该等级区间的监测点占监测点总数的 76.6％；1 级（高）和 3 级（中）的监测点分别占监测点总数的 6.4％和 14.9％；还有少量监测点分布在 5 级（低）等级的区间内。由此可以看出，甘新区监测点土壤 pH 主要集中在 7.5～9.0，属于碱性土壤（图 3-236）。

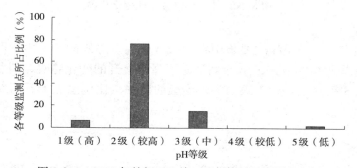

图 3-236 2018 年甘新区土壤 pH 各等级区间所占比例

2018 年耕地质量监测结果显示，甘新区各二级农业区土壤 pH 平均值基本持平（图 3-237），3 个二级农业区 pH 现状为：蒙宁甘农牧区＞南疆农牧林区＞北疆农牧林区，3 个二级农业区 pH 均处于 2 级（较高）水平。

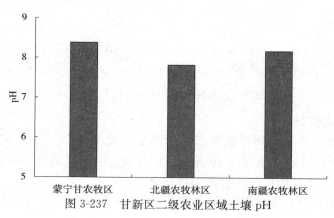

图 3-237 甘新区二级农业区域土壤 pH

2. pH 变化

2004—2018 年，甘新区及其 3 个二级农业区域监测点土壤 pH 变化趋势较为平稳，除北疆农牧林区在 2004—2006 年间表现出急剧上升后又下降的变化趋势，其余各区的变化幅度并不明显。但该区土壤 pH 的变化稳定在中性偏碱区间，并无土壤酸化的现象发生（图 3-238）。

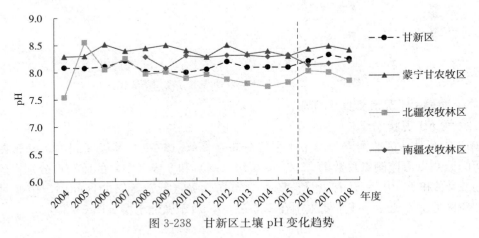

图 3-238　甘新区土壤 pH 变化趋势

3. 频率变化

2004—2018 年，土壤 pH 主要集中在 2 级（较高）等级的区间内（图 3-239），该等级区间的监测点占比在 2004—2018 年间呈先下降后上升的变化趋势，但整体含量均在较高水平。分布在 3 级（中）和 1 级（高）等级的监测点比例呈先上升后缓慢下降的变化趋势。

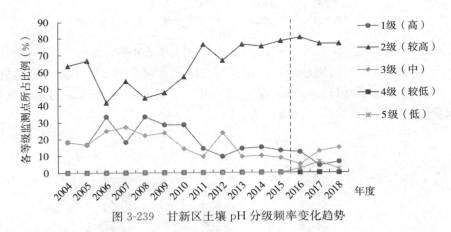

图 3-239　甘新区土壤 pH 分级频率变化趋势

（七）耕层厚度情况

2018 年，黄淮海区耕地质量监测点土壤耕层厚度平均 27.0cm，耕层最厚 40.0cm，最薄 20.0cm。监测点耕层厚度在 2 级（较高）等级区间的监测点占比最大，为 62.8%，1 级（高）和 3 级（中）的比例分别为 11.6% 和 25.6%。

2015—2018 年，甘新区监测点耕层厚度在 1 级（高）等级区间的占比呈逐年增加的变化趋势；2级（较高）的占比表现为先降低后升高的趋势，但2018年占比与2004年相对持平；3级（中）等级区间的监测点占比的变化趋势与2级（较高）的相反，呈先升高后降低（图3-240）。总体来说甘新区监测点耕层厚度在2015—2018年间逐渐增大。

2018年甘新区的3个二级农业区耕层厚度平均值表现为：北疆农牧林区＞蒙宁甘农牧区＞南疆农牧林区，均处于2级（较高）水平。

甘新区土壤耕层厚度的增加可能是由于近年来机械化耕种程度大幅提高，机械深翻打破传统犁底层，使得土壤耕层厚度增加。此外，由于深翻将深层生土翻到表层，一般表层土壤有机质、速效磷等普遍高于下层土壤，而下层土壤钾素等普遍高于表层土壤，因此也导致了该区土壤有机质、有效磷的降低，而缓效钾升高。

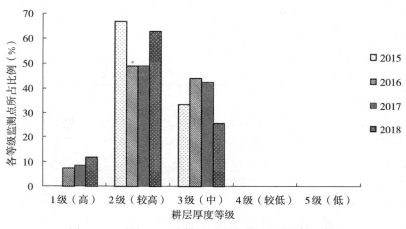

图3-240　甘新区土壤耕层厚度各等级区间所占比例

二、肥料投入与利用现状

（一）肥料投入现状

2018年，甘新区主要作物监测点肥料亩总投入量（折纯，下同）平均值42.7kg，其中有机肥亩投入量平均值13.7kg，化肥亩投入量平均值29.1kg，化肥和有机肥之比2.13∶1。肥料亩总投入中，氮肥投入22.3kg，磷肥（P_2O_5）12.1kg，钾肥（K_2O）8.3kg，投入量依次为：肥料氮＞肥料磷＞肥料钾，氮∶磷∶钾平均比例1∶0.54∶0.37。其中化肥亩投入中，氮肥（N）投入16.3kg，磷肥（P_2O_5）9.4kg，钾肥（K_2O）3.3kg，投入量依次为：化肥氮＞化肥磷＞化肥钾，氮∶磷∶钾平均比例1∶0.58∶0.20。

2018年，甘新区的4个二级农业区中主要作物监测点的肥料投入情况见表3-28。蒙宁甘农牧区主要作物监测点肥料亩总投为23.6kg，其中有机肥亩投入量平均值10.0kg，化肥亩投入量平均值32.9kg，化肥和有机肥之比3.28∶1。肥料亩总投入中，氮肥（N）投入23.6kg，磷肥（P_2O_5）13.9kg，钾肥（K_2O）5.4kg，投入量依次为：肥料氮＞肥料磷＞肥料钾，其中化肥N∶P_2O_5∶K_2O为1∶0.55∶0.16。

北疆农牧林区主要作物监测点肥料亩总投入量为40.0kg，其中有机肥亩投入量平均值16.6g，化肥亩投入量平均值23.4kg，化肥和有机肥之比1.41∶1。肥料亩总投入中，氮肥（N）投入 19.3kg，磷肥（P_2O_5）10.3kg，钾肥（K_2O）10.4kg，投入量依次为：肥料氮＞肥料磷＞肥料钾，其中化肥 N：P_2O_5：K_2O 为 1：0.64：0.32。

南疆农牧林区主要作物监测点肥料亩总投入量为 36.4kg，其中有机肥亩投入量平均值 14.1kg，化肥亩投入量平均值 22.3kg，化肥和有机肥之比 1.58：1。肥料亩总投入中，氮肥（N）投入 17.8g，磷肥（P_2O_5）9.5kg，钾肥（K_2O）9.2kg，投入量依次：肥料氮＞肥料磷＞肥料钾，其中化肥 N：P_2O_5：K_2O 为 1：0.64：0.32。

表 3-28　甘新区监测点肥料亩投入情况

农业区	有机肥（kg）	化肥（kg）	施肥总量（kg）	总 N（kg）	总 P_2O_5（kg）	总 K_2O（kg）	化肥 N：P_2O_5：K_2O
蒙宁甘农牧区	10.02	32.85	42.86	23.57	13.92	5.37	1：0.55：0.16
北疆农牧林区	16.60	23.39	39.99	19.32	10.28	10.40	1：0.64：0.32
南疆农牧林区	14.13	22.31	36.43	17.82	9.45	9.16	1：0.64：0.32
甘新区	13.66	29.05	42.72	22.32	12.13	8.27	1：0.58：0.20

（二）肥料投入变化趋势

2004—2018 年，甘新区主要种植作物监测点，肥料单位面积投入总量呈现为先波动式上升后逐渐下降的变化趋势，监测点肥料亩投入量 2018 年 42.7kg，较 2004 年亩减少了 5.8kg，降幅 12.0%。其中，2018 年化肥亩投入量较 2004 年减少了 4.7kg，降幅为 14.0%；有机肥亩用量在 2004—2018 年间呈现为先上升后下降的变化趋势，但 2018 年亩投入量较 2004 年变化幅度不大（图 3-241）。2004—2018 年甘新区主要作物年亩产呈波动上升的变化趋势，主要作物亩产由 2004 年的 1 137kg 增加至 2018 年的 1 336kg，增幅为 17.5%。

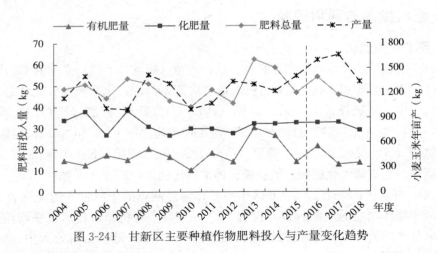

图 3-241　甘新区主要种植作物肥料投入与产量变化趋势

（三）养分回收率与偏生产力

1. 小麦

（1）养分回收率

由图 3-242 可见，2004—2018 年，甘新区小麦总养分回收率和氮养分回收率总体变化趋势不大，2004—2015 年基本保持稳定，2015—2017 年缓慢上升，2018 年略有下降；钾肥回收率在 2004—2009 年出现先上升后下降的趋势，2009—2016 年基本保持稳定，2016—2018 年又呈逐渐上升的变化趋势。2004—2018 年间甘新区主要种植作物磷肥养分回收率相对稳定，基本不变。

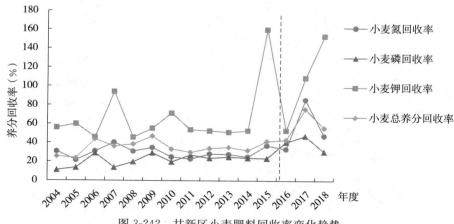

图 3-242　甘新区小麦肥料回收率变化趋势

（2）偏生产力

由图 3-243 可见，甘新区耕地质量监测点小麦化肥、氮肥和磷肥偏生产力整体变化不大，与 2004 年相比，整体变化趋势较为平稳，变动不大。而该地区钾肥的偏生产力在 2004—2018 年间出现波动变化的趋势，但整体呈现缓慢上升的趋势，出现这种变化趋势的原因可能和该地区钾肥施用的习惯相关，由于该地区土壤钾素含量较高，因此该地区农民常习惯于少施或不施，特别是在测土配方施肥项目实施后，钾肥配施比例有所下降。

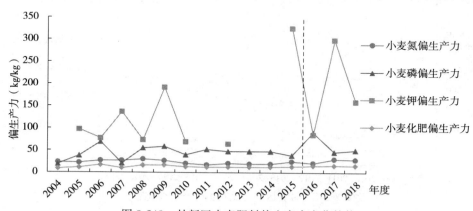

图 3-243　甘新区小麦肥料偏生产力变化趋势

2. 玉米

（1）养分回收率

由图 3-244 可见，2008—2018 年，甘新区玉米总养分回收率和氮回收率均呈先上升后逐渐下降的趋势，但总体看来 2018 年玉米总养分回收率较 2008 年增加了 28.4%，氮回收率则增加了 43.4%；甘新区玉米磷回收率在 2008—2013 年间相对稳定，在 2013 年后呈现逐年下降的变化趋势，2018年甘新区玉米磷回收率较2008年减少了9.3％；相比而言，甘新区玉米钾回收率的变动幅度较大，在2008—2009年出现急剧上升的趋势，2011—2013年趋于稳定，2015—2018年又逐渐下降。玉米钾回收率出现波动变化，一方面是该地区钾肥施用量较少引起，另一方面和监测点位变动有关。

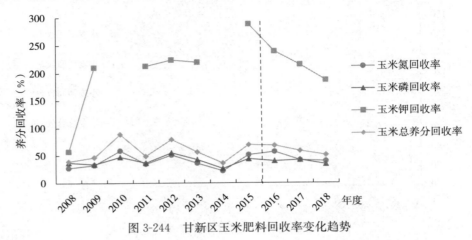

图3-244　甘新区玉米肥料回收率变化趋势

（2）偏生产力

由图3-245可见，甘新区耕地质量监测点玉米化肥、氮和磷偏生产力整体变化不大，与2008年相比，整体变化趋势较为平稳，变动不大；玉米钾偏生产力在2008—2014年间出现波动变化的趋势，但整体呈现波动下降的趋势，而2014年后变化趋势相对稳定，呈逐渐上升的变化趋势。

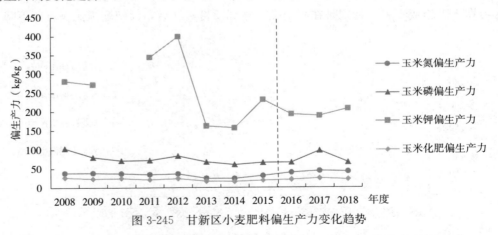

图3-245　甘新区小麦肥料偏生产力变化趋势

三、耕地质量存在的主要问题、原因和土壤培肥改良对策

甘新区气候条件差、地形地貌复杂、耕地分布零碎，这些耕地分布范围广、面积较大，所处土层深厚，质地中等，海拔高度高低不等，土壤质量差别较大，普遍耕种时间长，熟化程度高，有机质及养分含量中等，主要障碍因素是水分条件制约较大，灌溉保证率偏低，一些地区灌溉条件无法保障，但生产潜力巨大。

（一）耕地质量存在的问题及原因分析

根据耕地质量监测数据分析结果，甘新区耕地质量存在的主要问题有以下 4 个方面：

（1）耕地土壤养分不均衡　根据 2004—2018 年甘新区耕地质量监测结果，甘新区耕地土壤有机质和全氮处于中等偏低水平，土壤速效钾处于中等水平，而土壤缓效钾和速效磷处于较高水平。甘新区耕地出现土壤养分不均衡的原因，一方面是由于土壤本身结构不良，养分分布不均衡引起的；另一方面是由于该地区的施肥结构不均衡引起的。

（2）耕地重用轻养，施肥不平衡　从耕地质量监测结果可以看出，甘新区施肥结构以化肥为主，有机肥投入较少；氮磷肥施用较多，而钾肥施用较少。有机肥投入较少不仅对土壤有机质、全氮的提升造成影响，同时会影响土壤养分有效性的提高。此外，由于该地区农民常年施肥习惯为"重氮磷轻钾肥"，氮磷肥使用增多，促进植物对土壤氮磷的吸收，但受作物自身生理因素的影响，对钾素的吸收也相应增加，导致了该地区土壤养分的不均衡。

（3）土壤盐渍化问题突出　盐渍化耕地在甘新区分布面积较广，宁夏、新疆均有大面积分布，土壤盐渍化导致土壤板结、养分含量降低。除部分由于土壤本身盐碱含量较高引起，大部分是由于不合理的灌溉引起的次生盐渍化。

（4）沙化威胁阻碍耕地质量提升　这类耕地主要分布在距离沙漠较近的绿洲、农牧交错区域，由于人为过度放牧或翻耕因此沙化的威胁。土壤表现出过分疏松，漏水漏肥，有机质缺乏，蒸发量大，保温性能低，肥劲短，后期易脱肥等特点。

（二）土壤培肥改良对策

为了消除甘新区限制因素，培育和提高地力，今后的改良利用应做好以下几个方面：

一是深耕改土培肥地力。深耕可以疏松土壤，加厚活土层，增加表层的非毛管孔隙，协调大小孔隙的比例，调节土壤水、肥、气、热，提高土壤蓄水保墒能力，解决土壤透水与保水、蓄水与通气的矛盾，改善土壤理化性状，深耕结合分层施肥，提高土壤肥力，加深活土层，就可以扩大根系的生长范围，作物根系扎的深，相应的就能提高作物的抗旱能力。

二是完善灌排，发展节水农业。做到灌、排分开，加强用水管理，严格控制地下水水位，通过灌水冲洗、引洪放淤等，不断淋洗和排除土壤中的盐分。同时在提高水分生产效率的前提下，提高灌溉保证率，例如广泛推广覆盖技术，通过雨水集流技术发展集雨补灌农业。一方面可以逐步加深耕作层，提高土壤蓄水保肥能力；另一方面，达到保持水土，增强保肥保水性能的目的。

三是改良盐碱地，提高耕地质量。根据"盐随水来，盐随水去"的规律，把水灌到地里，在地面形成一定深度的水层，使土壤中的盐分充分溶解，再从排水沟把溶解的盐分排走。从而降低土壤的含盐量。增施有机肥能增加土壤的腐殖质，有利于团粒结构的形成，改良盐碱地的通气、透水和养分状况，有机质分解后产生的有机酸还能中和土壤的碱性。

四是增施有机肥，合理施用化肥。增施有机肥料是提高土壤肥力的重要措施。化肥给土壤中增加氮磷钾，促进作物生长，提高土壤肥力。施用化肥可以增加作物产量，同时作物秸秆可以作物有机肥源，扩大有机肥源，以无机促有机。

五是植树造林，降低土壤沙化威胁。对于沙化土壤的改良，首先是要营造永固的防风、固沙林带，使其成为绿洲的人工屏障，加上农田防护林带、林网，使得大风在高大的林带、林网下，速度减缓下来，它的危害就减少了，由风携带来的沙粒也就留在林带附近，不在对农田造成直接危害；其次是保护村庄农田附近沙窝里的天然杂草，灌木，不能使其受破坏。

六是推广用养结合的轮作休耕制度。一方面实行秸秆还田，发展绿肥，不仅提高土壤有机质含量，改良土壤，培肥地力，同时还应协调氮磷钾比例，适当减少磷肥投入，补充施用钾肥和中微肥。另一方面实行轮作休耕制度，甘新区的部分耕地尽管具有较高的潜力，但也不能过度的利用，可以在一些地方试点耕地轮休制度，通过深翻之后让耕地休息1～2年，后实现用地养地相结合，保护和提升地力，增强粮食和农业发展后劲。

第九节　青　藏　区

青藏区包括西藏、青海大部、甘肃甘南及天祝、四川西部、云南西北部，总耕地面积0.13亿亩，占全国耕地总面积的0.7%。该区海拔高、光照充足、昼夜温差大。种植制度为一年一熟，以种植喜温凉的青稞、小麦、豌豆为主。包括藏南农牧区、川藏林农牧区、青甘牧农区和青藏高寒地区4个二级农业区。该区域耕地质量等级不高，高等级耕地主要分布在川藏林农牧区，以亚高山草甸土、冷棕钙土为主，海拔低、水热条件好，没有明显的障碍因素，应兴修水利、发展灌溉，严格控制坡地耕垦。中低等级耕地主要分布在青藏高寒牧区，以高山草原土、高山草甸草原土、高山荒漠草原土、高山漠土为主，这部分耕地海拔高、气候干燥、气温低，且土层较薄、土壤养分贫瘠，耕地生产能力较低。

2018年，青藏区耕地质量监测点共有12个。其中，青甘牧农区7个，占青藏区监测点总数的58.3%；藏南农牧区3个，占25.0%；川藏林农牧区2个，占16.7%（表3-29）。青藏区耕地质量监测指标分级标准详见表3-30。

表3-29　2018年青藏区国家级监测点的分布及主要土壤类型

农业区	监测点数量	主要土壤类型
青甘牧农区	7	棕漠土、棕钙土、棕钙土
藏南农牧区	3	潮土、草甸土
川藏林农牧区	2	褐土
合计	12	

表3-30　青藏区耕地质量监测指标分级标准

指标	单位	分级标准				
		1级（高）	2级（较高）	3级（中）	4级（较低）	5级（低）
有机质	g/kg	>35.0	30.0～35.0	20.0～30.0	10.0～20.0	≤10.0
全氮	g/kg	>2.00	1.50～2.00	1.00～1.50	0.75～1.00	≤0.75
有效磷	mg/kg	>40.0	20.0～40.0	10.0～20.0	5.0～10.0	≤5.0
速效钾	mg/kg	>250	200～250	150～200	100～150	≤100

（续）

指标	单位	分级标准				
		1级（高）	2级（较高）	3级（中）	4级（较低）	5级（低）
缓效钾	mg/kg	＞1200	1 000～1 200	800～1 000	600～800	≤600
pH	—	6.5～7.5	7.5～8.5	8.5～9.0	5.5～6.5	＞9.0，≤5.5
耕层厚度	cm	＞25.0	20.0～25.0	15.0～20.0	10.0～15.0	≤10.0

一、青藏区耕地质量主要指标现状

（一）土壤有机质现状

2018 年，青藏区土壤有机质平均含量 22.0g/kg。从青藏区土壤有机质各含量区间所占比例看（图 3-246），青藏区土壤有机质主要分布在 1 级（高）和 3 级（中）等级区间内，分布在这 2 个区间的监测点数分别占监测点总数的 42.9％和 28.6％；2 级（较高）和 4 级（较低）区间的监测点占比相等，均为 14.3％；没有分布在 5 级（低）等级的监测点。总的来看，青藏区有机质含量处于较高水平。

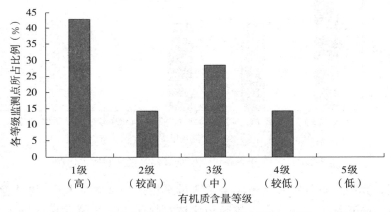

图 3-246　2018 年青藏区土壤有机质各等级区间所占比例

2018 年耕地质量监测结果显示，青藏区各二级农业区土壤有机质含量平均值变化较大，3 个二级农业区有机质含量现状为：青甘牧农区＞藏南农牧区＞川藏林农牧区，其中青甘牧农区所辖区域有机质含量最高，平均为 31.7g/kg，处于 2 级（较高）水平；藏林农牧区最低，平均为 16.9g/kg，处于 4 级（较低）水平；藏南农牧区居中，平均值分别为 17.3g/kg，处于 4 级（较低）水平（图 3-247）。

（二）土壤全氮现状

2018 年，青藏区土壤全氮平均含量为 1.63g/kg。从青藏区土壤有机质各含量区间所占比例看（图 3-248），青藏区土壤有机质主要分布在 1 级（高）、2 级（较高）和 3 级（中）等级区间内，没有分布在 4 级（较低）和 5 级（低）等级的监测点；其中，分布在 1 级（高）等级区间内的监测点数占监测点总数的 42.9％，分布在 2 级（较高）和 3 级（中）的均占 28.57％。青藏区土壤全氮含量处于较高水平。

2018 年青藏区的 3 个二级农业区土壤全氮含量现状为：青甘牧农区＞藏南农牧区＞

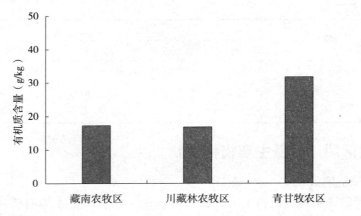

图 3-247　2018 年青藏区二级农业区域土壤有机质含量

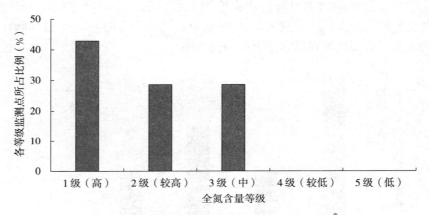

图 3-248　2018 年青藏区土壤全氮各等级区间所占比例

川藏林农牧区。其中，青甘牧农区土壤全氮含量平均值为 2.31g/kg，高于全区的平均水平，处于 1 级（高）水平，而藏南农牧区和藏林农牧区土壤全氮含量分别为 1.42g/kg 和 1.17g/kg，均低于全区平均水平，处于 3 级（中）水平（图 3-249）。

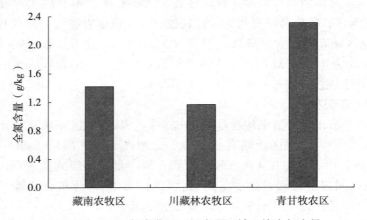

图 3-249　2018 年青藏区二级农业区域土壤全氮含量

（三）土壤有效磷现状

2018 年，青藏区监测点土壤有效磷含量平均值为 26.8mg/kg，其频率分布见图 3-250。其中，青藏区土壤有效磷含量集中分布在 2 级（较高）和 3 级（中）等级区间内，分布在这两个区间内的监测点数占比相同，各占监测点总数的 42.9%；其余监测点均分布在 1 级（高）等级区间内。由此可见，青藏区有效磷含量处于高水平。

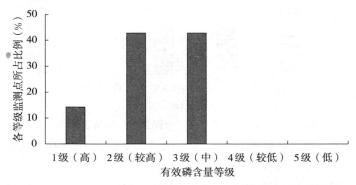

图 3-250　2018 年青藏区土壤有效磷含量各等级区间所占比例

2018 年耕地质量监测结果显示，青藏区各二级农业区土壤有效磷含量平均值变化较大（图 3-251），3 个二级农业区有效磷含量现状为：川藏林农牧区＞青甘牧农区＞藏南农牧区，其中川藏林农牧区所辖区域有效磷含量最高，平均为 40.7mg/kg，处于 1 级（高）水平；藏南农牧区最低，平均为 13.1mg/kg，处于 3 级（中）水平；青甘牧农区居中，平均值为 26.6mg/kg，同样处于 2 级（较高）水平。

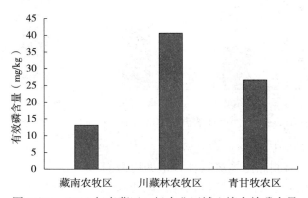

图 3-251　2018 年青藏区二级农业区域土壤有效磷含量

（四）土壤速效钾现状

2018 年，青藏区监测点土壤速效钾含量平均值为 142mg/kg。由图 3-252 可以看出，青藏区监测点土壤速效钾含量在各等级区间内的分布较为分散，其中 42.9% 的监测点土壤速效钾含量分布在 1 级（高）等级区间内，28.6% 的监测点土壤速效钾含量分布在 5 级（低）等级区间内，分布在 2 级（较高）和 3 级（中）等级区间内监测点各占监测点总数的 14.3%。青藏区土壤速效钾呈现两极分化的分布。

2018 年耕地质量监测结果显示，青藏区各二级农业区土壤速效钾含量平均值变化较

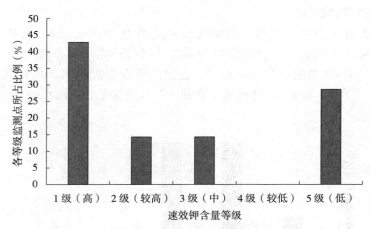

图 3-252　2018 年青藏区土壤速效钾含量各等级区间所占比例

大，3 个二级农业区土壤速效钾含量现状为：青甘牧农区＞川藏林农牧区＞藏南农牧区。其中，青甘牧农区所辖区域土壤速效钾含量最高，平均为 226mg/kg，处于 2 级（较高）水平；藏南农牧区最低，平均为 79mg/kg，处于 5 级（低）水平；川藏林农牧区居中，平均值分别为 123mg/kg，处于 4 级（较低）水平（图 3-253）。

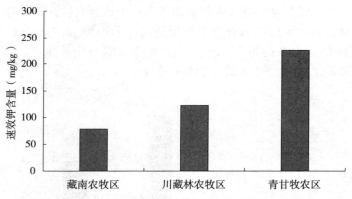

图 3-253　2018 年青藏区二级农业区域土壤速效钾含量

（五）土壤缓效钾现状

2018 年，青藏区监测点土壤缓效钾含量平均值为 624mg/kg。从青藏区土壤缓效钾含量各等级区间所占比例看（图 3-254），青藏区土壤缓效钾主要分布在 1 级（高）和 3 级（中）等级区间内，分布在这 2 个区间的监测点数分别占监测点总数的 28.6％和 42.9％；2 级（较高）和 4 级（较低）区间的监测点占比相等，均为 14.3％；没有分布在 5 级（低）等级的监测点。总的来看，青藏区缓效钾含量处在中等偏高水平。

2018 年耕地质量监测结果显示，青藏区各二级农业区土壤缓效钾含量平均值变化较大，2018 年青藏区的 3 个二级农业区土壤缓效钾含量现状为：青甘牧农区＞藏南农牧区＞川藏林农牧区。其中，而青甘牧农区土壤速效钾最高，平均值为 1 049mg/kg，高于全区平均水平，处于 2 级（较高）水平，而藏南农牧区和川藏林农牧区土壤速效钾含量平均值分别为 469mg/kg 和 355mg/kg，均低于全区的平均水平，处于 5 级（低）水平（图 3-255）。

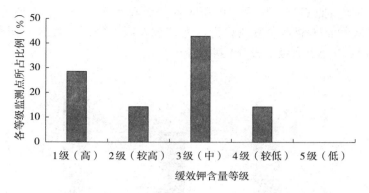

图 3-254　2018 年青藏区土壤缓效钾含量个等级区间所占比例

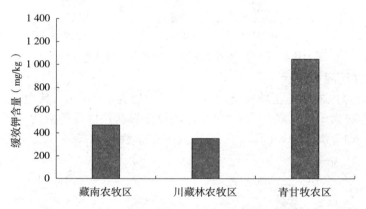

图 3-255　2018 年青藏区二级农业区域土壤缓效钾含量

（六）土壤 pH 现状

2018 年，青藏区监测点土壤 pH 主要分布在 2 级（较高）等级区间内，分布在该等级区间的监测点占监测点总数的 76.6%；1 级（高）和 3 级（中）的监测点分别占监测点总数的 6.4% 和 14.9%；还有少量监测点分布在 5 级（低）等级的区间内。由此可以看出，青藏区监测点土壤 pH 主要集中在 7.5～9.0，整体上处于中性偏碱（图 3-256）。

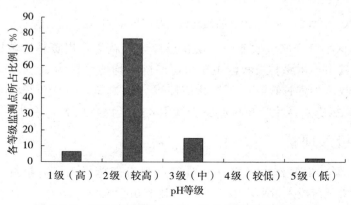

图 3-256　2018 年青藏区土壤 pH 各等级区间所占比例

2018年耕地质量监测结果显示，甘新区各二级农业区土壤 pH 平均值基本持平（图3-257），3个二级农业区全氮含量现状为：青甘牧农区＞藏南农牧区＞川藏林农牧区，3个二级农业区 pH 均处于2级（较高）水平。

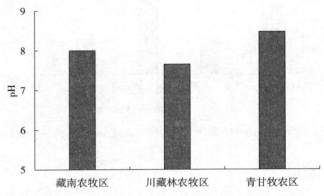

图 3-257　2018年青藏区二级农业区域土壤 pH

（七）土壤耕层厚度现状

2018年，青藏区监测点土壤耕层厚度含量平均值为 24.0cm，其中，42.9％的监测点土壤耕层厚度等级为1级（高），28.6％的监测点土壤耕层厚度等级为4级（较低），分布在2级（较高）和3级（中）的监测点均占监测点总数的 14.3％（图 3-258）。

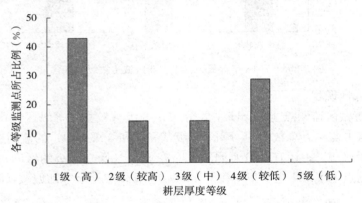

图 3-258　2018年青藏区耕层厚度各等级区间所占比例

2018年青藏区的3个二级农业区土壤耕层厚度现状为：川藏林农牧区＞青甘牧农区＞藏南农牧区。其中，川藏林农牧区土壤耕层厚度平均值分别为 25.0cm，高于全区的平均水平；藏南农牧区和青甘牧农区土壤耕层厚度分别为 23.3cm 和 23.6cm，均低于全区平均水平，3个二级农业区土壤耕层厚度均处于2级（较高）水平（图 3-259）。

二、肥料投入现状

2018年，青藏区主要作物（青稞）监测点肥料亩总投入量（折纯，下同）平均值58.0kg，其中有机肥亩投入量平均值 43.3kg，化肥亩投入量平均值 14.7kg，化肥和有机肥之比 1：2.95。肥料亩总投入中，氮肥投入 18.4kg，磷肥（P_2O_5）14.7kg，钾肥（K_2O）

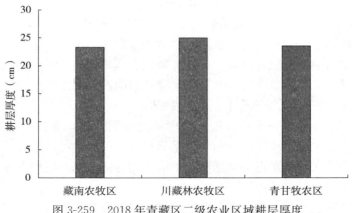

图 3-259　2018 年青藏区二级农业区域耕层厚度

24.9kg，投入量依次为：肥料钾＞肥料氮＞肥料磷，氮∶磷∶钾平均比例 1∶0.79∶1.35。其中化肥亩投入中，氮肥（N）投入 7.5kg，磷肥（P_2O_5）为 5.5kg，钾肥（K_2O）为 1.7kg，投入量依次为：化肥氮＞化肥磷＞化肥钾，氮∶磷∶钾平均比例 1∶0.74∶0.22。

　　2016—2018 年，青藏区主要种植作物（青稞）监测点，肥料单位面积投入总量呈现先上升后趋于平稳的变化趋势，监测点肥料亩总投入量由 2016 年的 23.2kg 增加至 2018 年的 58.0kg。其中，2018 年化肥亩投入量较 2016 年减少了 2.4kg，降幅为 14.3％；有机肥亩用量在 2016—2018 年间呈现为显著上升的变化趋势，由 2016 年的 6.1kg 增加至 2018 年的 43.3kg；2016—2018 年青稞产量呈持续稳定增产趋势（图 3-260）。由此可以看出，青藏区近几年化肥投入逐渐减少，有机肥投入明显增加，青稞产量稳定增产，实现化肥减量增效和有机肥替代行动。

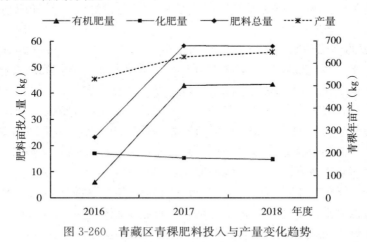

图 3-260　青藏区青稞肥料投入与产量变化趋势

三、耕地质量存在的主要问题、原因和培肥改良对策

　　青藏区土壤有机质和全氮含量处于中等水平，有效磷含量较低，速效钾和缓效钾含量较高，耕层厚度和土壤容重处于全国平均水平，土壤处于中性偏碱。由于气候特点和地理

条件多重因素的影响，土壤中存在多种制约农业生产的障碍因素。

（一）耕地质量存在的问题及原因分析

根据青藏区耕地质量监测结果，青藏区耕地质量存在的主要问题是：

（1）自然环境影响耕地质量提升　虽然青藏区土壤养分含量整体处于中等偏高水平，但由于该区干旱缺水、田面坡度大、热量不足等环境因素，导致该区域土壤生产能力发挥受到影响，从而导致农作物产量低且难以大幅提升。

（2）肥料施用不平衡，分配不合理　该区域的施肥结构以有机肥为主，化肥施用较少，但施用的有机肥主要以传统的沤制农家肥为主，不仅肥效低，而且有机肥与化肥施用比例严重失调，导致土壤长期得不到培肥，结构逐渐恶化，地力短期内得不到恢复，进而影响该区域耕地质量有效提升。

（3）水土流失问题严重　水土流失是自然因素和人为因素综合作用的结果。自然因素是水土流失发生、发展的客观条件，人为不合理生产活动是加速水土流失产生的主要原因。特别是在陡坡耕作，开垦荒地、砍伐森林、破坏植被，严重破坏了土壤固有的稳定性及植被的保护作用，加速了土壤的侵蚀，导致了水土流失。在青藏区的部分地区，特别是在陡坡耕作，开垦荒地、砍伐森林、破坏植被，严重破坏了土壤固有的稳定性及植被的保护作用，加速了土壤的侵蚀，导致了水土流失。

（二）土壤培肥改良措施

根据青藏区耕地质量存在的主要问题，通过土壤培肥改良等技术措施，消除或减轻限制农业产量提高的各种障碍的因素，提高耕地基础地力。青藏区主要培肥改良对策有：

1. 改善自然生态环境，防止水土流失　水土流失治理措施可分为工程措施与生物措施。工程措施一般是在侵蚀沟、坡面等处设置拦泥和蓄水工程设施；生物措施是通过种草种树形成一定的植被，分散径流，减少冲刷，起到治理效果。由于地质、地貌等因素的制约，区内水土流失的类型及程度各不相同，必须针对各自特征"辨证施治，对症下药"，进行综合治理。

2. 改良土壤的理化性状　土壤肥力包括土壤本身养分含量的多寡和理化性状好坏两个方面。因此，土壤理化性状是土壤肥力高低一个重要方面，随着其他农业技术措施和人为活动影响而发生变化。通过深翻、深松除可以基本改良土壤容重较大、孔隙性差、质地偏沙、犁底层较浅且厚度大等不良因素外，还可以改善土壤氧化还原状况，排除底层二氧化碳，增加氧气的数量，使土壤固、气、液三相物质协调，促进微生物活动，使土壤养分发生转化和释放。深松耕法，可以春增墒、夏蓄水、秋抗涝、调节土壤水分余缺。翻地最好是秋季进行，每年耕深应浅—深—浅的变化或隔年耕翻。

3. 以肥改土、种植绿肥　种植绿肥作物可明显改善土壤理化性状，增加土壤有机质含量，增强土壤保肥保水能力，促进增产增收。种植绿肥作物可以改土固沙，改善土壤理化性质，提高土壤有机质含量，是种地养地，改良低产土壤的有效途径。

4. 平衡施肥，促进肥效发挥　要因土、因作物、因产量指标施肥。在施肥上，根据分阶段、有步骤的底肥和追肥相结合的原则施用化肥。使肥效发挥在作物的需肥临界期上。氮素肥料要分层深施；磷钾肥料要集中条深施，增施生物肥料。针对化肥用量低，尤其在山旱区化肥用量普遍低的情况，应适当增施化肥，以无机促有机，实行无机有机农业的肥料政策。山旱区由于有机肥料来源有限，而且又不便运送，可通过增施化肥，促使秸秆产量大幅度上升，从而为畜牧业提供大量饲草，经过牲畜转化后以优质粪肥归田，再加上因增施化肥后形成的繁茂作物根系残留于土壤中，这样将有利于改良，提高土壤肥力。

5. 因土调整生产结构，合理利用土壤资源 应遵循自然规律，本着"宜牧则牧，宜林则林，宜农则农"的原则，从有利于保持和恢复生态平衡，合理利用保护土壤资源出发，在提高土地利用率和生产率的同时，使土地越种越肥，常用不衰，发挥最大的经济效益，根据该地区特有的高海拔因素，合理安排农林牧用地，合理利用土壤资源。

第十节 小 结

一、农业区耕地质量主要监测结果

（一）土壤有机质及养分状况

根据耕地质量监测分析结果，总体来说，九大区域耕地土壤有机质及养分指标均发展态势良好：

2018 年土壤有机质含量以东北区最高为 31.4g/kg，其次为长江中下游区为 30.6g/kg，黄土高原区最低为 16.2g/kg；2004—2018 年，九大农业区中青藏区年度变化趋势数据不足，华南区有机质含量有所下降，特别是近 3 年有机质含量降低 26.7%，其他区域 15 年整体呈增加趋势，每年增加在 0.02～0.35g/kg 之间，其中长江中下游区增加最快。

九大区土壤全氮年度平均值变化幅度相对较小，总体来说基本处持平状态，2018 年九大区全氮含量平均值在 0.93～1.63g/kg 之间，东北区和青藏区最高，甘新区最低。

2018 年九大区土壤有效磷含量差异较大，华南区最高为 44.6mg/kg，其次为东北区 41.2mg/kg，内蒙古及长城沿线区最低为 17.3mg/kg；其年度变化趋势除青藏区外，内蒙古及长城沿线区呈轻微降低趋势，甘新区有效磷含量 2004—2018 年总体有所下降但近 3 年也呈增加趋势，东北区等 7 个农业区 15 年间土壤有效磷含量变化幅度较大，总体呈现增加趋势，其中华南区增幅达 66.8%。

2018 年九大区土壤速效钾含量差异较大，东北区最高为 186mg/kg，华南区最低为 95mg/kg；其年度变化趋势除青藏区外，甘新区土壤速效钾含量有所降低，2018 年比 2004 年下降 21.2%，其他 7 个农业区土壤速效钾含量均呈增加趋势，平均每年增加 1.4～2.5mg/kg。

2018 年九大区土壤缓效钾含量以甘新区最高为 990mg/kg，其次为黄土高原区 982mg/kg，华南区最低为 260mg/kg，地理分布区间呈现由北往南、由西往东递减趋势；年度变化趋势 2018 年与 2007 年左右相比，东北区、黄土高原区土壤缓效钾含量有轻微降低，长江中下游区土壤缓效钾含量基本稳定，青藏区 2018 年土壤缓效钾含量为 624mg/kg，其他农业区土壤缓效钾含量均呈增加趋势，年均增加 3～25mg/kg 之间，甘新区、内蒙古及长城沿线区和西南区年增加超过量 10mg/kg。

2018 年土壤 pH 由于所属土壤类型不同，各区差异较大，东北区、长江中下游区、西南区等有酸化趋势。九大区耕层厚度以甘新区最高为 26.9cm，长江中下游区最低为 19.2cm，大部分区域耕层厚度有所降低。

（二）监测点施肥及产量状况

据分析，2018 年九大农业区主要作物（小麦、玉米、水稻、大豆、马铃薯、青稞等）施肥总量在差别较大，东北区最低，其主要粮食作物（玉米、水稻、大豆）监测点肥料亩投入量（折纯，下同）为 19.97kg，青藏区最高，其主要作物（青稞）监测点肥料亩总投入量平均值 58.04kg。与 2004 年相比，东北区、黄淮海区监测点主要作物施肥总量有所增加，增幅分别为 8.4% 和 24.7%；内蒙古及长城沿线区、黄土高原区、西南区和甘新区监测点主要作物施肥总量有所降低，与 2004 年/2005 年相比降幅分别为 38.9%、14.9%、15.6% 和 12.0%；长江中下游区、华南区监测点主要作物施肥总量变化不大，基本呈持平状态。

除青藏区外，2018 年其他各区主要作物化肥施用量占施肥总量的 67%~95%，比例均较高，相应有机肥投入比例则过低。与 2004 年/2005 年相比，2018 年甘新区监测点主要作物化肥施用量有所降低，降幅分别为 14.0%；东北区、黄淮海区、黄土高原区、长江中下游区、西南区和华南区主要作物化肥施用量有所增加，增幅分别为 22.8%、37.1%、7.6%、9.3%、14.7% 和 8.5%；2018 年青藏区监测点主要作物（青稞）有机肥亩投入量为 43.3kg，占施肥总量的 74.6%，其他各农业区监测点主要作物有机肥投入量均较低，大部分年度有机肥亩投入量平均值均小于 10kg，但部分区域近年来有增加趋势。

从主要作物产量而言，不同农业区因种植作物不同 2018 年各区主要作物平均单产变化较大，但与 2004 年/2005 年相比主要作物亩产增加 7.9%~44.5%，部分区域可能由于种植结构或监测点位及数量变更导致产量数据有下降趋势，但总体来说主要作物单产增加。

二、存在问题及原因分析

九大农业区耕地质量监测指标整体向好，但仍存在以下问题：

（一）土壤有机质含量有待进一步提高，耕地土壤养分不均衡，部分区域磷素累积过快

（1）土壤有机质的高低对作物产量有重要的影响，同时影响着土壤的保肥性、保水性、缓冲性、耕性和通气状况等。为了减少病虫草鼠害，促进农业稳产、高产，大量化肥、农药和除草剂被投入到土壤中改变了土壤原有的理化性质及微生物状况，加上部分区域田间管理较为粗放，养分投入不科学，使耕地土壤养分平衡失调，有机质含量总体偏低，除长江中下游及青藏区外，其他农业区 2018 年土壤有机质含量均主要集中的 3 级区间内，整体平均值在 16.2~31.4g/kg 之间，有机质含量有待进一步提高。徐明岗表明我国耕地土壤肥力水平整体偏低，耕地土壤有机质含量低于 1% 的面积占 26%，与欧洲土壤相比，我国耕地土壤的有机质含量不及欧洲同类土壤的一半。

（2）存在耕地养分不均衡现象。黄淮海区部分点位存在氮低磷钾高问题，华南区存在有机质高但钾素指标较低等问题，这可能与土壤类型有关，局部区域科学施肥水平不够也加重了耕地养分的不均衡现象。因此还需进一步均衡施肥，提升各农业区耕地地力整体水平。

（3）部分区域磷素累积过快，有淋溶风险。绝大部分农业区耕地土壤有效磷含量呈增加趋势，且处于 1 级（高）水平的监测点数量超过 10%，其中华南区最为突出，该区

38.4％的监测点土壤有效磷已处于高含量（大于 40mg/kg）水平，且华南区 15 年间有效磷增幅达 66.8％，黄土高原区和甘新区近 3 年有效磷增幅高于 40％。磷素的累积趋势可能与近年来农民对投入磷肥的投入重视程度增加，长期耕作及土壤自然风化 pH 降低导致土壤中磷活性的增加有关。研究表明，土壤磷素可通过径流损失或在超过一定阈值时可向下淋洗损失而增加环境污染风险，因此磷素的累积存在一定的环境污染风险。

（二）土壤酸碱度指标呈恶化趋势，局部区域存在盐碱障碍

土壤 pH 对土壤其他的性质有深刻的影响，是决定耕地土壤肥力的重要特征参数之一。根据监测结果分析，东北区、长江中下游区、西南区均存在酸化风险，黄淮海区土壤酸碱度呈恶化趋势，内蒙古及长城沿线区耕地碱化程度高。土壤 pH 主要与母质有关，其酸化是土壤形成和发育过程中普遍存在的自然过程，但人为原因加快了土壤酸化的进程：一是酸雨沉降会的导致土壤酸化；二是化肥的大量施用带入了大量的酸根离子，氮肥投入过高和不适宜的磷肥和钾肥品种均会影响土壤的酸碱度；三是有机肥施用不足导致土壤缓冲能力下降等。pH 偏酸或偏碱不利于作物生长，且将影响土壤中养分循环、促使有害元素活化等。内蒙古及长城沿线区大部分耕地呈碱性，局部区域由于大水漫灌、排水不畅以及不合理的耕作措施，耕地土壤的次生盐渍化比较严重。盐碱化耕地在甘新区分布面积也较广。

（三）土壤耕层变浅，部分区域水土流失严重

一般而言，农作物最佳的耕层厚度为大于 20cm。2018 年九大区土壤耕层厚度平均值虽在 19.2～26.9cm 之间，但土壤耕层厚度处于中、低水平的监测点占总监测点数的比例仍然很高，且大部分区域近年来耕层厚度有所降低。东北区由于土壤侵蚀造成水土流失情况严重，耕层厚度较初垦时下降 40～50cm；内蒙古及长城沿线区和黄土高原区坡地面积大，地表径流对土壤的冲刷侵蚀力强，地形原因限制了大型农机具的使用。大多数农业区随机械化作业面积增加，频繁的机械碾压增加了土壤容重，免耕等农技措施减少了翻耕次数，部分区域分散小农户采用小型农机具翻耕深度较浅等均限制了耕层厚度的增加。因此，整体来说九大农业区均存在耕层厚度变浅趋势，部分区域水土流失严重，严重影响作物根系发育，土壤通透性变差，保水保肥能力下降，抗旱、防涝等能力降低。

（四）施肥结构不合理，肥料利用率低

合理的肥料投入是维持作物高产优质的重要保障，农民传统施肥习惯往往重施化肥、轻施有机肥，重施大量元素肥料、轻施中微量元素肥料，大量元素中又重施氮肥、轻施磷钾肥，"三重三轻"问题突出导致九大农业区内仍存在肥料投入不合理，肥料利用率低的问题，主要体现在：化肥施用比例较高，有机肥施用比例较低，氮肥施用量高、磷肥钾肥施用量过低，肥料投入总量仍有降低的空间。徐明岗等指出，目前我国农田氮素化肥平均施用量已较欧美发达国家高 1～2 倍，而粮食单产水平较这些国家低 10％～30％。根据九大农业区监测数据分析结果，2018 年九大农业区主要作物（小麦、玉米、水稻、大豆、马铃薯、青稞等）亩施肥总量在 20～58kg 之间，除青藏区外其他各区主要作物化肥施用量占施肥总量的 67％～95％，比例均较高，相应有机肥投入比例则过低，不利于土壤有机物质的积累和综合肥力的提升。在肥料投入的大量元素种类来看，氮肥施用量相对合理，但磷肥和钾肥施用比例不足，很多监测点施用较少甚至不施用磷钾肥，导致磷肥和钾肥的偏生产力过高，特别钾肥偏生产力普遍较高，肥料效益降低。

三、主要改良措施

（一）遵循科学施肥原则，调整肥料养分结构

持续开展耕地质量提升和化肥减量增效等项目，坚持因地适宜施肥，根据土壤肥力条件及作物的需肥特性，充分应用测土配方和田间试验结果，科学确定肥料用量、肥料施用方法及肥料种类。一是利用目标产量等方法，结合高产、优质栽培技术，继续推行优化配方施肥，合理选用新型肥料，因缺补缺施用中微量元素肥料，促进化肥减量增效，适当降低肥料的总投入量；二是开展有机肥替代化肥行动，增加秸秆还田面积，增施商品有机肥，广辟有机肥源充分应用农业有机废弃物，有机无机肥料合理配施，减少化肥用量，促进耕地土壤有机物质积累；三是调节氮磷钾养分结构，因地按需的建立精准施肥套餐，优化施肥配方，促进氮磷钾养分均衡投入，进一步提高科学施肥技术水平。

（二）开展土壤酸化/碱化治理，降低土壤障碍因素影响

根据土壤 pH 状况开展土壤酸化/碱化治理，在酸性土壤上施用生石灰、钙镁磷肥、贝壳粉等碱性肥料，其施入后可以中和土壤中 H^+ 和 Al^{3+}，提高土壤的盐基饱和度以提升 pH；在碱性土壤上，增施有机肥以提高土壤缓冲能力，化肥优先选用生理酸性肥料和水溶性肥料，同时增施石膏等碱性土壤调理剂以降低土壤 pH。在耕地土壤盐渍化严重的地区，通过工程、农艺、生物、化学等综合配套措施，完善灌排系统、加快农田整治、客土改良、增施土壤改良剂等改良盐碱地，逐步降低土壤障碍因素影响。

（三）构建合理的生产管理技术体系，改善土壤物理性状

综合考虑种植结构、耕作方式、水分管理等措施，构建合理的生产管理技术体系，改善土壤物理性状。一是合理轮作、间作、套作，科学调茬倒茬，有助于充分利用土壤营养物质，对调整土壤供肥特性，减少土传病害和杂草生长；二是增施有机肥，推行秸秆还田，扩大绿肥种植，提高土壤缓冲能力，可疏松土壤、培肥地力，同时降低土壤容重，提高土壤微生物活性；三是促进深松深耕，适时免耕休耕。深耕整地是改善土壤结构、提高土壤蓄水保墒能力、增强土壤排涝降盐能力、保护农田生态环境的有效措施，适时免耕、休耕可减少耕作对土层的扰动，促进耕地用养结合，实现耕地土壤的可持续发展；四是合理开发与配置水资源，针对坡地及水土流失严重的区域，加强水资源管理，推广坡改梯技术，增加植被覆盖，提高耕地土壤保土、保水、保肥能力。

（四）加大财政投入力度，推进耕地保护相关资金整合

整合有关项目实施"藏粮于地、藏粮于技"战略，继续扶持化肥减量增效项目，扩大有机肥替代化肥和轮作休耕试点范围，鼓励新型肥料生产和应用，大力推广深松深耕、秸秆还田等项目，促进耕地综合开发和利用。建立健全耕地保护相关项目的投入保障机制，完善支持政策，调动农民、农民专业合作组织、农业企业等投入主体的积极性，运用市场机制鼓励和吸引金融资本、民间资本积极投入耕地保护。规划区政府要加强土地出让金、新增千亿斤[①]粮食生产能力规划投资等不同渠道资金的有机整合，集中投入，连片治理，整县推进，提高资金使用效益。

---

① 斤为非法定计量单位，1 斤＝0.5kg。——编者注

第四章 主要土类耕地质量监测结果

第一节 水 稻 土

水稻土是指在长期淹水种稻条件下，经人为水耕熟化和自然成土因素的双重作用，产生具有水耕熟化层、犁底层、渗育层、淀积层和潜育层等特有剖面结构特征的土壤，是我国重要的土地资源，也是面积最大、分布最广的耕地土壤类型。我国水稻土分布南起热带南海崖县，北抵寒温带的黑龙江省漠河，90％以上的水稻土集中分布于秦岭至淮河一线以南的广大平原、丘陵和山区，以长江中下游平原、四川盆地和珠江三角洲最为集中，其中以江苏建湖一带为典型土壤，东北有少量水稻土分布[1]。

水稻土遍布全国，土壤环境复杂，各地区水稻土栽培历史和改良利用有明显差异。北方水稻土分布区年降水量低，水稻土主要分布于江河流域低洼地、河谷盆地等，种植制度多为一年一熟。该区土壤多呈中性和微碱性反应，pH7.0～8.0，无霜期短，冬季寒冷干燥，土壤易受霜冻、冷寒。南方水稻土种植制度主要有稻—麦（菜），稻—稻和单季稻等，冬季作物主要是小麦、油菜或绿肥。该区土壤多呈中性或微酸性 pH6.0～7.0，部分地区酸化趋势明显。丘陵山区地下水位深，主要为地表水型水稻土，水分比较缺乏，有机质分解作用较强；洼地或平原水稻田地下水位较高，由于长期淹水，有机质积累作用强，有机质含量高。

目前，我国水稻种植面积 3 300 多万公顷，占全国耕地面积的 1/5，其产量约占全国粮食总产量的 1/2[1]，是我国第一大粮食作物。因此，维持水稻土生产力的稳定对我国粮食生产和安全至关重要。水稻土作为我国最重要的耕地土壤类型之一，受到人为活动的剧烈影响。长期人为灌排、水旱耕作和施肥投入等人为干扰，导致水稻土水分移动频繁，氧化还原多变，物质淋淀明显，层段发育各异，土壤理化性质差异较大，从而不同程度的影响土壤生产力的变化。而土壤生产力高低主要取决于土壤肥力水平及外源肥料的施用[2]，并且长期耕作过程中水稻土面临着土壤酸化，耕作层变浅，重金属含量超标和温室气体排放等问题。因此，建立水稻土长期定位监测点，分析并掌握水稻土养分演变特征和规律，对水稻土合理培肥和作物稳产增产有重要指导作用。

我国水稻土监测点分布广泛，主要分布在湖南、湖北、安徽、江苏、四川、浙江、江西、广东、福建、广西、海南、重庆、贵州、云南、辽宁、吉林和黑龙江等省份，共341个。监测点始设于 1987 年，1997 年、2003 年和 2015 年分别新增部分监测点。各监测点均设常规施肥区（农民习惯施肥）、无肥区两个处理，并定位记录施肥种类和数量，作物产量以及管理措施等信息；监测点种植制度包括一年一熟、一年两熟和一年三熟制，轮作制度以早稻—中稻/晚稻、水稻—小麦、水稻—油菜为主，同时兼种有蔬菜、水果和绿肥等。

各监测点每季作物秋季收获后分别采集对照区和常规施肥区耕层土壤（0～20cm）样品，三次重复，土壤样品置阴凉通风处自然风干，人工除去肉眼可见根茬及秸秆碎屑，过 2mm 筛，混匀后备用。监测点年度监测指标为土壤有机碳、全氮、有效磷、速效钾、pH 及水稻（早稻、中稻和晚稻）和小麦产量等。各指标检测方法依据《土壤分析技术规范》[3] 和 NY/T1121.1－18 土壤检测方法[4]。

水稻土肥力演变的研究大多基于较小空间或较短时间尺度，而在大区域尺度（全国）对水稻土肥力长期动态变化过程的研究和分析还比较缺乏，其演变特征和趋势尚不明确，尤其是水稻土肥力演变的主控因子还少有报道。因此，依托国家级水稻土长期定位监测点 1988—2018 年的监测数据，分析 367 个监测点常规施肥下土壤养分含量和生产力变化趋势，明确水稻土耕地质量变化情况和生产力水平随时间的变化规律，对水稻土合理培肥和生产力高效输出有重要的指导意义。

一、水稻土耕地质量主要性状

（一）土壤有机质现状与变化趋势

2018 年，水稻土监测点土壤有机质平均值为 31.69g/kg。土壤有机质含量频率分布如图 4-1，有机质含量主要在（20～30] g/kg 和（30～40] g/kg 区间，含量频数比例分别为 38.0% 和 30.5%；在≤20g/kg 和＞40g/kg 区间，含量频数比例较低，分别为 12.9% 和 18.6%。水稻土有机质含量主要分布在（20～40] g/kg 区间，以（20～30] g/kg 区间的频数占比最高。

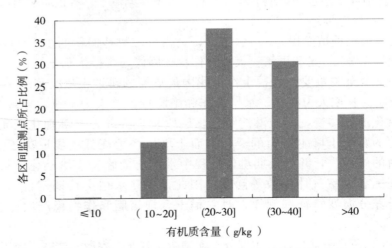

图 4-1　水稻土有机质含量区间所占比例

对 367 个水稻土长期监测点监测结果的分析表明，31 年常规施肥下，水稻土 2014—2018 年间土壤有机质含量平均值为 31.7g/kg，与 1988－1993 年土壤有机质含量（31.6g/kg）无显著差异（P＜0.05）；长期施肥管理下水稻土有机质含量无显著升高或降低。

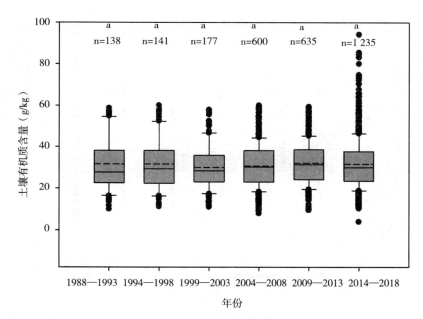

图 4-2　长期常规施肥下水稻土有机质变化趋势

注：实心圆圈'•'为异常值；箱式图的横线从下至上依次为除异常值外的最小值、下四分位数、中位数、上四分位数和最大值，虚线为各项的平均值；箱式图上的不同小写字母表示不同时间段的平均值在 0.05 水平差异显著，n 表示样本数；R^2 表示方程的绝对系数，* 表示方程在 0.05 水平显著，** 表示方程在 0.01 水平显著。下同。

（二）土壤全氮现状与变化趋势

2018 年，水稻土监测点土壤全氮含量的平均值为 1.80g/kg。土壤全氮含量主要集中在（1.0～1.5] g/kg、（1.5～2.0] g/kg 和（2.0～2.5）g/kg 区间，所占比例分别为 27.3%、30.9% 和 20.1%；≤1g/kg 和＞2.5g/kg 区间监测点比例相对较低，分别为 8.1% 和 13.5%。

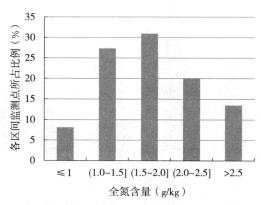

图 4-3　水稻土全氮含量区间所占比例

水稻土监测点的监测结果表明，监测初期（1988—1993 年）土壤全氮水平在 0.80～

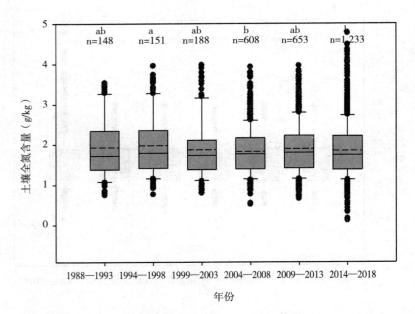

图 4-4   长期常规施肥下水稻土全氮变化趋势

3.54g/kg 之间，平均水平为 1.93g/kg，2014—2018 年各监测点全氮值在 0.33~4.76g/kg 之间，平均水平为 1.85g/kg，与初始年份相比，无显著升降。

（三）土壤有效磷现状与变化趋势

2018 年，水稻土监测点土壤有效磷含量平均值为 25.9mg/kg。有效磷含量区间占比显示，各监测点有效磷水平主要分布在 0~30mg/kg 之间，≤10mg/kg、（10~20] mg/kg 和（20~30] mg/kg 区间比例分别为 22.2%、34.7% 和 18.0%，总占比达到 74.9%，高量有效磷区间占比较低，（30~40] mg/kg 和 >40mg/kg 区间占比分别为 10.5%、14.6%。

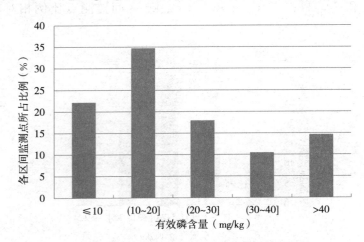

图 4-5   水稻土有效磷含量区间所占比例

各监测点长期监测结果表明，水稻土有效磷含量以年均 0.27mg/kg 速度显著升高。

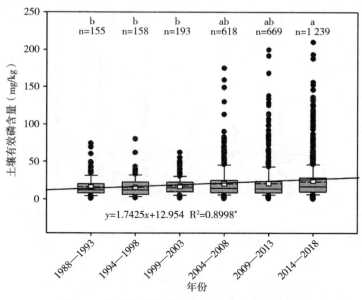

图 4-6 长期常规施肥下水稻土有效磷变化趋势

监测初期（1988—1993 年）水稻土有效磷含量在 0.6～74mg/kg 之间，平均水平为 16.1mg/kg；2014—2018 年监测点土壤有效磷含量在 0.8～430mg/kg 之间，平均值为 24.4mg/kg，较监测起始年份的平均水平提高 51.6％。

（四）土壤速效钾现状与变化趋势

2018 年，水稻土监测点土壤速效钾含量变化范围为 16～406mg/kg，平均值为 104mg/kg。监测数据频率分布如图 4-7，≤50mg/kg 和＞200mg/kg 区间的监测点个数占总数的比例较低；78.4％监测点土壤的速效钾含量集中在（50～200]mg/kg，其中 40.4％监测点土壤的速效钾含量在（50～100]mg/kg 区间，26.6％监测点土壤的速效钾含量在（100～150]mg/kg 区间，11.2％监测点速效钾含量在（150～200]mg/kg 区间。

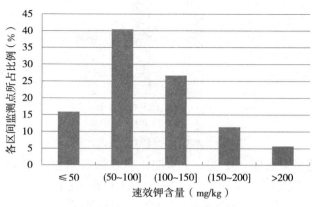

图 4-7 水稻土速效钾含量区间所占比例

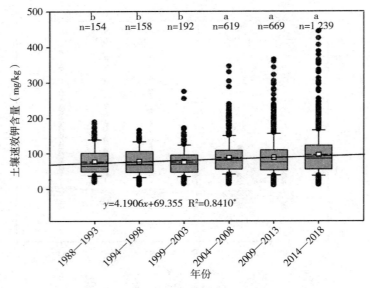

图 4-8 长期常规施肥下水稻土速效钾变化趋势

水稻土长期监测结果表明，水稻土速效钾含量呈显著上升趋势。2014—2018 年土壤速效钾含量的平均水平（97mg/kg）显著高于 1988—1993 年监测初期的平均水平（77mg/kg），提高 26.0%。

（五）土壤 pH 现状与变化趋势

2018 年，水稻土监测点土壤 pH 平均值为 6.1。从监测数据频率分布图看（图 4-9），pH≤4.5 和 pH＞7.5 区间占比最低；监测点在（4.5～5.5］和（6.5～7.5］区间的比例分别为 29.9% 和 18.0%；（5.5～6.5］区间的比例最高，为 41.3%。

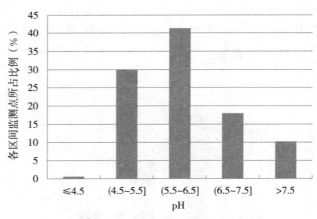

图 4-9 水稻土 pH 区间所占比例

水稻土长期监测结果表明，土壤 pH 前期快速降低后期趋于稳定，总体呈降低趋势：1988—1993 年间，土壤 pH 平均为 6.4，1999—2003 年间土壤 pH 平均为 6.0，较监测前期显著下降，pH 年均下降 0.02 个单位；2004—2018 年间，土壤 pH 基本保持稳定，维持在 6.0～6.1。

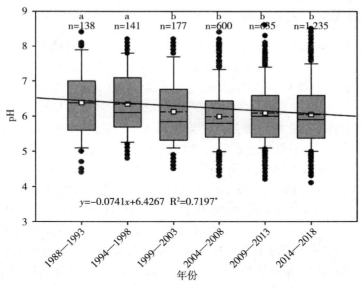

图 4-10　长期常规施肥下水稻土 pH 变化趋势

（六）耕层厚度和容重现状

长期施肥下水稻土耕层厚度和容重见表4-1。水稻土耕层厚度平均值为23.6cm，其变化范围在10.0～40.0cm之间，耕层厚度变异较大。耕层厚度主要分布在4级（较低）和3级（中）水平，占总体监测点79.8%；水稻土容重在0.76～1.80g/cm³之间，平均值为1.3g/cm³，容重水平主要分布在1级（高），2级（较高）和3级（中），占监测点总数的87.5%。

表 4-1　长期施肥下水稻土耕层厚度和容重

	样本数（占比%）	平均值	标准误	中位值	标准差	最小值	最大值	分类级别
耕层厚度（cm）	118（12.6）	13.8	0.14	15.0	1.6	10.0	15.0	5级（低）
	587（62.9）	18.8	0.06	20.0	1.5	16.0	20.0	4级（较低）
	158（16.9）	22.8	0.11	22.0	1.4	21.0	25.0	3级（中）
	52（5.6）	28.5	0.22	28.8	1.6	26.0	30.0	2级（较高）
	18（1.9）	34.1	0.54	35.0	2.3	31.0	40.0	1级（高）
容重（g/cm³）	39（5.1）	1.59	0.013	1.56	0.08	1.5	1.8	5级（低）
	40（5.1）	1.44	0.004	1.45	0.03	1.4	1.5	4级（较低）
	165（20.9）	1.35	0.002	1.35	0.03	1.3	1.4	3级（中）
	223（28.2）	1.25	0.002	1.25	0.03	1.2	1.3	2级（较高）
	304（38.4）	1.12	0.003	1.12	0.06	1.0	1.2	1级（高）
	59（7.5）	0.89	0.017	0.92	0.13	0.8	1.0	5级（低）

注：耕层厚度分级：≤15.0，5级（低），15.0～20.0，4级（较低），20.0～25.0，3级（中），25.0～30.0，2级（较高），>30.0，1级（高）；

耕层容重分级：>1.5 和≤1.0，5级（低），1.4～1.5，4级（较低），1.3～1.4，3级（中），1.2～1.3，2级（较高），1.0～1.2，1级（高）。

二、施肥量现状与变化趋势

2018 年，水稻土监测点总养分施用量为 634.5kg/ hm²，氮磷钾（N∶P₂O₅∶K₂O）投入比例为 1∶0.41∶0.49。其中氮肥 294.5 kg N/ hm²，磷肥 110.6 kg P₂O₅/ hm²，钾肥 136.2 kg K₂O / hm²，有机氮磷钾投入量分别为 38.4 kg N/ hm²，25.0 kg P₂O₅/ hm²，29.8 kg K₂O / hm²。

31 年来水稻土监测点施肥量的变化趋势如图 4-11。从施肥量分析，监测点水稻土总施肥量保持稳定，化肥施用量略有提升，有机肥用量呈下降趋势。1988—2018 年总肥料施用量的平均水平在 593.3～652.6kg/hm²，基本保持稳定；1988—1993 年间，监测点化肥施用量平均水平为 432.4kg/hm²，1994—2003 年间化肥施用量无显著变化，施肥水平在 464.9～483.7kg/hm²，2004—2008 年化肥施用量有显著提升，达到 509.5kg/hm²，较建点初期提高 17.8%，2009—2018 年化肥施用量保持稳定。建点初期，有机肥平均施用量为 198.6kg/hm²，1999—2003 年有机肥施用量水平显著提高，平均施用量为 250.2kg/hm²，提高 26.0%，2004—2008 年有机肥施用量显著下降，并自 2004 年起施用量无显著升降，

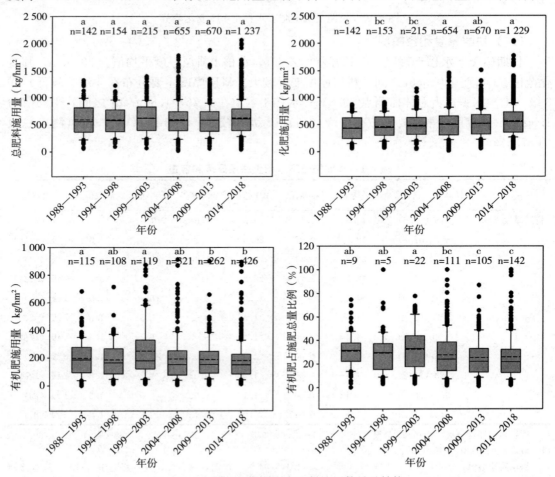

图 4-11　水稻土长期监测点肥料施用数量及结构

平均施用量在 181.1～193.1kg/hm²。

从施肥结构分析，有机肥在总肥料施用量中所占的比例呈显著下降趋势（图 4-11，P＜0.05）。1988—2003 年间有机肥施用量占总施肥量比例的平均水平为 29.1％～32.6％，2004—2008 年间有机肥施用量占比为 27.5％，2009—2018 年有机肥施用比例为 25.1％～25.6％，显著低于 1988—2003 年间有机肥施用比例，31 年间约下降 7 个百分点。

从肥料中养分元素的配比来看，总氮肥养分施用量基本稳定，总磷肥养分施用量呈下降趋势，总钾肥养分施用量呈上升趋势（图 4-12）。总氮肥养分施用量占总养分施用量比例平均水平为53.9％，无显著升降变化；总磷肥养分施用量比例变化趋势表现为 1988—1993 年间养分施用量（28.6％）高于 2014—2018 年间养分施用量（19.5％），监测后期磷肥养分施用量下调；总钾肥养分施用量比例逐年上升，由监测初期的 20.6％提高到 2014—2018 年间的 28.3％。

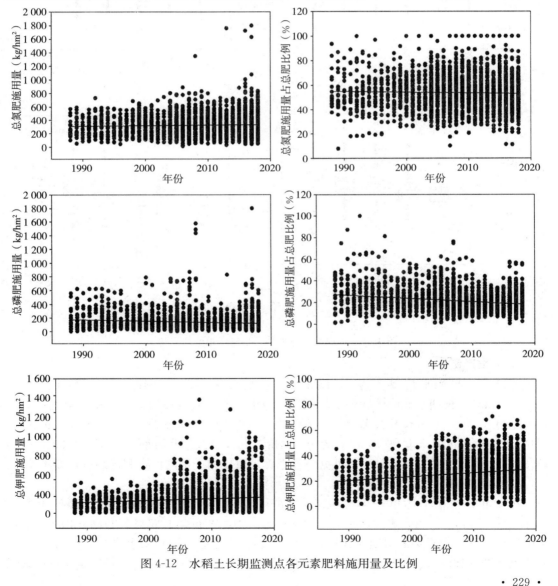

图 4-12　水稻土长期监测点各元素肥料施用量及比例

三、生产力现状与变化趋势

（一）作物产量

监测区常规施肥下早稻、中稻、晚稻和小麦产量变化见图 4-13。

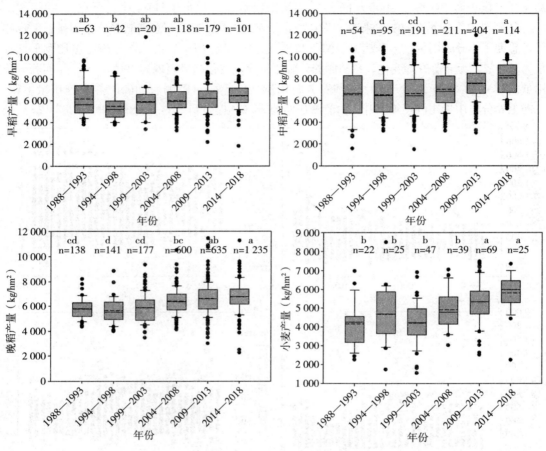

图 4-13　常规施肥区水稻、小麦产量变化趋势

1. 早稻产量

2018 年，早稻平均单产为 7 148kg/hm²，最大单产为 8 061kg/hm²，最下单产为 5 325kg/hm²。长期常规施肥管理下早稻产量稳中有升，监测数据显示水稻土早稻产量在外源肥料投入情况下有升高趋势：1988—1998 年早稻产量平均水平为 5 832kg/hm²，2014—2018 年早稻产量平均水平为 6 431kg/hm²，较监测初期（1988—1993）提高 10.3%，年均增长 28.5kg/hm²，可见，施肥管理对作物产量的稳定和提高有重要影响。

2. 中稻产量

2018 年，中稻平均单产为 7 958kg/hm²，最大单产为 9 984kg/hm²，最低单产为 5 247.0kg/hm²。长期监测数据显示，常规施肥区中稻产量随时间显著升高，1988—1993 年中稻产量平均水平为 6 152kg/hm²，2014—2018 年中稻产量平均水平为 8 095kg/hm²，较监测初期（1988—1993 年）提高 31.6%，年均增长 62.7kg/hm²。中稻产量及增产效果明显高于早稻和晚稻。

3. 晚稻产量

2018 年，晚稻平均单产为 7 092kg/hm²，最大单产为 8 348kg/hm²，最低单产为 6 375kg/hm²。长期常规施肥管理下水稻土晚稻产量从 1988 到 2018 年间显著升高，1988—1993 年晚稻产量平均水平为 5 841kg/hm²，2014—2018 年晚稻产量平均水平为 6 809kg/hm²，较监测初期（1988—1993）提高 16.6%，年均增长 31.2kg/hm²。

4. 小麦产量

2018 年，小麦平均单产为 6 116kg/hm²，最大单产为 6 789kg/hm²，最低单产为 4 914kg/hm²。小麦产区长期监测数据表明，常规施肥下小麦产量呈显著上升趋势。1988—1993 年小麦产量平均水平为 3 605kg/hm²，2014—2018 年小麦产量平均水平为 5 803kg/hm²，较监测初期（1988—1993）提高 60.9%，年均增长 70.9kg/hm²，施肥管理下小麦增产效果优于水稻。

（二）作物产量与基础肥力关系

采用无肥区产量作为衡量土壤基础肥力对作物产量贡献率的指标，以常规施肥区产量与无肥区产量作图，说明土壤基础肥力与作物产量的关系。常规施肥下早稻、中稻、晚稻和小麦产量（y）与无肥区各作物产量（x，基础肥力）显著正相关（图 4-14），土壤基础肥力越高，作物产量越高。水稻土对早稻、中稻、晚稻和小麦产量的肥力贡献率分别为 0.47、0.53、0.57 和 0.45，土壤基础肥力对水稻产量的贡献率高于小麦，而外源肥料投入下小麦增产效应优于水稻。

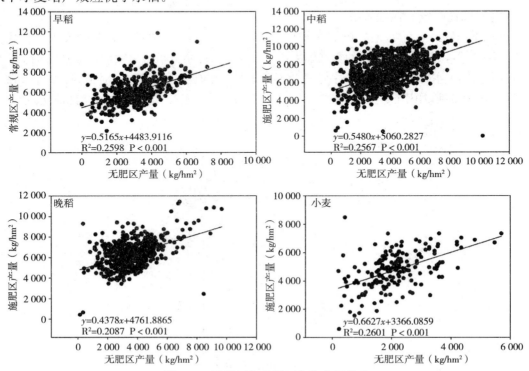

图 4-14　施肥区与无肥区作物产量关系

（三）土壤肥力演变的主控因子分析

图 4-15 中 PC1 轴和 PC2 轴对总方差的贡献率分别为 85.39％和 11.00％，两者对总方差的贡献率达到了 96.39％。由分析结果可以看出，31 年来，水稻土肥力演变的首要决定因子是土壤速效钾（AK），其次是土壤有效磷（AP），长期培肥下土壤有机质和全氮含量相对稳定，对土壤肥力演变没有产生显著影响作用，甚至可以说土壤有机质和全氮含量是土壤肥力演变的主要障碍因素。另外，水稻土 pH 降低可能会阻碍土壤肥力的合理演变。

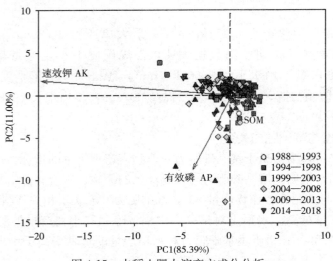

图 4-15　水稻土肥力演变主成分分析

（四）作物产量的冗余分析

水稻土作物产量的冗余分析如图 4-16，RDA1 轴和 RDA2 轴对总方差的贡献率分别为 93.3％和 6.5％，两者对总方差的贡献率达到了 99.8％。冗余分析结果表明，影响水稻土作物产量的肥力因子主要包括土壤速效钾、土壤有效磷和土壤有机质。其中，对早稻、中稻和晚稻产量影响最大的肥力因子为土壤速效钾，而土壤有效磷对小麦产量影响最大，有机质次之。

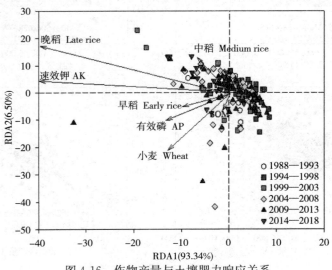

图 4-16　作物产量与土壤肥力响应关系

四、水稻土耕地质量主要问题及建设措施

(一)水稻土耕地质量总体演变趋势

31年常规施肥管理下，水稻土有机质（31.6～31.7g/kg）和全氮（1.8～1.9g/kg）含量总体稳定，现阶段水稻土有效磷含量平均水平为24.4mg/kg，显著高于监测前期平均水平（16.1mg/kg），水稻土速效钾含量的平均水平（96.8mg/kg）也较监测初期（76.8mg/kg）提高；水稻土 pH 由 6.4 下降到 6.0；作物（中稻、晚稻和小麦）产量大幅提升。

1. 水稻土肥力演变

外源肥料的投入提高了水稻土氮磷钾等养分元素含量和有效性，而有机质和全氮含量没有显著增加，这可能是由于本研究在全国层面上分析土壤养分演变，而有机质变化与气候因子、土壤理化因子及农业管理因子有关，导致不同区域有机质增减效果相互抵消。文炯等[5]同样发现不同区域水稻土有机质含量、活性和演变趋势明显不同，东北、华南和西南区土壤有机质平均含量呈下降趋势，而长江中下游地区土壤有机质平均水平明显提高。另外，外源养分投入数量与养分配比也会影响有机质消长变化[6]。

31年来，水稻土速效养分含量总体呈上升趋势。大量研究显示我国农田土壤磷素的输入输出平衡处于盈余状态[7~8]，且盈余量正以不同速度增长[9]。磷素不参与大气循环，磷肥施入土壤后转化形成难溶性磷酸盐并迅速被土壤矿物吸附固定或被微生物固持[10]，提高了土壤磷的容量和强度[11]。同时土壤中磷吸附位点被有机酸、有机阴离子等占据，降低对磷酸根吸附固定，土壤有效磷含量也随之增加。另外，水稻土中有机质的矿化分解作用较强，仍会释放部分无机磷或低分子量活性有机磷[12]。长期肥料投入，尤其是有机肥的投入会带来丰富的养分元素，提高土壤有效态或活性养分含量。这些因素共同作用，促进土壤有效磷含量提高。土壤速效钾含量前期无明显提高，后期增幅较大。这可能是由于监测初期钾肥施用量普遍较低，钾素来源主要取决于自身供应，速效钾含量只维持在前期较低水平；监测中期钾肥的施用和效益得到人们的关注和认可，钾肥施用量逐年升高，且作物收获后秸秆及根茬大多还田，显著降低土壤对外源钾素的固定量，土壤速效钾含量和比例迅速提高[13]。

主成分分析结果表明，水稻土肥力演变的主控因子是土壤速效钾和有效磷，而土壤有机质和全氮可能是水稻土肥力提高演变的障碍因素。常规施肥条件下，土壤速效钾和有效磷含量显著提高，满足作物生长需要的同时可以培肥地力，是土壤肥力的核心来源；而水稻土有机质和全氮含量基本稳定，培肥效果不显著，限制了水稻土肥力的改善和提升。因此，水稻土高效培肥是土壤肥力合理演变的关键前提。大量研究表明，施用有机肥或有机无机肥配施可以显著提高土壤有机质含量，其效果优于单施化肥。因此，水稻土培肥应注重化肥有机肥平衡配施，同时结合秸秆还田来改善水稻土肥力。

2. 水稻土 pH 变化

长期施肥管理下水稻土 pH 总体呈先下降后平稳的趋势：前 16 年，土壤 pH 由 6.4 显著下降到 6.0，年均下降 0.02 个单位，后期土壤 pH 稳定在 6.0 附近。该变化趋势与周晓阳[14]研究结果基本一致，长期施肥处理下，水稻土 pH 在前期迅速降低，年均下降 0.05 个单位，与化肥尤其是氮肥的施用显著负相关。水稻土因富含铁、锰氧化物而具有较强的酸化缓冲能力[15]，但是化肥的长期不平衡施用导致我国农田土壤出现明显酸化趋

势，尤其是化学氮肥的施用加速土壤酸化[16]。有研究者整合分析我国农田耕层土壤 pH 在 20 年间显著下降 0.1～0.8 个单位[17]，其中水稻土酸化趋势更为明显。蔡泽江等研究表明长期施用化学氮肥红壤 pH 明显下降，单施氮肥降幅最大，18 年降低了 1.5 个单位[19～20]；而化肥配施有机肥，土壤 pH 高于单施化肥处理，有机肥或秸秆还田对改善和抑制土壤酸化有较好效果[20]。

3. 水稻土生产力变化

就水稻土生产力而言，常规施肥大幅提升了作物（早稻、中稻、晚稻和小麦）产量。自 1988—2018 年，早稻产量提高 10.3%，年均增长 28.5kg/hm²，中稻产量提高 31.6%，年均增长 62.7kg/hm²，晚稻产量提高 16.6%，年均增长 31.2kg/hm²，小麦产量提高 60.9%，年均增长 70.9kg/hm²，施肥管理可以有效提高水稻土作物产量，确保水稻土生产力的稳定输出，这与前人研究结果一致[21]，长期施肥可有效提高和维持作物产量稳定性和可持续性。水稻土对早稻、中稻、晚稻和小麦产量的肥力贡献率分别为 0.47、0.53、0.57 和 0.45，土壤基础肥力对水稻产量的贡献率高于小麦，但在外源肥料投入下小麦增产效应更明显。水稻土基础肥力与作物产量显著正相关，因此，土壤培肥是粮食产量提升的关键前提。大量的研究结果均证明，有机肥与氮、磷、钾化肥配施对土壤生产力贡献居首，是提高生产力水平和培肥地力的最佳施肥结构[22]。

具体来说，水稻土长期施肥管理下，中稻增产效果优于早稻和晚稻，而小麦增产效果优于水稻，王家嘉等研究同样发现，水稻土小麦季氮肥利用效率和增产率均显著提高。通过作物产量冗余分析发现，影响作物产量的主要土壤肥力因子是土壤速效钾、有效磷和有机质。对小麦产量影响最大的是土壤有效磷。小麦对土壤磷素水平反应灵敏，磷素营养供应量的高低和迟早，可以促进或延续干物质积累和营养物质向分配中心转移的进程[23]。刘建玲等[24]研究发现，氮磷肥配合施用下小麦产量显著高于氮肥单施下小麦产量，氮磷肥配施表现出极显著的正交互作用。对水稻产量影响最大的肥力因子是土壤速效钾。我国钾肥资源相对缺乏，作物带走和长期氮磷钾配施下土壤钾素出现亏缺[25]，水稻土缺钾及钾肥对水稻的增产效应已有较多研究[26]。长期施用钾肥可提高水稻土钾素含量及有效性，提高水稻光合作用和同化产物运输，从而影响水稻产量。综上，水稻土小麦季应注重氮磷肥配施，水稻季需要适当提高钾肥供应，同时增加有机物料（有机肥和秸秆）投入量和比例。

（二）水稻土耕地质量存在的问题

（1）水稻土肥力提升障碍：长期施肥下水稻土有机质和全氮含量并未显著提高，有机物料投入量较低且呈现降低趋势，是土壤有机质提升的主要限制因子；因此需要改善目前施肥结构，在化肥施用基础上，增加外源有机物料（有机肥和秸秆）的投入。

（2）酸化趋势：1988—2018 年间，我国水稻土 pH 平均值由 6.4 下降至 6.0，pH 平均值下降了 0.40 个单位，平均每年下降 0.01 个单位。这主要是由于不合理的施肥结构，尤其是长期不平衡施用化肥（氮肥和氮磷钾肥），导致土壤 pH 下降。

（三）水稻土合理利用及培肥措施

水稻土基础肥力水平较高，合理的利用方式和培肥措施是构建水稻土地力提升生产模式的关键因素，结合水稻土近 31 年耕地质量和生产力演化趋势提出水稻土合理利用及培肥措施如下：

（1）合理施肥：水稻土地力贡献率在 45%～57% 之间，仍有较大提升潜力。土壤肥力以及生产能力的提升需要借助肥料的合理施用，而过量施用化肥会导致土壤板结、酸化等问题。所以应该合理配施化肥和有机肥，并且将重点放在提升有机肥施用比例，提高有机肥替代率；平衡施用氮磷钾肥，小麦季控制氮磷肥施用比例，水稻季提高钾肥施用量，保持土壤养分平衡供给；条件允许的地区可以种植绿肥，增施矿质元素肥料和缓释肥等新型肥料，从而改善土壤物理性状，提高土壤有机质和其他养分元素含量和有效性。在酸化严重的地区（南方红壤水稻土）提倡使用石灰、碱性肥料和硝化抑制剂[27]。

（2）防治土壤酸化：过去 30 年来，水稻土 pH<5.5 占 30% 以上。造成土壤 pH 下降，主要是由于氮肥过量施入，土壤中产生过多的 H^+，降低 pH；同时多年不重视有机肥的投入，中微量元素的缺乏加剧了土壤富铝化过程。需要增加有机肥（物料）的投入、增加中微量元素肥料的投入、平衡施肥来降低氮肥的投入量等；对于酸化很严重的土壤（如土壤 pH<5.5），需要增加石灰类土壤调理剂的施入。

（3）合理耕作：水旱轮作，推荐模式包括稻—菜、稻—麦、稻—油、稻—烟和稻—绿肥（紫云英）轮作。水旱轮作使土壤处于氧化还原交替过程，促进有机质更新，改善土壤理化形状，减轻病虫害，降低生产成本等；推广免耕和秸秆还田配套技术，免耕秸秆覆盖可保护土壤结构，减缓有机质和其他养分循环和耗损，改善和增加土壤微生物多样性和功能释放，尤其是有助于增加固碳自养微生物，提高土壤有机碳和其他养分含量[28]。

（4）完善农田基本建设：平整土地，合理分配田块面积；修建水库，拦河筑坝，保证稻田土壤保水蓄水性能；兴修排水渠和蓄水池，改善低洼易涝稻田排水功能；增设晒水池和长渠道灌水设施，提高井灌区注水温度[29]。

参 考 文 献

[1] 龚子同．中国土壤分类［M］．北京：科学出版社，2003．

[2] 朱兆良，金继运．保障我国粮食安全的肥料问题［J］．植物营养与肥料学报，2013，19（2）：259-273．

[3] 全国农业技术推广服务中心．土壤分析技术规范［M］．北京：中国农业科学技术出版社，2006．

[4] 全国农业技术推广服务中心．耕地质量演变趋势研究［M］．北京：中国农业科学技术出版社，2008．

[5] 文炯．长江中下游地区水稻土的有机质特征［D］．长沙：湖南农业大学，2009．

[6] 刘畅，唐国勇，童成立，等．不同施肥措施下亚热带稻田土壤碳、氮演变特征及其耦合关系［J］．应用生态学报，2008，19（7）：1489-1493．

[7] 庄恒扬，曹卫星，沈新平，等．麦—稻两熟集约生产土壤养分平衡与调控研究［J］．生态学报，2000，20（5）：766-770．

[8] 向万胜，童成立，吴金水，等．湿地农田土壤磷素的分布、形态与有效性及磷素循环［J］．生态学报，2001，21（12）：2067-2073．

[9] 鲁如坤，时正元，施建平．我国南方六省农田平衡现状评价和动态变化研究［J］．中国农业科学，2000，33（2）：63-67．

[10] 沈浦．长期施肥下典型农田土壤有效磷的演变特征及机制［D］．北京：中国农业科学院，2014．

[11] 李寿田，周健民，王火焰，等．不同土壤磷的固定特征及磷释放量和释放率的研究［J］．土壤学报，2003，40（6）：908-914．

[12] 黄昌勇．土壤学［M］．北京：中国农业出版社，2000．

[13] 谭德水. 长期施钾对北方典型土壤钾素及作物产量、品质的影响 [D]. 北京：中国农业科学院，2007.

[14] 周晓阳，周世伟，徐明岗，等. 长期施肥下我国南方典型农田土壤的酸化特征 [J]. 植物营养与肥料学报，2015，48（23）：4811-4817.

[15] 李艾芬，麻万诸，章明奎，等. 水稻土的酸化特征及其起因 [J]. 江西农业学报，2014，26（1）：72-76.

[16] 张永春，汪吉东，沈明星，等. 长期不同施肥对太湖地区典型土壤酸化的影响 [J]. 土壤学报，2010（3）：465-472.

[17] guo J H，Liu X J，Zhang Y，et al. Significant acidification in major Chinese croplands [J]. Science，2010，327（19）：1008-1010.

[18] 蔡泽江，孙楠，王伯仁，等. 长期施肥对红壤 pH、作物产量及氮、磷、钾养分吸收的影响 [J]. 植物营养与肥料学报，2011，17（1）：71-78.

[19] 孟红旗. 长期施肥农田的土壤酸化特征与机制研究 [D]. 杨凌：西北农林科技大学，2013.

[20] 高洪军，彭畅，张秀芝，等. 长期不同施肥对东北黑土区玉米产量稳定性的影响 [J]. 中国农业科学，2015，48（23）：4790-4799.

[21] 高洪军，朱平，彭畅，等. 黑土有机培肥对土地生产力及土壤肥力影响研究 [J]. 吉林农业大学学报，2007，29（1）：65-69.

[22] 戴健. 旱地冬小麦产量、养分利用及土壤硝态氮对长期施用氮磷肥和降水的响应 [D]. 杨凌：西北农林科技大学，2016.

[23] 刘建玲，杨福存，李仁岗，等. 长期肥料定位试验栗钙土中磷肥在莜麦上的产量效应及行为研究 [J]. 植物营养与肥料学报，2006，12（2）：201-207.

[24] 姚源喜，刘树堂，郗恒福. 长期定位施肥对非石灰性潮土钾素状况的影响 [J]. 植物营养与肥料学报，2004，10（3）：241-244.

[25] 廖育林，郑圣先，鲁艳红，等. 长期施钾对红壤水稻土水稻产量及土壤钾素状况的影响 [J]. 植物营养与肥料学报，2009，15（6）：1372-1379.

[26] 刘志华. 水稻土酸化原因及改良对策 [J]. 福建农业，2011（7）：8-9.

[27] 钱明媚，肖永良，彭文涛，等. 免耕水稻土固定 CO_2 自养微生物多样性 [J]. 中国环境科学，2015，35（12）：3754-3761.

[28] 王亚跃. 水稻土培肥与改良的基本途径 [J]. 现代化农业，2013，2：21-23.

第二节　潮　　土

潮土是在河流沉积物上受地下水影响，并经长期耕作形成的一类半水成土，土体深厚，肥沃宜垦，地势平坦开阔，水热资源充足，适宜各类作物生长，是我国粮、棉、油的主要产地，是各种水果、蔬菜和多种特质优农产品的重要产区。

潮土是由于河流泛滥堆积不同沉积物的层理性以及各水系沉积物的成因和性质不同，造成潮土堆积层上粗细颗粒差别很大，土层排列层理多样，对潮土的剖面形态、土壤理化特性、农业生产性状带来重大影响。土壤地下水周期性升降变化，旱作条件下的低腐殖质积累是潮土形成的共同特点。

潮土区地势平坦、土层深厚，生产性状良好，适种性广，其分布地区历来是我国重要的棉粮基地。其土壤有机质含量并不高，但土壤矿质养分含量较丰富，加之土体深厚，结构疏松，易于耕作管理，是生产性能良好的一类耕种土壤。由于其分布范围广泛，类型多样，生产性状差别也很大。由砂质沉积物发育的潮土，砂性重，漏水漏肥，养分含量低，保水供肥能力弱，多属于低产土壤；黏质沉积物发育的潮土，质地黏重，通透性和耕性差，湿时上层滞水，干时通风跑墒，适耕期短，养分含量较高，但其土壤物理性状差，生产潜力难以发挥；壤质沉积物发育的潮土，质地适中，水分物理性状好，抗旱抗涝力强，养分含量较高，保肥供肥能力也强，水、肥、气、热协调，通常为高产土壤。

潮土是我国面积最大的一类旱耕地，面积为 3.8 亿亩，占全国总耕地面积的 16.6%，仅次于水稻土。在我国主要分布于黄淮海平原，长江、辽河中下游开阔的河谷平原区，黄河河套平原也有连片潮土，有些盆地、河谷、山前平原与高山谷地、高原滩地也有小面积分布。东部平原地以山东、河北、河南三省潮土面积较大，均在 6 000 万亩以上，江苏、内蒙古、安徽各占面积在 1 500 万～3 000 万亩之间，辽宁、湖北、山西、天津等省（直辖市）潮土面积小。

我国潮土监测点主要分布在安徽、北京、河北、河南、江苏、山东、山西、天津等省（直辖市），共 146 个。监测点始设于 1988 年、1997 年、2003 年和 2015 年分别新增部分监测点。各监测点均设常规施肥区（农民习惯施肥）、无肥区两个处理，定位记录施肥种类和数量，作物产量以及管理措施等信息；监测点种植制度包括小麦—玉米、冬小麦—夏玉米、春小麦—夏玉米轮作。以种植粮食作物为主，部分种植蔬菜类作物。

本文依托国家级水稻土长期定位监测点 1988—2018 年的监测数据，分析 145 个监测点常规施肥下土壤养分含量和生产力变化趋势，明确潮土耕地质量变化情况和生产力水平随时间的变化规律，进一步分析了土壤肥力演变和作物产量过程的贡献因子，为潮土区耕地质量管理和肥料施用提供科学依据。

一、潮土耕地质量主要性状

（一）土壤有机质现状与变化趋势

2018 年，潮土监测点土壤有机质平均含量为 18.5g/kg。土壤有机质含量频率分布如图 4-17，71.0% 的潮土有机质含量分布在 10～30g/kg 区间范围，其中，（10～20] g/kg、

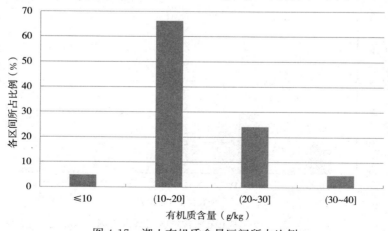

图 4-17　潮土有机质含量区间所占比例

（20～30] g/kg 区间的监测点所占比例为 65.5％、24.5％。土壤有机质含量≤10g/kg 和高于 30g/kg 所占比例小于 10.0％。

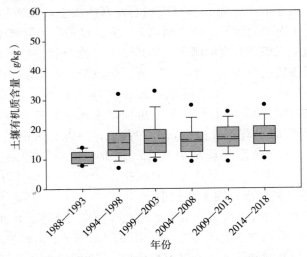

图 4-18　长期常规施肥下潮土有机质变化趋势

注：实心圆圈'•'为异常值；箱式图的横线从下至上依次为除异常值外的最小值、下四分位数、中位数、上四分位数和最大值，虚线为各项的平均值；箱式图上的不同小写字母表示不同时间段的平均值在 0.05 水平差异显著，n 表示样本数；R² 表示方程的绝对系数，* 表示方程在 0.05 水平显著，** 表示方程在 0.01 水平显著。下同。

对 145 个潮土长期监测点监测结果的分析表明，1988—2018 年，潮土监测点土壤有机质含量呈上升趋势。常规施肥措施下，潮土监测点 2014—2018 年平均有机质含量（18.3g/kg），与 1988—1993 监测初始年份（10.7g/kg）有显著差异（P＜0.05），且随着施肥时间的增加有机质含量有显著升高的趋势。

（二）土壤全氮土壤现状与变化趋势

2018 年，潮土监测点土壤全氮平均含量为 1.17g/kg，第二次土壤普查时期平均含量

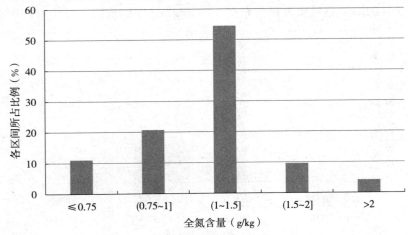

图 4-19　潮土全氮含量区间所占比例

为 0.93g/kg，监测点土壤全氮平均含量比第二次土壤普查时期平均含量高 0.24g/kg。监测点土壤全氮主要集中在（1～1.5 ］g/kg 区间。≤0.75g/kg 区间占监测点总数的 11.0%；（0.75～1］g/kg 区间占 20.7%；（1～1.5］g/kg 区间占 54.5%；（1.5～2］g/kg 区间占 9.7%；大于 2g/kg 的比例较低。

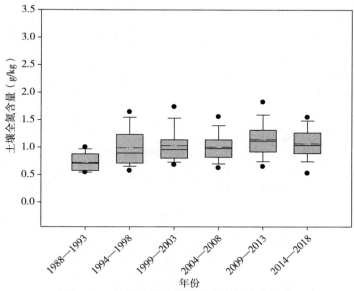

图 4-20　长期常规施肥下潮土全氮变化趋势

历史数据显示潮土全氮含量呈稳步上升趋势，常规施肥措施下，潮土监测点 2014—2018 年平均全氮含量（1.14g/kg），与 1988—1993 监测初始年份（0.72g/kg）有显著差异（P<0.05），且随着施肥时间增加有机质含量有显著升高趋势。

（三）土壤有效磷现状与变化趋势

潮土监测点土壤有效磷含量差别比较大、分布比较分散，平均含量为 25.7mg/kg。土壤有效磷含量在合理区间（20～30］mg/kg 的监测点仅占 16.1%，缺磷土壤（≤10

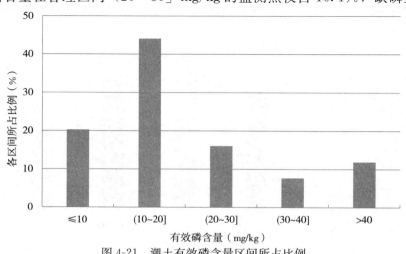

图 4-21　潮土有效磷含量区间所占比例

mg/kg）占 20.3%，磷含量丰富的（30～40］mg/kg、＞40mg/kg 有效磷分级分别占 7.7% 和 11.9%。总体来看，潮土有效磷含量比较低，但是也存在局部磷积累现象，土壤有效磷含量高于 45.0mg/kg 就有一定的环境风险，需要注意控制磷肥用量。

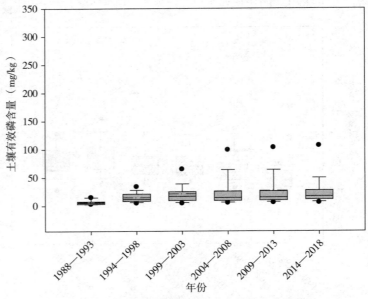

图 4-22　长期常规施肥下潮土有效磷变化趋势

　　土壤有效磷含量变化与历史施磷肥量密切相关，有效磷含量对施磷肥量响应非常敏感。总体上潮土有效磷含量呈现增加趋势，常规施肥措施下，潮土监测点 2014—2018 年平均有效磷含量（28.7mg/kg），与 1988—1993 监测初始年份（6.6mg/kg）有显著差异（P＜0.05），且随着施肥时间增加有效磷含量有显著升高趋势。

（四）土壤速效钾现状与变化趋势

　　2018 年，潮土监测点土壤速效钾平均含量为 163mg/kg。监测点土壤速效钾主要集中在（100～150］mg/kg 区间，占比约达到 29.7% 左右。≤50mg/kg 的监测点有 1 个，占

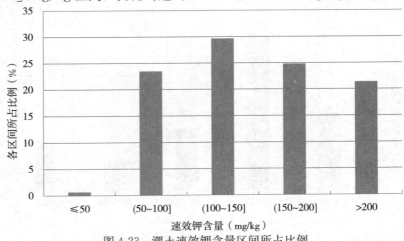

图 4-23　潮土速效钾含量区间所占比例

监测点总数的 0.7%；（50～100］mg/kg 区间的监测点有 34 个，占监测点总数的 23.5%；（100～150］mg/kg 区间的监测点有 3 个，占监测点总数的 29.7%；（150～200］mg/kg 区间的监测点有 36 个，占监测点总数的 24.8%；大于 200mg/kg 的监测点有 31 个，占监测点总数的 21.4%。

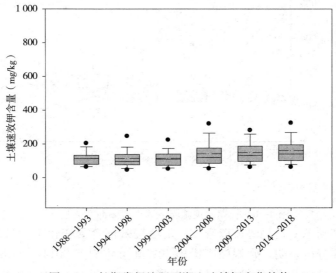

图 4-24　长期常规施肥下潮土速效钾变化趋势

1988—2018 年，潮土速效钾含量动态变化趋势如图 4-24。从速效钾含量动态变化趋势可以看出，潮土速效钾含量呈逐年上升趋势，从 1988—1993 年土壤速效钾平均含量到 2014—2018 年有显著增加趋势（P＜0.05），提升了 77.0%。

（五）土壤缓效钾现状与变化趋势

2018 年，潮土监测点土壤缓效钾平均含量为 806mg/kg。≤200mg/kg 区间的监测点比例低于 10.0%，土壤缓效钾含量主要集中在（500～1 000］mg/kg 区间，（500～800］mg/kg 区间的监测点有 58 个，占监测点总数的 40.3%；（800～1 000］mg/kg 区间的监测点有 43 个，占监测点总数的 29.9%；大于 1 000mg/kg 的监测点有 25 个，占监测点总数的 17.4%。

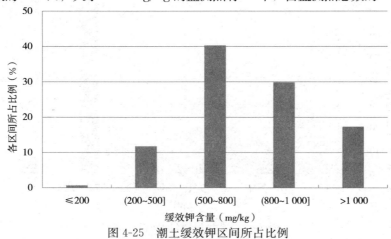

图 4-25　潮土缓效钾区间所占比例

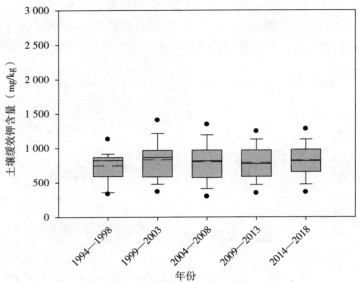

图 4-26　长期常规施肥下潮土缓效钾变化趋势

从土壤缓效钾动态变化趋势可以看出，土壤缓效钾含量变化不大且略有下降的趋势，潮土监测点的整体分析表明，常规施肥措施下，潮土监测点 2014—2018 年平均缓效钾含量与 1994—1998 年监测初始年份没有显著差异（P＜0.05），且随着施肥时间增加缓效钾含量并无显著升高或降低趋势。

（六）土壤 pH 现状与变化趋势

2018 年，潮土监测点土壤 pH 介于 4.5～9.1 之间，监测点土壤 pH 主要集中在 (7.5～8.5] 区间。根据 2018 年监测数据，(4.5～5.5] 区间的监测点有 4 个，占监测点总数的 2.8％；(5.5～6.5] 区间的监测点有 7 个，占监测点总数的 4.8％；(6.5～7.5] 区间的监测点有 14 个，占监测点总数的 9.7％；(7.5～8.5] 区间的监测点有 109 个，占监测点总数的 75.2％；大于 8.5 区间的监测点有 11 个，占监测点总数的 7.6％。

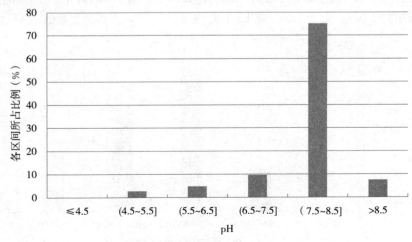

图 4-27　潮土 pH 区间所占比例

潮土长期监测结果表明，土壤 pH 总体呈降低趋势（图 4-28）：1988—1993 年间，土壤 pH 平均为 8.1，2014—2018 年间土壤 pH 平均为 7.9，较监测前期略有下降，但未达到显著水平。

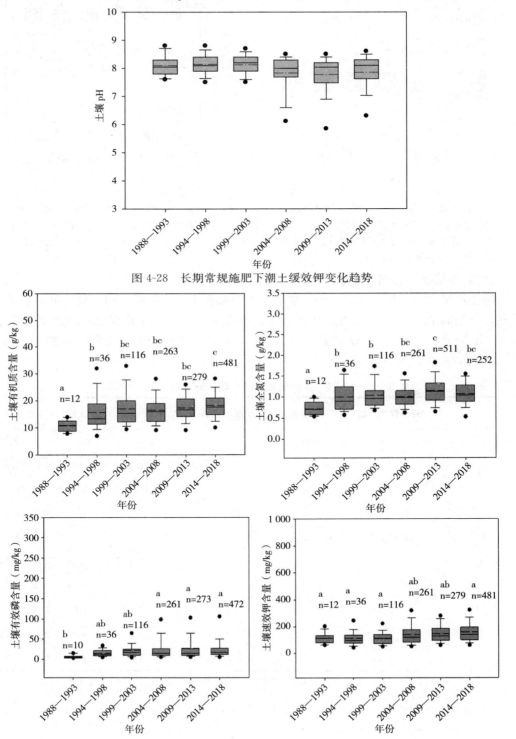

图 4-28　长期常规施肥下潮土缓效钾变化趋势

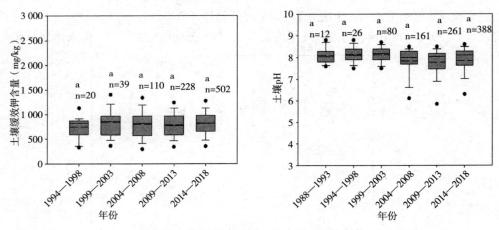

图 4-29　常规施肥下潮土肥力和 pH 的变化

注：实心圆圈・为异常值；箱式图的横线从下至上依次为除异常值外的最小值、下四分位数、中位数、上四分位数和最大值，虚线为各项的平均值；箱式图上的不同小写字母表示不同时间段的平均值在 0.05 水平差异显著，n 表示样本数；R^2 表示方程的绝对系数，* 表示方程在 0.05 水平显著，** 表示方程在 0.01 水平显著。下同。

（七）耕层厚度和容重现状

潮土耕层厚度平均为 20.81cm。主要集中分布在 2 级（较高）和 3 级（中）水平，占监测总点数的 76.9%；其他耕层厚度是少数情况（表 4-2）。耕地潮土耕层土壤容重平均为 1.37g/cm³，容重主要分布在 2 级（较高）和 3 级（中）水平，占监测点总数的 64.1%。

表 4-2　长期施肥下潮土耕层厚度和容重

	样本数（占比%）	平均值	标准误	标准差	最小值	最大值	分类级别
耕层厚度（cm）	2（0.44）	10.0	0	0	10.0	10.0	5 级（低）
	54（12）	14.5	0.29	2.14	10.4	20.0	4 级（较低）
	250（55.6）	19.2	0.11	1.79	12.2	25.0	3 级（中）
	96（21.3）	23.5	0.40	3.96	18.0	30.0	2 级（较高）
	48（10.7）	30.1	0.87	6.03	21.0	40.0	1 级（高）
容重（g/cm³）	29（6.7）	1.62	0.009	0.05	1.17	1.56	5 级（低）
	61（14.1）	1.49	0.005	0.04	1.55	1.41	4 级（较低）
	124（28.6）	1.30	0.003	0.04	1.45	1.31	3 级（中）
	154（35.5）	1.29	0.004	0.04	1.35	0.98	2 级（较高）
	66（15.2）	1.21	0.004	0.04	1.25	1.02	1 级（高）

注：耕层厚度分级：≤15.0，5 级（低），15.0～20.0，4 级（较低），20.0～25.0，3 级（中），25.0～30.0，2 级（较高），>30.0，1 级（高）；

耕层容重分级：>1.5 和≤1.0，5 级（低），1.4～1.5，4 级（较低），1.3～1.4，3 级（中），1.2～1.3，2 级（较高），1.0～1.2，1 级（高）。

二、潮土施肥量变化趋势

2018 年，潮土总养分施用量为 950.2kg /hm²，氮磷钾投入比例为 1：0.50：0.40。其中氮肥 499.2kg/hm²、磷肥 230.2kg/hm²、钾肥 220.8kg/hm²；有机氮磷钾投入量分别为 62.3kg/hm²、36.9kg/hm²、87.0kg/hm²。

从年度变化趋势来看（图 4-30），监测点潮土总施肥量保持稳定，化肥施用量略有提升，有机肥用量呈下降趋势。1988—2018 年总肥料施用量的平均水平在 626.9～950.2kg/hm²，基本保持稳定；1988—1993 年间，监测点化肥施用量平均水平为 197.8kg/hm²，1994—2003 年间化肥施用量有显著提升，达到了 518.7kg/hm²；2004—2008 年化肥施用量无显著变化，较为稳定。2004—2018 年化肥施用量保持稳定。建点初期，有机肥平均施用量为 431.9kg/hm²，2014—2018 年有机肥施用量显著下降，平均施用量为 204.6kg/hm²。

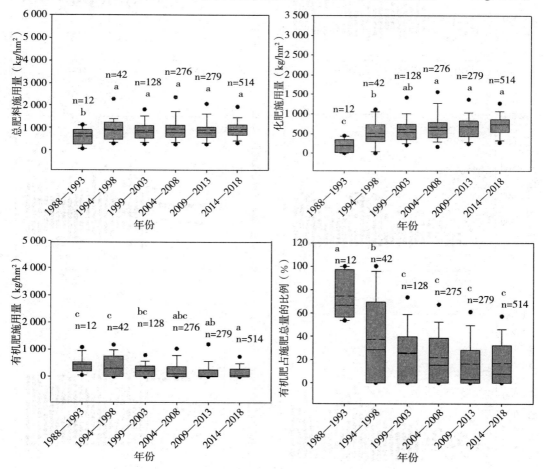

图 4-30　潮土长期监测点肥料施用数量及结构

从施肥结构分析，有机肥在总肥料施用量中所占的比例呈显著下降趋势（图 4-30，P＜0.05）。1988—1993 年间有机肥施用量占总施肥量比例的平均水平为 74.6%，1994—1998 年间有机肥施用量占比为 37.4%，2014—2018 年有机肥施用比例为 16.8%，显著低于 1988—1993 年间有机肥施用比例，31 年间约下降了 77%。

从肥料中养分元素的配比来看，总氮肥养分施用量基本稳定，总磷肥养分施用量呈下降趋势，总钾肥养分施用量呈上升趋势（图 4-31）。总氮肥养分施用量占总养分施用量比例平均水平为 44.2%；监测后期磷肥养分施用量下降；总钾肥养分施用量比例逐年上升，由监测初期的 44.2% 提高到 2014—2018 年间的 52.5%。

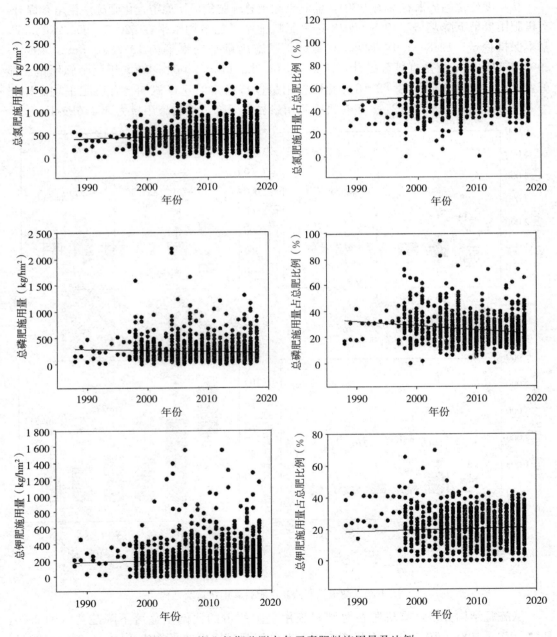

图 4-31　潮土长期监测点各元素肥料施用量及比例

三、生产力现状与变化趋势

（一）作物产量

监测区常规施肥下小麦和玉米产量变化见图 4-32。

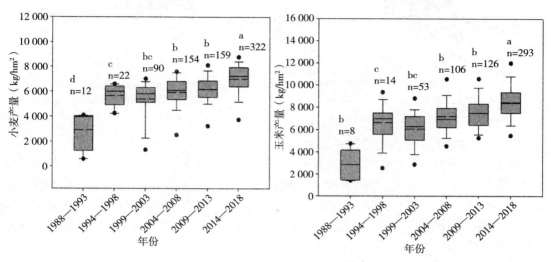

图 4-32 潮土小麦和玉米产量变化

1. 小麦产量

2018 年小麦单产为 6 537kg/hm²，最大单产为 9 000kg/hm²，最低单产为 2 250kg/hm²。长期常规施肥管理下小麦产量稳中有升。监测数据显示小麦产量在外源肥料投入情况下有升高趋势：1988—1998 年小麦产量平均水平为 2 571kg/hm²，2014—2018 年小麦产量平均水平为 6 788kg/hm²，较监测初期（1988—1993）提高 164%，可见，施肥管理对作物产量的稳定和提高有重要影响。

2. 玉米产量

2018 年玉米单产为 7 928.9kg/hm²，最大单产为 11 100kg/hm²，最低单产为 4 509kg/hm²。长期监测数据显示，长期施肥管理下玉米产量显著提升。常规施肥区玉米产量随时间显著升高，1988—1993 年玉米产量平均水平为 2 866kg/hm²，2014—2018 年玉米产量平均水平为 8 445kg/hm²，较监测初期（1988—1993 年）提高 194%。

（二）作物产量与基础肥力关系

采用无肥区产量作为衡量土壤基础肥力对作物产量贡献率的指标，以常规施肥区产量与无肥区产量作图，说明土壤基础肥力与作物产量的关系。常规施肥下小麦和玉米产量（y）与无肥区各作物产量（x，基础肥力）显著正相关（图 4-33），土壤基础肥力越高，作物产量越高。潮土对小麦和玉米产量的肥力贡献率分别为 0.49 和 0.51，土壤基础肥力对玉米产量的贡献率高于小麦，而外源肥料投入下小麦增产效应优于玉米。

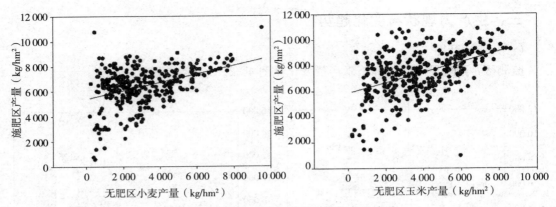

图 4-33　潮土施肥区与无肥区作物产量关系

（三）土壤肥力演变的主控因子分析

图 4-34 中 PC1 轴和 PC2 轴对总方差的贡献率分别为 66.08％和 20.42％，两者对总方差的贡献率达到了 85％。由分析结果可以看出，31 年来，潮土肥力演变的首要决定因子是土壤有机质（SOM），其次是土壤 pH，长期培肥下土壤有效磷和速效钾含量相对稳定，对土壤肥力演变没有产生显著影响作用，甚至可以说土壤有机质和 pH 含量是土壤肥力演变的主要影响因素。

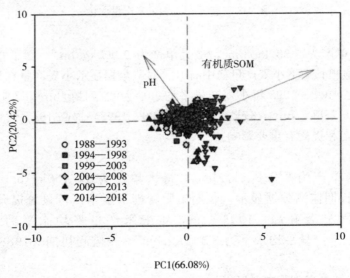

图 4-34　潮土肥力演变主成分分析

四、潮土耕地质量主要问题及建设措施

（一）潮土耕地质量总体演变趋势

经过 31 年常规施肥措施下，潮土监测点土壤有机质含量呈上升趋势。常规施肥措施下，潮土监测点 2014—2018 年平均有机质含量（18.30g/kg）显著高于 1988—1993 监测初始年份（10.73）（P＜0.05），且随着施肥时间增加有机质含量有显著升高趋势。潮土

全氮含量呈稳步上升趋势，常规施肥措施下，潮土监测点 2014—2018 年平均全氮含量（1.14g/kg），与 1988—1993 监测初始年份（0.72g/kg）有显著差异（P＜0.05），且随着施肥时间增加全氮含量有显著升高趋势。总体上潮土有效磷含量呈现增加趋势，常规施肥措施下，潮土监测点 2014—2018 年平均有效磷含量（28.69mg/kg），与 1988—1993 监测初始年份（6.58mg/kg）有显著差异（P＜0.05），且随着施肥时间增加有机质含量有显著升高趋势。

潮土速效钾含量呈逐年上升趋势，从 1988—1993 年土壤速效钾平均含量到 2014—2018 年有显著增加趋势（P＜0.05），提升了 77%。土壤缓效钾含量变化不大且略有下降的趋势，常规施肥措施下，潮土监测点 2014—2018 年平均缓效钾含量与 1994—1998 年监测初始年份没有显著差异且随着施肥时间增加缓效钾含量并无显著升高或降低趋势。潮土长期监测结果表明，土壤 pH 总体呈降低趋势。

就潮土生产力而言，长期不施肥下作物（小麦、玉米）产量维持在较低水平，常规施肥在大幅度提升了作物产量，表明施肥是潮土作物高产稳产的关键措施。潮土对小麦和玉米产量的肥力贡献率分别为 0.49 和 0.51，土壤基础肥力对玉米产量的贡献率高于小麦，而外源肥料投入下小麦增产效应优于玉米。

（二）潮土耕地质量存在的问题

潮土 pH 随着时间呈下降的趋势，过量施用氮肥是华北平原潮土 pH 下降的重要原因。

当前潮土区有机肥用量，显著低于 1988—1993 年间有机肥施用比例，31 年间约下降了 77%。

从玉米和小麦产量年度变化可以看出，小麦产量的增产幅度明显大于玉米。这可能是大部分肥料都在小麦播种时施入，小麦季养分供应充足，而在玉米季有部分监测点只施入化学氮肥，不施磷钾肥。

（三）潮土合理利用及培肥措施

1. 秸秆还田与化肥配施是改土培肥的有效措施，是发展可持续农业的有效技术

秸秆直接还田对改善土壤的理化性状有明显效果。秸秆还田通过增加土壤有机质积累，提高土壤速效氮的含量，促进脲酶活性，降低容重，从而可协调土壤水肥气热等生态条件，为根系生长创造良好的土壤环境（劳秀荣等，2002）。在化肥用量相同条件下，化肥与有机肥长期配合施用，在明显提高土壤有机质和氮磷钾养分含量的同时，改善了土壤的通气状况，促进微生物的代谢和繁育，增加土壤微生物的数量，加速土壤中氮、磷等养分的转化，这种施肥方式可以为作物稳产高产创造良好的土壤生态化学环境（孙瑞莲等，2004）。

2. 完善小麦—玉米等轮作制施肥技术体系，推广应用配方施肥成果

适当要改变潮土区多年形成的小麦季肥料重施、玉米季肥料少施的施肥现状，以保证全年均衡增产，应继续研究该轮作制施肥技术的科学性，并提出小麦—玉米轮作体系的科学施肥制度。另外，建议适当进行与大豆和其他养地作物的轮作等。结合测土配方施肥或平衡施肥等技术，肥料的农学效率仍有较大的提升空间。借鉴国内外业已取得的配方施肥研究成果，结合当地的土壤养分监测资料，搞好区域推荐施肥。实践中，可建设一批集"研究"、"示范"、"培训"、"推广"于一体的综合示范样板，全面做好"测土"、"配方"、"供肥"、"施肥"、"指导"一条龙服务，提高配方施肥水平（周宏美等，2006）。

3. 扩大绿肥和畜禽粪便等有机肥源

潮土区有机肥的主要形式是秸秆，结合目前农业农村部大力推广的"耕地质量提升行动"等，除大力推广秸秆还田外，需结合轮作、间作等，适当扩大绿肥种植面积。潮土区可种植高产豆科绿肥和饲料作物，既可作为绿肥养地，又可发展养殖业；在绿肥种植品种上，要扩大推广苜蓿、紫穗槐及沙打旺等牧草的面积，达到牧草绿肥相结合，促进农业牧业共同发展。潮土区 C/N 比适中的猪粪，比 C/N 比高的玉米秸秆能更好地培肥地力，创造有利于土壤微生物生长繁育的土壤环境（孙瑞莲等，2004），该区域可适度发展畜牧业，增加畜禽有机肥源家，畜粪便还可返还农田，培肥地力。

参 考 文 献

贡付飞，查燕，武雪萍，等 . 2013. 长期不同施肥措施下潮土冬小麦农田基础地力演变分析 [J]. 农业工程学报，29（12）：120-129.

劳秀荣，吴子一，高燕春 . 2002. 长期秸秆还田改土培肥效应的研究 [J]. 农业工程学报，18（2）：49-52.

林治安，赵秉强，袁亮，等 . 2009. 长期定位施肥对土壤养分与作物产量的影响 [J]. 中国农业科学，42（8）：2809-2819.

吕家珑，张一平，张君常，等 . 1999. 土壤磷运移研究 [J]. 土壤学报，36（1）：75-82.

马俊永，李科江，等 . 2007. 长期有机—无机肥配施对潮土土壤肥力和作物产量的影响 [J]. 植物营养与肥料学报，13（2）：236-241.

曲善功，李怀军，郝建成 . 2006. 德州市土壤肥力变化及培肥建议 [J]. 中国土壤与肥料，4：19-31，57.

全国土壤普查办公室 1998. 中国土壤 [M]. 北京：中国农业出版社：581-601.

唐继伟，林治安，许建新，等 . 2006. 有机肥与无机肥在提高土壤肥力中的作用 [J]. 中国土壤与肥料，3：44-47.

王蓉芳，曹富友，等 . 1996. 中国耕地的基础地力与土壤改良 [M]. 北京：中国农业出版社：35-54.

王慎强，蒋其鳌，等 . 2001. 长期施用有机肥与化肥对潮土土壤化学及生物学性质的影响 [J]. 中国生态农业学报，9（4）：67-69.

徐明岗，梁国庆，张夫道，等 . 2006. 中国土壤肥力演变 [M]. 北京：中国农业科学技术出版社 .

张桂兰，宝德俊，等 . 1999. 长期施用化肥对作物产量和土壤性质的影响 [J]. 土壤通报，30（2）：64-67.

张先凤，朱安宁，张佳宝，等 . 2015. 耕作管理对潮土团聚体形成及有机碳累积的长期效应 [J]. 中国农业科学，48（23）：4639-4648.

周宏美，宋晓，等 . 2006. 豫东潮土区耕地土壤养分动态监测与培肥途径 [J]. 河南农业科学，3：68-71.

Hesketh, N, Brookes, P C, 2000. Development of an indicator for risk of phosphorus leaching [J]. J. Environ. Qual，29：105-110.

第三节 褐 土

褐土为暖温带半湿润地区地带性土壤，我国分布面积有 2 516 万 hm²。从辽西及内蒙古东南部向西南延伸，经燕山、太行山山地及其山前冲积—洪积扇、吕梁山以东的山西高原、豫西、关中到甘肃的西秦岭地区，再往西南到横断山系的部分河谷中也有少量分布，另外，山东的泰沂山地也是一个重要分布区。

褐土属于半淋溶土土纲，半湿暖温半淋溶土亚纲。土壤发育表现明显的矿质淋溶过程与残积黏化过程，剖面中出现黏化层，褐土的腐殖化过程通常较弱，腐殖质层较薄。褐土质地一般为轻壤—中壤，但黏化层则多为中壤—重壤（全国土壤普查办公室，1998）。褐土有机质、氮和磷含量中等偏低，钾素丰富，土壤呈中性到微碱性反应，土壤中锌、锰和铁等微量元素的有效性低，褐土区农业生产的主要问题是土壤肥力偏低，所以提高地力是褐土区农业生产的重大问题之一。

褐土处于半湿润的季风气候区，夏季温暖多雨，冬季寒冷干旱，春季多风沙。年降雨多在 500～700mm 之间，并集中于 7、8、9 三个月，但年际与年内分配不均。年平均气温多为 11～14℃，大于等于 10℃的积温在 3 200℃～4 500℃，干燥度为 1.0～1.5 之间，这种气候为土壤的形成提供干湿交替、冻融交替、土体中物质上下运行的条件。褐土分布区具有较好的光热条件，一般农作可以两年三熟或一年两熟。由于主体深厚，土壤质地适中，广泛适种冬小麦、玉米、甘薯、花生、棉花、烟草、苹果等粮食和经济作物。

褐土国家监测点按照褐土的主要分布区域进行布局，主要位于河北、山东、陕西、山西、河南、辽宁和北京 7 个省（直辖市），相应监测点的数量分别为 4、4、2、4、5、4、5，共有监测点 28 个。建点时间分别在 1986 年和 1997 年，二次监测点不完全吻合。监测时间 1986—2005 年，不同监测点的建点与监测时间有一定差异。监测点的省份中，山西监测点属于一年一熟制，只有小麦的产量，其他均为小麦和玉米一年二熟，也有少数监测点种植有其他作物。褐土监测点的基本情况见表 4-3。按监测规程，每个监测点设不施肥的空白区、常规施肥区两个处理，空白区处理除不施肥外，其他管理同常规施肥区，详细记录田间管理情况，收获期分别测定各小区的产量。

本节分析了 31 年来国家级褐土耕地质量长期监测点（109 个）的土壤养分、肥料用量及产量，探明褐土养分演变特征及生产力状况，并进一步运用主成分分析方法分析了土壤肥力变化过程中的主要贡献因子，从而更全面地了解褐土，以期为褐土的培肥改良和可持续发展提供科学依据。

表 4-3　褐土监测点基础情况

序号	监测地点	土壤亚类	pH	有机质（g/kg）	全氮（g/kg）	有效磷（mg/kg）	速效钾（mg/kg）
1	北京市	石灰性褐土	7.94	15.56	0.95	41.98	166.41
2	北京市		7.93	22.69	1.33	96.00	191.05
3	北京市		6.89	20.32	1.32	78.84	211.7
4	北京市		7.34	14.72	0.88	34.93	109.35
5	北京市	潮褐土	7.41	22.49	1.42	83.75	316.21
6	河北省	石灰性褐土	8.04	17.08	0.94	11.91	99.54
7	河北省	石灰性褐土	7.99	20.43	1.19	19.12	120.50
8	河北省	潮褐土	7.96	14.71	1.00	9.64	81.55
9	河北省	淋溶褐土	5.89	12.85	0.86	23.92	120.83
10	山西省		8.37	12.71	0.87	20.42	156.56
11	山西省	石灰性褐土	8.31	18.91	0.91	15.22	157.06
12	山西省	褐土性土	8.21	22.39	1.07	7.63	119.94

（续）

序号	监测地点	土壤亚类	pH	有机质（g/kg）	全氮（g/kg）	有效磷（mg/kg）	速效钾（mg/kg）
13	山西省	褐土性土	8.24	17.85	1.08	11.68	196.82
14	辽宁省	淋溶褐土	6.08	16.44	0.81	34.67	88.62
15	辽宁省	潮褐土	6.76	21.23	1.08	56.33	118.75
16	辽宁省	潮褐土	5.94	20.18	1.22	45.52	115.58
17	辽宁省	淋溶褐土	6.17	17.54	0.87	22.82	87.90
18	山东省	潮褐土	6.81	16.68	1.29	47.18	120.10
19	山东省	潮褐土	7.13	15.78	1.23	32.46	99.68
20	山东省	潮褐土	7.73	15.03	1.11	28.61	136.49
21	山东省	潮褐土	7.82	13.47	1.05	21.94	132.27
22	河南省	典型褐土	7.88	16.02	1.03	15.45	142.94
23	河南省	典型褐土	7.96	15.65	0.99	21.33	129.74
24	河南省		7.81	17.86	1.18	15.25	159.28
25	河南省		7.86	18.05	1.12	11.88	156.78
26	河南省	石灰性褐土	7.88	16.92	1.07	14.47	131.84
27	陕西省	塿土	8.01	20.06	1.42	21.59	211.18
28	陕西省	塿土	7.91	16.93	1.24	22.06	218.45

一、褐土耕地质量主要性状

（一）土壤有机质现状与变化趋势

2018 年，褐土监测点土壤有机质平均含量 17.9g/kg。监测数据中（图 4-35），≤10 g/kg 的监测点有 6 个，占监测点总数的 5.7％；（10～20]g/kg 区间的监测点有 66 个，占监测点总数的 62.9％；（20～30]g/kg 区间的监测点有 31 个，占监测点总数的 29.5％；（30～40]g/kg 区间的监测点有 1 个，占监测点总数的 1.0％；大于 40g/kg 的监测点有 1 个，占监测点总数的 1.0％。由此可见，褐土监测点有机质含量主要集中在 （10～20]g/kg 和 （20～30]g/kg 区间，占到监测点总数的 92.4％。

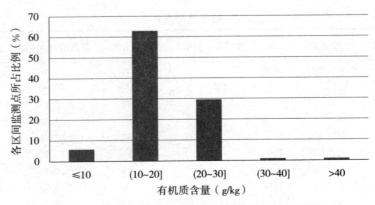

图 4-35 2018 年褐土有机质各含量区间所占比例

1988—2018 年，褐土监测点土壤有机质的含量先增加，1994—1998 年显著高于 1988—1993 年，提高 15.9％，之后趋于平稳（图 4-36）。2009 年后又显著提高，2018 年达到 17.9g/kg，比监测初期（1988—1993 年）的 14.4g/kg 提高了 19.6%。

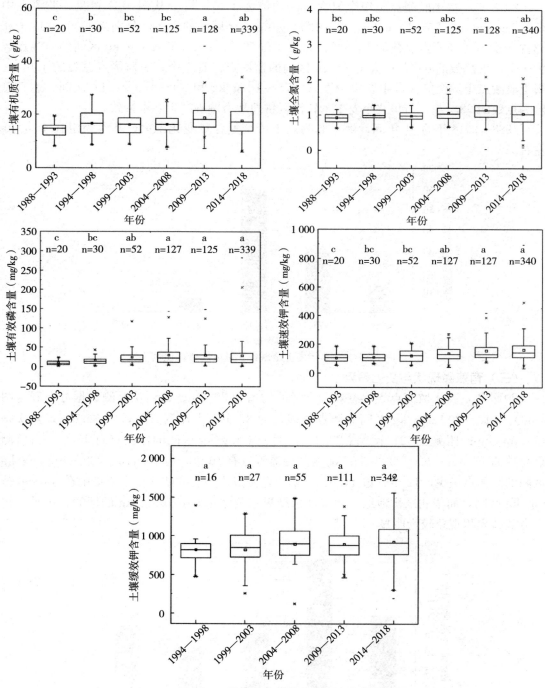

图 4-36　常规施肥下褐土的肥力变化

注：箱式图内，中间实线代表中位数，空心圆圈代表平均值，箱子下边缘线和上边缘线分别代表下四分位数和上四分位数，星号代表异常值。不同小写字母表示不同监测时期差异显著（P<0.05）。下同。

（二）全氮现状与变化趋势

2018 年，褐土监测点土壤全氮含量的均值为 1.07g/kg。从图 4-37 可见，监测点中 ≤0.75g/kg、（0.75～1］g/kg、（1～1.5］g/kg 三个区间的最多，分别为 14 个、35 个和 62 个，分别占监测点总数的 13.3％、33.3％和 59.0％；（1.5～2］g/kg 区间的监测点数 为 7 个，占总数的 6.7％；大于 2g/kg 区间的监测点仅有 1 个，占监测点总数的 1.0 ％。 褐土监测点土壤全氮含量主要集中在（0.75～1］g/kg 和（1～1.5］g/kg 区间，达到总 监测点数的 92.3％，与华北小麦玉米轮作区耕地地力调查结果基本一致。

1988—2018 年的 31 年间，褐土监测点土壤全氮含量变化不大，基本稳定在 1.0g/kg 左右。

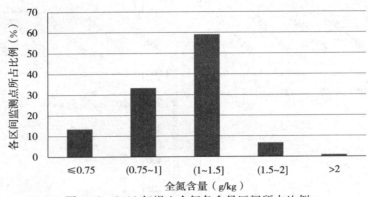

图 4-37　2018 年褐土全氮各含量区间所占比例

（三）有效磷现状与变化趋势

2018 年，褐土监测点土壤有效磷含量的均值为 29.2mg/kg。从监测数据分布看（图 4-38），（10～20］mg/kg 区间监测点最多，为 37 个，占监测点总数的 35.6％；其次是 ≤10mg/kg 的监测点，21 个，占 20.2％；大于 40mg/kg 区间的监测点有 18 个，占监测 点总数的 17.3％；（20～30］mg/kg 区间的监测点有 16 个，占 15.4％；（30～40］mg/kg 区间的监测点最少，12 个，占 11.5％。褐土监测点土壤有效磷含量主要集中在（10～20］ mg/kg 区间，而华北区耕地地力调查评价结果主要集中在≤10mg/kg 的区间，可见，褐 土有效磷累积现象较为明显。

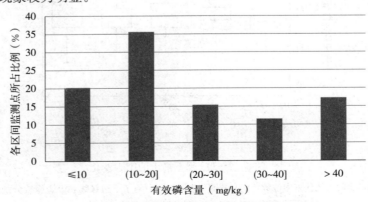

图 4-38　2018 年褐土有效磷各含量区间所占比例

1988—2018 年，褐土监测点土壤有效磷含量基本处于上升阶段，1999 年之后显著高于监测初期 1988—1993 年，增加了 133.1%，1999—2018 年期间较为平稳，无显著变化，2014—2018 年褐土监测点有效磷含量较监测初期 1988—1993 年提高 200.9%。

（四）速效钾现状与变化趋势

2018 年，褐土监测点土壤速效钾平均含量 164mg/kg。从监测数据分布看（图 4-39），≤50mg/kg 的监测点数为 0；（100～150] mg/kg 区间的监测点数最多，为 34 个，占监测点总数的 32.4%；（50～100] mg/kg、（150～200] mg/kg 及大于 200mg/kg 区间监测点数分别为 20 个、29 个和 22 个，占监测点总数的比例分别为 19.0%、27.6% 和 21.0%。褐土监测点土壤速效钾平均含量主要集中在（100～150] 的区间，与华北小麦玉米轮作区耕地地力调查评价结果基本一致。

31 年间，褐土监测点土壤速效钾含量呈上升趋势，从监测初期 103mg/kg 上升至 159mg/kg，提高了 54.3%。

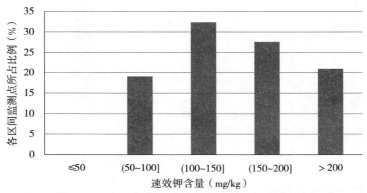

图 4-39 2018 年褐土速效钾各含量区间所占比例

（五）缓效钾现状与变化趋势

2018 年，褐土监测点土壤缓效钾平均含量 945mg/kg。从监测数据分布看（图 4-40），≤200mg/kg 监测点为 0；（200～500] mg/kg 的监测点有 7 个，占监测点总数的 6.7%；（500～800] mg/kg 的监测点有 26 个，占监测点总数的 24.8%；（800～1000] mg/kg 的监测点有 30 个，占监测点总数的 28.6%；大于 1000mg/kg 的监测点有 42 个，占监测点总数的 40.0%。褐土监测点土壤缓效钾主要集中在 500mg/kg 以上的区间，与华北区耕

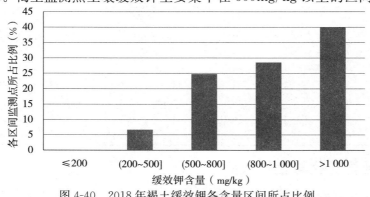

图 4-40 2018 年褐土缓效钾各含量区间所占比例

地地力调查评价结果基本一致。

监测 26 年间（1988—1993 年无数据），褐土监测点土壤缓效钾含量趋于稳定，分布在 818～923mg/kg。

（六）土壤 pH 现状与变化趋势

2018 年，褐土监测点土壤 pH 变幅在 5.3～8.9 之间。从监测数据看（图 4-41），（5.5～6.5] 区间监测点 10 个，占监测点总数的 9.5％；（6.5～7.5] 的监测点有 11 个，占监测点总数的 10.5％；（7.5～8.5] 的监测点最多，77 个，占监测点总数的 73.3％，同华北区耕地地力调查评价结果一致。

监测 31 年间，褐土的 pH 呈现降低的趋势，由初期 1988—1993 年的均值 8.0 降至 2014—2018 年的 7.7，下降了 0.3 个单位。

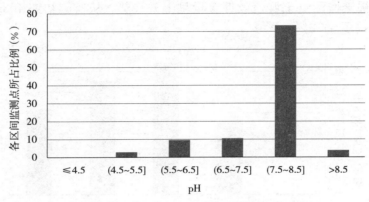

图 4-41　2018 年褐土 pH 各含量区间所占比例

（七）耕层厚度和容重现状

褐土耕层厚度和容重的监测始于 2015 年，由于监测时间短，变化趋势不明显。由表 4-4 可见，2015—2018 年耕层厚度的均值为 21.9cm，属于 3 级（中）分类级别；容重的均值为 1.33g/cm³，属于 3 级（中）分类级别。

表 4-4　2015—2018 年土壤物理肥力现状

项目	样本数/占比	平均值	标准误	中位值	标准差	最小值	最大值	分类级别
耕层厚度（cm）	24	21.7	0.99	20	4.87	14	30	3 级（中）
	91	21.7	0.50	20	4.78	15	40	3 级（中）
	99	22.5	0.54	20	5.36	15	45	3 级（中）
	100	21.6	0.45	20	4.48	15	42	3 级（中）
容重（g/cm³）	24	1.32	0.02	1.30	0.08	1.18	1.48	3 级（中）
	86	1.33	0.01	1.33	0.12	1.08	1.70	3 级（中）
	93	1.33	0.01	1.33	0.13	1.07	1.70	3 级（中）
	94	1.33	0.01	1.33	0.13	1.08	1.70	3 级（中）

二、施肥量现状与变化趋势

2018 年褐土区肥料的总投入量为 730.3kg/hm²，氮（N）磷（P₂O₅）钾（K₂O）比例约为 2：1：1，其中化肥氮 321.4kg N/hm²、化肥磷 157.4 kg P₂O₅/hm²、化肥钾 87.5kg K₂O/hm²；有机氮磷钾投入量分别为 56.1kg N/hm²、29.0 kg P₂O₅/hm²、78.9 K₂O/hm²。

从年度变化趋势来看（图 4-42），褐土监测点的施肥总量呈现前期波动，后期降低的趋势。化肥施用量趋于平稳，有机肥用量呈下降趋势（P＜0.05）。（1）施肥总量，监测初期 1988—1993 年为 998.2kg/hm²，2009 年开始显著下降，2014—2018 年降为 747.2kg/hm²，比初始阶段下降 25.2%。（2）化肥施用量，除 1994—1998 年数值较低（374.5kg/hm²）外，其余阶段较为稳定，1988—1993、1999—2003、2004—2008、2009—2013、2014—2018 年五个阶段的均值分别为 474.1kg/hm²、502.9kg/hm²、550.0kg/hm²、538.2kg/hm² 和 573.2kg/hm²。（3）有机肥总量，监测初期 1988—1993 年最高，为 524.1kg/hm²，之后显著下降；1994—2008 年均值为 339.6kg/hm²，比初期降低 35.2%；2009—2018 年均值 174.4kg/hm²，比初期降低 66.7%。

从施肥结构分析，有机肥在总肥料施用量中所占的比例呈显著下降趋势（图 4-42，P＜0.05）。1988—1993 年，有机肥施用量占总施肥量的比例最高，达到 44.6%，之后显著降低，各阶段依次比初期降低：10.0%、7.8%、17.9%、2.0% 和 23.8%。

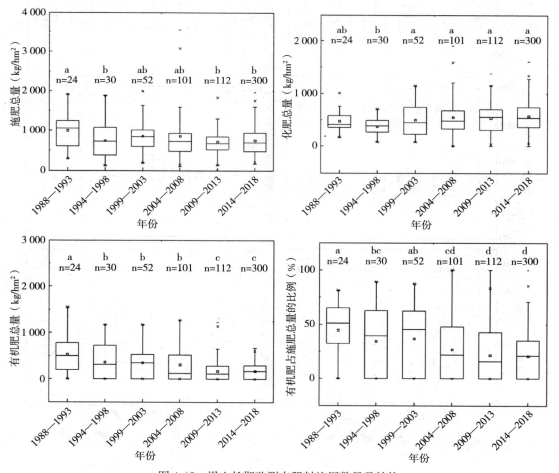

图 4-42　褐土长期监测点肥料施用数量及结构

监测期间，从氮磷钾三类肥料的投入量来看（图 4-43），氮肥总量基本稳定，各阶段无显著性差异，均值为 378.9kg/hm²；磷肥总量，前期较为平稳，2009 年开始显著下降，2014—2018 年与初期 1988—1993 年相比，降低 24.1%；钾肥总量也呈下降趋势，从 1994 年开始便显著下降，1994—2018 年钾肥用量趋于稳定，均值为 183.7kg/hm²，仅为 1988—1993 年的 50.8%。

在施肥总量中，氮肥所占比例最高，显著高于磷肥和钾肥，磷肥和钾肥所占的比例相近。监测期内，氮肥占的比例在初期最低（图 4-43），为 42.9%，之后显著提高，最高的阶段 2009—2013 年比初期提高 29.8%。磷肥占的比例，1988—2008 年间无显著性差异，2009 年后有降低趋势，且比 1999—2003 年数值显著降低 21.5%。钾肥占的比例，初期 1988—1993 年最高，达到 29.2%，之后显著降低，1994—2018 年数值较为稳定，均值为 20.3%。

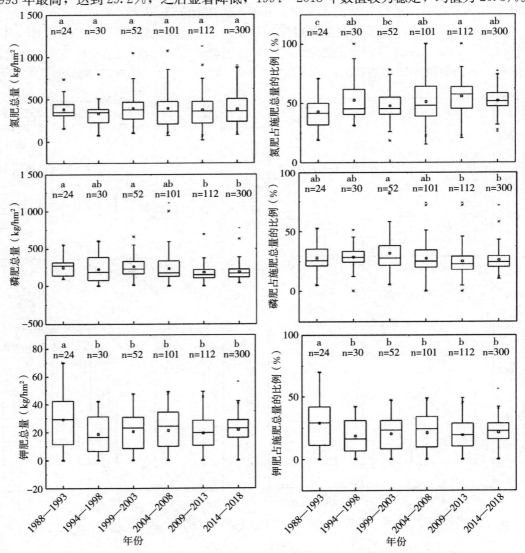

图 4-43 褐土长期监测点各元素肥料施用量及比例

三、生产力现状与变化趋势

（一）作物产量变化趋势

小麦的产量，监测期内呈现总体上升的趋势（图4-44）。1988—1993年和1994—1998年两个阶段产量最低，二者间无显著性差异，均值为11 347kg/hm²；1999年后，产量显著提高，均值达到13 930kg/hm²，1999—2018年间，产量表现为小幅增加趋势，但是各阶段差异不显著。

玉米的产量，总体呈现缓慢上升的趋势，但是增幅小于小麦产量。监测初期1988—1993年为16 925kg/hm²，1988—2013年各阶段数值较为平稳，无显著性差异，2014—2018年玉米产量达到最大值19 291kg/hm²，显著高于前三阶段（1988—2003年）数值。

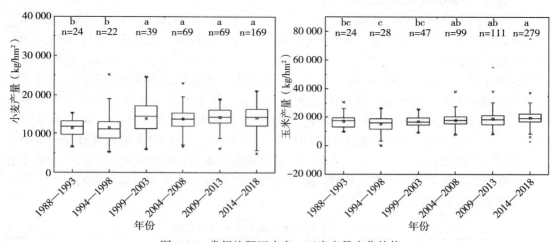

图4-44　常规施肥区小麦、玉米产量变化趋势

（二）作物产量与基础肥力关系

无肥区的产量是土壤基础肥力对作物产量贡献率的指标，对无肥区产量与常规施肥区产量作图，可以反映土壤基础肥力与作物产量的影响。由图4-45可见，常规施肥下小麦和玉米产量（y）与无肥区各作物产量（x，基础肥力）显著正相关，说明土壤基础肥力越高，作物产量越高。褐土对小麦和玉米产量的肥力贡献率分别为0.51和0.60，由此表明土壤基础肥力对玉米产量的贡献率高于小麦，而外源肥料投入下小麦增产效应优于玉米。

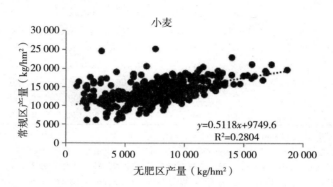

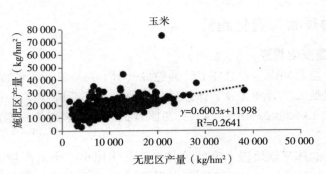

图 4-45　土壤地力对产量的影响

（三）产量影响因素的主成分分析

利用主成分分析方法，计算了肥料因素（有机肥氮、有机肥磷、有机肥钾、化肥氮、化肥磷、化肥钾）和土壤因素（pH、有机质、全氮、有效磷、速效钾）对产量的影响。对于小麦，提取出 5 个主成分，累计贡献率为 71.7%（表 4-5）。有机肥氮、有机肥磷和有机肥钾在第一主成分上有较高载荷，土壤有机质和全氮在第二主成分上有较高载荷，化肥氮和化肥磷在第三主成分上有较高载荷，土壤 pH 和化肥钾在第四主成分上有较高载荷，化肥钾在第五主成分上有较高载荷。对于玉米，提取出 4 个主成分，累计贡献率为 67.9%。第一主成分上有较高载荷的指标与小麦相同，第二主成分上有较高载荷的土壤全氮、化肥磷、化肥钾，第三主成分上有较高载荷的是土壤有机质和化肥钾，第四主成分上有较高载荷的是化肥氮和土壤有效磷，表明有机肥的用量对小麦和玉米的影响最大，其次是土壤全氮和有机质含量。

表 4-5　小麦与玉米产量主成分分析结果

指标	小麦主成分					玉米主成分			
	1	2	3	4	5	1	2	3	4
OFN	0.842	0.322	0.045	−0.073	−0.005	0.948	−0.116	0.176	0.099
OFP	0.828	0.317	0.026	0.049	0.133	0.903	−0.168	0.044	0.063
OFK	0.840	0.189	0.108	0.011	0.079	0.934	0.001	0.081	0.111
CFN	−0.009	−0.151	0.721	0.048	−0.273	−0.056	0.403	−0.242	0.680
CFP	−0.182	−0.251	0.644	0.206	0.468	0.203	0.542	−0.476	0.061
CFK	0.001	0.116	0.432	−0.547	−0.578	0.231	0.604	−0.555	−0.114
pH	0.031	0.212	0.299	0.749	−0.227	−0.234	0.294	0.072	0.390
OM	−0.298	0.707	−0.111	0.221	−0.217	0.030	0.428	0.656	−0.132
TN	−0.396	0.729	0.006	0.044	−0.016	−0.067	0.636	0.532	−0.109
AP	−0.092	0.441	0.357	−0.330	0.450	0.217	0.517	−0.258	−0.561
AK	−0.472	0.436	0.071	−0.169	0.236	0.043	0.498	0.424	0.171
EVe	2.612	1.799	1.370	1.101	1.008	2.795	2.053	1.597	1.030
CC	23.746	40.102	52.558	62.568	71.729	25.406	44.068	58.587	67.948

注 Note：OFN：有机肥氮 Organic Fertilizer N；OFP：有机肥磷 Organic Fertilizer P；OFK：有机肥钾 Organic Fertilizer K；CFN：化肥氮 Chemical Fertilizer N；CFP：化肥磷 Chemical Fertilizer P；CFK：化肥钾 Chemical Fertilizer K；OM：有机质 Organic matter；TN：土壤全氮 Soil total N；AP：土壤有效磷 Soil available P；AK：土壤有效钾 Soil available K；EV：特征值 Eigen value；CC：累积贡献率 Cumulative contribution（%）。

四、褐土耕地质量主要问题及建设措施

（一）褐土耕地质量总体演变趋势

1. 褐土肥力演变

褐土区作为我国小麦、玉米的粮食主产区，褐土耕地质量的演变对于我国的粮食安全至关重要。监测 31 年间，有机质含量从 14.4g/kg 提高到 18.8g/kg；全氮含量从 0.93g/kg 提高到 1.14g/kg；有效磷含量从 9.6mg/kg 提高到 29.1g/kg；速效钾含量从 103mg/kg 提高到 159g/kg。由此可见，土壤有机质、全氮、有效磷、速效钾、缓效钾都呈升高的趋势，即总体肥力得到了提升，与田有国（2009）、赵秀娟（2017）的结论相同。

褐土肥力的提升主要与我国农田土壤管理措施有关，20 世纪 80 年代后氮肥施用量增加，90 年代以来化肥用量进一步提高，除氮肥外，磷肥和钾肥用量也逐渐提升，同时作物残茬逐渐还田。30 多年来褐土区化肥的投入量增加，但是有机肥的投入量呈下降趋势，这不利于土壤的长期培肥，并且对土壤理化性质也有不良影响，因此下一步需要加大有机肥的投入，注重多种肥源有机肥的应用。

2. 土壤 pH 变化和物理肥力现状

pH 主要分布在 7.5～8.5，但是监测期内有降低趋势，即有进一步酸化的趋势，监测后期（2014—2018 年）的数值 7.7 比监测初期（1988—1993 年）的均值 8.0 降低 0.3 个单位。

耕层厚度和容重两个指标的监测始于 2015 年，变化趋势不明显，但是都属于 3 级（中）。耕层厚度，2015—2018 年均值为 21.9cm，而且主要分布在 15～20cm，耕层厚度偏低。容重的均值为 1.33g/cm^3，说明褐土的紧实度较高。

由此可见，褐土的物理肥力状况不容乐观，即有酸化的趋势、耕层厚度偏低、容重偏高，这对作物的健康生长不利。应该通过优化施肥结构，尤其是不同肥料的配比，结合合理的耕翻，遏制 pH 降低的趋势，提升耕层厚度，降低土壤容重，为作物提供良好的土壤物理环境。

3. 褐土生产力变化

生产力的变化与土壤肥力是密不可分的，褐土对小麦和玉米产量的肥力贡献率分别为 0.51 和 0.60，表明土壤基础肥力对玉米产量的贡献率高于小麦，因此外源肥料投入下小麦增产效应优于玉米。监测 31 年间，褐土区的主要粮食作物小麦和玉米，产量均呈上升趋势，小麦的增幅大于玉米。小麦的产量，1999 年后显著上升，由之前的均值 11 347kg/hm^2 上升至 13 930kg/hm^2；玉米的产量，2014 年后显著上升，产量达到最大值 19 291kg/hm^2。对产量影响的主成分分析结果表明，对于小麦和玉米两种作物，有机肥氮、磷、钾对产量的影响最大，其次是土壤全氮和有机质，可能也是因为褐土区肥力偏低，所以对于肥料的依赖性更大。

（二）褐土耕地质量存在的问题

尽管监测期间褐土肥力得到了提升，但是整体肥力依然偏低。有机质主要分布在 10～20g/kg，全氮含量基本稳定在 1.0g/kg 左右，有效磷含量主要分布在 10～20mg/kg，速效钾的含量主要分布在 100～150mg/kg。

褐土肥力状况不容乐观。2014—2018 年间土壤 pH 平均值 7.74，较监测初期 1988—1993 年的均值 8.04 降低了 0.3 个单位。这主要是由于不合理的施肥引起的，褐土区肥料投入中，氮肥的比例升高，而磷肥和钾肥的比例降低，导致土壤 pH 下降。

对褐土物理指标监测的重视程度不够。化学指标在 1988 年就进行了设定，而物理指标设置较晚，尤其是土壤容重和土层厚度，2015 年才进行了添加。土壤物理性质对土壤的综合肥力起到至关重要的作用，而物理性质短期内变化不明显，长期监测更有意义。因此，今后褐土的长期定位试验中，物理指标应该继续完善，并保证数据的连续性。

（三）褐土培肥建议

1. 加大秸秆还田力度，增施有机肥

1988—2018 年，褐土监测点土壤有机质、速效钾含量呈增加趋势，全氮、有效磷含量变化不大，缓效钾含量有降低趋势。但对比全国监测点的情况看，土壤有机质、全氮、有效磷含量均低于全国监测点平均值，特别是有机质、全氮含量与全国相比低 25% 以上。因为褐土区温暖而干旱的时期长，土壤有机质分解快，保证一定的有机肥用量（其中包括轮作在内）是培育土壤肥力的重要措施。建议广辟肥源，用养结合，加大秸秆还田力度，增施有机肥，不断增强褐土基础地力贡献率。

2. 调整氮磷钾肥料比例

2004—2018 年，褐土监测点氮肥在施肥总量中所占比例呈增加趋势，而磷钾肥所占比例则呈降低趋势。在作物产量不断增加的情况下，磷肥和钾肥投入量却不断降低，特别是钾肥回收率高于 100% 且增加趋势明显。为满足作物养分吸收需求、维护良好的生态环境，建议合理调整施肥结构，继续推广测土配方施肥技术，适当降低氮肥用量、增施磷钾肥，以维持土壤养分均衡。

磷肥的科学施用应当引起高度重视，因为褐土的活性铁及 $CaCO_3$ 均容易促使磷的固结，形成铁质和钙质以及闭蓄态磷而使磷肥固结失效，因此应加强过磷酸钙的施用技术的研究。

参 考 文 献

董鲁浩，李玉义，逢焕成，等.2010. 不同土壤类型下长期施肥对土壤养分与小麦产量影响的比较研究［J］. 中国农业大学学报，15（3）：22-28.

韩晓增，王凤仙，王凤菊，等.2010. 长期施用有机肥对黑土肥力及作物产量的影响［J］. 干旱地区农业研究，28（1）：66-71.

郝小雨，周宝库，马星竹，等.2015. 长期不同施肥措施下黑土作物产量与养分平衡特征［J］. 农业工程学报，31（16）：178-185.

胡雨彤，郝明德，王哲，等.2017. 不同降水年型下长期施肥旱地小麦产量效应［J］. 应用生态学报，28（1）：135-141.

冀建华，侯红乾，刘益仁，等.2015. 长期施肥对双季稻产量变化趋势、稳定性和可持续性的影响［J］. 土壤学报，52（3）：607-619.

李红陵，王定勇，石孝均.2005. 不均衡施肥对紫色土稻麦产量的影响［J］. 西南农业大学学报（自然科学版），27（4）：487-490.

李忠芳，徐明岗，张会民，等.2009. 长期施肥下中国主要粮食作物产量的变化［J］. 中国农业科学，

42（7）：2407-2414.

李忠芳，徐明岗，张会民，等．2010．长期施肥和不同生态条件下我国作物产量可持续性特征［J］．应用生态学报，21（5）：1264-1269.

鲁艳红，廖育林，周兴，等．2015．长期不同施肥对红壤性水稻土产量及基础地力的影响［J］．土壤学报，52（3）：597-606.

马常宝，卢昌艾，任意，等．2012．土壤地力和长期施肥对潮土区小麦和玉米产量演变趋势的影响［J］．植物营养与肥料学报，18（4）：796-802.

门明新，李新旺，许皞．2008．长期施肥对华北平原潮土作物产量及稳定性的影响［J］．中国农业科学，41（8）：2339-2346.

区惠平，周柳强，黄金生，等．2018．长期不同施肥对甘蔗产量稳定性、肥料贡献率及养分流失的影响［J］．中国农业科学，51（10）：1931-1939.

唐旭，吴春艳，杨生茂，等．2011．长期水稻—大麦轮作体系土壤供氮能力与作物需氮量研究［J］．植物营养与肥料学报，17（1）：79-87.

田有国，张淑香，刘景，等．2009．褐土耕地肥力质量与作物产量的变化及影响因素分析［J］．植物营养与肥料学报，16（1）：98-104.

王道中，花可可，郭志彬．2015．长期施肥对砂姜黑土作物产量及土壤物理性质的影响［J］．中国农业科学，49（11）：2113-2125.

王飞，林诚，李清华，等．2010．长期不同施肥方式对南方黄泥田水稻产量及基础地力贡献率的影响［J］．福建农业学报，25（5）：631-635.

魏猛，张爱君，诸葛玉平，等．2017．长期不同施肥对黄潮土区冬小麦产量及土壤养分的影响［J］．植物营养与肥料学报，23（2）：304-312.

徐明岗，梁国庆，张夫道．2006．中国土壤肥力演变［M］．北京：中国农业科学技术出版社：203-207.

张桂兰，宝德俊，王英．1999．长期施用化肥对作物产量和土壤性质的影响［J］．土壤通报，30（2）：64-67.

张婧婷．2017．多因子变化对中国主要作物产量和温室气体排放的影响研究［D］．北京：中国农业大学．

赵秀娟，任意，张淑香．2017.25 年来褐土区土壤养分演变特征［J］．核农学报，31（8）：1647-1655.

Hejcman M，Kunzova E. 2010. Sustainability of winter wheat production on sandy-loamy Cambisol in the Czech Republic：Results from a long term fertilizer and crop rotation experiment［J］．Field crops Research，115：191-199.

Kunzova E，Hejcman M. 2009. Yield development of winter wheat over 50 years of FYM，N，P and K fertilizer application on black earth soil in the Czech Republic［J］．Field Crops Research，111：226-234.

Kunzova E，Hejcman M. 2010. Yield development of winter wheat over 50 years of nitrogen，phosphorus and potassium application on greyic Phaeozem in the Czech Republic［J］．European Journal of Agronomy，33：166-174.

Manna M C，Swarup A，Wanjari R H，*et al*. 2007. Long-term fertilization，manure and liming effects on soil organic matter and crop yields［J］．Soil & Tillage Research，94：397-409.

Manna M C，Swarup A，Wanjari P H，*et al*. 2005. Long-term effect of fertilizer and manure application on soil organic carbon storage，soil quality and yield sustainability under sub-humid and semi-aridtropical India［J］．Field Crops Research，93：264-280.

第四节　红　壤　土

　　红壤是我国主要的旱作土壤，是脱硅富铝化和生物富集过程综合影响的结果，缺乏碱素而富含铁铝氧化物，整体呈黄红色。红壤耕地面积约占全国耕地总面积的28%，该地区人口约占全国总人口的40%，关系着国家粮食安全和人民生活水平的提高[1]。

　　红壤在我国主要分布于南方热带及亚热带季风气候区，水热条件较好，但因此地多为山地丘陵，水土流失严重，大量土壤表层养分流失，导致土壤肥力下降，养分含量低，还出现不同程度的酸化。

　　近几十年来，随着人口数量的大量增加，人地矛盾突出，为保障粮食安全，在提高红壤肥力及生产力方面做了大量的研究，湖南红壤区采取撒石灰[2]、绿肥＋旱作作物[3]、有机肥[4]、有机肥配施化肥都可以一定程度上稳定或提高土壤肥力。但经过几十年的发展，整个南方红壤区土壤肥力仍然偏低，秦明周在分析1994年与1980年广西红壤的土壤肥力演变趋势时发现，经过常规施肥及不断调整土壤肥力水平及产业结构后，红壤主要肥力指标仍然呈现逐渐下降的趋势，全氮下降了16.7%，有机质下降了5.6%[5]，何电源等也有类似的发现[6]。

　　在施肥方面，研究人员发现有机肥和磷肥可以显著增加红壤区土壤肥力[4,7~9]。尤其是有机肥不仅可以直接提高作物产量，还可以提高土壤长期肥力和基础地力对产量的贡献率[10]。但有机肥施用使土壤速效磷含量大幅度增加，可能会导致磷素流失风险[11]。由此引起土壤养分的严重贫瘠化，制约了红壤生产力的正常发挥[12]。另外，红壤缺乏中量及微量元素现象也比较严重，导致大部分土壤成为中低产田[13]。

　　近几十年随着对红壤基础肥力的大量关注和技术投入，红壤旱地的基础肥力到底产生了哪些变化还不得而知，因此有必要对南方红壤区近几十年的土壤肥力演变情况进行一次充分调查和分析，为今后红壤区农业的可持续发展提供支撑。

　　监测点共32个，涉及海南、广西、云南、福建、江西、湖南、湖北、安徽等8个省（自治区），监测点建站时间不等，云南曲靖站建站时间最早，在1988年就已建站，其余多在1994—2014年建站，尤其是广西所有的监测点都在2017年才建站，江西的站点建站时间也较晚。

　　南方红壤区的降雨量在550～1 800mm之间，多为山地丘陵土壤，土层较薄，监测点的红壤类型包括红泥质棕红壤、泥质黄红壤、红泥土、耕型石灰岩红壤、花岗岩红壤、暗泥质红壤、老冲积山原红壤、砂页岩黄红壤、碳酸盐岩类等。截止2018年秋收，各监测点监测年限多在15年以上，最多的能达到31年，为红壤区的土壤肥力长期动态监测提供了宝贵的资料。

　　红壤区水热条件较好，多为一年两熟到三熟，作物类型包括甘薯、油菜、甘蔗、椪柑、脐橙、茶树、菠萝、芋头、花生等经济作物。各监测点设对照（不施肥）及常规施肥（农民习惯施肥）两个处理，并详细记录监测点的施肥时间、作物类型、产量、生物量等各种指标。具体监测点概况见表4-6。

表 4-6　监测点概况

地点	年限	作物	作物制度
安徽宣城	2004—2018	油菜/芋头	一年二熟
安徽黄山	2004—2018	油菜/芋头	一年二熟
福建宁德	2004—2018	甘薯	一年二熟
福建龙岩	2004—2018	甘薯	一年二熟
江西宜春	1998—2018	花生/萝卜	一年三熟
江西南昌	2016—2018	水稻	一年二熟
江西吉安	2016—2018	水稻	一年三熟
江西九江	2016—2018	水稻	一年二熟
湖北黄石	2004—2018	花生	一年二熟
湖南邵阳	2016—2018	春玉米/萝卜	一年二熟
湖南益阳	2004—2018	油菜/棉花	一年二熟
湖南郴州	2004—2018	脐橙	一年三熟
湖南湘西	2004—2018	椪柑	一年二熟
湖南永州	1998—2018	春大豆/甘薯	一年二熟
广西北海	2017—2018	甘蔗	一年二熟
广西百色	2017—2018	玉米	一年一熟
广西桂林	2017—2018	水果	一年二熟
海南文昌	1998—2018	菠萝	一年三熟
海南儋州	1998—2018	甘蔗	一年三熟
云南临沧	1998—2018	玉米	一年三熟
云南曲靖	1988—2018	冬小麦/玉米	一年三熟
云南保山	2016—2018	玉米	一年二熟
云南文山	2015—2018	玉米	一年二熟
云南玉溪	2017—2018	烤烟	一年二熟

一、红壤耕地质量主要性状

（一）土壤有机质现状及变化趋势

2018 年，红壤监测点土壤有机质平均含量为 29.3g/kg。土壤有机质含量频率分布如图 4-46。54.3%的红壤有机质含量分布在 10～30g/kg 区间范围，其中，（10～20〕g/kg、（20～30〕g/kg 区间的监测点所占比例为 31.3%、22.9%。土壤有机质含量低于 10g/kg 的比例仅为 2.9%，高于 30g/kg 的比例也达到了 42.9%。

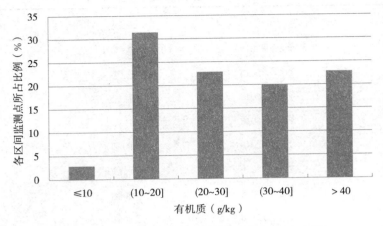

图4-46 2018年红壤有机质各含量区间所占比例

有机质含量在1988—2013年期间，整体上出现了一个显著的下降趋势，但最近5年，又呈现上升，但升幅未达到显著水平。1988—1993年均值为32.95g/kg，变化范围在27.9～37.8g/kg之间，1994—1998年变化幅度在10.6～38.3g/kg之间，均值为26.42g/kg，1999～2003年间，变化幅度在3.4～46.8g/kg之间，均值为21.26g/kg，2004—2008年间，变化幅度在4.1～50.9g/kg之间，均值为21.22g/kg，2009—2013年间，变化幅度在10.22～51.00g/kg之间，均值为21.74g/kg，2014—2018年间，变化幅度在6.7～85.7g/kg之间，均值为27.72g/kg。

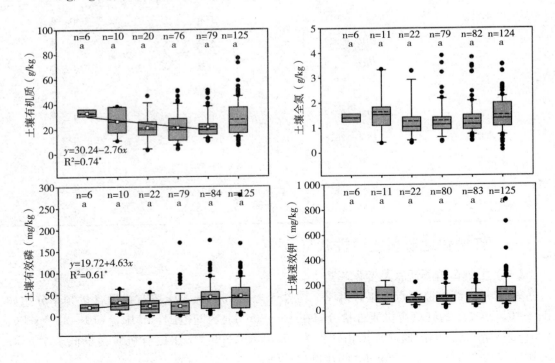

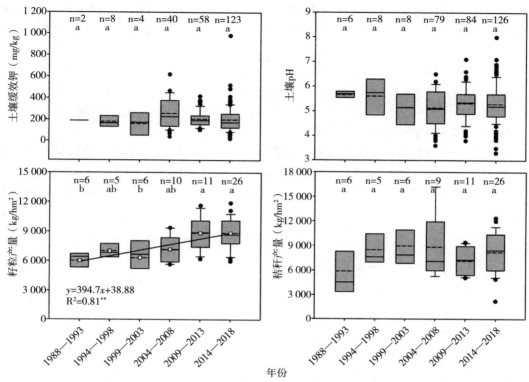

图 4-47　南方红壤区近 31 年土壤肥力变化特征及籽粒产量、秸秆生物量变化特征

注：实心圆圈（•）为异常值；箱式图的横线从下至上依次为除异常值外的最小值、下四分位数、中位数、上四分位数和最大值；虚线为各项的平均值。箱式图上的 n 表示样本数，不同小写字母表示不同时间段的平均值在 0.05 水平差异显著。下同。

（二）壤全氮现状及变化趋势

2018 年，红壤监测点土壤全氮平均含量为 1.56g/kg。土壤全氮含量频率分布如图 4-48。77.1％的红壤全氮含量大于 1g/kg，其中，（1～2］ g/kg 及＞2g/kg 区间的监测点所占比例为 48.6％、28.6％。土壤全氮含量低于 1g/kg 的比例仅为 22.9％。

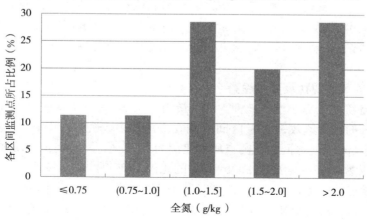

图 4-48　2018 年红壤全氮各含量区间所占比例

全氮含量整体保持稳定，变化幅度小，近31年的均值始终在1g/kg上下波动。1988—1993年均值为1.41g/kg，变化范围在1.16～1.62g/kg之间，1994—1998年变化幅度在0.39～3.35g/kg之间，均值为1.65g/kg，1999—2003年间，变化幅度在0.4～3.29g/kg之间，均值为1.27g/kg，2004—2008年间，变化幅度在0.45～3.89g/kg之间，均值为1.30g/kg，2009—2013年间，变化幅度在0.48～3.82g/kg之间，均值为1.35g/kg，2014—2018年间，变化幅度在0.12～3.54g/kg之间，均值为1.52g/kg。

（三）土壤有效磷现状及变化趋势

2018年，红壤监测点土壤有效磷平均含量为45.8mg/kg。土壤有效磷含量频率分布如图4-49，54.3%的红壤有效磷含量大于30mg/kg，其中，（30～40]mg/kg及大于40mg/kg的监测点所占比例为5.7%、48.6%。土壤有效磷含量≤10mg/kg的比例仅为14.3%。

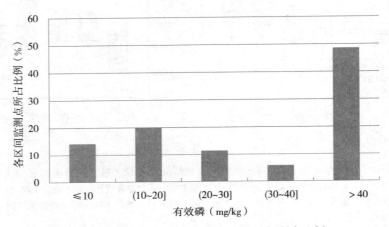

图4-49 2018年红壤有效磷各含量区间所占比例

有效磷的含量在近31年也未有显著提升，但是其变化趋势达到显著水平，呈现缓慢上升的态势。1988—1993年均值为20.5mg/kg，变化范围在6.0～33.0mg/kg之间，1994—1998年变化幅度在5.3～63.9mg/kg之间，均值为31.5mg/kg，1999—2003年间，变化幅度在0.9～77.2mg/kg之间，均值为23.6mg/kg，2004—2008年间，变化幅度在1～170mg/kg之间，均值为22.8mg/kg，2009—2013年间，变化幅度在3.3～175.2mg/kg之间，均值为43.7mg/kg，2014—2018年间，变化幅度在1.1～279.6mg/kg之间，均值为45.8mg/kg。

（四）土壤速效钾现状及变化趋势

2018年，红壤监测点土壤速效钾平均含量为164mg/kg。土壤速效钾含量频率分布如图4-50，62.9%的红壤速效钾含量区间范围在50～200mg/kg，其中，（50～100]mg/kg、（100～200]mg/kg区间的监测点所占比例为25.7%、37.2%。土壤速效钾含量≤50mg/kg的比例仅为17.1%，高于200mg/kg的比例达到了20.0%。

速效钾含量也较稳定，但在1988—2013年间发生小幅度的下降趋势。1988—1993年均值为151mg/kg，变化范围在73～285mg/kg之间，1994—1998年变化幅度在49～237mg/kg之间，均值为123mg/kg，1999—2003年间，变化幅度在27～224mg/kg之间，均值为 86mg/kg，2004—2008 年间，变化幅度在 21～296mg/kg 之间，均值为 105mg/kg，2009—2013 年间，变化幅度在 30～275mg/kg 之间，均值为 108mg/kg，2014—2018 年间，变化幅度在 18～877mg/kg 之间，均值为 140mg/kg。

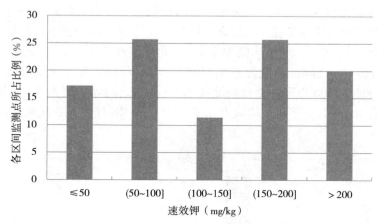

图 4-50　2018 年红壤速效钾各含量区间所占比例

（五）土壤缓效钾现状及变化趋势

2018 年，红壤监测点土壤缓效钾平均含量为 215mg/kg。土壤缓效钾含量频率分布如图 4-51，60％的红壤缓效钾含量低于 200mg/kg，其中，≤100mg/kg、（100～200］mg/kg 区间的监测点所占比例为 25.7％、34.3％。土壤缓效钾含量在（200～250］mg/kg 区间范围的监测点数量仅占 5.7％，高于 250mg/kg 的比例也达到了 34.3％。

缓效钾含量在近 31 年也无较大变化，始终在 200mg/kg 左右。1988—1993 年均值为 189mg/kg，变化范围在 159～219mg/kg 之间，1994—1998 年变化幅度在 104～263mg/kg 之间，均值为 180mg/kg，1999—2003 年间，变化幅度在 34～270mg/kg 之间，均值为 162mg/kg，2004—2008 年间，变化幅度在 40～620mg/kg 之间，均值为 257.32mg/kg，2009—2013 年间，变化幅度在 105～419mg/kg 之间，均值为 206mg/kg，2014—2018 年间，变化幅度在 22～983mg/kg 之间，均值为 200mg/kg。

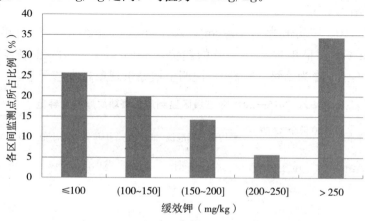

图 4-51　2018 年红壤缓效钾各含量区间所占比例

（六）土壤 pH 现状及变化趋势

2018 年，红壤监测点土壤 pH 平均为 5.3。土壤 pH 频率分布如图 4-52，65.7％的红壤 pH 分布在 4.5～5.5 区间范围。土壤 pH 在 5.5～6.5 区间范围的监测点比例也达到了 20％，低于 4.5 的比例仅为 8.6％，高于 6.5 的比例也仅为 5.7％。

南方红壤的土壤 pH 通常在 6.0 以下，极端情况能到 3.3，但近 31 年保持稳定，无显著性提升或下降。1988—1993 年均值为 5.7，变化范围在 5.4～5.8 之间，1994—1998 年变化幅度在 4.7～6.5 之间，均值为 5.6，1999—2003 年间，变化幅度在 4.1～6.5 之间，均值为 5.2，2004—2008 年间，变化幅度在 3.6～6.5 之间，均值为 5.1，2009—2013 年间，变化幅度在 3.8～7.1 之间，均值为 5.3，2014—2018 年间，变化幅度在 3.3～8.0 之间，均值为 5.3。

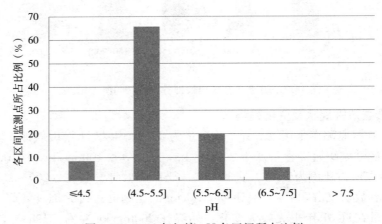

图 4-52　2018 年红壤 pH 各区间所占比例

（七）耕层厚度和容重现状

土壤耕层厚度在南方红壤区整体状况较好，在 2015 年平均厚度为 22.1cm，2016 年的平均厚度为 23.0cm，2017 年为 22.0cm，2018 年为 21.7cm，四年的监测值均属于 1 级，整体上仍然没有显著的变化，但从趋势上看，耕层厚度正在越来越薄，说明本研究区的土壤侵蚀状况比较严重。

土壤容重在 2015 年均值为 1.16g/cm³，2016 年为 1.19g/cm³，2017 年为 1.20g/cm³，2018 年为 1.21g/cm³，呈现出逐年上升的趋势，2015—2017 年的红壤容重均属于 1 级（高），但 2018 年已下降为 2 级（较高），说明土壤黏重现象越来越严重。

表 4-7　2015—2018 年红壤区监测点土壤耕层厚度及容重

项目	时间	样本数	在总个案数中所占的百分比	平均值	标准误	标准差	中位数	最小值	最大值	分类级别
耕层厚度（cm）	2015	20	19.2％	22.15	0.916	4.095	20.00	17	35	1 级（高）
	2016	22	21.2％	23.05	1.157	5.429	20.50	17	40	1 级（高）
	2017	30	28.8％	21.96	0.825	4.517	20.00	15	36	1 级（高）
	2018	32	30.8％	21.74	0.759	4.291	20.00	15	36	1 级（高）

（续）

项目	时间	样本数	在总个案数中所占的百分比	平均值	标准误	标准差	中位数	最小值	最大值	分类级别
容重（g/cm³）	2015	20	20.2%	1.16	0.038	0.169	1.22	1	2	1级（高）
	2016	21	21.2%	1.19	0.033	0.149	1.22	1	2	1级（高）
	2017	28	28.3%	1.20	0.032	0.168	1.21	1	2	1级（高）
	2018	30	30.3%	1.21	0.023	0.128	1.22	1	1	2级（较高）

二、施肥量现状与变化趋势

红壤有机质含量低，有效养分缺乏，因此，在红壤进行适度施肥是保持及稳定红壤肥力和生产力的有效手段。红壤全年总施肥养分量、总化肥养分量和总有机肥养分量的变化趋势见图4-53。

2018年，红壤总肥料施用量为590.5kg/hm²，氮磷钾投入比例为18.44：9.49：11.45。其中氮肥276.6kg N/hm²、磷肥142.2 kg P_2O_5/hm²、钾肥171.7 kg K_2O/hm²；有机氮磷钾投入量分别为51.6kg N/hm²、35.7 kg P_2O_5/hm²、43.0 kg k_2O/hm²。

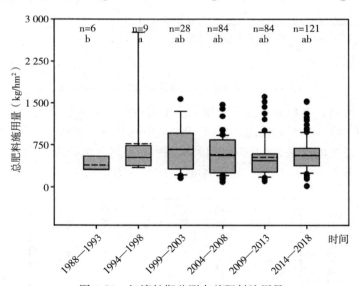

图4-53 红壤长期监测点总肥料施用量

从施肥量分析，红壤施肥总量呈现先上升后下降的趋势，有机肥和化肥的施用量都呈现先上升后下降的趋势，但整体变化趋势不大，仅在有机肥和总肥的1988—1993年及1994—1998年两个时间段之间的差异达到了显著（图4-53至图4-54，P＜0.05）。1988—1993年总肥料施用量的平均水平为392.85kg/hm²，1994—1998年总施肥量显著提升，达到769.12kg/hm²，较之前平均水平提高95.8%，1999—2003年总肥料施用量又较之前的1994—1998出现了下降，均值为671.2kg/hm²，下降了12.7%，之后一直到2003年持续下降，仅在2014—2018年出现小幅上升，但升高的幅度也未达到显著水平。

就施肥类型而言，有机肥在近31年的变化未达到显著水平（图4-54，P＜0.05）。在监测点监测初期，有机肥平均施用量为 34.0kg/hm²，而到了 1994—1998 年期间，迅速升高到了 152.4kg/hm²，提高幅度多达 348.6％，但之后有机肥施用量趋于平稳，在直到 2009—2013 年都呈略微下降的趋势，直到 2014—2018 才呈不显著的升高，2004—2018 年有机肥施用量通常在 100～150kg/hm² 之间。化肥施用量在近 31 年也未发生显著的变化（图 4-54，P＜0.05），1988—1993 年间，监测点化肥施用量平均水平为 358.9kg/hm²，到 1994—1998 迅速提升至 616.7kg/hm²，之后逐渐呈不显著的下降，到 2009—2013 年间下降到了 424.7kg/hm²，而在之后的 2014—2018 年又呈不显著的上升的趋势。

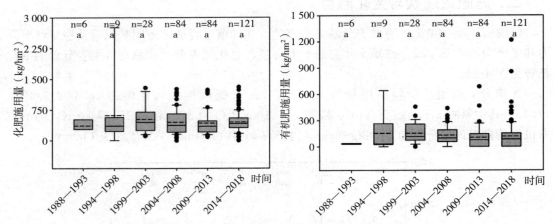

图 4-54　红壤长期监测点化肥和有机肥施用量

从施肥结构分析，有机肥在总肥料施用量中所占的比例也是呈先上升后下降趋势（图 4-55，P＜0.05）。在 6 个时间段内，仅有 1994—1998 年比 1988—1993 年有显著提升，31 年整体有机肥占总肥的比重为 21.3％，1988—1994 年间有机肥施用量占总施肥量的平均比例最小，仅有 9.3％，而 1994—2018 年都在 20％左右。

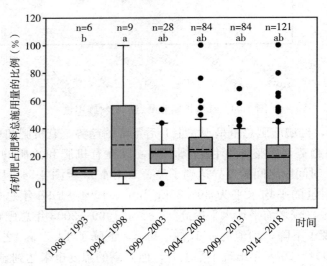

图 4-55　红壤长期监测点有机肥占总肥料施用量比例

　　对于施入的养分元素量，近 31 年红壤旱地总氮施入量基本保持稳定，基本保持在 250.0kg/hm²，总磷施入量稳定中略有下降，基本保持在 150.0kg/hm² 左右，总钾施入量也基本保持稳定，多在 150.0kg/hm²（图 4-56）。总氮在总肥中所占的比重出现微量降低，但都在 40% 以上，总磷在总肥中所占的比重基本保持稳定，在 30.0% 左右，而钾素在总肥中的比重持续上升，由初期的 14.2% 提升到 2014—2018 年的 28.6%，提升幅度提高了一倍多。

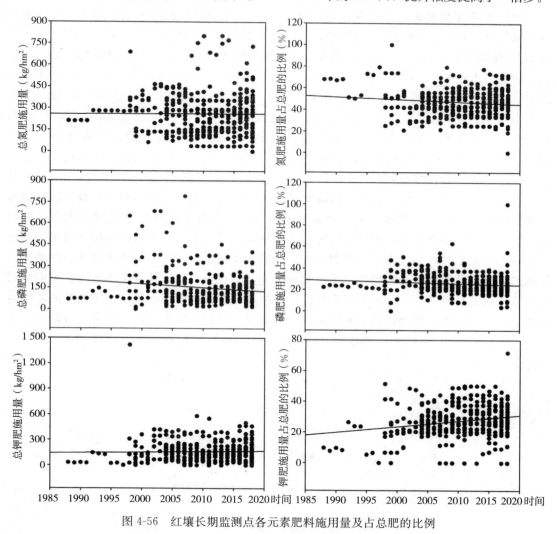

图 4-56　红壤长期监测点各元素肥料施用量及占总肥的比例

三、生产力现状与演变趋势

（一）玉米产量

　　2018 年玉米籽粒平均单产为 8 843.4kg/hm²（图 4-57），最大单产为 10 425kg/hm²，最小单产为 6 487.5kg/hm²。玉米籽粒产量近 31 年出现了显著的增加，尤其是近十年（2009—2018 年），相对于监测最开始的五年，提升幅度达到了 46.7%。1988—1993 年均值为 6 032.5g/kg，变化范围在 3 630～7 245g/kg 之间，1994—1998 年变化幅度在 5 988～7 920

g/kg之间，均值为 7 023.3g/kg，1999—2003 年间，变化幅度在 1 950～8 452.5g/kg 之间，均值为 6 332.2g/kg，2004—2008 年间，变化幅度在 5 655～9 379.5g/kg 之间，均值为 7 186.8g/kg，2009—2013 年间，变化幅度在 6 225～11 649g/kg 之间，均值为 8 844.82 g/kg，2014—2018 年间，变化幅度在 6 003～11 904g/kg 之间，均值为 8 850.9g/kg。

（二）玉米秸秆生物量

2018 年玉米秸秆平均单产为 8 415.2kg/hm²，最大单产为 10 875kg/hm²，最小单产为 5 848.5kg/hm²。玉米秸秆生物量在 1994 年后整体保持稳定，1994 年后的秸秆生物量比 1994 年前都稍有提升，但提升幅度未达到显著性差异。1988—1993 年均值为 5 900g/kg，变化范围在 1 935～14 235g/kg 之间，1994—1998 年变化幅度在 6 525～13 128g/kg 之间，均值为 8 505.9g/kg，1999—2003 年间，变化幅度在 5 550～15950.5g/kg 之间，均值为 8 978.4g/kg，2004—2008 年间，变化幅度在 5 280～16 200g/kg 之间，均值为 8 847.3g/kg，2009—2013 年间，变化幅度在 5 100～9 394.5g/kg 之间，均值为 7 160.3g/kg，2014—2018 年间，变化幅度在 2 265～12 390g/kg 之间，均值为 8 215.8g/kg。

（三）红壤地力贡献系数

本文定义无肥区作物产量与常规施肥区作物产量之比为土壤地力贡献系数，该比值可反映农田土壤养分供应和生产力输出的基础能力。地力贡献系数与土壤肥力水平呈正相关，即地力贡献系数越大，土壤基础肥力水平越高，外源养分对作物产量提升效果相对较弱；地力贡献系数越小，土壤基础肥力水平越低，作物生产对外养分依赖性强。红壤地力贡献系数整体呈逐渐上升的趋势，平均水平为 0.31（图 4-57），但随着常规施肥年限的增加，基础地力对玉米产生的影响越来越高，进一步说明长期常规施肥对玉米产量的影响越来越小，虽然施肥仍然是提高玉米产量的主要途径，但对土壤肥力没有显著提升作用。

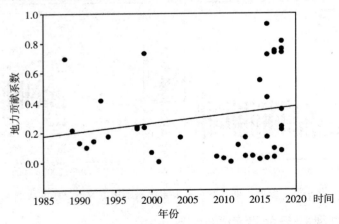

图 4-57　常规施肥下玉米籽粒产量地力贡献系数

（四）土壤肥力演变的主控因子分析

表 4-8　红壤肥力演变的主成分分析

	主成分 1	主成分 2
pH	0.163	0.925

（续）

	主成分 1	主成分 2
有机质	0.882	−0.123
全氮	0.875	−0.146
有效磷	0.453	−0.195
速效钾	0.554	0.314

由表 4-8 可以看出，PC1 轴和 PC2 轴对总方差的贡献率分别为 41.6％和 62.2％，均低于 70％，主要原因可能还是近 31 年土壤肥力各指标整体变化不大，因此对土壤肥力的整体贡献率也较低。但通过主成分分析我们也能明显看出有机质、全氮对土壤肥力的贡献率较高，而 pH 在近 31 年的变化最小，因此其对红壤肥力的贡献率也较小。

（五）土壤肥力与玉米籽粒产量的关系

通过玉米产量与土壤各肥力指标的拟合，我们发现土壤有机质、有效磷、速效钾的含量均与玉米产量达到了极显著相关，而全氮与玉米产量之间也达到了显著相关（图 4-58），其中玉米产量与土壤有机质含量的关系为 $y=6\ 040.76+48.07x$，$R^2=0.14$，玉米产量与土壤全氮的关系为 $y=6\ 423.43+709.19x$，$R^2=0.09$，玉米产量与土壤有效磷之间的关系为 $y=6\ 714.55+26.71x$，$R^2=0.2$，玉米产量与土壤速效钾之间的关系为 $y=6\ 217.17+11.13x$，$R^2=0.17$。玉米产量与土壤主要养分含量之间都呈正相关线性关系，说明红壤的肥力还远远未达到其潜力水平，在主要的土壤肥力指标中，全氮的系数最大，说明在红壤旱地农田中，氮仍然是玉米生长的主要限制性因子。

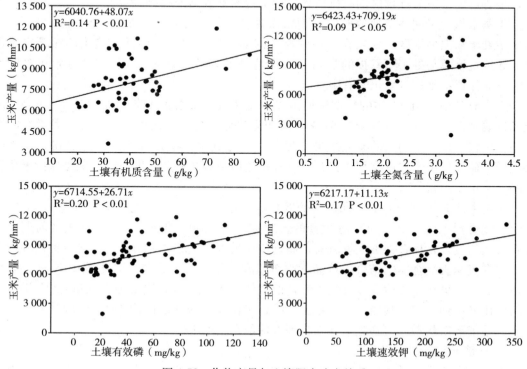

图 4-58　作物产量与土壤肥力响应关系

四、红壤耕地质量主要问题及建设措施

（一）红壤耕地质量总体演变趋势

31年常规施肥管理下，红壤有机质（31.6～31.7g/kg）、全氮（1.85～1.93g/kg）、有效磷（20.50～45.78mg/kg）、速效钾（86～151mg/kg）、缓效钾（162.25～257.32mg/kg）含量及红壤pH（5.1～5.6）总体稳定，近30年都没有达到显著差异，但在图4-47中能明显看出有效磷呈显著增长的趋势，已由初期的20.5mg/kg上升到2014—2018期间的45.8mg/kg。

1. 红壤肥力演变

土壤有机质通常跟有机物料的投入和分解有较大关系。在本研究中，土壤有机质含量在近31年未发生显著的变化，通常是在2%左右，与前人研究不同[14,15]，前人研究认为红壤区土壤有机质含量经过长期常规耕作施肥后普遍呈下降态势。主要原因可能是我们的监测点在前期主要集中在云南。虽然云南红壤与其他红壤区同为红壤，但云南红壤有机质含量普遍偏高，通常在3%以上[16,17]，基本与东北黑土接近，后期加入了其他省份的红壤，而其他省份的红壤有机质含量普遍偏低，通常在1%～3%之间[4,10,13,15,17,18]，远较云南红壤含量低，这就导致后期均值相对于前期并未有显著的提升。另一个可能的原因是常规氮磷钾施肥在本研究区域内，仅能保持土壤一定含量的有机质，即有机质的投入和土壤微生物对有机质的分解整体处于平衡状态。但从近31年红壤区监测点有机质含量变化来看，一直到2013年土壤有机质还呈缓慢下降的状态，但2014—2018年呈现出小幅度的升高，很有可能接下来红壤区的有机质含量会呈现逐渐升高的趋势。

土壤全氮含量在整个研究时间段内未出现较大的变化，基本都在1g/kg左右，红壤由于多处于高温多雨区，氮素在土壤中流失的途径较多[19,20]，因此土壤中的氮素很难留存，导致红壤总是处于氮亏损的状态[21]，即使增加有机肥的施入，也只能导致更多的氮流失，而保留下来的氮素仍然有限。

土壤有效磷在近31年的红壤区监测点中也未发生显著的变化，通常是在40mg/kg，但经过线性拟合，红壤有效磷在近31年的变化趋势却达到了线性增长，说明磷素在红壤中的积累较缓慢，与前人的研究结果一致[22,23]，尤其是在中东部经济发达省份，磷肥的大量投入使土壤中磷素逐渐积累提升，有效磷整体呈现缓慢升高的态势，也是保持土壤肥力的一个重要因素。

土壤中速效钾含量也未出现显著的变化，均值在100mg/kg左右，但从图4-47中我们明显能看到1988—2013年，速效钾的含量有缓慢下降的趋势，可能在红壤区前期未注重有机肥的投入，导致钾素大量流失，而近些年随着有机肥的大力推广，可以促使钾素与土壤中有机无机复合体的结合，进而增强钾素在土壤中的结合[24,25]，土壤中K素含量较以往有提高，虽然还未达到显著性提升，但整体呈上升趋势。缓效钾在红壤近31年监测点的变化未达到显著，其变化趋势更加平稳，多在200mg/kg上下波动，即缓效钾在土壤中整体处于平衡状态，多施肥也并未将钾素保留在土壤中。

2. 红壤pH变化

土壤pH通常受到氮肥过量施入的影响，导致土壤中H^+产生过多，降低pH。南方

降雨较多也使土壤中产生较多的养分流失，进而造成富铝化特征，有效养分积累困难，红壤区整体 pH 偏低。大量研究发现我国南方红壤区土壤整体呈现加速酸化的趋势[26~29]，我们的研究也显示红壤区土壤 pH 出现了一定降低的趋势（图 4-47），这种 pH 的降低可能既有自然因素，也有人为因素[29,30]。

3. 红壤生产力的变化

从玉米产量变化来看，自 1988—2018 年，玉米产量提升了 46.6%，年均增加 90.7kg/hm² 。但是在红壤旱地的生产力分析中，红壤旱地的地力贡献系数通常在 0.35 左右，即使呈上升趋势，目前也不到 0.4，说明红壤作物产量大部分贡献来自于施肥，但长期施肥并未对土壤肥力有显著的提升，地力贡献系数的上升只能说明红壤肥效越来越低，因此，基于肥料大量投入对作物产量的提升不能作为可持续发展农业的道路。

4. 红壤区施肥的变化

施肥量在近 31 年整体而言变化也较小，在 392.8～769.1kg/hm² 之间。除 1994—1998 年外，其他时间的施肥量整体保持平稳，这种平稳的状态并不能促使红壤肥力的提升，只能保持在一定的低水平，对作物产量的贡献也较小，说明肥效较低，因此提高肥效才是未来施肥研究的大方向。就施肥结构而言，除 1994—1998 年外，其他时间有机肥的占比较低，通常仅在 20% 左右，虽然能维持整体红壤肥力不下降，但是也不能提升土壤肥力。

整体上看，虽然近 31 年的监测表明土壤肥力各指标都未发生显著的变化，整体上处于稳定的状态，但红壤肥力整体较低，粮食作物的产量提升过多地依赖优种选育，另外，南方土壤普遍缺磷，有效磷整体呈显著增加的趋势也可能是玉米产量提升的一个重要因素。总之，大量的肥料投入后并不能使土壤肥力得到提升。另外，在 2014—2018 年期间土壤肥力各指标普遍都有上升的趋势，这种增加趋势虽然未达到显著，也可以预见未来南方红壤区在这种趋势下土壤肥力整体上会逐渐提高。

（二）红壤耕地质量存在的问题

经过 31 年的长期监测，红壤依然存在较多的问题尚待解决：

（1）红壤区玉米产量显著提升，2014—2018 年比 1988—1994 年提升了 30% 以上，通过红壤地力贡献系数可知，红壤整体肥力仍未发生较大的变化，地力贡献率仍然较低，仅有 0.31，红壤提升肥力的潜力巨大，有待于进一步开发利用。

（2）总施肥量虽然保持稳定，但肥效却逐年降低，有机肥所占比重整体也偏低。

（三）红壤合理利用及培肥措施

（1）提高红壤区的规模化经营水平，促进红壤区农田的管理水平。红壤区的劳动力相对短缺，田块小且分散，作物的种植效益不高，造成红壤区农田只种不养的问题越来越严重。需要利用国家与社会资本，进行规模化生产与管理，加大农田的投入与管理，加强红壤退化因子的改良（如酸化防治、土壤粘庹板结等），提高红壤区农田的肥力水平。

（2）加快新型肥料和合理施肥的推广使用，尤其是有机肥和缓控释化肥的合理利用。红壤基础肥力较低，如果单纯增加传统化肥的用量，由于其养分易流失，使得肥料利用率并不高，适当增加缓控释化肥在红壤区的推广使用。有机肥作为一种肥效长且提升土壤肥力效果明显的肥料，目前已被广泛认可，但红壤区多低山丘陵，发展便捷的有机肥运输与施用机械，是推动红壤区有机肥大面积推广使用的关键。

（3）加强轮作制耕地培肥。绿肥＋粮食作物的种植制度对于红壤肥力的提升效果也较明显，红壤区光热资源较为充足，可利用作物生长周期，轮作或间作些豆科作物，如"蚕豆—玉米/甘薯""蚕豆—大豆/甘薯"也都被证明是对于提升红壤肥力较好的耕作方式，应加以推广利用。

（4）改变传统的耕作模式，防治水土流失。南方红壤区由于多分布于丘陵山区，采用保护性耕作措施，增加地表覆盖，或采用"农—林—灌"相结合的复合农业模式，可一定程度上缓解水土流失造成的红壤肥力下降。对于坡度较大的地带，过度开发会导致严重的土壤侵蚀，造成水土流失，进一步降低土壤肥力，有必要修建防治水土流失的基础设施，或修建成梯田，部分地区需退耕还林还草。

参 考 文 献

[1] 王伯仁，李冬初，周世伟．红壤质量演变与培肥技术［M］．北京：中国农业科学技术出版社，2014.

[2] 文石林，董春华，高菊生．磷肥和石灰对红壤墨西哥玉米产量和土壤肥力的影响［J］．湖南农业科学，2010，37（16）：35-36.

[3] 程森，吴家森，王平，等．绿肥、鸡粪和钙肥使用对新垦红壤土壤肥力和烟草生长的影响［J］．中国烟草学报，2008，14（5）：39-44.

[4] 黄山，潘晓华，黄欠如，等．长期不同施肥对南方丘陵红壤旱地生产力和土壤结构的影响［J］．江西农业大学学报，2012，34（2）：403-408.

[5] 秦明周．红壤丘陵区农业土地利用对土壤肥力的影响及评价［J］．山地学报，1999，17（1）：71-75

[6] 何电源．中国南方土壤肥力与栽培植物施肥［M］．北京：科学出版社，1994.

[7] Barthès B, Roose E. Aggregate stability as an indicator of soil susceptibility to runoff and erosion: validation at several levels［J］. Catena, 2002, 47 (2): 133-149.

[8] 戴茨华，王劲松．石灰岩地区山原红壤连续施磷对玉米产量及土壤肥力的影响［J］．云南农业科技，2002，（2）：31-33.

[9] 周卫军，王凯荣．有机与无机肥配合对红壤稻田系统生产力及其土壤肥力的影响［J］．中国农业科学，2002，35（9）：1109-1113.

[10] 张兵，夏桂龙，王维，等．不同肥力红壤旱地玉米产量和土壤基础地力的变化特征［J］．湖南农业科学，2017，（6）：21-24.

[11] 夏文建，王萍，刘秀梅，等．长期施肥对红壤旱地有机碳、氮和磷的影响［J］．江西农业学报，2017，29（12）：27-31.

[12] 武琳，黄尚书，叶川，等．土地利用方式对江西红壤旱地碳库管理指数的影响［J］．土壤，2017，49（6）：1275-1279.

[13] 孙波，张桃林，赵其国．南方红壤丘陵区土壤养分贫瘠化的综合评价［J］．土壤，1995，（3）：119-128.

[14] 黄智刚，李保国，胡克林．丘陵红壤蔗区土壤有机质的时空变异特征［J］．农业工程学报，2006，22（11）：58-63.

[15] 唐群锋，曹启民，杨全运．海南植胶区砖红壤土类有机质变化趋势［J］．西南农业学报，2014，

27 (2)：715-718.

[16] 席冬梅，邓卫东，高宏光. 云南省主要地质背景区土壤理化性质及矿物质元素丰度分析 [J]. 土壤，2008，(1)：114-120.

[17] 李聪平. 云南红壤不同施肥制度有机质演变特征与持续利用 (D). 杨凌：西北农林科技大学，2017.

[18] 于寒青，孙楠，吕家珑. 红壤地区三种母质土壤熟化过程中有机质的变化特征[J]. 植物营养与肥料学报，2010，16 (1)：92-98.

[19] 王伯仁，徐明岗，文石林，等. 长期施肥红壤氮的累积与平衡 [J]. 植物营养与肥料学报，2002，8 (增刊)．

[20] 袁东海 王，陈欣. 不同农作方式红壤坡耕地土壤氮素流失特征 [J]. 应用生态学报，2002，13 (7)：863-866.

[21] 崔键，周静，马友华，等. 我国红壤旱地氮素平衡特征 [J]. 土壤，2008，40 (3)：372-376.

[22] 鲁如坤，时正元. 退化红壤肥力障碍特征及重建措施Ⅲ. 典型地区红壤磷素积累及其环境意义 [J]. 土壤，2001，33 (5)：227-231.

[23] 黄庆海，万自成，朱丽英，等. 不同利用方式红壤磷素积累与形态分异的研究[J]. 江西农业学报，2006，18 (1)：6-10.

[24] 岳龙凯，蔡泽江，徐明岗. 长期施肥红壤钾素在有机无机复合体中的分布 [J]. 植物营养与肥料学报，2015，21 (6)：1551-1562.

[25] 岳龙凯，蔡泽江，徐明岗. 长期施肥红壤钾有效性研究 [J]. 植物营养与肥料学报，2015，21 (6)：1543-1550.

[26] 姬钢. 不同土地利用方式下红壤酸化特征及趋势 (D). 北京：中国农业科学院，2015.

[27] 周晓阳，徐明岗，周世伟，等. 长期施肥下我国南方典型农田土壤的酸化特征 [J]. 植物营养与肥料学报，2015，21 (6)：1615-1621.

[28] 徐明岗，文石林，周世伟，等. 南方地区红壤酸化及综合防治技术 [J]. 科技创新与品牌，2016，(7)：74-77.

[29] 赵凯丽. 不同母质红壤的酸化特征及趋势 (D). 北京：中国农业科学院，2016.

[30] 郭治兴，王静，柴敏，等. 近30年来广东省土壤 pH 的时空变化 [J]. 应用生态学报，2011，22 (2)：425-430.

第五节　黑　　土

黑土是我国最重要的土壤类型之一，发育于冲积—洪积物、砂质风积物等成土母质，有黑色腐殖质表土层的土壤。科学意义上黑土的概念范畴相对狭小，具有明确的分类定义，按照土壤系统分类，黑土均属于均腐土土纲，湿润均腐土亚纲，简育湿润均腐土土类。按美国土壤分类系统及联合国粮农组织分类系统，黑土是具有松软表层的土类，也称软土（《中国土壤分类》）。

黑土颗粒较细、性状好、肥力高，是适宜农耕的优质土地。黑土耕地面积约 701.5 万 hm^2，主要分布于东北平原，行政区域涉及辽宁、吉林、黑龙江以及内蒙古东部的部分地区，是我国玉米和大豆的主产区之一，黑土区作物产量的提高对我国粮食安全和可持续发展产生重要影响。

　　黑土区属于温带大陆性季风气候，特点是四季分明，冬季寒冷漫长，夏季温热短促。平均降水量为 500～600mm，大部分集中在 4～9 月的作物生长季，占全年降雨量的 90％左右，尤其是 7～9 月最多，占全年降水量 60％以上。作物生育期间水分较多，有利于作物的正常生长，促进有机质的形成与积累，黑土区平均气温 1～8℃，由北向南递增，≥10℃的积温范围在 1 700～3 200℃。

　　自 20 世纪 50 年代东北黑土区大规模开垦以来，林草自然生态系统逐渐演变为人工农田生态系统。长期的高强度利用，加之土壤侵蚀，黑土地自然肥力逐年下降。自 80 年代以来，由于化肥和有机肥施用量的增加，土壤养分和肥力呈现逐渐增加的趋势。黑土养分演变及肥力现状关系到我国粮食生产的可持续发展。长期不平衡和过量施肥严重影响了土壤养分平衡，制约着黑土耕地的可持续发展。黑土是供钾能力较强的土壤，氮磷供应能力不如钾素供应能力强，黑土土壤中氮素、磷素的变化影响土壤肥力的保持与提高，从而影响土壤质量的优劣，也影响作物产量的高低。

　　截止 2018 年底，黑土监测点增加到 35 个，本章节分析其中的 17 个长期黑土国家级长期监测点按照黑土的主要分布区进行布局，主要位于黑龙江和吉林省，囊括平地中层黄土质黑土、厚层黄土质黑土、平地中层黏底黑土、平地岗地薄层黏质黑土、坡地薄层黄土质黑土、漫坡岗地薄层黏底黑土、漫川厚层黏底黑土和沟谷厚层草甸黑土等主要黑土土种类型。截止 2018 年秋收，各监测点监测年限均在 14 年以上，主要监测点最长监测年限已有 31 年，为黑土区土壤养分和生产力状况以及耕地质量建设提供了宝贵的资料。黑土检测区主要作物类型为玉米，其次为大豆、小麦和马铃薯等，属于一年一熟制，主要以玉米—玉米、玉米—大豆轮作方式为主，每个监测点按照当地农民习惯进行施肥，耕作管理，并记录不同时期的施肥量、肥料种类、作物种类等。监测区为雨养农业，耕作采用机械操作。监测点基本状况和土壤基本性质如表 4-9。

　　本章以常规农田管理措施为基础，整理分析了 31 年来国家级黑土耕地质量长期监测点的土壤养分以及相关产量状况数据，探明黑土土壤养分演变特征和生产力状况，并进一步运用主成分分析方法分析土壤肥力变化过程中的主要贡献因子和养分指标间的平衡关系，从而更加切实全面地掌握黑土肥力状况，以期为黑土土壤培肥改良和可持续发展提供科学依据。

表 4-9　监测点概况

监测地点	监测年限	年降水量（mm）	有效积温（℃）	质地	地力水平	作物类别
吉林榆树市	1988—2018	586	2841	壤土	高	玉米
吉林榆树市	1988—2018	586	2841	砂壤土	高	玉米
吉林公主岭	1988—2018	600	3044	壤土	高	玉米
黑龙江呼兰	1998—2018	540	2700	壤土	高	玉米
黑龙江双城	1998—2018	400	2700	壤土	中	玉米
黑龙江明水	1998—2018	477	2500	壤土	中	玉米，小麦
黑龙江呼兰	2004—2018	540	2700	壤土	中	玉米

（续）

监测地点	监测年限	年降水量（mm）	有效积温（℃）	质地	地力水平	作物类别
黑龙江双城	2004—2018	400	2750	壤土	中	玉米
黑龙江明水	2004—2018	476	2500	壤土	中	玉米
黑龙江集贤	2004—2018	530	2500	壤土	高	玉米
黑龙江龙江	2004—2018	485	2650	壤土	高	玉米
黑龙江富锦	2004—2018	512	2724	壤土	高	玉米
黑龙江勃利	2004—2018	400	2450	壤土	高	玉米
黑龙江讷河	2004—2018	450	2350	砂壤土	中	玉米，大豆
黑龙江依兰	2004—2018	562	2536	砂壤土	中	玉米，大豆
黑龙江克山	2004—2018	515	2400	壤土	中	玉米，马铃薯
吉林榆树市	1988—1977	586	2841	壤土	高	玉米

一、黑土耕地质量主要性状与变化趋势

（一）土壤有机质现状与变化趋势

2018年，黑土监测点土壤有机质平均含量为28.9g/kg。如图4-59，63.6％的黑土有机质含量分布在20～40g/kg区间范围，其中，（10～15] g/kg、>40.0g/kg区间的监测点所占比例为17.2％、13.2％。土壤有机质含量≤10.0g/kg所占比例小于10％。

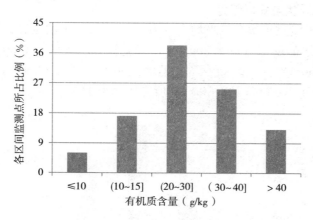

图4-59 黑土有机质含量区间所占比例

长期定位监测数据显示，我国黑土区土壤有机质含量随不同监测时期的呈逐渐增加的趋势（R^2＝0.95，P＜0.01），变化范围在20.2～44.8g/kg之间，平均值为31.3g/kg（图4-60）。相比监测初期（24.6g/kg），1994—1998年（28.1）土壤有机质增加明显，平均增幅为14.2％。1999—2013年间土壤有机质稳中有升，年平均增幅为0.73％，2014—2018年间土壤有机质含量为24.6～33.2g/kg，显著高于其他监测时期（P＜0.05）。

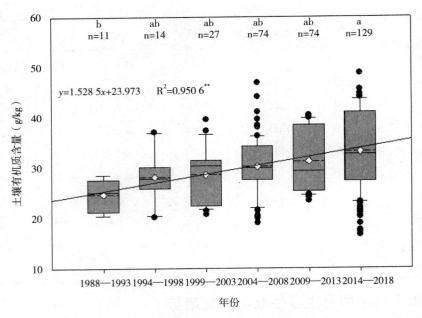

图 4-60　长期常规施肥下黑土有机质变化趋势

注：实心圆圈'•'为异常值；箱式图的横线从下至上依次为除异常值外的最小值、下四分位数、中位数、上四分位数和最大值，虚线为各项的平均值；箱式图上的不同小写字母表示不同时间段的平均值在 0.05 水平差异显著，n 表示样本数；R² 表示方程的绝对系数，＊表示方程在 0.05 水平显著，＊＊表示方程在 0.01 水平显著。

（二）土壤全氮现状与变化趋势

2018 年，黑土监测点土壤全氮平均含量为 1.47g/kg，土壤全氮含量频率分布如图 4-61。黑土全氮含量分布在 0.50～2.50g/kg 区间范围，（0.50～1.00]g/kg、（1.00～1.50]g/kg 和（1.50～2.50]g/kg 区间的监测点所占比例为 23.9％、38.0％和 28.3％。土壤全氮含量≤0.50g/kg 和高于 2.50g/kg 所占比例小于 10.0％。

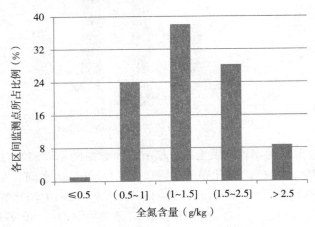

图 4-61　黑土全氮含量区间所占比例

由图 4-62 可知，黑土区土壤全氮含量总体呈上升趋势（$R^2 = 0.76$，$P < 0.05$），表现出与有机质相似的变化特点。监测点土壤全氮含量范围在 1.02～3.78g/kg 之间，平均值 1.86g/kg。1988—2003 年土壤全氮含量基本保持稳定，平均水平为 1.47g/kg，2004—2013 年土壤全氮有明显的增加趋势，年均提高 3.8%，而在监测末期（2014—2018 年）较 2009—2013 年则有所下降，但仍显著高于其他监测阶段（$P < 0.05$），黑土土壤全氮经过 31 年的演变，由监测初期的 1.54g/kg 增加到监测末期的 1.98g/kg，增加了 28.6%。

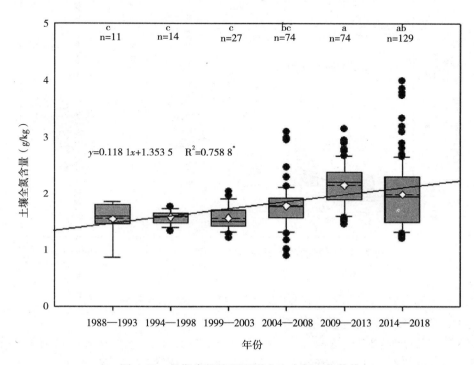

图 4-62　长期常规施肥下黑土土全氮变化趋势

（三）土壤有效磷现状与变化趋势

2018 年，黑土监测点土壤有效磷平均含量为 41.2mg/kg。土壤有效磷含量频率分布如图 4-63。黑土有效磷含量 >20mg/kg 区间范围的占 86.9%，≤10mg/kg、（10.0～20.0] mg/kg 区间的监测点所占比例为 4.0%、9.1%。

黑土监测区土壤有效磷含量与土壤有机质和全氮含量类似（图 4-64），31 年来，土壤有效磷含量整体呈上升趋势（$R^2 = 0.87$，$P < 0.01$），不同的是土壤有效磷含量监测中后期

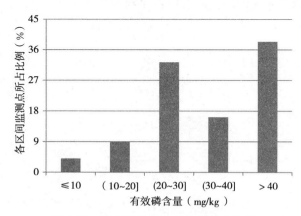

图 4-63　黑土有效磷含量区间所占比例

（2004—2018 年）的提升幅度要远大于土壤有机质和全氮。相比监测初期（16.4mg/kg），

1994—1998年（24.0mg/kg）和1999—2003年（26.7mg/kg）年两监测阶段分别显著提升46.3%和62.5%。2004—2013年间土壤有效磷基本保持稳定，2014—2018年间土壤有效磷较前一监测阶段略有下降，比监测初期提升136.4%。

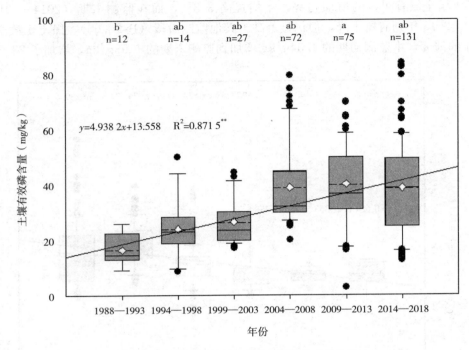

图4-64　长期常规施肥下黑土有效磷变化趋势

（四）土壤速效钾现状与变化趋势

2018年，黑土监测点土壤速效钾平均含量为173mg/kg。土壤速效钾含量频率分布如图4-65。黑土有效磷含量＞100mg/kg区间范围的占83.8%，≤50mg/kg、（50～100]mg/kg区间的监测点所占比例为5.1%、11.1%。

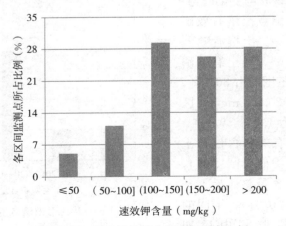

图4-65　黑土速效钾含量区间所占比例

由图 4-66 可以看出，1988—2018 年间，黑土区土壤速效钾含量呈上升趋势（$R^2 = 0.79$，$P<0.05$），且不同监测时期的不同监测点土壤速效钾含量差异较大，跨度 89～413mg/kg。1988—2003 年间土壤速效钾含量稳中有升。2004—2013 年速效钾含量增加迅速，2004—2008（206.5mg/kg）年和 2009—2013（226.2mg/kg）年较监测初期（156mg/kg）分别提升 32.2％和 44.7％。2014—2018 年（206mg/kg）土壤速效钾含量较 2009—2013 年下降明显，较监测初期提升 31.6％。

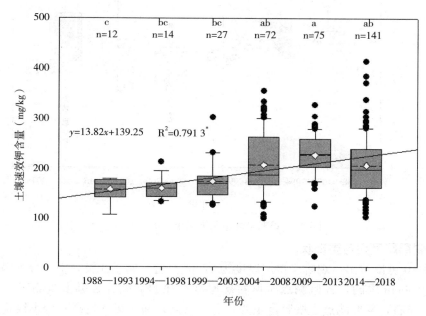

图 4-66 长期常规施肥下速效钾变化趋势

（五）土壤 pH 现状与变化趋势

2018 年，黑土监测点土壤 pH 平均6.5。土壤 pH 含量频率分布如图 4-67。82.8％的 pH 分布在5.5～8.0区间范围，其中，（5.5～6.0]、（6.0～7.5]区间的监测点所占比例为 26.3％、30.3％，≤4.5，>8.5区间的监测点位所占比例为 4.0％。

监测区土壤 pH 总体变化呈先降低后缓慢增加的趋势（图 4-68）。1988—2000 年间土壤 pH 下降幅度最大，pH 年均降低 0.03 个单位，2004—2008 年、2009—2013 年和

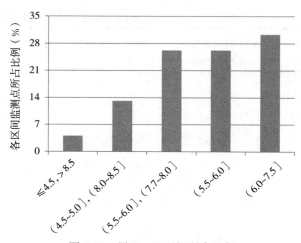

图 4-67 黑土 pH 区间所占比例

2014—2018 年间土壤 pH 平均值分别为 6.4、6.7、6.8，呈现出上升趋势。2014—2018 年较监测初期降低 0.33 个单位，这与长期定位试验的研究结果基本一致（徐明岗等，

2006）。

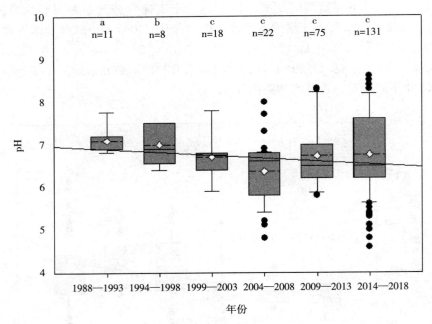

图 4-68 长期常规施肥下黑土 pH 变化趋势

（六）耕层厚度和容重现状

从表 4-10 可以看出，现阶段耕层厚度为 22cm 左右，属于 3 级（中）分类级别。耕层厚度在 13～50cm 之间，各监测点土壤耕层厚度存在明显差异。黑土监测区土壤容重为 1.29g/cm³ 左右，各监测点土壤容重主要是 1 级（高）和 2 级（较高）分类级别。容重范围在 0.88～1.79g/cm³ 之间。

表 4-10 2015—2018 年土壤物理肥力现状

项目	样本数/占比	平均值	标准误	中位值	标准差	最小值	最大值	分类级别
耕层厚度（cm）	28	20.1	0.49	20	2.56	15	25	3 级（中）
	75	22.1	0.64	20	5.55	15	50	3 级（中）
	97	22.4	0.65	20	6.44	13	50	3 级（中）
	107	22.9	0.54	20	5.63	15	50	3 级（中）
容重（g/cm³）	28	1.28	0.06	1.2	0.33	0.92	1.67	1 级（高）
	69	1.30	0.02	1.27	0.19	0.92	1.75	2 级（高）
	86	1.30	0.02	1.3	0.18	0.95	1.76	2 级（高）
	101	1.29	0.02	1.3	0.17	0.88	1.79	1 级（高）

二、施肥量现状与变化趋势

黑土全年施肥量的变化趋势如图 4-69。从施肥量分析，水化肥施用量呈上升趋势

（P＜0.05）。1988—1993 年总肥料施用量的平均水平为 295.4kg/hm²，1994—1998 年总施肥量与前一监测阶段基本持平，1999—2004 间化肥施用量显著上升（398.6kg/hm²），较之前平均水平提高 34.9％，2004—2014 年总肥料施用量的平均水平略有上升，2014—2018 年无显著升降，施肥量平均值为 520.0kg/hm²。

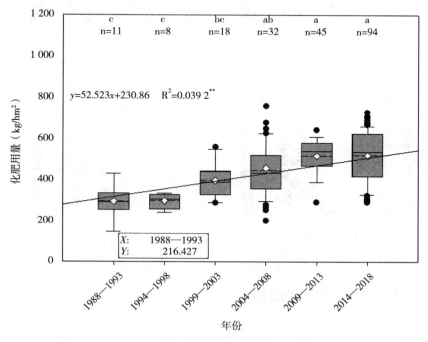

图 4-69　黑土长期监测点总化肥施用量

　　从肥料中养分元素的配比来看，总氮肥养分施用量基本稳定，总磷肥养分施用量呈下降趋势，总钾肥养分施用量呈上升趋势（图 4-70）。总氮肥养分施用量占总养分施用量比例平均水平为 59.7％；总磷肥养分施用量占总养分施用量比例平均水平为 26.2％；总钾肥养分施用量比例逐年上升，由监测初期的 9.0％提高到 2014—2018 年间的 15.2％。

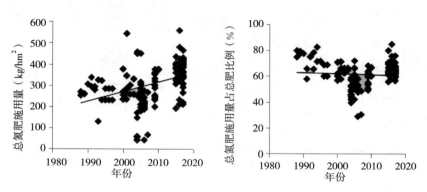

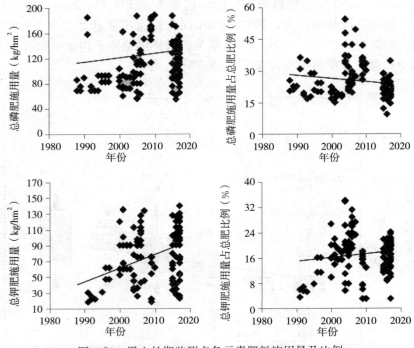

图 4-70　黑土长期监测点各元素肥料施用量及比例

三、生产力现状与变化趋势

（一）作物产量

黑土区常规施肥处理下玉米产量总体呈增长趋势（图 4-71），2018 年黑土监测点玉米

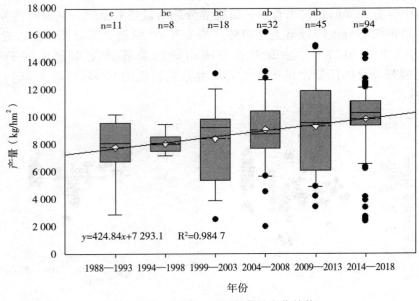

图 4-71　常规施肥下玉米产量变化趋势

产量平均水平稳定在 10 011.5kg/hm²。1988—1993 年和 1994—1998 间常规施肥区玉米年均产量为 7 807.7 和 8 090.0kg/hm²，1999—2003 年间玉米产量提升明显。2014—2018年监测区玉米产量显著高于其他监测阶段，较监测初期提升 2 088.1kg/hm²。这可能与耕作措施和秸秆等有机肥投入增加有关。

（二）黑土地力贡献系数

土壤地力贡献系数是指不施肥的作物产量与施肥作物产量之比，能够反映土壤的养分供应能力和自身生产力。地力贡献系数与土壤肥力之间呈正相关关系，即地力贡献系数越大土壤自身肥力水平越高，土壤养分背景值越大；地力贡献系数越小则说明土壤自身肥力越差，对肥料需求越高。由图 4-72 可知，黑土地力贡献系数平均水平为 0.63，表明黑土土壤肥沃，土壤基础肥力较高，随监测年限的增加，地力贡献系数总体稳中有升，表明黑土随施肥年限增加土壤肥力略有提升。

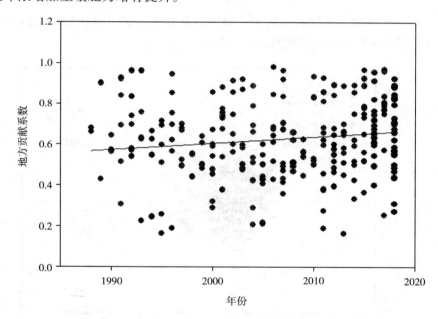

图 4-72 常规施肥下玉米产量地力贡献系数变化趋势

（三）土壤肥力与作物产量关系

黑土监测点长期监测结果表明：玉米产量与土壤有机质和速效钾含量显著相关（图 4-73）。玉米产量（y）与土壤有机质含量（x）显著正相关，关系曲线为 $y=125.35x+5 866.1$，$R^2=0.06^{**}$，即有机质中的碳含量每提升一个单位，可以增产 125.4 个单位；土壤速效钾含量（x）与玉米产量（y）的关系曲线为 $y=12.435x+7 101.0$，$R^2=0.058 8^{**}$。黑土区监测区有机质含量每提升一个单位，对玉米产量的提升幅度远大于土壤速效钾含量。

（四）土壤肥力演变的主控因子分析

PC1 轴和 PC2 轴对总方差的贡献率分别为 84.36% 和 10.22%（图 4-74），两者对总方差的贡献率达到了 94.6%，因此，可以利用主成分分析法探讨黑土肥力属性的变异情

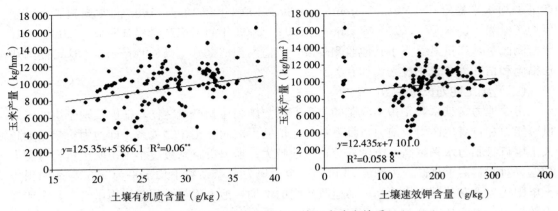

图 4-73　作物产量与土壤肥力响应关系

况。结果表明，31年来，土壤有机质和速效钾含量是土壤肥力变化的决定因子，土壤全氮和有效磷对黑土土壤肥力变化的贡献相对较小。

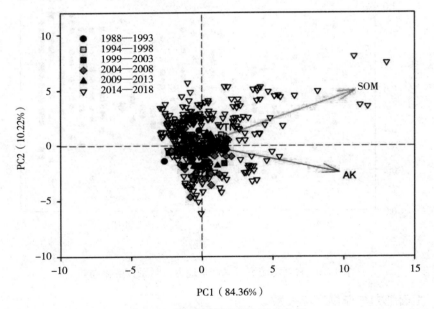

图 4-74　黑土肥力演变主成分分析

四、黑土耕地质量主要问题及建设措施

（一）黑土耕地质量总体演变趋势

耕地土壤肥力与质量的维持和提升是粮食生产和安全的基础保障。土壤有机质和大量元素（氮、磷、钾）是影响土壤肥力时空变化的核心要素。有机质和大量元素的时间演变和空间分布特征是进行科学土壤培肥与改良的基础。

1. 肥力演变

综合31年来长期耕地质量监测点土壤养分的变化趋势来看，在农民习惯的施肥管理措施下，土壤有机质、全氮、有效磷和速效钾含量均呈现出逐渐上升的趋势，土壤综合肥力较监测初期（1988—1993 年）得到明显改善，这与康日峰等研究结果一致。监测数据显示，1994—2003 年间土壤有机质和有效磷含量较监测初期显著提升，土壤全氮和速效钾含量有增加趋势，但增加幅度较小。2004—2013 年间土壤有机质、全氮、有效磷和速效钾均有显著地提升，有效磷和速效钾的提升幅度最大（141.3％和 38.4％）。这可能与东北黑土区农民的施肥管理措施密切相关。黑土开垦后至监测初期，作物生长所需的养分主要靠土壤基础养分，土壤养分归还量少，土壤养分亏缺严重，尤其长期不平衡施肥，使得土壤有机质和土壤有效磷含量远低于开垦前的土壤背景值。所以从监测初期至 2003 年间，随施肥量逐渐增加，土壤有机质和有效磷得到明显的提升，而由于其他生产条件制约和认识不足，从农田施肥开始农民偏施氮肥现象普遍存在，且土壤本身钾元素含量高，使得此阶段土壤全氮和速效钾并未随施肥量的增加而显著提升。2004—2013 年间随着生产条件和施肥增产效果的显著，黑土区施肥量逐年提升，养分投入逐渐均衡，所以土壤有机质、全氮、有效磷和速效钾含量均有明显提升。在监测末期（2014—2018 年），人们对肥料和土壤养分的认识逐渐提升，肥料投入与环境保护成本关系得到重视，农民施肥趋于合理，化肥施用量得到控制，有机肥投入量逐年递增，秸秆还田范围逐渐扩大，从而使得此阶段较前一监测阶段（2009—2013 年）有机质含量有明显提升，而土壤全氮、有效磷和速效钾含量略有下降，但较其他阶段仍有明显的增加趋势。另外，值得重视的是，不同监测阶段，尤其监测时期的后半阶段（2004—2018 年）随监测点位的逐渐增加，有效磷跨度（12.6～67.1mg/kg）和速效钾（跨度 89～413mg/kg）含量空间变异较大，表明不同黑土区土壤对养分的需求不同，在进行施肥时应因地制宜，推荐不同地点进行测土配方施肥，以达到良好的土壤改良效果。

土壤有机质是土壤肥力水平高低的重要指标，本研究表明，经过 31 年的常规施肥模式后，土壤有机质维持在 16.6～48.9g/kg，虽然随监测阶段的增加呈现出逐渐提升的趋势，但仍与开垦前的 150.6g/kg 和开垦后 100 年 50.2g/kg 相差较大。大量长期定位试验表明，土壤有机质含量的动态变化取决于有机物料的输入和土壤有机质矿化之间的平衡。单施化肥对黑土有机质提升效果并不明显，有机肥与无机肥配施能够显著提高土壤有机质。秸秆还田对黑土有机质的提升有明显提升作用，但应注意合理调整土壤碳氮比。单一的施肥措施对有机质的提升效果有限，耕作与施肥相结合对黑土有机质的提升效果还需进一步研究。

2. 土壤 pH 变化和物理肥力现状

长期耕地质量监测数据显示，31 年来黑土区土壤 pH 总体呈先降低后平稳的趋势，1988—2008 年间土壤 pH 下降明显，pH 监测初期的 7.1 降为 6.4，降低 0.7 个单位，后期土壤 pH 相对稳定。2009—2018 年较前一监测阶段（2004—2008 年）略有提升。自 20 世纪 80 年代起，化肥施用量逐年增加，化肥的大量使用导致我国农田土壤养分不平衡，面临明显酸化趋势。长期连续的化肥投入会导致土壤 pH 和土壤酸缓冲能力下降。综上所述我们能够得出，1988—2008 年间黑土区土壤 pH 逐渐降低的原因可能是黑土化肥施用量大，农民不重视有机肥投入且偏施氮肥导致土壤养分不平衡，使得活性酸增加，土壤 pH 下降。有机肥或秸秆还田处理有改善和抑制土壤酸化的趋势，2009—2018 年间有机肥投入和秸秆还田范围的增加，使得土壤 pH 表现出缓慢上升的趋势。针对黑土区土壤酸化趋势，应注重平衡施肥或测土配方施肥，避免氮肥的过量投入，积极进行秸秆还田。现阶段耕层厚度远低于开垦初期，土壤容重有逐渐增加的趋势。黑土物理肥力需要得到重视。

3. 生产力变化

黑土监测点 31 年来的监测结果表明，常规施肥措施下玉米产量总体呈增加趋势，这与黑土区土壤综合肥力的提升密切相关。2014—2018 年间常规施肥区玉米年均产量（9 896kg/hm²）较监测前期玉米产量（7 407kg/hm²）显著提高 33.6%。本研究表明，经过 31 的黑土肥力演变，土壤肥力的决定因子为土壤有机质和速效钾，这与查燕关于有机质是东北黑土区农田基础地力的主要因素之一结果一致，表明黑土区应重视有机肥和钾肥的投入。

（二）黑土耕地质量存在的问题

（1）相对土壤化学指标，土壤物理肥力的相关指标监测年限相对较少。土壤物理肥力对土壤综合肥力起到重要作用，但由于监测年限较短且土壤物理性质在短期内稳定性差，所以应对其保持数据的延续性，尤其土壤容重数据的缺失，由于其是土壤有机碳库统计分析的重要参数，因此影响有机碳库统计分析的准确性。

（2）长期不平衡施肥使得土壤 pH 有所下降。2014—2018 年间土壤 pH 平均值 6.76，较监测初期降低 0.33 个单位。这主要是由于不合理的施肥结构，尤其是长期施用化肥（氮肥和氮磷钾肥），导致土壤 pH 下降。

（3）黑土区不同监测点土壤有效磷和速效钾等养分含量差异大，尤其监测时期的后半阶段（2004—2018 年）随监测点位的逐渐增加，有效磷变幅较大（12.6~67.1mg/kg），速效钾变幅较大（89~413mg/kg）。这是由于没有根据监测点土壤养分状况合理施肥，使得黑土区的一些土壤养分空间变异较大。

（三）黑土合理利用及培肥措施

（1）增加土壤物理特性的监测指标，构建黑土肥力和生产力预测模型。依据长期监测点年限的连续性、信息量丰富和数据准确可靠等特点，建立模型预测土壤肥力演变及生产力的变化趋势，为农业可持续发展提供决策依据。

（2）合理施肥，增加有机物料投入量，维持和提升黑土土壤 pH。化学肥料的施用量是影响土壤 pH 变化的重要因素。在氮磷化肥施用量相同的条件下，施肥与秸秆还田相配合后的土壤 pH 显著高于单施化肥处理，因此，长期秸秆还田与化肥有机肥配施能有效地减缓土壤 pH 的下降。

（3）采取合理耕作措施。推广保护性耕作和秸秆还田配套技术，保护土壤结构，减缓有机质和其他养分循环和耗损，改善和增加土壤微生物多样性和功能释放，尤其是有助于增加固碳自养微生物，提高土壤有机碳和其他养分含量。

参 考 文 献

曹志洪，周建民 . 2008. 中国土壤质量 [M] . 北京：科学出版社 .

高洪军，彭畅等 . 2015. 长期不同施肥对东北黑土区玉米产量稳定性的影响 [J] . 中国农业科学，48（23）：4790-4799.

龚子同 . 2003. 中国土壤分类 [M] . 北京：科学出版社 .

韩秉进，张旭东，隋跃宇，等 . 2007. 东北黑土农田养分时空演变分析 [J] . 土壤通报，38（2）：238-241.

韩晓增，邹文秀．2018．我国东北黑土地保护与肥力提升的成效与建议［J］．中国科学院院刊（专题）：土壤与可持续发展，33（2）：206-211．

何建红，孔樟良．2014．土壤资源与农业利用［M］．北京：中国农业科学技术出版社．

吴启堂．2015．环境土壤学［M］．北京：中国农业出版社．

徐明岗，梁国庆，张夫道，等．2006．中国土壤肥力演变［M］．北京：中国农业科学技术出版社．

张凤荣．2002．土壤地理学［M］．北京：中国农业出版社．

张喜林，周宝库，孙磊，等．2008．长期施用化肥和有机肥料对黑土酸度的影响［J］．土壤通报，39（5）：1221-1223．

朱兆良，金继运．2013．保障我国粮食安全的肥料问题［J］．植物营养与肥料学报，19（2）：259-273．

第六节　紫色土

　　紫色土是在亚热带和热带气候条件下，由紫色砂页岩风化发育形成的一种岩性土，为非地带性土壤，也是我国特有的一种土壤资源。紫色土主要由第三纪、侏罗纪和白垩纪的紫色砂岩、紫色砂页岩、紫色砂砾岩、紫红色砂岩和紫色凝灰质砂岩等母岩发育形成的。紫色土的形成有别于其他的岩成土类，成土过程受母岩的影响较大，其颜色、理化性质、矿物组成皆继承了紫色岩的特性。紫色土一般具有成土作用迅速、矿物组成复杂、矿质养分含量丰富、质地轻、耕性和土壤生产性好、自然肥力高等特点，所以土壤宜种作物，是一种宝贵农业耕地资源（何毓容等，2002）。紫色土风化过程以物理风化为主，化学风化微弱，因而土壤中砾石含量高，在坡地上部因受侵蚀影响，土层浅薄，十几厘米以下就可见到半风化母岩，坡下因接受坡上而来的物质而土层略显深厚。紫色土根据其碳酸钙的含量可划分为酸性紫色土、中性紫色土和石灰性紫色土。按其母质风化度和土壤肥力水平，亦分为黄紫泥、棕紫泥、褐紫泥等。20世纪50年代末，又根据其土壤生产的重要性提出了紫泥土和紫泥田两个土类（曾觉廷，1984）。

　　紫色土形成于亚热带和热带湿润气候条件的南方各省（自治区）。其分布南起海南，北抵秦岭，西至横断山系，全国紫色土面积约 $1.89 \times 10^7 hm^2$，其中耕地 $5.13 \times 10^6 hm^2$（全国土壤普查办公室，1998）。紫色土主要分布在我国南方丘陵区和低山区，其中四川省的紫色土面积最大，有 $3.11 \times 10^6 hm^2$，占全省总土地面积的 1/4，其他如云南、贵州、浙江、福建、江西、湖南、广东和广西等省（自治区）也零星分布着紫色土（张凤荣，2002）。在我国南方区域，特别是四川、贵州、云南等省，由于人口多、耕地少，紫色土成为重要的耕作土壤。由于人类的不合理开发利用，紫色土的质量和生产力出现了下降的现象。一方面，紫色土由于土层浅薄，土壤质地轻，土壤发育浅，结构差，土壤保水能力低，土壤饱和渗漏率高，土壤下渗水量大，养分的流失状况较严重（林超文等，2009）。特别是一些低山丘陵区，土壤侵蚀造成的水土流失是耕地质量退化的主要因素之一。另一方面，随着现代工业的飞速发展，大气酸沉降已造成了局部地区紫色土的酸化（牟树森等，1998）。因此，监测紫色土耕地质量的演变规律，对于其合理开发利用和区域农业的可持续发展具有重大意义。

一、研究区域概况

　　紫色土矿质养分丰富，是四川盆地和丘陵地区中为较肥沃的土壤，其农业利用价值高

（董艳芳，2016）。紫色土虽然有机质含量低（10g/kg左右），但其潜在肥力较高，特别是钾含量较为丰富，是种植经济作物的重要土壤类型之一。本研究中分析的8个国家级紫色土长期监测点分布在重庆、四川和陕西，包含了沙溪庙组泥岩、遂宁组、紫色砂页岩、白垩纪下统砂泥岩等多种母质类型（表4-11）。各监测点均设有不施肥和常规施肥（化肥或化肥配施有机肥）2个处理，以种植小麦、玉米和甘薯为主，复种指数较高。截止2018年底，紫色土监测点增加到22个，本节主要分析了8个长期监测点不同施肥处理下土壤养分变化状况，土壤生产力和施肥结构的变化，探讨了紫色土耕地质量和生产力的变化特征，以期为紫色土合理施肥和农业可持续生产提供科学依据和指导。

表4-11 紫色土监测点基本情况

序号	监测地点	土壤类型	种植制度	监测时间	海拔（m）	地力水平
1	重庆市	石灰性紫色土	小麦—玉米—甘薯	10年	400	低
2	重庆市	石灰性紫色土	小麦—玉米—甘薯	21年	350	中
3	重庆市	中性紫色土	小麦—玉米—甘薯	21年	260	低
4	四川省南充市	石灰性紫色土	小麦—玉米—甘薯	25年	421	低
5	四川省南充市	石灰性紫色土	小麦—甘薯	22年	392	低
6	四川省德阳市	石灰性紫色土	小麦—玉米—甘薯	31年	352	中
7	四川省德阳市	石灰性紫色土	小麦—玉米—甘薯	31年	383	低
8	陕西省商洛市	石灰性紫色土	小麦—玉米	15年	680	中

二、紫色土耕地质量主要性状

（一）土壤有机质现状与变化趋势

1. 有机质现状

2018年，紫色土有机质平均含量为16.7g/kg，有机质的分布频率如图4-75所示，监测点的土壤有机质主要分布在（10～20］g/kg区间内，占比达到66.7%，≤10g/kg的监测点占比为11.1%，（20～30］g/kg区间，占比为16.7%，>40g/k占比为0，说明紫色土有机质含量较低。

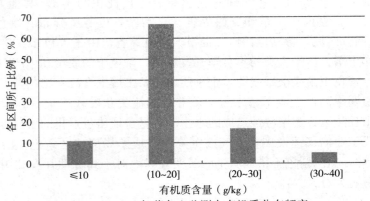

图4-75 2018年紫色土监测点有机质分布频率

2. 有机质变化趋势

通过分析监测区域紫色土有机质含量的结果表明，经过近30年的常规施肥措施后，

2014—2018 年间紫色土有机质平均含量为 13.3g/kg，明显高于监测初期的土壤有机质含量（11.5g/kg）（图 4-76）。整体而言，紫色土有机质含量随着施肥时间增加呈现显著上升的趋势。这表明近 30 年来，常规施肥促进监测区域紫色土有机质累积。

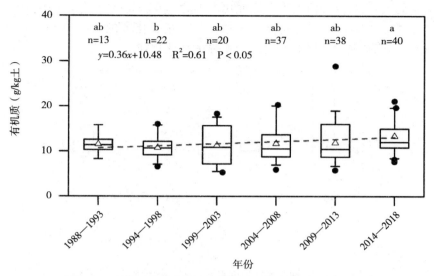

图 4-76 长期监测常规施肥下紫色土有机质含量变化趋势

注：实心圆圈'•'为异常值；箱式图的横线从下至上依次为下四分位数、中位数和上四分位数；△为各项的平均值；直线为各组平均值的直线回归方程。箱式图上的 n 表示样本数，不同小写字母表示不同时间段的平均值在 P< 0.05 水平差异显著。下同

（二）土壤全氮现状与变化趋势

1. 全氮现状

2018 年，紫色土全氮平均含量为 1.02g/kg。全氮含量的分级频率如图 4-77 所示，监测点的土壤全氮分布在（0.75～1.5] g/kg 区间内，占比达到 66.7%，其中≤0.75g/kg 占比为 22.2%，（1.5～2.0] g/kg 区间，占 11.1%，（0.75～1.0] g/kg 和（1.0～1.5] g/kg 区间分别为 27.8%和 38.9%，>2.0g/kg 占比为 0，说明紫色土全氮含量较低。

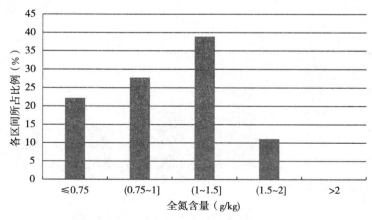

图 4-77 2018 年紫色土监测点全氮分布频率

2. 全氮演变趋势

氮素是植物生长和发育所需的大量营养元素之一，也是植物从土壤中吸收量最大的矿质元素，施用氮肥是提高农作物产量的重要措施（张金波等，2004）。监测区域整体结果分析表明，2014—2018 年各监测点全氮变化范围为 0.64～1.44g/kg，平均值为 0.96g/kg（图 4-78）。监测初期（1988—1993 年）土壤全氮含量变化范围为 0.76～1.15g/kg，平均为 0.98g/kg。土壤全氮含量随施肥时间无明显的变化规律。

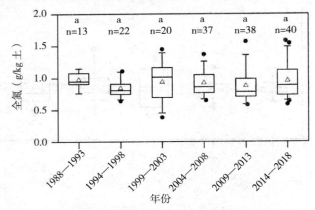

图 4-78　长期监测常规施肥下紫色土全氮含量变化趋势

（三）土壤有效磷现状与变化趋势

1. 有效磷现状

由于土壤磷素不参与大气循环，随着外源磷素的投入导致磷素在土壤中不断积累。如图 4-79 所示，2018 年紫色土有效磷平均含量为 25.3mg/kg，有效磷含量比较低且分散，主要分布在 ≤10mg/kg 区间内，比例达到 38.9%，土壤有效磷含量丰富的（＞30mg/kg）的监测点占 22.2%；（10～20］mg/kg 和（20～30］mg/kg 占比分别为 22.2% 和 16.7%，有效磷＞40mg/kg 的监测点占比 11.1%，说明紫色土有效磷含量较低。

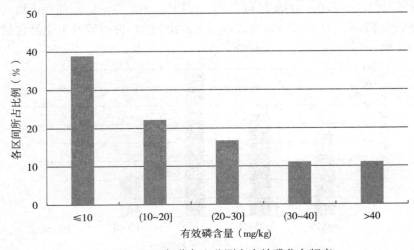

图 4-79　2018 年紫色土监测点有效磷分布频率

2. 有效磷演变趋势

由于土壤磷素不参与大气循环，随着外源磷素的投入导致磷素在土壤中不断积累。结果分析表明，随着长期磷肥的不断投入，土壤有效磷含量以年均 0.52mg/kg 速度呈显著升高趋势（图 4-80），这与长期定位试验的研究结果基本一致（徐明岗等，2006）。2014—2018 年监测点有效磷含量变化范围为 2.7～39.0mg/kg，平均为 17.7mg/kg，显著高于起始年份土壤有效磷含量的平均值（监测起始年份土壤有效磷变化范围为 2.4～7.8mg/kg，平均值为 5.7mg/kg），平均提高了 210％。

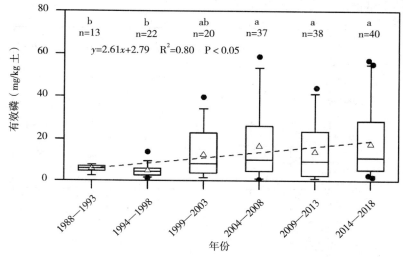

图 4-80　长期监测常规施肥下紫色土有效磷的变化趋势

（四）土壤速效钾现状与变化趋势

1. 速效钾现状

紫色土母质富含有云母、钾长石等原生矿物，钾素含量丰富。2018 年监测点土壤速效钾平均含量为 187mg/kg（图 4-81）。监测点土壤速效钾主要集中在＞200mg/kg 区间，占比为 38.9％，其次是（100～150］mg/kg 区间，占比为 22.2％，（50～100］mg/kg 和（150～200］mg/kg 区间占比都是 16.7％，≤50mg/kg 仅占 5.5％，说明紫色土有效钾较丰富。

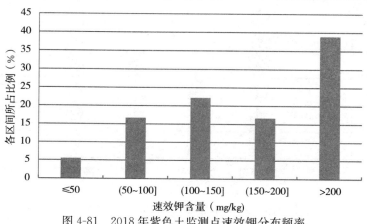

图 4-81　2018 年紫色土监测点速效钾分布频率

2. 速效钾演变趋势

紫色土母质富含有云母、钾长石等原生矿物，钾素含量丰富。结果分析表明，紫色土的速效钾含量整体上呈现显著上升的趋势（图 4-82），2014—2018 年土壤速效钾平均含量（116mg/kg）较监测初始（1988—1993 年）的平均水平提高了近 70％。该区域长期试验结果表明，紫色土全钾在一定程度上出现耗竭现象，这可能与年钾肥或有机肥的施用量不足有关（张会民等，2009）。由于作物吸收的钾素 80％保留在秸秆中，因此，推广秸秆还田是维持土壤钾素平衡和供钾能力的重要措施。此外还需进一步加强土壤全钾的长期动态监测，以评估土壤钾素的演变趋势。

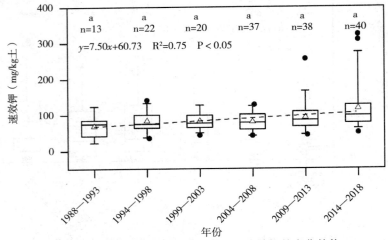

图 4-82　长期监测常规施肥下紫色土速效钾的变化趋势

（五）土壤 pH 现状与变化趋势

1. 土壤 pH 现状

2018 年土壤 pH 介于 4.9～8.5 之间，平均值为 6.7（图 4-83）。其中 pH≤4.5 和 ＞8.5 占比为 0，（4.5～5.5］区间占比为 27.8％，（5.5～6.5］区间占比为 16.7％，

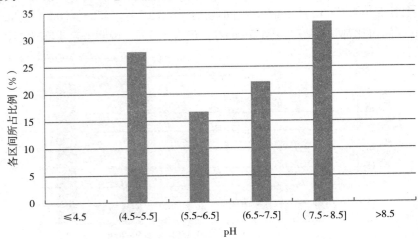

图 4-83　2018 年紫色土监测点 pH 分布频率

（6.5～7.5］区间占比为 22.2％，（7.5～8.5］区间占比为 33.3％，紫色土 pH 主要分布在（6.5～8.5］之间，占监测点总数的 55.5％，说明紫色土呈中性或弱酸性。

2. 土壤 pH 演变趋势

监测区域紫色土主要呈中性或石灰性。长期监测结果表明，常规施肥条件下紫色土 pH 呈现缓慢下降趋势，年均降低 0.01 个单位（图 4-84），但是不同观测时间段之间土壤 pH 没有显著差异。近年来由于大量化学肥料的施用，部分土壤呈现酸性。土壤酸化会导致土壤重金属离子活性增强，肥力降低，影响作物生长发育，从而影响粮食安全及农田可持续生产。因此，该区域石灰性紫色土 pH 的下降需要引起关注。

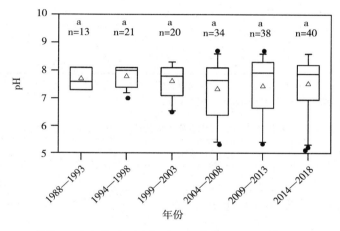

图 4-84　长期监测常规施肥下紫色土 pH 变化趋势

（六）土壤中微量及重金属元素现状

土壤中微量元素是植物生长所必需的营养元素，它与生物分子蛋白质、多糖、核酸、维生素等的合成密切相关，对植物生理代谢过程起到调控作用。紫色土监测点 2016 年常规施肥下大量和微量元素含量详见表 4-12，紫色土区不同监测点同种微量元素的含量变异较大，各元素最高含量是最低含量的 7～33 倍。与赵其国等（1990）报道的土壤背景含量相比，紫色土钙、镁、铁、锰、铜、锌、硼、钼的含量均相对较低。

表 4-12　紫色土监测点 2016 年常规施肥下中微量元素

元素	样本数	平均值	标准误	中位数	标准差	最小值	最大值	置信度（95％）	背景值	变化*（％）
钙（cmol/kg）	14	19.62	2.59	23.84	9.68	1.70	31.40	5.59	45	−56.4
镁（cmol/kg）	16	1.94	0.22	1.75	0.89	0.66	4.39	0.48	38.75	−95
硫（mg/kg）	16	30.08	7.25	16.64	29.01	3.59	90.30	15.46	—	—
硅（mg/kg）	16	128.93	19.44	104.80	77.78	60.80	361.00	41.44	—	—

（续）

元素	样本数	平均值	标准误	中位数	标准差	最小值	最大值	置信度(95%)	背景值	变化*(%)
铁（mg/kg）	16	42.72	7.6	34.55	30.41	3.20	109.20	16.20	341	−99.87
锰（mg/kg）	16	27.44	5.66	15.80	22.64	5.60	70.20	12.06	500	−94.51
铜（mg/kg）	16	1.72	0.34	1.26	1.38	0.47	5.35	0.73	26.3	−93.45
锌（mg/kg）	16	1.47	0.25	1.17	0.98	0.45	4.33	0.52	82.8	−98.23
硼（mg/kg）	16	0.26	0.02	0.29	0.10	0.03	0.40	0.05	52.8	−99.5
钼（mg/kg）	15	0.18	0.03	0.14	0.12	0.02	0.42	0.07	0.5	−64.67

注：* 变化表示各种元素含量相对紫色土该元素含量背景值的变化百分数。＋表示中微量元素含量相对背景值增加百分比，－表示中微量元素含量相对背景值降低百分比。

表 4-13　紫色土监测点 2016 年常规施肥下重金属元素含量变化

元素	样本数	平均值	标准误	中位数	标准差	最小值	最大值	置信度(95%)	安全阈值	背景值	变化(%)
铬（mg/kg）	16	75.38	6.54	74.08	26.15	24.1	135.2	13.93	300	64.8	16.32
镉（mg/kg）	15	0.29	0.02	0.32	0.09	0.12	0.41	0.05	1.0	0.09	204.18
铅（mg/kg）	16	28.86	2.32	29.51	9.29	11.1	55.4	4.95	350	27.7	4.18
砷（mg/kg）	16	10.6	0.85	10.81	3.38	5.44	17.6	1.8	40	10.2	3.88
汞（mg/kg）	16	0.07	0.01	0.07	0.04	0.02	0.18	0.02	1.5	0.05	54.39

　　土壤重金属对耕地和农产品质量构成了严重的威胁，直接损害了民众的身体健康，影响社会稳定（周建军等，2014）。紫色土中的铬、镉、铅、砷、汞等重金属的平均含量分别为 75.4mg/kg、0.3mg/kg、28.9mg/kg、10.6mg/kg、0.07mg/kg，均未超过农作物生长的安全阈值。不同监测点之间同种金属元素含量变化幅度（最大值是最小值的 2~8 倍）小于中微量元素的变化幅度，且各重金属元素与背景值相比均有不同程度的增加，其中镉增加了近 2 倍（表 4-13）。

（七）耕层物理性质现状

　　耕层厚度和容重是反映土壤物理肥力的两个重要指标，与土壤水分、通气状况和保水保肥能力密切相关。监测区域紫色土地形复杂，以低山丘陵为主，不同监测点紫色土耕层厚度变异较大，变化范围为 16~30cm，平均值为 21.3cm（表 4-14）。土壤容重变化范围为 1.22~1.55g/cm³，平均值为 1.38g/cm³，适宜作物的生长。

表 4-14　长期监测点常规施肥下紫色土耕层厚度和容重值变化

项目	样本数	平均值	标准误差	中位值	标准差	最小值	最大值	置信度（95%）
耕层厚度（cm）	23	21.26	0.83	20	3.97	16	30	1.72
容重（g/cm³）	22	1.38	0.02	1.39	0.12	1.22	1.55	0.05

三、紫色土施肥量现状和变化趋势

总体来看，监测区域紫色土年总肥料施用量、有机肥施用量和化肥施用量均呈现降低趋势（图 4-85、图 4-86）。紫色土年总肥料施用量在整个观测期间内变化范围为 42～2 252kg/hm²，年平均施用量为 667kg/hm²。就 30 年的观测期而言，紫色土年总施肥量在 2009 年以后显著降低，近 5 年来肥料施用总量较监测初始阶段（1988—1993）下降了约 29%（图 4-85）。

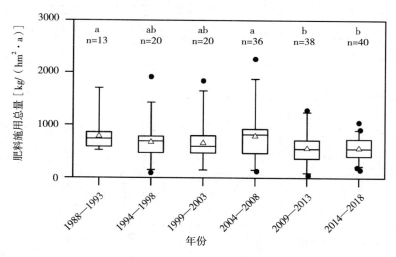

图 4-85　紫色土长期监测点年肥料施用量

就不同养分元素施用量而言，氮肥、磷肥及钾肥的施用量也呈现出缓慢降低趋势。各时间段总氮的施用量整体上呈现出稳中有降的趋势，各时间段总氮施用量平均值为 333kg/hm²，2014—2018 时间段总氮平均值为 305kg/hm²，较 1988—1993 时间段总氮施用量下降了约 15%。有机氮施用量在 2013 年之前波动较小，与监测初期相比无显著变化（图 4-86）。但近 5 年（2014—2018）有机氮施用量显著降低到 51kg/hm²，较 1988—1993 年时间段有机氮施用平均值减少了约 52%。无机氮在每个时间段的施用量无显著变化，施用量在 208～273kg/hm² 间波动，2014—2018 年时间段无机氮施用量较监测初期降低了 8%，无机磷年施用量明显高于有机磷年施用量。

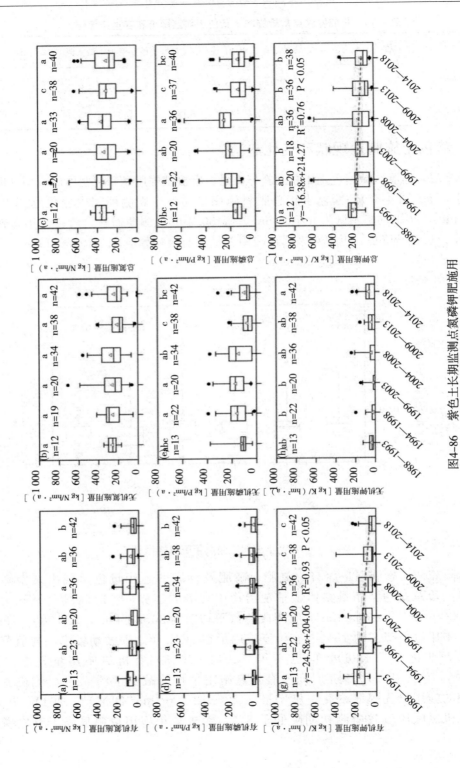

图4-86 紫色土长期监测点氮磷钾肥施用

表 4-15　紫色土常规施肥方式下的施肥结构与配比

监测地点	土壤类型	小麦			玉米			甘薯		
		有机肥 N∶P∶K	化肥 N∶P∶K	有机∶无机	有机肥 N∶P∶K	化肥 N∶P∶K	有机∶无机	有机肥 N∶P∶K	化肥 N∶P∶K	有机∶无机
重庆	石灰性紫色土	1∶0.3∶0.7	1∶0.3∶0.3	1∶0.3	1∶0.3∶0.7	1∶0.4∶0.4	1∶1.8	—	1∶0.4∶0.5	
	中性紫色土	1∶0.3∶0.6	1∶0.4∶0.1	1∶0.6	1∶0.2∶0.4	1∶0.3∶0.1	1∶2.5			
	石灰性紫色土	1∶0.5∶1.5	1∶0.7∶0.3	1∶0.6	1∶0.3∶0.6	1∶0.4∶0.3	1∶5	1∶4.6∶0		
四川	石灰性紫色土	1∶2.7∶1.6	1∶0.5∶0	1∶1.8				1∶0.5∶0.8		1∶1.1
	石灰性紫色土	1∶0.4∶1.7	1∶0.5∶0	1∶2.7	1∶0.5∶1.5	1∶0.6∶0.1	1∶1.3	1∶0.5∶1.4	1∶0.6∶0.2	1∶1.8
	石灰性紫色土	1∶0.6∶1.5	1∶0.5∶0	1∶1.4	1∶0.5∶1.5	1∶0.6∶0.1	1∶1.4	1∶0.6∶1.5	1∶2.9∶0.2	1∶0.9
	石灰性紫色土	1∶1.5∶1.5	1∶0.8∶0	1∶2.7	1∶1.0∶1.9	1∶0.6∶0.1	1∶3.2	1∶0.6∶1	1∶1.4∶0	1∶0.9
陕西	石灰性紫色土	1∶0.4∶0.8	1∶0.7∶0	1∶3.9	1∶0.3∶0.4	1∶0.3∶0	1∶2.6	1∶0.3∶0.9	1∶2.1∶0.1	1∶0.2

从肥料种类配比来看，监测区域紫色土年总有机肥∶化肥配施比为 1∶0.6。其中小麦季的有机肥∶化肥配施比为 1∶0.6，玉米季的有机肥∶化肥配施比为 1∶0.5，甘薯季的有机肥∶化肥配施比为 1∶1.1（表 4-15）。就不同阶段而言，化肥占总施肥量的比例（63%）明显高于有机肥占总施肥量的比例（37%），且有机肥所占比例呈现逐渐降低趋势，而化肥所占比例呈现逐渐增加趋势。从肥料中养分元素的配比来看，紫色土的年总 $N∶P_2O_5∶K_2O=1∶0.5∶0.4$。其中小麦季的年总 $N∶P_2O_5∶K_2O=1∶0.6∶0.6$，玉米季的年总 $N∶P_2O_5∶K_2O=1∶0.4∶0.4$，甘薯季的年总 $N∶P_2O_5∶K_2O=1∶0.7∶0.9$。说明该区域肥料施用量的下降主要是有机肥的下降，不利于土壤的持续培肥。

四、紫色土生产力现状与变化趋势

（一）作物产量演变趋势

施肥是调控耕地生产力的重要手段，对农作物的高产具有至关重要的作用。长期不施肥耕作管理措施下紫色土甘薯产量长期稳定在较低水平，施肥后甘薯产量显著增加（图 4-87）。但甘薯产量随种植年限增加均无显著变化趋势，甘薯地力贡献系数在监测前期保持稳定，后期有一定的提高，但未达到显著水平。不施肥条件下小麦产量较低，2014—2018 年不施肥措施下小麦产量平均值仅为 0.69t/hm²；施肥后小麦产量显著增加，但随监测年限呈现增加量下降之后保持稳定的趋势；而小麦地力的贡献系数随着监测年限显著提高，2014—2018 年小麦地力贡献率达到了 21.7%。与小麦不同的是施肥或不施肥措施下玉米产量平均值随时间均有显著的增加趋势，在不施肥和施肥管理措施下玉米产量平均值分别从 1988—1993 年的 0.51 和 3.57t/hm² 提高到 2014—2018 年的 1.42 和 5.08t/hm²，分别增加了 178.43% 和 42.3%。相较于玉米产量的显著增加，玉米地地力系数波动却较小，其值在 2014—2018 年为 22.8%，显著高于其他监测时间段的地力系数。

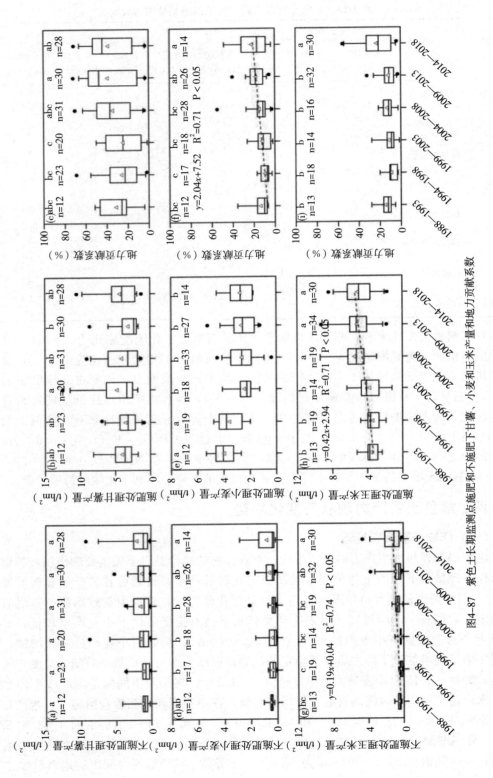

图4-87　紫色土长期监测点施肥和不施肥下甘薯、小麦和玉米产量和地力贡献系数

表 4-16　不同施肥管理措施下作物产量可持续性指数（SYI）与变异系数（CV）

作物	处理	SYI	CV（%）
甘薯	无肥处理	0.07 ± 0.07[b]	82.60 ± 14.76[a]
	常规施肥处理	0.20 ± 0.06[a]	55.28 ± 8.51[b]
小麦	无肥处理	0.14 ± 0.09[b]	68.50 ± 17.85[a]
	常规施肥处理	0.43 ± 0.11[a]	31.82 ± 6.90[b]
玉米	无肥处理	0.19 ± 0.08[b]	58.60 ± 13.32[a]
	常规施肥处理	0.43 ± 0.07[a]	31.24 ± 5.08[b]

在不施肥条件下，紫色土作物产量和作物产量可持续性较低，且变异系数大。长期监测点紫色土不施肥下甘薯、小麦和玉米的产量平均分别为 1.38、0.45 和 0.74t/hm²，作物可持续性指数分别为 0.07、0.14 和 0.19，年变异系数分别为 82.6%、68.5% 和 58.6%（表 4-16）。紫色土 8 个长期监测点常规施肥下甘薯、小麦和玉米的平均产量分别为 3.92、2.87 和 4.60t/hm²，比不施肥下作物产量提高了 3～8 倍；施肥后甘薯、小麦和玉米产量的变异系数分别为 55.3%、31.8% 和 31.2%，降低了 27～37 个百分点。这些结果表明，施肥大幅度提高了作物产量和作物可持续性指数，同时降低了作物产量的年度变异系数，从而促进了作物的高产稳产。

（二）作物增产率

施肥实现了紫色土区作物增产，其中甘薯、小麦和玉米的增产量分别为 2.54、2.42 和 3.86t/hm²，但不同作物的增产量随施肥年限增加呈现不同趋势。甘薯不同时间段的增产量随施肥时间增加呈现先增加后降低的趋势，2014—2018 年产量增加值与监测初期（1988—1993 年）基本持平，为 2.7t/hm²。小麦产量不同时间段的增产量为 2.07～3.48t/hm²，随施肥时间的延长呈现大幅度降低趋势，相比监测初始阶段（1988—1993 年）降低了 41%。这主要是因为土壤肥力不断降低。玉米产量不同时间段的增产量为 3.06～4.73t/hm²，随施肥时间的延长呈现出稳中有升的趋势，相比监测初始阶段（1988—1993 年）增加了 19%。玉米产量的不断增加，一方面由于近些年来玉米品种的不断改良，使得产量有极大提升（李永祥等，2013）。另一方面，随着农业生产技术的不断进步田间农业管理措施更加科学，使得土壤理化性质更适合玉米生长。甘薯、小麦和玉米的产量与土壤有机质含量之间均具有极显著的正相关关系，说明提升土壤有机质含量可显著促进作物增产（图 4-88）。但有机质含量的提升对甘薯、小麦和玉米产量增加的效果有所差异，有机质含量的提升更有利于甘薯的增产作用，增加 0.1% 的有机质含量可使每公顷土地多生产 0.22t 甘薯；有机质对小麦与玉米的增产作用效果相似，每增加 0.1% 土壤有机质含量，每公顷小麦和玉米可分别增产 0.11t 和 0.12t。

长期监测结果表明，甘薯、小麦和玉米的平均增产率的分别为 112%、537% 和 522%（图 4-89）。甘薯增产率随着施肥时间无明显变化趋势，稳定在 143%～238%。小麦和玉米的增产率随着施肥时间增加，呈现先逐渐增加后大幅度降低的趋势。其中 1994—1998

年间的小麦和玉米的平均增产率最高，分别为 908％和 1 029％，小麦和玉米增产率的平均值均在 2014—2018 年间最低，分别为 295％和 257％。

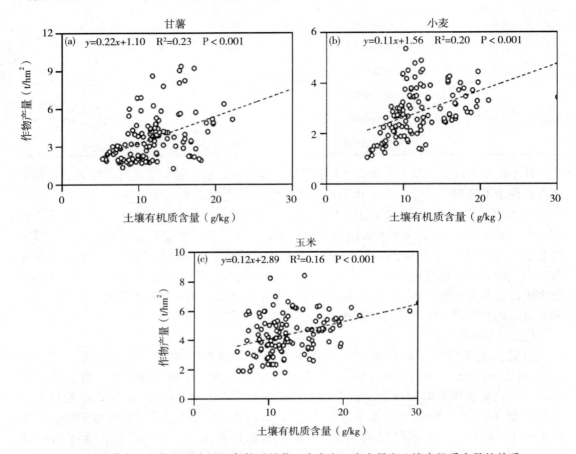

图 4-88　紫色土长期监测点施肥条件下甘薯、小麦和玉米产量和土壤有机质含量的关系

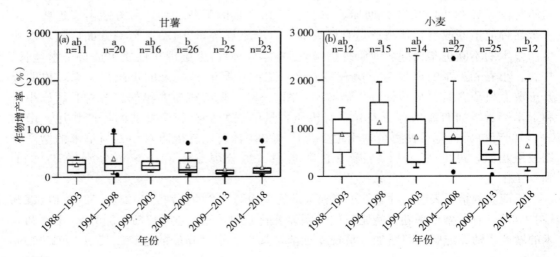

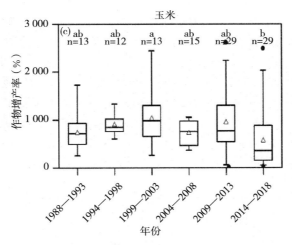

图 4-89　紫色土长期监测点甘薯、小麦和玉米增产率变化趋势

　　甘薯、小麦和玉米增产率随着土壤有机质含量的增加而降低，并表现出极显著的负相关关系，说明当土壤肥力较低时，施加肥料对作物增产潜力更大，而高肥力的土壤自身能供给大量的营养元素，削弱了外源性肥料对作物产量的影响（图 4-90）。

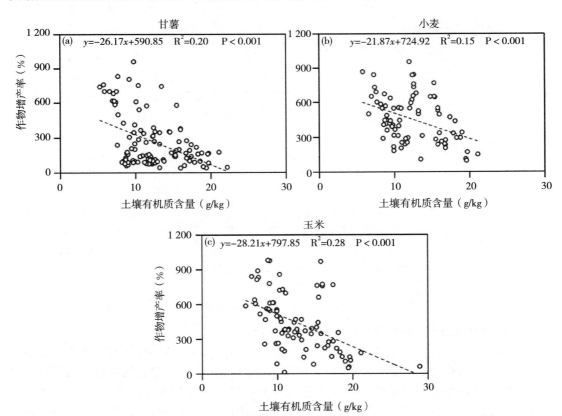

图 4-90　紫色土长期监测点甘薯、小麦和玉米增产率和土壤有机质含量的关系

（三）作物肥料农学效率

作物肥料的农学效率是单位施肥量所增加的作物产量。它是施肥增产效应的综合体现，施肥量、作物种类和管理措施都会影响肥料的农学效率。长期监测结果表明，甘薯、小麦和玉米的肥料平均农学利用效率分别为 11.32、11.27 和 18.66kg/kg（图 4-91）。甘薯农学效率在监测年限内波动较大，其中 1999—2003 年间平均值达到了最大值 33.77kg/kg。小麦肥料农学平均利用效率随着施肥时间变化较小，基本稳定在 8.64~13.81kg/kg 之间。玉米肥料农学平均效率在 9.27~12.74kg/kg 之间，且随着施肥时间保持较稳定的趋势，其中 2004—2008 年间玉米农学效率最高（为 12.74kg/kg），2014—2018 年间农学效率比监测略有下降，降低了 15％。

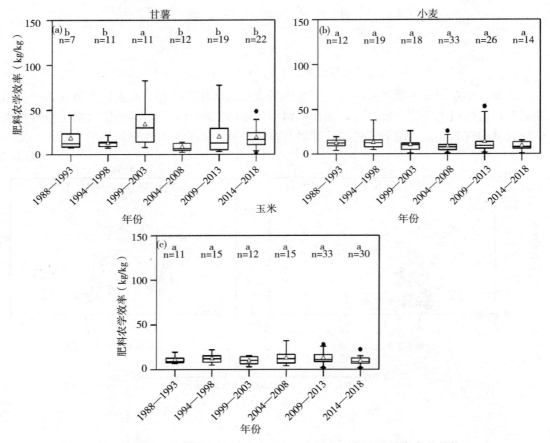

图 4-91　紫色土长期监测点甘薯、小麦和玉米的肥料农学效率变化趋势

（四）紫色土生产力与土壤养分及施肥量的关系

作物产量高低是土壤肥力、农业管理措施（如施肥量、作物品种）和气候条件等多因素综合作用的结果。监测数据分析结果表明，紫色土有机质、全氮、速效氮、速效磷、速效钾和缓效钾均与小麦产量呈现显著正相关关系，但与施肥情况无显著相关关系（表 4-17）。紫色土玉米产量与年总施肥量、年总化肥施用量、年总氮肥施用量、pH、有机碳、速效磷和速效钾之间均呈现显著正相关关系。其中，磷素可能是小麦、玉米生长发育最重

要的必需营养元素，磷素的有效性是保证小麦、玉米获得高产、优质、高效的一项重要农业措施（马常宝等，2012；车升国等，2016）。甘薯作物产量与年总磷肥施用量、全氮含量及缓效钾间均存在显著正相关关系。从方程的决定系数来看，土壤速效氮是紫色土小麦产量的最大限制性因子，而年总氮肥施用量和速效磷对玉米产量影响最大，但土壤全氮和缓效钾含量是甘薯作物产量提升的关键因子。

表 4-17　作物产量与施肥量和土壤养分的关系

项目	小麦			玉米			甘薯作物		
	截距	斜率	R^2	截距	斜率	R^2	截距	斜率	R^2
总施肥量	194.39	−0.33	0.02	236.60	2.52	0.05*	214.58	0.95	0.00
年化肥施用量	194.38	−0.52	0.02	233.81	3.85	0.09**	213.87	2.33	0.01
年有机肥施用量	191.61	−0.66	0.02	302.74	−0.99	0.00	222.81	0.52	0.00
年总氮肥施用量	194.84	−0.71	0.02	203.28	6.62	0.11**	219.39	1.48	0.00
年总磷肥施用量	195.49	−1.41	0.03	280.97	2.85	0.01	185.08	11.30	0.05*
年总钾肥施用量	190.96	−0.87	0.02	288.39	1.63	0.00	229.27	−0.68	0.00
pH	2 302.05	62.25	0.00	8 306.25	−520.95	0.06**	6 211.95	−335.70	0.02
有机碳（g/kg）	2 067.15	61.50	0.05**	3 623.55	70.05	0.03*	2 817.75	75.00	0.02
全氮（g/kg）	1 461.00	1 489.95	0.09**	3 679.5	899.25	0.02	1 081.95	2 969.55	0.09**
速效氮（mg/kg）	−3 082.95	91.95	0.88*	7 839.45	−34.95	0.23	2 420.70	11.10	0.09
速效磷（mg/kg）	2 590.80	15.60	0.03*	3 891.45	39.60	0.12**	3 687.90	1.95	0.00
速效钾（mg/kg）	2 216.85	6.90	0.04*	3 363.60	13.50	0.07**	3 914.55	−2.40	0.00
缓效钾（mg/kg）	1 557.75	2.25	0.13**	4 798.05	0.15	0.00	1 500.15	3.90	0.1**

注：表中肥料及养分施用量的单位均为（kg/hm²）。* 表示方程在 P＜0.05 水平显著；** 表示方程在 P＜0.01 水平显著。

五、紫色土耕地质量主要问题及建设措施

（一）紫色土耕地质量的总体演变趋势

紫色土监测点长期试验数据分析结果显示，30 年来常规施肥措施下紫色土有机质含量相对稳定，并呈现缓慢上升的趋势，但并不显著，这说明长期的常规施肥能基本维持紫色土的肥力。然而康日峰等（2016）和赵秀娟等（2017）的研究结果表明，常规施肥能显著增加土壤有机质的含量。这可能主要是由以下几种原因造成的：首先，紫色土大多分布在我国南方地区，年均降雨量大，气温高，土壤微生物活性强，加快了有机质的分解；其次，在一年三熟的轮作方式下，农田地力消耗比较大；最后，紫色土分布区多为坡耕地，土壤固结性差，在降雨量较大的地区，雨水的冲刷极易造成土壤流失，不利于有机质的积累。

紫色土全氮含量基本维持在稳定水平，说明长期常规施肥能维持土壤全氮的含量。但是土壤全氮含量存在下降的风险，这与监测点位的轮作种植制度有关。紫色土监测点位大多是小麦—玉米—甘薯一年三熟的轮作制度，这三大作物均属高耗氮作物，氮是植物生长的限制性养分，土壤氮是限制作物产量的关键因子，作物生长会带走土壤中大量的氮素

（Elser et al.，2007；王宜伦等，2010）。

土壤总磷和有效磷含量随着磷肥的投入不断积累。监测点紫色土目前有效磷的平均水平为 17.73mg/kg，较监测初始阶段提高了 210%，速效钾含量以 1.5mg/（kg·a）的速率显著增加。土壤磷大多是土壤本身提供的，而且磷素移动性差，容易被土壤固定，有研究表明当年施的磷肥到第二年固定率为 70% 以上，所以导致初始阶段有效磷含量较低（李寿田等，2003）。由于磷不参与大气循环，随着长期有机肥的施入，磷素不断地在土壤中富集。王玄德（2004）的研究结果表明，经过 10 年的长期定位试验，紫色土耕层土壤中全磷和有效磷增加，与本研究结果一致。

长期施用化肥，特别是化学氮肥，引起紫色土 pH 呈下降趋势。这与冯牧野（2015）的研究结果相似，其研究结果表明，无论化肥配施还是有机肥配施，中性紫色土都出现了酸化，其原因可能是长期化学氮肥的投入以及紫色土本身淋溶性较强，从而导致 pH 的下降。周晓阳等（2015）研究发现我国南方地区长期施肥下，化学氮肥用量增加会显著降低土壤pH，造成土壤酸化。土壤酸化会导致土壤有毒金属离子活度增加，肥力降低，影响作物生长发育，已经成为影响我国粮食安全及农田可持续发展的主要障碍因素之一。要合理控制紫色土化学氮肥的用量，防止土壤酸化，减少化学氮肥的施用比例，多施用有机肥。

中微量元素是植物生长所必需的营养元素，与生物分子蛋白质、多糖、核酸、维生素等的合成代谢密切相关，对植物的各种生理代谢过程的关键步骤起调控作用。与赵其国等（1990）报道的土壤背景含量相比，紫色土中的中微量元素钙、镁、铁、锰、铜、锌、硼、钼含量均相对较低，而重金属铬、镉、铅、砷、汞含量较高。

就紫色土生产力而言，长期不施肥下作物（甘薯、小麦、玉米）产量维持在较低水平，常规施肥大幅度提升了作物产量（提高 3~8 倍），同时降低了作物产量的变异系数（降低 27~37 个百分点），表明施肥是紫色土作物高产稳产的关键措施，但随着施肥和种植年限的增加，小麦的增产率和农学效率略有降低，玉米则表现增加趋势，而甘薯作物则无明显变化。紫色土对甘薯、小麦和玉米产量的地力贡献率随施肥年限增加表现增加趋势，但不同监测点变异性较大。

（二）紫色土耕地质量存在的问题

由于紫色土是在亚热带和热带气候条件下，由紫色砂页岩风化发育形成的一种岩性土，因而土壤中砾石含量高，在坡地上部容易受侵蚀影响，土层浅薄，十几厘米以下就可见到半风化母岩。

紫色土区域整体肥力偏低，特别是土壤有机质、总氮和有效磷含量水平低下，近 30 年来紫色土有机质、速效磷和速效钾含量有缓慢升高的趋势，但施肥结构的不合理也导致了土壤养分比例失调，肥力逐渐下降，降低了土壤生产能力。

石灰性紫色土 pH 变化不明显，但中性和酸性紫色土由于过量施用无机化肥和酸沉降等影响，土壤 pH 呈现下降的趋势，中性和酸性紫色土土壤酸化会导致土壤重金属离子活性增强，肥力降低，影响作物生长发育。另外，紫色土多为坡耕地，冲刷严重，易引起土壤侵蚀和水土流失，养分流失严重，不仅造成土壤肥力下降，也增加了面源污染风险。

（三）紫色土合理的培肥措施

针对目前监测区域紫色土耕地质量存在的问题，需因地制宜，采取适当的培肥措施，实现紫色土耕地的可持续利用。

针对目前监测区域紫色土耕地质量存在的问题，需因地制宜，采取适当的培肥措施，实现紫色土耕地的可持续利用。

（1）优化施肥结构，增施有机肥。紫色土有机质和氮素含量低，过量施用化肥会导致土壤板结、酸化等问题。紫色土区域目前的施肥结果中有机肥比例偏低，需要提高有机肥施用量，减少化肥用量，调整合适的有机替代比例，提升土壤有机质和养分库容，改善土壤物理性质，促进团聚体的形成，提升土壤生物肥力，加速土壤熟化过程，提高紫色土的基础地力。

（2）调整种植结构，合理轮作。针对土层薄、有机质含量低、抗蚀性差、易发生水土流失的紫色土耕地，调整种植结构，合理轮作，种植绿肥，增加地表覆盖，减少径流量和冲刷，控制水土流失，降低养分损失和流失风险。

（3）实施保护性耕作措施，避免过度开垦紫色土，合理适时的进行免耕休耕，恢复地力。保护性耕作措施具有明显的增产效应，秸秆覆盖在紫色土坡耕地具有较好的培肥增产效果，可作为紫色土坡耕地可持续生产的重要农业措施（郭天雷，2016）。免耕可有效增加土层厚度，降低土壤容重，增加土壤孔隙度，保水抗旱，还能增加土壤有机质和氮磷养分含量（朱波等，1996）。免耕与秸秆覆盖结合有利于土壤养分活化、土壤结构形成，是紫色土肥力恢复与重建的关键技术（朱波等，2002）。

（4）针对土层薄、有机质含量低、抗蚀性差、易发生水土流失的紫色土耕地，可以适当地发展农林复合系统，农田周边种植些生物篱作用的植物（树木或草等），减少水土流失，加速土壤熟化；调整种植结构，在相应的坡地上种植果树、茶园、混交林等经济作物，以达到保护土壤，增产创收的效果；对于不适宜耕种的紫色土耕地，特别是25°以上的坡耕地进行退耕草/林，增加植被覆盖，截蓄雨水，减少径流量和冲刷，控制水土流失。

参 考 文 献

车升国，袁亮，李燕婷，等．2016.我国主要麦区小麦产量形成对磷素的需求［J］．植物营养与肥料学报，22（4）：869-876.

董艳芳．2016.我国紫色土的系统分类与发生分类参比研究［J］．安徽农学通报，22（22）：69-71.

冯牧野．2015.长期不同施肥对中性紫色土肥力变化的影响［D］．重庆：西南大学．

郭天雷．2016.紫色土坡耕地保护性耕作措施对土壤理化性质及养分流失的影响［D］．重庆：西南大学．

何毓蓉，黄成敏，宫阿都．2002.中国紫色土的微结构研究—兼论在ST制土壤基层分类上的应用［J］．西南农业学报，15（1）：65-69.

康日峰，任意，吴会军，等．2016.26年来东北黑土区土壤养分演变特征［J］．中国农业科学，49（11）：2113-2125.

李寿田，周健民，王火焰，等．2003.不同土壤磷的固定特征及磷释放量和释放率的研究［J］．土壤学报，40（6）：908-914.

李永祥，石云素，宋燕春，等．2013.中国玉米品种改良及其种质基础分析［J］．中国农业科技导报，15（3）：30-35.

林超文，庞良玉，罗春燕，等．2009.平衡施肥及雨强对紫色土养分流失的影响［J］．生态学报，29（10）：5552-5560.

刘洪玉．1989.四川省土地资源评价及其分区［J］．资源开发与市场（2）：65-79.

马常宝，卢昌艾，任意，等 . 2012. 土壤地力和长期施肥对潮土区小麦和玉米产量演变趋势的影响 [J].
　　植物营养与肥料学报，18（4）：796-802.

牟树森，杨学春 . 1998. 酸雨危害与土壤酸化问题调查研究 [J]. 西南农业人学学报，10（1）：12-20.

聂明华，郑柏颖 . 2008. 武夷山紫色土的利用与保护探讨 [J]. 现代农业科技（9）：104-105.

王玄德 . 2004. 紫色土耕地质量变化研究 [D]. 重庆：西南农业大学 .

王宜伦，李潮海，何萍，等 . 2010. 超高产夏玉米养分限制因子及养分吸收积累规律研究 [J]. 植物营
　　养与肥料学报，16（3）：559-566.

熊明彪，舒芬，宋光煜，等 . 2001. 多年定位施肥对紫色土钾素形态变化的影响 [J]. 四川农业大学学
　　报，19（1）：44-47.

熊明彪，舒芬，宋光煜，等 . 2003. 施钾对紫色土稻麦产量及土壤钾素状况的影响 [J]. 土壤学报，40
　　（2）：274-279.

徐明岗，梁国庆，张夫道，等 . 2006. 中国土壤肥力演变 [M]. 北京：中国农业科学技术出版社 .

于天一，孙秀山，石程仁，等 . 2014. 土壤酸化危害及防治技术研究进展 [J]. 生态学杂志，33（11）：
　　3137-3143.

张凤荣 . 2002. 土壤地理学 [M]. 北京：中国农业出版社 .

张会民，徐明岗，吕家珑，等 . 2009. 长期施肥对水稻土和紫色土钾素容量和强度关系的影响 [J]. 土
　　壤学报，46（4）：640-645.

张金波，宋长春 . 2004. 土壤氮素转化研究进展 [J]. 吉林农业科学，29（1）：38-43.

赵其国，等 . 1990. 中国土壤元素背景值 [M]. 北京：中国环境科学出版社 .

赵少华，宇万太，张璐，等 . 2004. 土壤有机磷研究进展 [J]. 应用生态学报，15（11）：2189-2194.

赵秀娟，任意，张淑香 . 2017. 25 年来褐土区土壤养分演变特征 [J]. 核农学报，31（8）：1647-1655.

周建军，周桔，冯仁国 . 2014. 我国土壤重金属污染现状及治理战略 [J]. 中国科学院院刊（3）：
　　315-320.

周晓阳，徐明岗，周世伟，等 . 2015. 长期施肥下我国南方典型农田土壤的酸化特征 [J]. 植物营养与
　　肥料报，21（6）：1615-1621.

朱波，陈实，游祥，等 . 2002. 紫色土退化旱地的肥力恢复与重建 [J]. 土壤学报，39（5）：743-749.

朱波，马志勤，张克婉 . 1996. 旱地自然免耕技术对土壤肥力的影响 [J]. 西南农业学报，9（3）：
　　94-99.

Elser J J, Bracken M E S, Cleland E, et al. 2007. Global analysis of nitrogen and phosphorus limitation of
　　primary producers in freshwater, marine and terrestrial ecosystems [J]. Ecology Letters, 10（12）：
　　1135-1142.

Schnitzer M. 1991. Soil organic matter-the next 75 years [J]. Soil Science, 151：41-58.

第七节　灌　淤　土

一、概述

灌淤土是在灌水落淤与人为耕作施肥交叠作用下形成的人为土，该类土壤主要是经人类长期灌溉淤积和冲积、淋溶淡化、耕种培肥、生物累积而成。每年灌溉落淤量因灌溉水中的泥沙含量、作物种类及其水灌量不同而异。宁夏引黄灌区小麦地每年灌溉落淤量为 10 300～14 100kg/hm²，水稻田高达 155 400kg/hm²；新疆每年随灌溉水进入农田的泥沙，平均达 15 000kg/hm²。除灌溉落淤外，每年人工施用土粪 30 000～75 000kg/hm²，

土粪中还带进了碎砖瓦、碎陶瓷、碎骨及煤屑等侵入体。人为耕作在灌淤土形成中起了重要的作用，耕作消除了淤积层次，并把灌水淤积物、土粪、残留的化肥、作物残茬和根系、人工施入的秸秆和绿肥等，均匀地搅拌混合。由于长期耕作，使这种均匀的灌淤土层不断加厚，在原来的母土之上，形成了新的土壤类型。

灌淤土分布地势平坦、灌溉便利、土壤肥沃、生产性能良好，是优质多宜的耕种土壤，在农业生产中具有重要地位。全国灌淤土的面积为 152.7 万 $hm^{2[1]}$，主要分布于新疆昆仑山北麓和天山南北，甘肃的河西走廊，宁夏和内蒙古的河套地区，其他省（自治区）也有零星分布。

灌淤土是中国半干旱地区平原中的主要土壤，一年一熟，以春播作物为主，生长小麦、玉米、糜谷等。地下水位较浅，水源充沛。因排水条件较差，有次生盐化现象，应注意灌排结合。灌淤层可厚达 1m 以上，一般也可达 30～70cm。土壤剖面上下较均质[2]。土壤的理化性质因地区不同而异。西辽河平原的灌淤土，质地较黏重，有机质含量约2％～4％，盐分含量一般小于 0.3％，不含石膏；河套地区的灌淤土，质地较砂松，有机质含量约 1％，含盐量较高。

2018 年，灌淤土国家耕地质量长期定位监测点作物以粮食为主，蔬菜经济作物为辅，主要分布在甘肃、青海、内蒙古、宁夏、新疆 5 个省（自治区），由 1988 年开始监测，直到 2018 年已达到 26 个监测点，分布地区包含了典型灌淤土、潮灌淤土、表锈灌淤土 3 个灌淤土亚类。

二、灌淤土耕地质量主要性状

（一）有机质现状及演变趋势

1. 有机质现状

2018 年，粮食区灌淤土的土壤有机质平均含量为 16.7g/kg，同比上年降低了 3 个百分点，有机质的分级频率如图 4-92 所示，监测点的土壤有机质分布在 0～30g/kg 区间内，其中 75.0％的监测点有机质含量在（10～20］g/kg 范围，15.0％的监测点有机质含量分布在＞20g/kg 范围，仅有 5.0％的监测点有机质含量≤10g/kg。

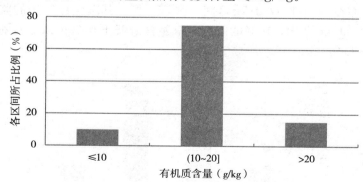

图 4-92　2018 年灌淤土监测点有机质分级频率

2. 有机质变化趋势

有机质作为生命机能的物质，是土壤养分的主要来源，通过对长期定位试验点的灌淤土数据分析表明，经过长达 31 年的监测，灌淤土有机质从 8.7g/kg 增加到了 16.4g/kg，第二个五年监测的有机质含量显著高于第一个五年监测，到 1999 年以后，有机质的增加缓慢，并趋向于平衡。说明通过长期施肥管理，土壤培肥效果显著提升，到一定程度后保持稳定。

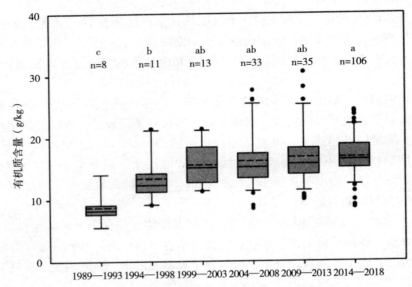

图 4-93　长期监测常规施肥下灌淤土有机质变化趋势

注：实心圆圈 但是 '•' 为异常值；箱式图的横线从下至上依次为除异常值外的最小值、下四分位数、中位数、上四分位数和最大值，虚线为各项的平均值；箱式图上的不同小写字母表示不同时间段的平均值在 0.05 水平差异显著，n 表示样本数；下同。

（二）全氮现状及演变趋势

1. 全氮现状

2018 年，粮食区灌淤土的土壤全氮平均含量为 1.01g/kg，同比上年降低了 4.7 个百分点，全氮含量的分级频率如图 4-94 所示，监测点的土壤全氮分布在 0～2.00g/kg 区间内，其中主要分布在［1～1.5］g/kg 区间，占 55.0%，其次，有 30% 的监测点全氮含量在（0.75～1.00］g/kg 范围，10% 的监测点全氮含量低于 0.75g/kg，仅有 5.0% 的监测点全氮含量高于 1.5g/kg。

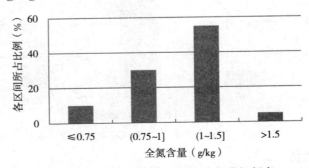

图 4-94　2018 年灌淤土监测点全氮分级频率

2. 全氮演变趋势

1989—2018 年数据显示（图 4-95）灌淤土全氮含量呈稳步上升趋势，2004—2018 年，上升趋势放缓年间无差异，此期间土壤全氮提升了约 0.1g/kg，年平均上升速率为 7mg/kg。1989—2003 年，全氮显著提升了 0.35g/kg。监测点氮肥施用量较为稳定，肥力得到提升。

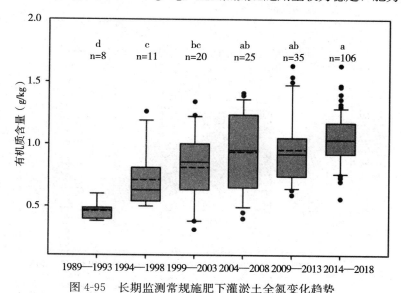

图 4-95　长期监测常规施肥下灌淤土全氮变化趋势

（三）有效磷现状及演变趋势

1. 有效磷现状

如图 4-96 所示，2018 年灌淤土有效磷含量为 33.9mg/kg，有效磷含量比较高且分散，主要分布在＞20mg/kg 区间内，比例达到 80.0%，土壤有效磷含量在合理区间（20～30]mg/kg 的监测点占 40.0%，磷含量丰富的（30～40] mg/kg 的监测点占 15.0%；有效磷低于 10.0mg/kg 的监测点仅有 2 个，占 5.0%，有效磷＞40.0mg/kg 的监测点达到 25.0%，土壤有效磷含量高于 45.0mg/kg 就有一定的环境风险，需要注意控制并减少磷肥施用量。

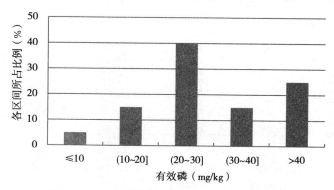

图 4-96　2018 年灌淤土监测点有效磷分级频率

2. 有效磷演变趋势

有效磷含量对施磷肥量响应敏感，由于每年磷肥施用量不一致，使得土壤有效磷有所波动（图 4-97），且年间无显著差异；从监测的第二个五年开始，有效磷的含量增加了 17.4mg/kg，持续到 2007 年，从 2008 年开始，有 4 个监测点不施用有机肥，且化肥磷施用量相对较低，有效磷含量较历史含量降低了约 9.9mg/kg；总体来说，各个监测点有效磷含量较高，监测点应控制磷肥施用量。

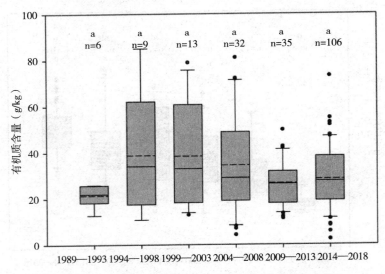

图 4-97　长期监测常规施肥下灌淤土有效磷变化趋势

（四）速效钾现状及演变趋势

1. 速效钾现状

2018 年监测点土壤速效钾平均含量为 169mg/kg。监测点土壤速效钾主要集中在 （100～150] mg/kg 和 （150～200] mg/kg 区间，各占比约 35.0%，≤100mg/kg 的监测点有 2 个，占监测点总数的 5.0%；（100～150] mg/kg 和 （150～200] mg/kg 区间的监测点各有 14 个，各占监测点总数的 35.0%；大于 200mg/kg 的监测点有 10 个，占监测点总数的 25.0%（图 4-98）。

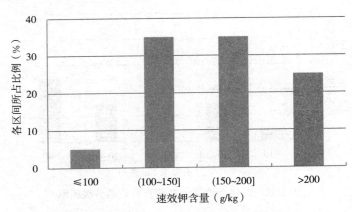

图 4-98　2018 年灌淤土监测点速效钾分级频率

2. 速效钾演变趋势

图 4-99 所示，1989—2018 年，灌淤土速效钾含量呈逐年上升趋势。31 年间，增加了 31.3mg/kg，年均增加 1.0mg/kg。

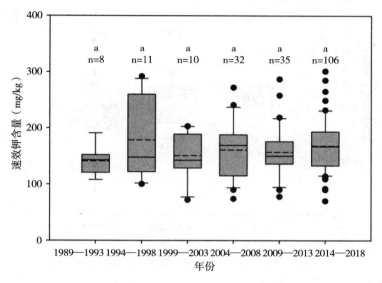

图 4-99　长期监测常规施肥下灌淤土速效钾变化趋势

（五）缓效钾现状及演变趋势

1. 缓效钾现状

2018 年，灌淤土监测点土壤缓效钾平均含量为 1 033mg/kg。土壤缓效钾含量呈偏态分布（图 4-100）。小于 500mg/kg 区间的监测点比例低于 10.0%，土壤缓效钾含量主要集中在（500～1 000］mg/kg 区间，（500～800］mg/kg 区间的监测点有 52 个，占监测点总数的 39.1%；（800～1 000］mg/kg 区间的监测点有 37 个，占监测点总数的 27.8%；大于 1 000mg/kg 的监测点有 31 个，占监测点总数的 23.3%。

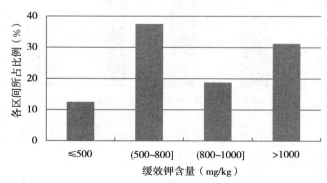

图 4-100　2018 年灌淤土监测点缓效钾分级频率

2. 缓效钾演变趋势

由于 1989 至 2003 年，对缓效钾的监测点过少，故舍去。从土壤缓效钾动态变化趋势可以看出（图 4-101），2004—2018 年，土壤缓效钾含量有下降的趋势，变化区间为 931～1 100mg/kg，15 年下降了 169mg/kg。

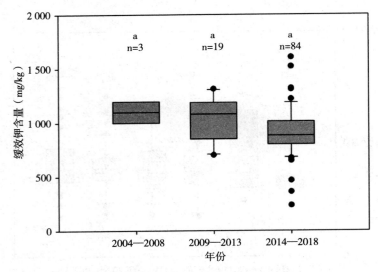

图 4-101　长期监测常规施肥下灌淤土缓效钾变化趋势

（六）土壤 pH 现状及演变趋势

1. 土壤 pH 现状

2018 年土壤 pH 介于 8.0～8.7 之间，平均值为 8.4。根据 2018 年监测数据（图 4-102），pH 主要分布在 8.2～8.6 之间，占监测点总数的 60.0％；≤8.2 和＞8.6 区间的监测点数为 16 个，占监测点总数的 40.0％。

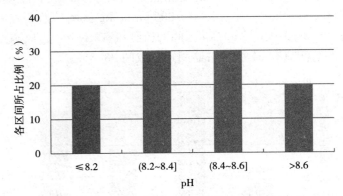

图 4-102　2018 年灌淤土监测点 pH 分级频率

2. 土壤 pH 演变趋势

如图 4-103 所示，1989—2018 年，土壤 pH 前期快速降低后期趋于稳定；1989—1993 年间，土壤 pH 平均为 8.4，1994—1998 年间土壤 pH 平均为 8.2，较监测前期下降 0.23，pH 年均下降 0.05 个单位；2004—2018 年间，土壤 pH 基本保持稳定，维持在 8.3。

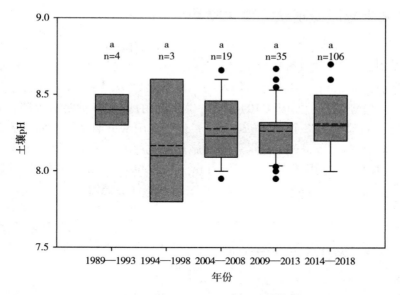

图 4-103 长期监测常规施肥下灌淤土 pH 变化趋势

（七）灌淤土耕层厚度和容重现状

长期施肥管理下土耕层厚度和容重见表 4-18。灌淤土耕层厚度平均值为 23.9cm，其变化范围在 20.0～40.0cm 之间，耕层厚度变异较大。耕层厚度主要分布在 3 级（中）水平，占总体监测点 51.6%；其次为 2 级（较高）水平，占总体 29.7%。灌淤土容重在 1.22～1.57g/cm³ 之间，平均值为 1.35g/cm³，容重水平主要分布在 2 级（较高），3 级（中）和 4 级（较低），占监测点总数的 94.8%。

表 4-18　长期施肥下灌淤土耕层厚度和容重

项目	样本数（占比%）	平均值	标准误	中位值	标准差	最小值	最大值	分类级别
耕层厚度（cm）	47（51.6）	20.23	0.11	20	0.758	20	23	3 级（中）
	27（29.7）	25.25	0.11	25	0.562	25	26.7	2 级（较高）
	17（18.7）	32.35	1.06	30	4.372	30	40	1 级（高）
容重（g/cm³）	4（5.2）	1.56	0.005	1.56	0.012	1.55	1.57	5 级（低）
	27（35.5）	1.42	0.005	1.41	0.025	1.4	1.48	4 级（较低）
	25（32.9）	1.33	0.005	1.33	0.023	1.3	1.38	3 级（中）
	20（26.3）	1.25	0.006	1.24	0.028	1.22	1.29	2 级（较高）

注：耕层厚度分级：≤15.0，5 级（低），15.0～20.0，4 级（较低），20.0～25.0，3 级（中），25.0～30.0，2 级（较高），>30.0，1 级（高）；

耕层容重分级：>1.5和<1.0，5 级（低），1.4～1.5，4 级（较低），1.3～1.4，3 级（中），1.2～1.3，2 级（较高），1.0～1.2，1 级（高）。

三、灌淤土施肥量现状与变化趋势

2018 年，灌淤土总养分施用量为 616.3kg/hm²，氮磷钾投入比例为 5.5∶2.7∶1.7。其中氮肥 343.6kg N/hm²、磷肥 169.1 kg P_2O_5/hm²、钾肥 103.6 kg K_2O/hm²；有机氮磷钾投入量分别为 82.6kg N/hm²、36.0kg P_2O_5/hm2、57.0 kg K_2O/hm²。

从年度变化趋势来看，如图 4-104 所示，监测点的总施肥量略有下降，直到 2014—2018 年，总施肥量显著下降了约 100kg/hm²；化肥施用量早期显著增加，随后略有下降，有机肥用量明显下降，1989—2018 年总肥料施用量的平均水平在 317.7～440.3kg/hm²；1989—2018 年有机肥施用量从 266.5kg/hm² 降到 96.8kg/hm²；化肥用量从开始的 166.0kg/hm² 显著增加到 290～320kg/hm²，之后基本保持稳定。

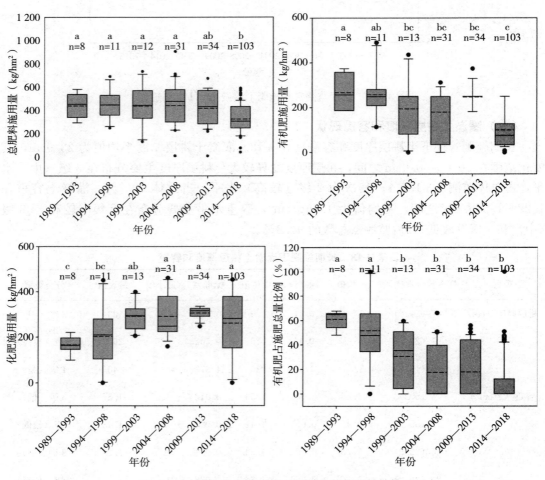

图 4-104 灌淤土长期监测点肥料施用数量及结构

从施肥结构分析，有机肥在总肥料施用量中所占的比例呈显著下降趋势（图 4-104，P＜0.05）。1989—1998 年间有机肥施用量占总施肥量比例的平均水平为 51.6%～60.9%，1999—2018 年间有机肥施用量占比为 13.2%～30.4%，1999—2018

年有机肥施用比例显著低于1989—1998年间有机肥施用比例，31年间，有机肥施用约下降了47%。

从肥料中养分元素的配比来看，总氮、总磷和总钾肥养分施用量呈显著性下降（图4-105）。氮肥的施用量降低，但在总施肥量的比例中却明显升高；总磷施用量降低，但在总施肥比例中基本稳定。总钾施用量在总施肥比例中显著降低，在总施肥量比例中也显著降低。

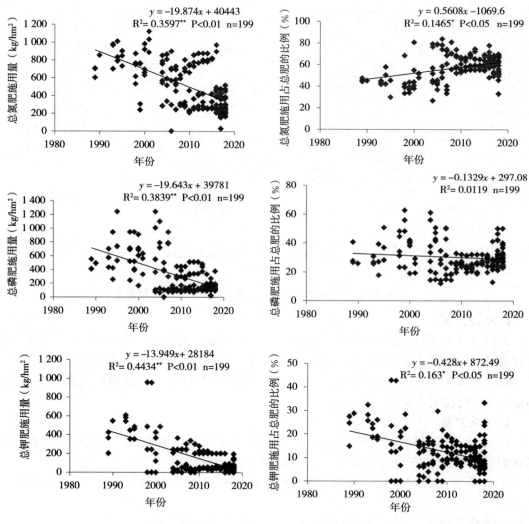

图4-105　灌淤土长期监测点各元素肥料施用量及比例

四、生产力现状与变化趋势

（一）作物产量

在常规施肥下，灌淤土监测点小麦、玉米、水稻的产量变化见图4-106。

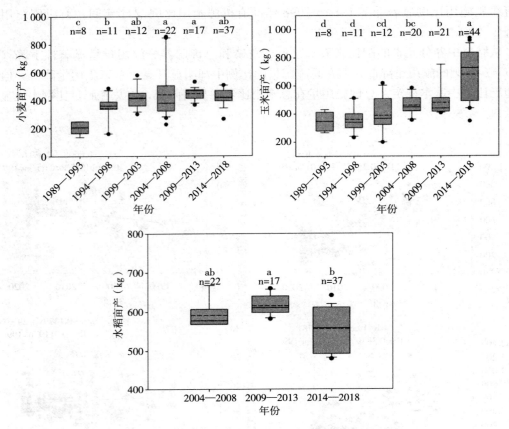

图 4-106　常规施肥区小麦、玉米、水稻产量变化趋势

1. 小麦产量

2018年小麦平均亩产为421kg，最大亩产为506kg，最少亩产为342kg。长期常规施肥管理下小麦产量稳中有升，1989—2003年，小麦的产量显著增加，亩年均增长14.1kg，增加率为103.8%；2004—2018年，产量基本稳定。在总施肥量降低的同时，小麦产量保持稳定不变。

2. 玉米产量

2018年玉米平均亩产为710kg，最大亩产为870kg，最少亩产为488kg。长期常规施肥管理下玉米产量显著提升，监测初期，平均亩产为347.8kg，2014—2018年，玉米平均亩产为676.9kg，亩年均增加了11kg；可见，施肥对玉米产量提升作用显著。

3. 水稻产量

2018年水稻平均亩产为582kg，最大亩产为620kg，最少亩产为500kg。2004—2014年，水稻亩产量基本稳定在591～615kg，水稻产量在此监测期无显著变化；2014—2018年，水稻产量显著下降。

（二）作物产量与基础肥力关系

采用无肥区产量作为衡量土壤基础肥力对作物产量贡献率的指标，如图4-107所示，常规施肥下，玉米产量（y）与无肥区产量（x，基础地力）有显著正相关关系；小麦产量随着地力的提升有增加的趋势；水稻由于无肥区产量较少，故舍去。

肥料贡献率是施肥区产量与无肥区产量之差占无肥区产量的百分数，小麦和玉米的肥料贡献率分别为 3.45、3.76；玉米的肥料贡献率大于小麦，所以肥料投入下，玉米增产优于小麦。

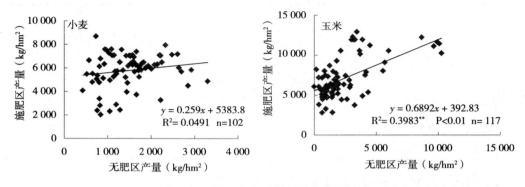

图 4-107　施肥区与无肥区作物产量关系

（三）灌淤土肥力演变的主控因子分析

图 4-108 中 PC1 轴和 PC2 轴对总方差的贡献率分别为 84.0％和 15.6％，两者对总方差的贡献率达到了 99.6％。由分析结果可知，在经过 31 年的土壤培肥后，土壤有机质和全氮含量保持相对稳定，速效钾（AK）和速效磷（AP）则在培肥后有较大的提升。从不同年份间土壤养分的聚集程度可以看出，随着培肥年限的增加，土壤养分变异性逐渐变大，AK 和 AP 是灌淤土肥力演变的主要影响因子。

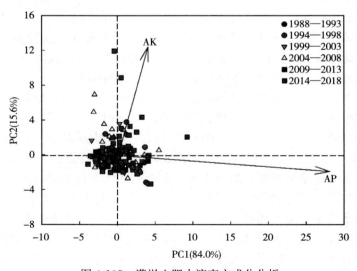

图 4-108　灌淤土肥力演变主成分分析

（四）灌淤土上不同作物产量逐步回归分析

对众多土壤养分和作物产量的逐步回归分析（表 4-19）表明，土壤有机质含量是玉米产量变化的主要影响因子，有机质（SOC）对玉米产量变异性的解释率为 53％。SOC 对小麦秸秆产量变异性的解释率为 34％，是小麦秸秆产量变化的主要影响因子，若 SOC 和 AK 相结合，二者对小麦产量变异性的共同解释率可提高到 61％，若 SOC 和 AK、TN 相结合，三者对小麦产量变异性的共同解释率可提高到 63％。

表 4-19   不同作物产量与土壤养分的逐步回归分析

作物类型/回归方程	样本数（n）	R^2
玉米		
$y=349.4+24.9\ SOC$	44	0.53**
小麦		
$y=119.0+19.0\ SOC$	100	0.34**
$y=162.8+20.9\ SOC-0.45\ AK$	100	0.61**
$y=160.1+28.3\ SOC-0.47\ AK-126.0\ TN$	100	0.63**

五、灌淤土耕地质量主要问题及建设措施

（一）耕地质量总体演变趋势

长期施肥处理下，灌淤土的有机质和全氮含量先显著增高后达到稳定；有效磷和速效钾含量与培肥的年限时长无显著变化。

就生产力而言，小麦的产量随时间呈现递增的趋势，在 2004 年达到最高，为 7.58t/ hm²，之后产量趋于稳定；玉米产量也随施肥年份递增，而水稻产量在整个监测期略有降低。与不施肥相比，常规施肥下小麦、玉米和水稻的籽粒产量均有显著增加，说明尽管灌淤土本身养分资源丰富，但是施肥仍然能够明显地增加作物产量，是该区域重要的增产措施[3~4]。灌淤土上小麦和玉米产量自 1989 年到 2004 年显著增加，而无肥区籽粒产量没有显著变化。原因可能是：一是 20 世纪 80 年代初我国施肥量还较低，土壤养分库匮缺[5~6]，而大量施肥后大大增加了土壤肥力，进而使作物产量显著提高；另一方面，作物品种选育工作进展迅速，对于作物增产起到了至关重要的作用。

就土壤肥力而言，一方面不同环境条件下有不同的蓄纳供应养分的能力，另一方面影响微生物和作物根系对化肥养分的转化、吸收和传输，指示了土壤的生产能力[7]。提升地力是提高化肥利用效率、实现作物高产的核心途径。本文中灌淤土上长期施用化肥后（少量施用有机肥）后，虽然作物产量在增加，但地力贡献指数在下降，说明需要采取培肥措施来提高地力。其分析结果表明，灌淤土区小麦种植制度下有机肥的施用量占总施肥量的比例随时间呈极显著的下降趋势，且其投入量于 1995 年左右开始出现大幅度降低。而小麦作物农学利用率与小麦增产在有机无机配施条件下均表现为上升趋势，说明增加有机肥施用量，可大幅度提高灌淤土小麦作物产量及其肥料利用率，可使作物达到最高产量水平。可见，在灌淤土区域应推广有机肥施用，以培肥地力和高产稳产。

（二）灌淤土耕地质量存在的问题

1. 养分含量低，易板结

经过 31 年的常规管理培肥下，有机质和全氮含量有所提升，但是幅度不大，且很快

达到平衡，全氮维持在 $0.9\sim1.1g/kg$，有机质维持在 $18\sim20g/kg$；有效磷与速效钾则变化不大，有效磷在 $30\sim40mg/kg$ 范围波动，速效钾在 $150\sim180mg/kg$ 范围波动。总的来说，灌淤土的肥力较低，因此，需要改善施肥结构，增加有机物料的投入配比[8]。

土壤易板结，主要是因为容重较大，黏粒含量较高，土壤紧实度增大，透气性差。在灌淤土区，有约 73% 的长期监测点土壤的容重处于中低水平，容重高达 $1.57g/cm^3$，耕作性能降低。所以，应施用有机肥，提高土壤有机质含量，增加土壤通透性，降低土壤容重。

2. 易发生盐渍化

由于干旱少雨、蒸发强烈的气候因素影响，灌水和地表排水的交替进行，使土体内水分条件不断发生变化。所以，合理控制灌水定额，结合节水灌溉设备，防止盐分上升。

（三）灌淤土合理利用及培肥措施

1. 增加有机肥料用量

灌淤土所处地理位置为干旱少雨气候区，降水的严重不足，制约农业生产的发展。干旱气候条件下耕地土壤的主要障碍因素是缺水、土壤盐渍化和沙漠化。在干旱内陆土壤有机质分解速度快，有机质和氮素在土壤中难于积累。王吉智等[9]认为，施用有机肥料是灌淤土培肥的主要措施，土壤肥力愈高，灌淤土生产力也愈高。吕粉桃等[10]指出，灌淤土小麦长期以来未达到最高产量，主要与其有机肥的施用量不足有关系。改变施肥习惯，在施肥上增加有机肥料用量能达到提高土壤有机质含量及增加氮素供应的作用[11]。

2. 种植绿肥

在灌淤土上推广种植苜蓿、草木樨、豆科作物等绿肥，可以增加对土壤有机肥的投入，改善土壤理化性质，维持与提高土壤肥力[12]，同时能够改善生态环境，防止水土流失与环境污染，为农业的持续发展提供保障，以促进畜牧业发展，实现物质与能量的良性循环。

3. 不同作物合理的施肥配比

对小麦和玉米作物上的施肥量应进行合理分配，特别是玉米作物，在现有基础上施肥量应有所提高。土壤氮素并没有大量积累，主要原因可能是追肥次数过于集中，作物吸收少导致氮素损失，因此，应根据作物生育期的需肥规律，确定氮肥施用量，并增加氮肥施用次数来提高氮素利用率；其次，氮肥品种对氮肥利用率的影响也至关重要[13]。

4. 实行作物秸秆还田技术

在灌淤土上实行作物秸秆还田和高茬还田，既可增加有机物质积累，又可以保持土壤水分和减缓土壤的沙化和盐渍化，提高土壤基础生产力。对灌淤土上的长期定位施肥监测结果[14]表明，秸秆还田对玉米和小麦均有明显的增产效应，且在玉米上的增产效果优于小麦。此外，灌淤土上耕层土壤钾素消耗严重，施用化肥并秸秆还田，能促进作物对氮磷和中量元素的吸收，并有效缓解土壤钾素含量的降低，是农业生产获得高产高效的基本措施之一[15]。

5. 改变现有的施肥比例，达到施肥平衡

灌淤土漏水漏肥，在作物生长后期缺水，氮素挥发严重，利用率很低，表现在作物生长期氮素明显缺乏。段英华等[16]和李娟等[17]分别对灌淤土定位监测的数据分析以及在兰州灌淤土的试验结果，也都说明了氮是作物增产的主要限制因子。增加钾肥用量，尤其是在高产田更要注重补钾。稳定现有的磷肥用量，由于农民的施肥习惯使灌淤土的磷含量已经达到较高的水平，增加磷肥用量已经达不到增产的效果，在某些磷丰富的土壤上适当减少磷肥用量，在复播玉米上不施磷肥。提高肥料效益并节约宝贵的磷肥资源。

6. 改善灌溉条件

大力推广节水灌溉技术，提高水分利用率，是灌淤土耕地质量改良的保障。灌淤土耕地质量主要受水源的限制，修建拦河枢纽工程，防渗渠道和必要的山区调蓄水库，引蓄山区径流。通过合理灌溉，可以达到增加土壤有效灌水的目的[18]。

参 考 文 献

[1] 曲潇琳，龙怀玉，谢平，等. 宁夏引黄灌区灌淤土的成土特点及系统分类研究［J］. 土壤学报，2017，54（50）：1102-1114.

[2] 龚子同，张甘霖，王吉智，等. 中国的灌淤人为土［J］. 干旱区研究，2005，22（1）：4-10.

[3] 赵营，同延安，张树兰，等. 氮磷钾施用量对灌淤土水稻产量及肥料利用率的影响［J］. 西北农业学报，2010，19（2）：118-121.

[4] 吕粉桃，田有国，徐明岗，等. 长期施肥对灌淤土养分状况变化的影响［J］. 华北农学报，2009，24（4）：142-146.

[5] 关焱，宇万太，李建东. 长期施肥对土壤养分库的影响［J］. 生态学杂志，2004，23（6）：131-137.

[6] 方正. 冬小麦新品种选育研究［M］. 北京：中国农业科学技术出版社，2010.

[7] 左竹，张建峰，李桂花. 养分投入和作物根系对土壤微生物氮转化的影响［J］. 中国农学通报，2011，27（27）：18-22.

[8] 徐明岗，梁国庆，张夫道，等. 中国土壤肥力演变［M］. 北京：中国农业科学技术出版社，2006.

[9] 王吉智，马玉兰，金国柱. 中国灌淤土［M］. 北京：科学出版社，1996，56-67.

[10] 吕粉桃，郑磊，徐明岗，等. 长期施肥对灌淤土小麦产量变化的影响［J］. 中国土壤与肥料，2010，（2）：29-34.

[11] 郭杰，宋鹏飞，吐尔逊娜依·米吉提，等. 新疆灌淤土培肥与改良措施［J］. 新疆农业科技，2009，第3期.

[12] 袁金华，俄胜哲，车宗贤. 灌溉定额和绿肥交互作用对小麦/玉米带田产量和养分利用的影响［J］. 植物营养与肥料学报，2019，25（2）：223-234.

[13] 王方，李元寿，王文丽，等. 甘肃灌淤土土壤障碍因素浅析［J］. 土壤，2004，36（4）：452-456.

[14] 谭德水，金继运，黄绍文，等. 灌淤土区长期施钾对作物产量与养分及土壤钾素的长期效应研究［J］. 中国生态农业学报，2009，17（4）：625-629.

[15] 姜东，戴廷波，荆奇，等. 氮磷钾肥长期配合施用对冬小麦籽粒品质的影响［J］. 中国农业科学，2004，37（4）：566-567.

[16] 段英华，卢昌艾，杨洪波，等. 长期施肥下我国灌淤土粮食产量和土壤养分的变化［J］. 植物营养与肥料学报，2018，24（6）：1475-1483.

[17] 李娟，赵良菊，郭天文. 土壤养分状况系统研究法在兰州灌淤土平衡施肥中的应用研究［J］. 甘肃农业科技，2002，（6）：39-41.

[18] 陈小红. 红古地区厚层灌淤土综合评价研究［D］. 兰州：甘肃农业大学，2010.

第八节　小　　结

我国主要耕地类型中，水稻土、黑土、潮土、褐土、灌淤土、红壤、紫色土7个土类的占比面积大，其土壤肥力的现状与变化趋势反映出我国主要农作区耕作土壤的现状与变化趋势。7个土类耕地质量的存在问题与提升对策主要有：

1. 构建深厚熟化的耕作层

7个土类的耕作层多在12～20cm，土壤容重较高，造成土壤保水保肥性能低下，一方面是天然降水不能得到很好利用，且容易造成水土流失现象的发生；另一方面，肥料和灌溉水也得不到充分利用，造成水肥资源的浪费。需要结合不同耕地的质地特性、土体构型、坡度等，构建适合不同区域的深厚熟化耕作层，促进我国耕地物理肥力的提升。

2. 加强土壤酸化防治

过去30年来，7个土类均出现土壤pH下降的趋势。北方的褐土、灌淤土和潮土pH当前还处于中性与微碱性；南方的水稻土pH<5.5占30%以上，红壤监测点土壤pH平均为5.3，65.7%的红壤pH分布在4.5～5.5区间范围。造成土壤pH下降，主要是由于氮肥过量施入，土壤中产生过多的H^+，降低pH，同时多年来不重视有机肥的投入，中微量元素的缺乏加剧了土壤富铝化过程。需要增加有机肥（物料）的投入、增加中微量元素肥料的投入、平衡施肥来降低氮肥的投入量，对于酸化很严重的土壤，需要增加石灰类土壤调理剂的施入。

3. 进一步提高土壤有机质水平

近10年来，除了水稻土有机质水平维持不变外，其他6个土类的土壤有机质水平均有了一定程度的提高，但是相比同纬度发达国家的土壤有机质水平，还有较大的提升空间。需结合秸秆还田、有机肥投入等，增加耕地有机物料的投入量，落实相应的补贴或其他政策，如秸秆还田农机作业补贴、有机肥（物料）施用装备研发、轮作、保护性耕作等，确保无污染的有机肥（物料）能够得到合理利用，在保护生态环境的同时，进一步提高我国耕地的土壤有机质水平。

4. 遏制土壤养分的非均衡化趋势

7个土类土壤养分的变化趋势表明，土壤养分磷素积累严重，少数监测点具有面源污染风险；同时土壤钾素与中微量元素含量均呈现显著的下降趋势，加剧了土壤养分的非均衡化趋势。不能偏施氮磷肥，合理运筹肥料投入量，加强大量—中量—微量元素肥料、有机肥—无机肥的均衡施用。

第五章　全国主要农作物产量、肥料投入分析与评价

一、全国主要农作物产量、肥料投入以及肥料利用率现状

截止2018年年底，全国土壤耕地质量长期定位监测点增至1 060个，包含1 502组作物生长季数据。监测点分布广泛，监测数据数据包含了全国主要作物种植制度（一年一熟、一年二熟、一年三熟、二年三熟），覆盖多种农作物，主要为玉米、小麦、水稻、马铃薯、棉花、杂粮作物、瓜果类作物、蔬菜类作物（主要包括葱姜类、瓜类、块根类、叶菜类、茄果类、水生菜类和其他菜类）、其他经济作物（简称经济作物，包括薯类、豆类、糖料、油料、麻类、烟叶、茶园）（表5-1）。每个作物生长季数据包含多个指标：空白产量（不施肥产量）、施肥产量、有机氮、磷、钾肥用量，化肥氮、磷、钾用量。

表5-1　2018年全国耕地土壤监测站点覆盖的主要农作物及其样本量（n＝1 502）

作物类型	样本数（n）	作物名称
粮食作物	1214	玉米、小麦、水稻
薯类	38	马铃薯、甘薯、山药、芋头、甘薯
杂粮	23	莜麦、谷子、莜麦、藜麦、燕麦、大麦、青稞
棉花	17	棉花
豆类	48	大豆、豌豆、红芸豆、绿豆、蚕豆、春大豆、线豆、紫云英、胡豆、花芸豆、绿豆、黄豆
糖料	5	甘蔗、糖蔗
油料	83	油菜、花生、向日葵、油葵、葵花
麻类	1	胡麻、芝麻
烟叶	7	烟叶、烤烟
茶园	5	茶叶、茶树
瓜果	28	葡萄、梨树、冬枣、柑橘、脐橙、椪柑、苹果、油桃、草莓
蔬菜	33	红干椒、大蒜、甜瓜、苦瓜、辣椒、西兰花、脱水番茄、红心菜、莴苣、花菜、萝卜、莲藕、蒿、圣女果、兰溪小萝卜、马蹄

全国主要农作物空白产量及施肥产量如图5-1所示。结果表明，不同作物类型空白产量和施肥产量均存在较大差异。在不施肥条件下，蔬菜类作物、马铃薯及瓜果类作物空白产量处于较高水平，分别为21.7、20.2、17.2t/hm²，其次为粮食作物（玉米、水稻和小麦分别为5.3、4.3、3.2t/hm²）和经济作物（4.8t/hm²），杂粮作物及棉花的空白产量处于较低水平，分别为2.7、1.5t/hm²。在施肥条件下（包括化肥、有机肥氮、磷、钾），

蔬菜类、瓜果类作物以及马铃薯施肥产量仍处于较高水平，分别为 41.7、35.8、31.5t/hm²，粮食作物（玉米、水稻和小麦分别为 8.7、7.7、6.1t/hm²）和经济作物（8.1t/hm²）次之。杂粮作物、棉花施肥产量处于较低的水平，分别为 4.0、3.6t/hm²。由此可知，肥料的施用使各种作物的产量均大幅增加，增幅达到为 50.1%～132%。

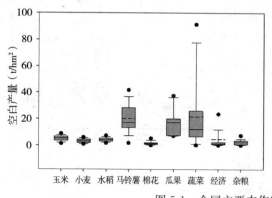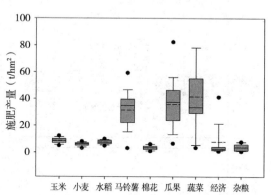

图 5-1　全国主要农作物空白产量及施肥产量

不同作物类型间化肥、有机肥氮、磷、钾施用量同样存在较大差异（图 5-2）。结果表明，瓜果类、蔬菜类作物化肥氮、有机氮平均施用量均处于较高的水平。瓜果类作物化肥氮、有机氮施用量分别为 323、317kg/hm²。蔬菜类作物化肥氮、有机氮施用量分别为 243、169kg/hm²。其次为马铃薯、棉花、玉米、小麦、水稻的氮肥施用量。马铃薯化肥氮、有机氮施用量分别为 250、137kg/hm²。棉花化肥氮、有机氮施用量分别为 278、61kg/hm²。玉米化肥氮、有机氮施用量分别为 221、69kg/hm²。小麦化肥氮、有机氮施用量分别为 222、59kg/hm²。水稻化肥氮、有机氮施用量分别为 176、81kg/hm²。其他经济作物、杂粮作物化肥氮、有机氮施用量相对较低。经济作物化肥氮、有机氮施用量分别为 138、94kg/hm²。杂粮作物化肥氮、有机氮施用量分别为 121、133kg/hm²。

在不同作物类型间，化肥及有机肥磷（P_2O_5）、钾（K_2O）用量的差异与氮肥呈现相似的规律（图 5-2）。瓜果类作物化肥、有机磷施用量分别为 201、141kg/hm²。蔬菜类作物化肥磷、有机磷施用量分别为 156、92kg/hm²。马铃薯化肥磷、有机磷施用量分别为 191、55kg/hm²。棉花化肥磷、有机磷施用量分别为 134、30kg/hm²。玉米化肥磷、有机磷施用量分别为 93、39kg/hm²。小麦化肥磷、有机磷施用量分别为 115、35kg/hm²。水稻化肥磷、有机磷施用量分别为 66、48kg/hm²。经济作物化肥磷、有机磷施用量分别为 94、60kg/hm²。杂粮作物化肥磷、有机磷施用量分别为 85、97kg/hm²。

瓜果类作物化肥、有机钾施用量分别为 277、217kg/hm²。蔬菜类作物化肥钾、有机钾施用量分别为 175、128kg/hm²。马铃薯化肥钾、有机钾施用量分别为 202、99kg/hm²。棉花化肥钾、有机钾施用量分别为 139、29kg/hm²。玉米化肥钾、有机钾施用量分别为 73、89kg/hm²。小麦化肥钾、有机钾施用量分别为 76、84kg/hm²。水稻化肥钾、有机钾施用量分别为 89、59kg/hm²。经济作物化肥钾、有机钾施用量分别为 92、76kg/hm²。杂粮作物化肥钾、有机钾施用量分别为 55、94kg/hm²。从结果还可以发现，瓜果、蔬菜类作物施用的有机肥比例较高，棉花、马铃薯、玉米、小麦、经济作物的施用比例为次之，水稻、杂粮作物这一比例较低。

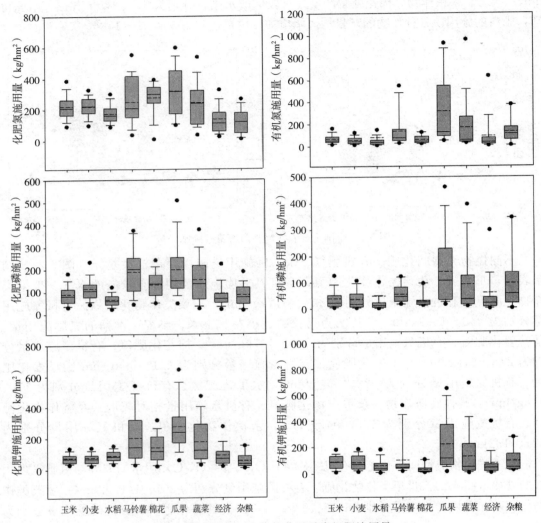

图 5-2　全国主要农作物化肥及有机肥施用量

注：图中磷为 P_2O_5，钾为 K_2O，下同。

肥料偏生产力表示单位化肥的投入所能生产的作物产量，已被国内外广泛使用。从图 5-3 可以看出，不同作物类型间肥料偏生产力差异较大。蔬菜类作物、马铃薯、瓜果类作物氮肥偏生产力较高，分别为 193、139、130kg/kg。经济作物、杂粮作物、玉米、水稻次之，分别为 49、51、47、50、31kg/kg。小麦、棉花的氮肥偏生产力较低，分别为 31、32kg/kg。作物磷肥及钾肥的偏生产力均大于氮肥偏生产力，且与氮肥偏生产力呈现相似的规律。蔬菜、瓜果类作物及马铃薯磷肥偏生产力处于较高的水平，分别为 288、215、195kg/kg。水稻、玉米次之，分别为 148、129kg/kg。经济作物、小麦、杂粮作物磷肥偏生产力分别为 83、65、59kg/kg。棉花的磷肥偏生产力较低，仅为 34kg/kg。马铃薯、蔬菜、瓜果类作物钾肥偏生产力处于较高的水平，分别为238、328、171kg/kg。其次为玉米、小麦、水稻、经济作物、杂粮作物，其钾肥偏生产力分别为150、110、110、76、119kg/kg。棉花的钾肥偏生产力较低，仅为48kg/kg。总之，蔬菜、瓜果类作物及马铃薯肥料偏生产力较高，其次为粮食作物、经济作物及杂粮作物，棉花的肥料偏生产力较低。这也说明每投入一定量的肥料，可以生产更多的蔬菜、瓜果类作物及马铃薯（图5-3）。

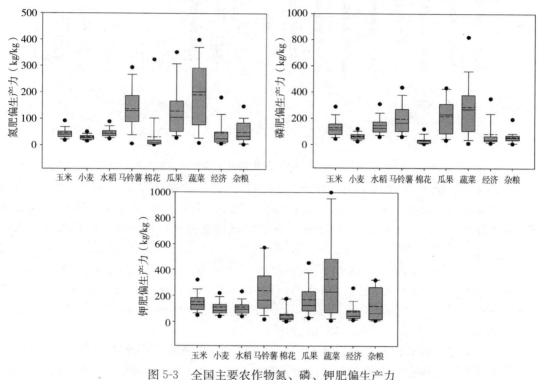

图5-3　全国主要农作物氮、磷、钾肥偏生产力

二、全国主要农作物产量及化肥投入的空间分布

基于全国农业生产布局，将全国划分为九个一级农业区，分别为：Ⅰ东北区、Ⅱ内蒙古及长城沿线区、Ⅲ甘新区、Ⅳ黄土高原区、Ⅴ黄淮海区、Ⅵ青藏区、Ⅶ西南区、Ⅷ长江中下游区和Ⅸ华南区。

玉米、小麦、水稻是我国主要的粮食作物，在我国广泛种植。玉米在东北、甘新、黄淮海、黄土高原、内蒙古及长城沿线、青藏、西南、长江中下游8个区域均有长期监测点。玉米空白产量及施肥产量在各个区域间存在较大差异。内蒙古及长城沿线、黄土高原区及东北区空白产量较高，分别为6.6、6.0、5.8t/hm²。其次为甘新、黄淮海、黄土高原区，分别为5.6、5.0、4.4t/hm²；西南及长江中下游区较低，分别为3.8、2.0t/hm²。玉米施肥产量空间分布与空白产量相似，其施肥产量由高到低排列为：甘新（11.3t/hm²）、内蒙古及长城沿线（9.8t/hm²）、东北（9.7t/hm²）、黄土高原（9.4t/hm²）、华南（9.3t/hm²）、黄淮海（8.7t/hm²）、西南（7.1t/hm²）、长江中下游区（6.3t/hm²）

（图 5-4）。在各个区域，肥料施用使玉米产量增加 47%～213%。

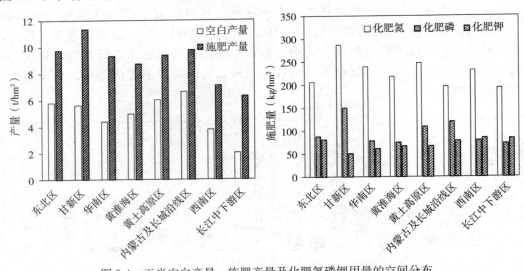

图 5-4　玉米空白产量、施肥产量及化肥氮磷钾用量的空间分布

玉米甘新、黄土高原及华南区化肥氮施用量较高，分别为 289、247、240kg/hm²；西南、黄淮海、东北区次之，分别为 231、218、206kg/hm²；内蒙古及长城沿线及长江中下游区较低，分别为 197、193kg/hm²。化肥磷施用量由高到低排列为：甘新（150kg/hm²）、内蒙古及长城沿线（120kg/hm²）、黄土高原（109kg/hm²）、东北（88kg/hm²）、西南（79kg/hm²）、华南（78kg/hm²）、黄淮海（74kg/hm²）、长江中下游（72kg/hm²）；化肥钾施用量由高到低排列为：西南（85kg/hm²）、长江中下游（84kg/hm²）、东北（80kg/hm²）、内蒙古及长城沿线（78kg/hm²）、黄土高原（66kg/hm²）、黄淮海（66kg/hm²）、华南（61kg/hm²）、甘新（50kg/hm²）（图 5-4）。

小麦在东北、甘新、黄淮海、黄土高原、内蒙古及长城沿线、青藏、西南、长江中下游 8 个区域布有长期定位监测点。在不施肥条件，黄淮海、黄土高原、青藏区空白产量较高，分别为 3.7、3.4、3.1t/hm²，其次为东北、内蒙古及长城沿线、长江中下游区，分别为 3.0、2.6、2.4t/hm²，甘新、西南区较低，分别为 2.3、2.0t/hm²。施肥产量空间分布与空白产量相似，其产量由高到低排列为：黄淮海（7.4t/hm²）、甘新（6.5t/hm²）、黄土高原（5.6t/hm²）、长江中下游（5.5t/hm²）、青藏（5.0t/hm²）、西南（3.9t/hm²）、东北（3.8t/hm²）、内蒙古及长城沿线（3.4t/hm²）（图 5-5）。肥料施用显著提高小麦产量 18%～175%。

小麦黄淮海、长江中下游、甘新区化肥氮施入量较高，分别为 240、227、206kg/hm²；黄土高原、西南区次之，分别为 204、133kg/hm²，青藏、东北区较低，分别为 118、64kg/hm²。化肥磷施用量由高到低排列为：黄土高原（147kg/hm²）、甘新（131kg/hm²）、黄淮海（130kg/hm²）、青藏（109kg/hm²）、长江中下游（74kg/hm²）、东北（63kg/hm²）、西南（61kg/hm²）、内蒙古及长城沿线（53kg/hm²）；化肥钾施用量由高到低排列为：黄淮海（85kg/hm²）、长江中下游（72kg/hm²）、黄土高原（63kg/hm²）、西南（51kg/hm²）、甘新（48kg/hm²）、东北（36kg/hm²）（图 5-5）。

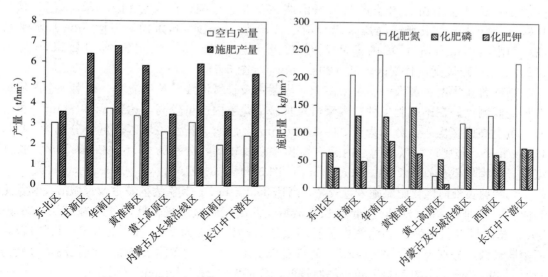

图 5-5　小麦空白产量、施肥产量及化肥氮磷钾肥用量的空间分布

水稻在东北、甘新、华南、黄淮海、内蒙古及长城沿线、西南、长江中下游 7 个区域均有长期定位监测点。在不施肥条件，内蒙古及长城沿线、西南、东北区空白产量较高，分别为 6.2、5.4、5.3t/hm²。长江中下游、华南、黄淮海区空白产量较低，分别为 4.1、3.6、3.1t/hm²。施肥产量由高到低排列为黄淮海（9.3t/hm²）、东北（8.9t/hm²）、甘新（8.7t/hm²）、内蒙古及长城沿线（8.3t/hm²）、西南（8.3t/hm²）、长江中下游（7.6t/hm²）、华南（6.8t/hm²）（图 5-6）。肥料施用显著提高水稻产量 33%～202%。

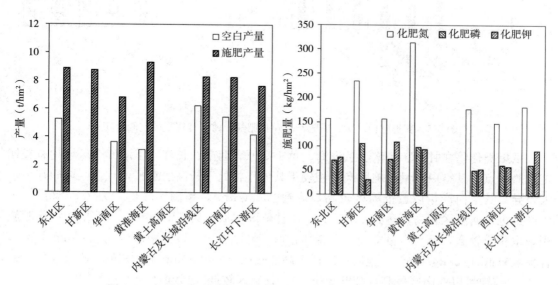

图 5-6　水稻空白产量、施肥产量化肥氮、磷、钾用量的空间分布

水稻黄淮海、甘新区化肥氮施用量较高，达到 313、234kg/hm²；其他区域则变化幅

度较小，长江中下游、内蒙古及长城沿线、东北、华南、西南分别为 182、177、157、156、148kg/hm²。化肥磷施用量以甘新区（106kg/hm²）、黄淮海（99kg/hm²）水平较高，西南（67kg/hm²）及内蒙古沿线较低（51kg/hm²）。化肥钾施用量以华南区（120kg/hm²）较高，甘新区较低（29kg/hm²）（图 5-6）。

马铃薯在华南、黄淮海、黄土高原、内蒙古及长城沿线、长江流域、西南 6 个区域均有长期监测点。在不施肥条件，内蒙古及长城沿线空白产量较高，达到 24.9t/hm²。黄淮海、黄土高原区次之，分别为 21.8、17.5t/hm²，西南、长江流域区较低，分别为 14.0、11.7t/hm²。施肥产量以华南、内蒙古及长城沿线较高，分别为 37.5、35.8t/hm²，长江流域、西南较低分别为 20.0、19.9t/hm²（图 5-7）。

马铃薯黄淮海区化肥氮施入量较高，高达 353kg/hm²；其次为内蒙古及长城沿线和黄土高原区，分别为 280、201kg/hm²。长江流域、西南化肥氮用量较低，分别为 174、124kg/hm²。施磷量以黄淮海区和内蒙古及长城沿线较高，分别为 240、204kg/hm²；长江流域、西南区较低，分别为 93、86kg/hm²。施钾量以黄淮海区、内蒙古及长城沿线较高，分别为 330、253kg/hm²，长江流域、黄土高原较低，分别为 122、57kg/hm²（图 5-7）。

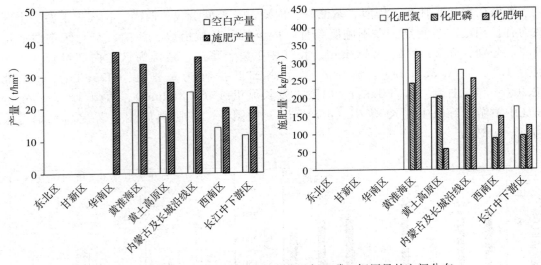

图 5-7 薯类空白产量、施肥产量及化肥氮、磷、钾用量的空间分布

瓜果类作物在甘新、华南、黄淮海、黄土高原、西南、长江中下游 6 个区域均有长期定位监测点。其空白产量及施肥产量相较于其他作物处于较高的水平，且在区域间存在较大差异。其空白产量以黄淮海区较高，达到 25.3t/hm²，华南区较低，为 7.5t/hm²。施肥产量也是西南区较高，达到 46.5t/hm²，甘新区较低，为 27.6t/hm²。瓜果作物化肥施用量也相应较高，且与产量空间分布特征相似。氮肥施用量以西南区较高（478kg/hm²），甘新区较低（227kg/hm²）。施磷量以黄土高原较高（248kg/hm²），华南区较低（154kg/hm²）。施钾量以西南区较高（422kg/hm²），甘新区较低（49kg/hm²）（图 5-8）。

蔬菜监测点覆盖范围包括：东北、甘新、华南、黄淮海、内蒙古及长城沿线、西南区、长江中下游 7 个区域。蔬菜空白产量以黄淮海区较高，达到 57t/hm²，长江流域较

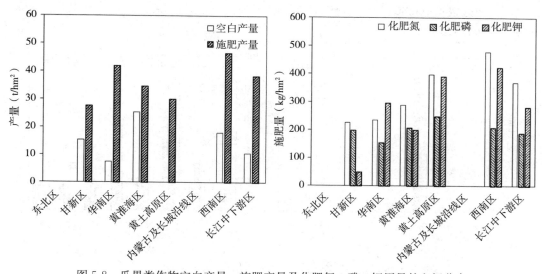

图 5-8　瓜果类作物空白产量、施肥产量及化肥氮、磷、钾用量的空间分布

低，为 10.4t/hm²。蔬菜施肥产量以甘新区较高，达到 60t/hm²，华南区较低，为 25t/hm²。化肥氮用量以华南区较高（331kg/hm²），东北区较低（96kg/hm²）。磷用量以华南区较高（229kg/hm²），东北区域较低（78kg/hm²）。钾用量以华南区较高（276kg/hm²），甘新区则较低（49kg/hm²）（图 5-9）。

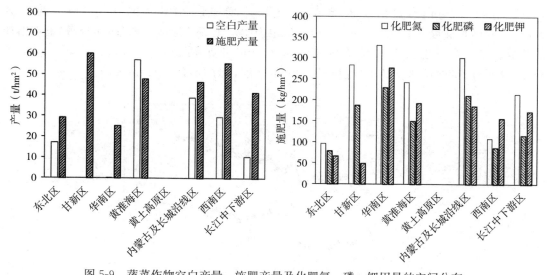

图 5-9　蔬菜作物空白产量、施肥产量及化肥氮、磷、钾用量的空间分布

经济作物监测点覆盖 8 个区域，分别为东北、甘新、华南、黄淮海、黄土高原、内蒙古及长城沿线、西南区及长江流域。空白产量、施肥产量均以华南区较高，分别为 41、83t/hm²，以西南区较低，分别为 1.0、1.9t/hm²。华南区域产量较高的原因是由于该区域种植的甘蔗和甜薯的产量较高。经济作物化肥用量与产量的分布呈现一定的相似性。化肥氮用量以华南区较高（433kg/hm²），东北区较低（57kg/hm²）。施磷量黄土高原区较高（276kg/

hm²），西南区较低（69kg/hm²）。施钾量华南区较高（301kg/hm²），东北区较低（44kg/hm²）（图5-10）。

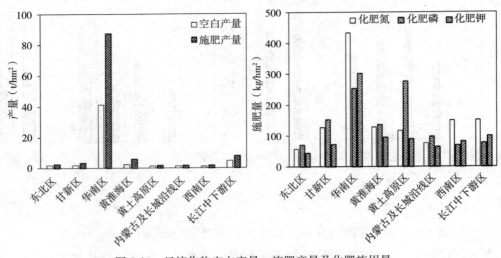

图5-10 经济作物空白产量、施肥产量及化肥施用量

三、全国主要粮食作物产量、肥料用量及肥料利用效率的时间变异

过去31年（1988—2018年），玉米空白产量、施肥产量随时间推移均呈现增加的趋势（图5-11）。空白产量由1988年的2.5t/hm²增加到2018年的5.3t/hm²，增幅为112%。其增长速度为93kg/（hm²·a）。这也说明，土壤基础地力随着时间推移呈现增加的趋势。玉米产量也相应地由1988年的4.9t/hm²增加到2018年的9.0t/hm²，增加了84%。施肥产量增长速度高于空白产量的增加速度，为137kg/（hm²·a）。

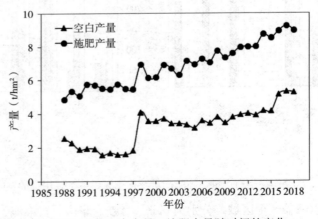

图5-11 玉米空白产量、施肥产量随时间的变化

结果显示，玉米化肥氮、钾施用量随时间的变化均呈现增加的趋势（图5-12），分别从1988年的158、43kg/hm²增加到2018年的221、73kg/hm²，分别增加了40、70%。化肥磷是施用量则随时间的变化则呈现降低的趋势，由1988年的111kg/hm²降低到2018

年的 90kg/hm²，降幅为 19%。有机氮、磷、钾的用量均呈现先增高后降低趋势。在
1993—1997 年处于较高的水平。

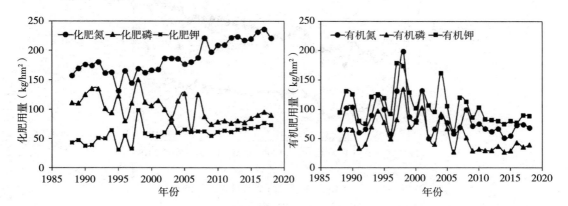

图 5-12　玉米化肥、有机肥氮、磷、钾施用量随时间的变化

玉米氮肥偏生产力随着时间的推移呈现先增加后趋于平缓的趋势，从 1988 年 35kg/
kg 最终增加到 2018 年的 47kg/kg，增加了 34%。磷肥偏生产力随着时间的推移大幅增
加，从 1988 年 77kg/kg 增加到 2018 年的 129kg/kg，增加了 68%。钾肥偏生产力则呈现
先升高再降低的趋势，在 1995—2000 年较高（图 5-13）。结果也表明，自 1988—2018 年，
施用一定量氮肥、磷肥可生产更多的玉米。

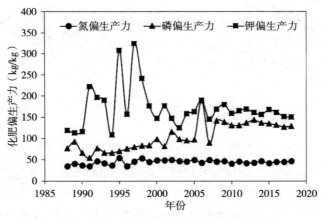

图 5-13　玉米肥料偏生产力随时间的变化

与玉米生产相似，小麦空白产量、施肥产量也随时间推移呈增加的趋势（图 5-14）。
小麦空白产量由 1988 年的 1.8t/hm² 增加到 2018 年的 3.2t/hm²，增加了 78%。施肥产
量也相应地增加，由 1988 年的 4.0t/hm² 增加到 2018 年的 6.1t/hm²，增加了 53%。空
白产量、施肥产量的增长速度分别为 47、70kg/（hm² · a），低于玉米空白产量及施肥产
量增长速度。

小麦化肥施用量的增加主要体现在氮肥上（图 5-15）。化肥氮施用量分别从 1989 年的
152kg/hm² 增加到 2018 年的 222kg/hm²，增加了 46%。化肥磷、钾施用量则没有明显的

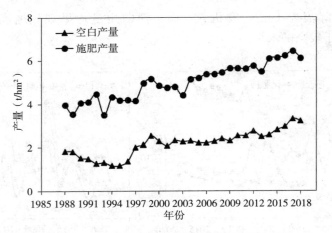

图 5-14　小麦空白产量、施肥产量随时间的变化

变化，分别在 81～157、23～137kg/hm² 范围内波动。然而，有机氮、磷、钾施用量均随着时间的推移呈现降低的趋势，分别从 101、58、165kg/hm² 降低至 59、35、84kg/hm²，分别降低了 42、40、49%。

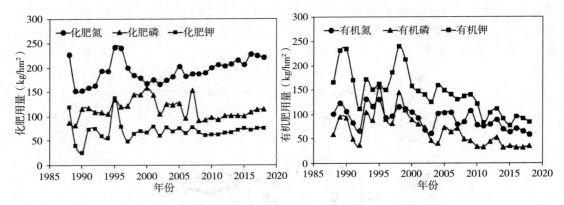

图 5-15　小麦化肥、有机肥氮、磷、钾施用量随时间的变化

　　小麦氮肥偏生产力变化趋势与玉米相似，随着时间的推移呈现先增加后趋于平缓的趋势，从 1988 年 25kg/kg 最终增加到 2018 年的 31kg/kg，增加了 12%。磷肥偏生产力则没有的规律变化，在 46～123kg/kg 范围内波动。钾肥偏生产力随着时间的推移呈现降低趋势，从 1988 年的 218kg/kg 降至 2018 年的 110kg/kg（图 5-16）。结果也表明，自 1988—2018 年，施用相同的氮肥可生产更多的小麦。

　　水稻空白产量及施肥产量随时间推移同样呈增加的趋势（图 5-17），然而增产幅度则相对较小。水稻空白产量、施肥产量分别由 1988 年的 3.6、6.0t/hm² 增加到 2018 年的 4.3、7.7t/hm²，分别增加了 19、28%。空白产量、施肥产量的增长速度均低于玉米、小麦，分别为 23、57kg/（hm²·a）。

　　水稻化肥氮用量分别从 1988 年的 147kg/hm² 增加到 2018 年的 176kg/hm²，增幅分别为 20%。化肥磷、钾施用量则没有明显的变化趋势，分别在 49～126、62～96kg/hm² 范围上下波动。然而，有机氮、磷、钾施用量在年际间存在较大波动，且无明显规律（图5-18）。

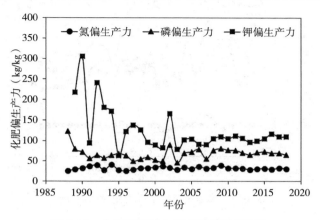

图 5-16　小麦肥料偏生产力随时间的变化

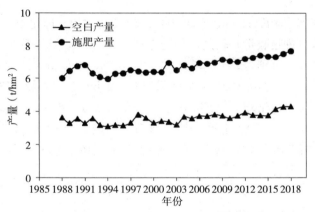

图 5-17　水稻空白产量、施肥产量随时间的变化

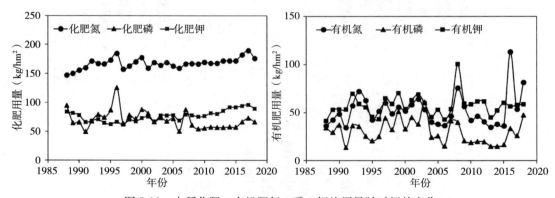

图 5-18　水稻化肥、有机肥氮、磷、钾施用量随时间的变化

水稻氮、磷偏生产力随时间变化无明显的变化趋势，分别在40～61、107～186kg/kg之间上下波动。水稻钾偏生产力随时间推移则呈现降低的趋势，从1988年的198kg/kg降低至2018年的110kg/kg。

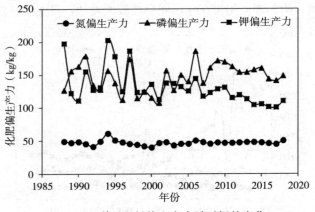

图 5-19　水稻肥料偏生产力随时间的变化

四、全国主要作物养分平衡

2018 年，我国主要作物氮素平衡（养分输入减去养分输出，即化肥、有机肥氮、磷、钾施用量减去作物氮、磷、钾吸收量）较高，平均达到 97kg/hm²，其中瓜果、蔬菜、棉花、马铃薯、玉米、小麦均较高，分别为 203、155、133、111、93、97kg/hm²。磷平衡也相应较高，平均为 84kg/hm²，各种作物由大到小为瓜果（164kg/hm²）、蔬菜（132kg/hm²）、马铃薯（127kg/hm²）、棉花（86kg/hm²）、经济作物（83kg/hm²）、小麦（69kg/hm²）、杂粮作物（63kg/hm²）、玉米（37kg/hm²）、水稻（－8kg/hm²）。作物钾平衡平均为－39kg/hm²，其中，瓜果、马铃薯、小麦、棉花为正平衡，蔬菜、经济作物、玉米、杂粮作物和水稻为负平衡（图5-20）。

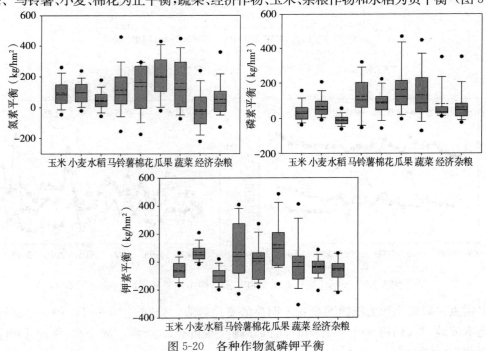

图 5-20　各种作物氮磷钾平衡

近 30 年（1988—2018 年），玉米氮平衡随时间推移没有明显的变化趋势，在 32～109kg/hm² 范围内上下波动。玉米磷、钾随时间的变化则呈现降低的趋势（图 5-21）。

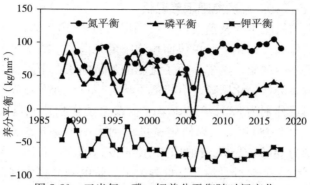

图 5-21 玉米氮、磷、钾养分平衡随时间变化

小麦氮、磷、钾盈余量随时间推移呈现不同程度降低的趋势，分别从 1988 年的 207、84、142kg/hm² 降低到 2018 年的 97、69、69kg/hm²（图 5-22）。

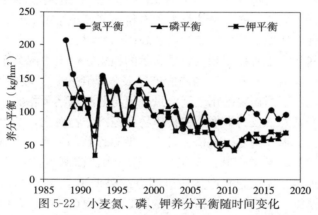

图 5-22 小麦氮、磷、钾养分平衡随时间变化

与玉米、小麦相比，水稻养分平衡处于较低的水平。水稻氮、钾盈余量随时间推移呈现不同程度增加趋势，分别从 1988 年的 -8、-119kg/hm² 增加到 2018 年的 47、-99kg/hm²（图 5-23）。水稻磷盈余则比较稳定，在 -40～27kg/hm² 范围内上下波动。这主要是因为水稻氮、磷、钾投入（化肥、有机肥）相对较少，且随时间变化呈现增加的趋势。

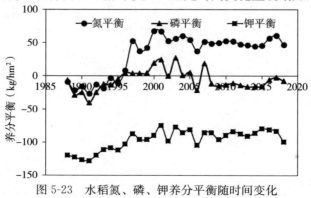

图 5-23 水稻氮、磷、钾养分平衡随时间变化

五、中国氮、磷、钾肥施用问题及施肥建议

（一）全国主要农作物产量及氮肥用量现状

中国是全球最大的氮肥生产及消费国，我国以占世界 10% 的耕地，养活了 22% 的世界人口，但消费了世界 1/3 的化肥，单位面积施肥量是世界平均水平的 3 倍，普遍存在过度施用氮肥以获得高产的现象，这也导致了化肥的过量施用在中国普遍存在。如监测结果表明显示瓜果类、蔬菜类作物化肥氮、有机氮平均施用量均处于较高的水平。瓜果类作物化肥氮、有机氮施用量分别为 323、317kg/hm²。蔬菜类作物化肥氮、有机氮施用量分别为 243、169kg/hm²。而美国蔬菜、果树施氮量分别为 165kg/hm²、106kg/hm²，欧盟蔬菜和果树平均施氮量为 96 kg/hm²。因此，相比于发达国家，我国瓜果、蔬菜类作物氮肥施用量仍然处于较高的水平。过量的氮肥也导致了过量的养分损失到环境中，造成富营养化、土壤酸化、温室气体排放以及对人类健康的损害。结合活性氮损失排放因子，我们得到全国农作物化肥施用导致的氧化亚氮排放（N_2O 排放）、硝态氮淋洗（NO_3^- 淋洗）及氨挥发（NH_3 挥发）的平均量为 1.9、24、22 kg N/hm²。造成这种现象的原因可能是中国传统的小农户管理（农业生产者平均每人占有耕地面积小于 1hm²），且从事农业生产者相缺乏关的知识和管理技能也是导致氮肥过量施用的原因。

通过对中国知网和维普科技期刊网收录文献的检索，检索中国关于不同农作物氮肥肥效反应的文献，评价我国主要农作物的施肥产量及氮肥用量。共收集文献 454 篇，1 398 个观测值。可以发现，不同作物优化施肥产量规律与监测点结果相似。蔬菜类、瓜果类作物以及马铃薯施肥产量处于较高水平，粮食作物和经济作物次之，杂粮作物、棉花施肥产量处于较低的水平。玉米、小麦、水稻、薯类、糖料作物与监测点的施肥产量水平相似，杂粮作物、棉花、油料、麻类烟叶、瓜果、蔬菜作物比监测点的结果高了 11%～40%。然而，对于豆类和茶园，优化施肥产量比监测点结果低了 23%～36%。玉米、小麦、水稻、薯类、棉花、糖料、烟叶和瓜果作物施氮量低于监测点结果。杂粮、豆类、油料、蔬菜优化施氮量与监测点结果相似。对于麻类和茶园作物，优化施氮量则高于监测点结果（表 5-2）。

表 5-2　全国主要农作物施氮产量及施氮量

作物	施肥产量（t/hm²）			施氮量（kg/hm²）		
	监测	优化	Δ（%）	监测	优化	Δ（%）
玉米	8.7	8.6	−1.1	220	174	−20.9
小麦	6.1	6.2	1.6	222	174	−21.6
水稻	7.7	7.7	0.0	176	167	−5.1
薯类	31.4	29.1	−7.3	250	166	−33.6
杂粮	4.0	4.7	17.5	121	126	4.1
棉花	3.5	3.9	11.4	278	249	−10.4
豆类	3.1	2.4	−22.6	67	69	3.0
糖料	90	86	−4.4	520	279	−46.3

（续）

作物	施肥产量（t/hm²）			施氮量（kg/hm²）		
	监测	优化	Δ（%）	监测	优化	Δ（%）
油料	2.5	3.5	40.0	152	154	1.3
麻类	2.1	2.5	19.0	96	148	54.2
烟叶	2.1	2.6	23.8	91	84	−7.7
茶园	3.9	2.5	−35.9	157	236	50.3
瓜果	35.8	44.3	23.7	323	302	−6.5
蔬菜	41.7	55.7	33.6	243	262	7.8

（二）全国三大粮食作物氮、磷、钾平衡

我国粮食年总产量从 1980 初的 3.25 亿 t 增加到 2008 年的 5.29 亿 t，增加了 63%，而氮肥施用量却增加了约 2 倍。监测数据也显示，近 30 年随之时间的变化，作物产量呈现增加的趋势，氮肥用量也呈现增加的趋势。农民为了追求高产，普遍过量施用氮肥。农民施氮量远远高于作物最大产量地上部吸氮量，致使氮盈余始终处于较高的水平。

全国范围来看，磷的投入超过作物移出，使我国农田磷平衡表现为整体盈余，同时，全国农田土壤磷平衡存在很大时空变异。很多研究表明，我国整体钾平衡状况为亏缺，与本研究结果相似。钾平衡主要受到两个因素影响：一是作物本身的营养吸收特性不同，二是钾肥投入量会受到肥料和农产品市场价格波动影响，这两个因素共同决定了不同作物类型之间及同种作物不同年际间钾平衡的差异。

（三）氮、磷、钾肥推荐方法

保障当前和未来粮食安全，同时减少集约化农业带来的巨大环境影响，成为农业可持续发展的必然要求，而科学施肥是保证粮食产量和提高肥料利用率的重要措施之一。关于氮肥适宜施用量的推荐，在 20 世纪 70 年代已进行了深入的研究，并在发达国家得到了广泛的应用。从推荐施氮方法来看分为两类：（一）测试类，包括土壤硝酸盐测试法和植株测试法，以及遥感法等；（二）肥效反应法，即通过作物氮肥肥效反应，通过数学模型来计算各田块的经济最优施氮量。第一类方法在我国很难大面积应用，主要因为我国农田田块小、数量大，测试设备不足、技术人员少，要进行大样本的土壤及植株测试很难实现。而氮肥肥效反应法可以获得最大的产量效益，且具有简单易行的特点和优点，且符合我国农业生产实际。同时，氮肥肥效反应方法也为区域氮肥推荐提供了可能。

对于磷、钾而言，更容易在土壤中保持和固定。土壤速效磷、钾的变化主要受养分平衡的影响。磷、钾的管理应采取"恒量监控"的管理策略。磷、钾肥的施用根据土壤测试和养分平衡计算将土壤速效磷、钾含量持续控制在能够持续获得高产且不造成环境风险的适宜范围内。在土壤有效磷、钾养分处于极高或较高水平时，采取控制策略，施肥量小于作物的带走量；在土壤有效磷、钾养分处于适宜水平时，采取维持策略，施肥量等于作物带走量；在土壤有效磷、钾养分处于较低或极低水平时，采取提高策略，施肥量大于带走量。以 3～5 年为一个周期，并 3～5 年监测 1 次土壤肥力，以决定是否调整磷钾肥的用量。该方法协调了作物高产、肥料高效和土壤培肥三方面关系，具有较强的科学性，同时又具有简便的可行性，便于在生产实践中应用。

图书在版编目（CIP）数据

国家耕地质量长期定位监测评价报告 . 2018 年度/
农业农村部耕地质量监测保护中心编著 . —北京：中国
农业出版社，2019.12
　　ISBN 978-7-109-25864-8

　　Ⅰ．①国…　　Ⅱ．①农…　　Ⅲ．①耕地资源－资源评价－
研究报告－中国－2018　　Ⅳ．①F323.211

　　中国版本图书馆 CIP 数据核字（2019）第 186749 号

中国农业出版社出版
地址：北京市朝阳区麦子店街 18 号楼
邮编：100125
责任编辑：贺志清
版式设计：韩小丽　　责任校对：巴洪菊
印刷：中农印务有限公司
版次：2019 年 12 月第 1 版
印次：2019 年 12 月北京第 1 次印刷
发行：新华书店北京发行所
开本：787mm×1092mm　　1/16
印张：22
字数：510 千字
定价：120.00 元
